TRAITÉ

DE

MATHÉMATIQUES GÉNÉRALES

E. FABRY

PROFESSEUR A L'UNIVERSITÉ DE MONTPELLIER
LAURÉAT DE L'INSTITUT

TRAITÉ

DE

MATHÉMATIQUES

GÉNÉRALES

A L'USAGE DES CHIMISTES, PHYSICIENS, INGÉNIEURS

ET DES ÉLÈVES DES FACULTÉS DES SCIENCES

Avec une Préface de

GASTON DARBOUX

SECRÉTAIRE PERPÉTUEL DE L'ACADÉMIE DES SCIENCES

DEUXIÈME ÉDITION REVUE ET AUGMENTÉE

PARIS

LIBRAIRIE SCIENTIFIQUE A. HERMANN ET FILS

LIBRAIRES DE S. M. LE ROI DE SUÈDE

6, RUE DE LA SORBONNE, 6

1911

PRÉFACE

La période qui s'est écoulée depuis 1889 jusqu'au commencement du xxᵉ siècle a vu s'accomplir de profonds changements dans l'organisation et le régime des Facultés des Sciences. Dès 1893, elles avaient reçu la mission très honorable d'organiser une première année d'*études physiques, chimiques et naturelles* préparatoire à la carrière médicale. Mais le régime des études de licence conservait encore, à cette époque, la forme invariable qui lui avait été attribuée par le décret de mars 1808. Seules de tous nos établissements d'enseignement Supérieur, les Facultés des Sciences restaient soumises à des programmes minutieusement réglés, qui portaient toujours, depuis l'origine, sur les mêmes branches de la Science et laissaient peu d'initiative, soit aux maîtres, soit aux étudiants.

Pourtant, depuis 1808, les cadres de notre Enseignement s'étaient notablement élargis. A mesure que naissaient des Sciences nouvelles, l'Etat créait des chaires correspondantes, soit dans les départements, soit à Paris. Nous avons vu apparaître dans les Facultés des chaires de *chimie organique*, de *chimie industrielle*, de *chimie biologique*; à côté de la *physique générale* était venue se placer la *physique mathématique*, cette création de la Science française qui joue aujourd'hui un rôle prépondérant; des enseignements distincts avaient été institués pour la *physique industrielle*, pour l'*algèbre*. Par trois décrets rendus le même jour sous le gouvernement de Louis-Philippe, l'Etat avait créé à la Faculté des Sciences de

Paris, trois chaires consacrées respectivement à la *Géométrie Supérieure*, à la *Mécanique Céleste*, au *Calcul des Probabilités* et à la *Physique mathématique*. Tandis que le programme des trois licences : *licence ès sciences mathématiques, licence ès sciences physiques, licence ès sciences naturelles*, aurait pu être développé avec sept à huit chaires seulement, certaines Facultés comptaient dix et onze chaires, celle de Paris en avait vingt-et-une.

Pendant que s'élargissaient ainsi les cadres de l'Enseignement, ceux des examens de licence demeuraient à peu près invariables. Sans doute, en 1877, on avait remanié et étendu beaucoup les programmes, pour essayer de les mettre plus en harmonie avec les découvertes qui se succèdent chaque jour. Mais les remaniements n'avaient modifié en rien le caractère de l'examen. La vieille conception subsistait toujours. La licence était un grade d'état. Ce grade devait être partout identique à lui-même et l'État, se rappelant la vieille dénomination : *licencia docendi*, faisait figurer dans ses programmes les seules matières qui lui paraissaient devoir être exigées des aspirants à l'Enseignement.

Cette organisation, qui était le contrepied de celle des Universités allemandes, présentait des inconvénients et des dangers de plus d'une sorte. Les étudiants, assujettis à des études qui étaient limitées par un programme à la fois trop précis et trop chargé, les poursuivaient le plus souvent sans ardeur et sans goût. D'autre part, comme des garanties de culture générale étaient à bon droit exigées des candidats aux agrégations, on n'avait eu d'autre ressource que de demander à chacun d'eux *deux* diplômes de licencié. On imposait ainsi aux étudiants, au moment décisif où l'esprit se forme et s'oriente, un travail qui pouvait leur paraître fastidieux et inutile, au moins dans plusieurs de ses parties. Il semblait véritablement que nos Facultés n'eussent d'autre but et d'autre raison d'être que la préparation des futurs professeurs. Et d'ailleurs, elles s'attachaient à remplir leur tâche avec une telle précision que, lorsque l'encombrement des cadres, ou l'insuccès aux examens, obligeait les étudiants à renoncer à l'Enseignement, ils ne pouvaient, il faut bien le dire, tirer presque aucun parti des études trop spéciales qui leur avaient été imposées pendant les plus belles années de leur carrière.

Le décret soumis aux délibérations du Conseil Supérieur vers la fin de 1895 et promulgué le 23 janvier 1896 est venu, par les moyens les plus simples, porter remède à cet état de choses. Il a institué des *certificats d'études supérieures* qui sont délivrés par chaque Faculté et qui correspondent aux matières enseignées par elles. Trois de ces certificats obtenus, soit dans la même session, soit dans des sessions différentes, permettent à l'étudiant de réclamer le *diplôme de licencié ès sciences*. Mention est faite sur le diplôme de ces trois certificats; et si, après cela, l'étudiant en recherche et en obtient d'autres, on ajoute, sur le diplôme même, les mentions relatives aux nouveaux certificats. Telle est en deux mots l'économie du nouveau projet; il a substitué aux trois types fournis par les anciennes licences une foule de combinaisons variées, très propres à encourager l'initiative personnelle, à éveiller les vocations scientifiques, à conserver l'originalité de l'esprit. Des dispositions très habilement prises, et dans le détail desquelles il est inutile d'entrer ici, ont permis d'ailleurs de maintenir les garanties que l'État avait exigées jusque-là des aspirants à l'Enseignement. On peut même affirmer que la souplesse de la nouvelle organisation a déterminé un meilleur aménagement des examens tout à fait supérieurs, tels que l'*agrégation*, destinés à une élite qui doit demeurer toujours l'objet de nos préoccupations.

Douze ans se sont écoulés depuis qu'a commencé à fonctionner la nouvelle organisation dont nous venons d'esquisser les traits principaux. Et l'on peut dire aujourd'hui, en toute justesse, qu'elle n'a cessé de réaliser, de dépasser même les espérances de ceux qui l'avaient accueillie et votée dès le premier jour. Elle nous a donné, sous la forme la plus heureuse et la plus pratique, cette liberté des études qui nous paraissait nécessaire et que nous ne cessions de réclamer. Au lieu d'affaiblir la licence, comme le craignaient quelques-uns, elle l'a plutôt fortifiée. En même temps, elle a ouvert, dans les meilleures conditions et sur le pied d'égalité, les portes de nos Facultés à ces étudiants qu'attirait dans nos laboratoires le désir d'acquérir les notions de Science pratique qui deviennent de plus en plus indispensables à tout progrès industriel ou agricole. Il ne faut pas perdre de vue que les progrès matériels se rattachent chaque jour plus directement aux recherches les plus élevées de la Science pure. C'est un physicien *mathématicien*, lord Kelvin, qui a donné les moyens de lancer, pour la première fois, un câble à travers l'Océan Atlantique. Ces progrès de l'industrie électrique, de l'industrie chimique, qui valent à nos voisins des bénéfices annuels de plusieurs centaines de millions, ont été accomplis par des hommes sortis des Universités allemandes.

Tout cela, il ne faut pas craindre de le dire, a été admirablement compris par nos collègues des Facultés des Sciences. Ils ne se sont pas bornés à accueillir la réforme avec entrain; ils ont mis tout leur dévouement à la faire réussir. Toutes les Facultés aujourd'hui distribuent un grand nombre de certificats. Paris en a 23, Nancy 20, Lille 16, Besançon 15, etc. Et il ne faut pas oublier qu'il ne suffit pas de créer un certificat sur le papier. Conformément au décret de 1896, il faut d'abord que la Faculté institue l'Enseignement correspondant. Beaucoup de nos collègues ont été ainsi conduits, pour le seul bien des études, pour réaliser des progrès qui leur tenaient au cœur, à s'imposer des travaux supplémentaires et à augmenter notablement le nombre d'heures qu'ils donnaient auparavant.

Il y avait autrefois trois manières, et trois seulement, de devenir licencié. On s'est amusé quelquefois à chercher le nombre des combinaisons qui, dans la nouvelle organisation, donneraient le diplôme de licencié. Le calcul est à la portée d'un élève de nos lycées. Avec les 23 certificats de la Faculté de Paris, il y aurait 1771 manières de devenir licencié. Avec les 20 certificats de Nancy, il n'y en aurait que 1140. Avec les 11 certificats de Marseille, il n'y en aurait plus que 165. C'est encore un chiffre respectable. Mais quel nombre gigantesque obtiendrions-nous si nous remarquions qu'on peut additionner des certificats pris dans les différentes Facultés? Ces calculs mettent en évidence, d'une manière frappante, un des avantages de la nouvelle organisation,

Mais il faut les regarder comme un pur jeu de l'esprit. Il y a des certificats qui ne vont pas ensemble et « hurleraient de se voir accouplés ». J'imagine que les temps ne sont pas proches où un étudiant viendra réclamer le diplôme de licence en présentant le *certificat d'œnologie*, celui de *chronométrie* et celui d'*analyse supérieure*.

Parmi les certificats les plus nécessaires et les plus répandus dans nos Facultés, se trouve certainement celui des mathématiques générales, ou des mathématiques préparatoires à l'étude des sciences physiques. Il correspond à un enseignement qui forme en quelque sorte la transition entre les mathématiques de nos lycées et les mathématiques supérieures de nos Facultés. La nécessité de cet enseignement est reconnue par tout le monde.

Il s'est imposé de tout temps pour la mécanique et la physique; il commence à devenir nécessaire pour la chimie. En lisant les belles *Leçons sur le Carbone*, que vient de publier mon collègue et confrère Le Chatelier, j'étais frappé de l'importance qu'il y a donnée, à juste titre d'ailleurs, aux développements mathématiques. Décidément, il faut en revenir au mot de Platon : « Pour comprendre l'Univers, il sera nécessaire d'être un géomètre ».

Mais il y a deux manières d'étudier une science. Les uns l'aiment et la cultivent pour elle-même, en vue de son développement propre. D'autres viennent y chercher les notions qui leur sont indispensables pour des études extérieures. Dans un passage que j'aimerais à citer textuellement, si je savais où le retrouver, Schiller marque bien cette différence des points de vue sous lesquels on peut considérer toute étude. Pour les uns, selon le poète, la Science est une haute et sublime déesse; les autres la traitent comme une bonne vache laitière, révérence parler, et se bornent à lui demander du lait et du beurre. Après tout, les uns et les autres ont raison. Et l'on ne peut pas s'attendre à ce que de futurs chimistes s'intéressent passionnément aux mystères des fonctions abéliennes ou de la géométrie non Euclidienne.

M. Fabry, mon très distingué collègue, a très bien compris, dans l'Ouvrage que je suis heureux de présenter aujourd'hui, le caractère de l'enseignement qui convient à tous ceux, chimistes, physiciens, ingénieurs, statisticiens, qui ne voient et ne recherchent dans les mathématiques qu'un levier dont il leur suffira de connaître la puissance et le maniement.

Un cours de ce genre est beaucoup plus difficile à faire qu'on ne le croit généralement. Il faut y être à la fois simple et rigoureux ; il est devenu possible aujourd'hui d'allier ces deux qualités. Si Lagrange renaissait aujourd'hui, lui qui avait le goût des belles méthodes générales et des points de vue fondamentaux d'où découle toute la science, ce qu'il admirerait le plus peut-être dans toutes nos découvertes, c'est cette belle et simple démonstration de la série de Taylor, devenue courante, qui lui aurait permis de réaliser son rêve et d'asseoir sur un fondement solide toute sa *Théorie des Fonctions analytiques* comme il a fait reposer sa *Mécanique* sur le principe des vitesses virtuelles combiné avec le principe de d'Alembert.

M. Fabry me paraît avoir songé à tout ; il a su s'élever, depuis les parties les plus élémentaires de l'algèbre, jusqu'à la théorie des équations aux dérivées partielles.

Nos futurs techniciens trouveront dans son exposé toutes les notions d'algèbre, de géométrie analytique, de calcul différentiel et intégral, de mécanique qui leur sont indispensables. Un tableau des principales formules termine l'Ouvrage et sera, pour les lecteurs, un secours des plus précieux.

Gaston DARBOUX.

PREMIÈRE PARTIE

—

ALGÈBRE

CHAPITRE PREMIER

—

INCOMMENSURABLES — LIMITES
CONTINUITÉ

1. — Incommensurables. — On appelle nombre commensurable un nombre entier ou fractionnaire, positif ou négatif. Considérons deux suites illimitées de nombres commensurables :

$$x_1 \; x_2 \ldots x_n \ldots$$
$$y_1 \; y_2 \ldots y_n \ldots$$

vérifiant, quel que soit n, les inégalités :

$$(1) \qquad x_1 < x_2 < x_3 < \ldots x_n < y_n < y_{n-1} < \ldots y_2 < y_1$$

et telles que $y_n - x_n$ tende vers zéro, quand n augmente indéfiniment. Il peut arriver qu'il existe un nombre commensurable a, tel que, quel que soit n, on ait :

$$(2) \qquad x_n < a < y_n$$

alors $a - x_n$ et $y_n - a$, étant inférieurs à $y_n - x_n$, tendent aussi vers zéro. x_n et y_n ont pour limite a.

S'il n'existe aucun nombre commensurable remplissant ces conditions, on dit que les suites (1) définissent un nouveau nombre a, qui vérifie les inégalités (2). Ce nombre est appelé incommensurable et les suites x_n, y_n ont encore pour limite a.

On peut représenter un nombre x par un point M d'une droite X'oX, tel que $oM = x$, oX étant le sens positif. Les nombres x_1, x_2,... x_n seront représentés par des points X₁, X₂,... X_n. Comme $x_n > x_{n-1}$, pour aller de X_{n-1} à X_n on marche dans le sens positif oX. Les points Y₁, Y₂,... Y_n, qui représentent y_1, y_2,... y_n suivent une marche inverse. Mais de X_n à Y_n, on va toujours dans le sens positif. La distance de X_n à Y_n est de plus en plus petite, et ces points tendent vers un point limite M, $oM = a$ est la valeur limite de x_n et y_n, elle peut être commensurable ou incommensurable.

Par exemple, il n'existe aucune fraction $\dfrac{p}{q}$ dont le carré soit égal à 2. $\sqrt{2}$ est un nombre incommensurable qu'on peut définir par les suites :

$$x_n = \frac{p}{10^n}, \qquad y_n = \frac{p+1}{10^n}$$

telles que :

$$p^2 < 2 \cdot 10^{2n} < (p+1)^2.$$

Si un autre nombre a' est défini par deux autres suites de nombres commensurables x_n', y_n', vérifiant les mêmes conditions (1), on pourra comparer ces deux nombres a et a', en comparant leurs valeurs approchées. Par exemple a sera supérieur à a', si l'on peut trouver deux indices n et n', tels que

$$y'_{n'} < x_n$$

car alors :

$$a' < y'_{n'} < x_n < a.$$

Mais si, quel que soit n, on a :

$$x_n < y_n', \qquad x_n' < y_n$$

les deux nombres seront égaux. On a, en effet :

$$0 < y_n' - x_n = y_n' - x_n' + x_n' - x_n < (y_n' - x_n') + (y_n - x_n)$$

donc $y_n' - x_n$ tend aussi vers zéro. Les suites x_n et y_n' ont la même limite. Les suites x_n, y_n et x_n', y_n' définissent le même nombre a.

La somme des nombres a et a' sera définie par les deux suites $x_n + x_n'$ et $y_n + y_n'$ qui vérifient les conditions (1). Le nombre $-a$ sera défini par les suites $-y_n$ et $-x_n$, la première est croissante, la seconde décroissante. La différence $a - a'$ est la somme de a et de $-a'$, elle sera définie par les suites $x_n - y_n'$ et $y_n - x_n'$.

Le produit de deux nombres positifs a et a' sera défini par les suites $x_n x_n'$ et $y_n y_n'$ de termes positifs, qui vérifient aussi les inégalités (1). D'autre part :

$$y_n y_n' - x_n x_n' = y_n (y'_n - x_n') + x_n' (y_n - x_n)$$

tend aussi vers zéro, si n augmente indéfiniment.

Le nombre $\dfrac{1}{a}$ sera défini par les suites positives $\dfrac{1}{y_n}$ et $\dfrac{1}{x_n}$. Le quotient $\dfrac{a}{a'}$ est le produit de a par $\dfrac{1}{a'}$, et sera défini par les suites $\dfrac{x_n}{y_n'}$ et $\dfrac{y_n}{x_n'}$.

Les calculs algébriques se font, pour les nombres incommensurables, comme pour les nombres commensurables. Pour les calculs numériques, on les remplace par une valeur approchée x_n, ou y_n, que l'on peut toujours obtenir avec une approximation donnée.

2. Suites croissantes. — *Des nombres* z_1, z_2,... z_n,... *qui augmentent avec n, en restant inférieurs à un nombre fixe* B, *ont une limite.*

En effet, x étant un nombre quelconque, il peut arriver que x soit supérieur à z_n, quel que soit n. Dans le cas contraire, à partir d'un rang déterminé, z_n sera supérieur à x. Soit A un nombre inférieur à z_1, et B un nombre supérieur à z_n, quel que soit n. Divisons l'intervalle de A à B en 2^n parties égales, et formons la suite :

$$A_0 = A, \quad A_1 = A + \frac{B-A}{2^n},\dots \quad A_p = A + p\,\frac{B-A}{2^n},\dots \quad A_{2^n} = B.$$

Parmi ces nombres A_0, A_1, A_2..., soit A_p le premier qui est supérieur à z_n, quel que soit n. A partir d'un rang déterminé z_n sera supérieur à A_{p-1}, qui n'est pas supérieur à tous les z. A la division par 2^n correspondent deux nombres, soit :

$$x_n = A_{p-1}, \quad y_n = A_p, \quad y_n - x_n = \frac{B-A}{2^n}.$$

Si on remplace n par $n + 1$, l'intervalle B — A est divisé par 2^{n+1}, entre deux nombres, A_{p-1}, A_p, on en intercale un. Quand n augmente, on intercale successivement de nouveaux nombres A_p entre les précédents, de sorte que les nombres x_n ne décroissent jamais, chacun est égal ou supérieur au précédent ; les nombres y_n ne croissent jamais. On a ainsi deux suites de nombres x_n et y_n, vérifiant les conditions (1), où certaines inégalités deviennent des égalités. Comme $y_n - x_n$ tend vers zéro, ces suites définissent un nombre, qui est la limite de z_n ; car, quel que soit n, on peut choisir n' assez grand pour que $z_{n'}$ soit compris entre x_n et y_n.

La limite l n'est égale à aucun des nombres z_n, mais $l - z_n$ peut devenir plus petit que tout nombre donné. Quel que soit z_n il y a des termes plus grands, aucun de ces nombres z_n n'est supérieur à tous les autres. Par exemple, si $z_n = \dfrac{n-1}{n}$, $l = 1$, z_n n'est jamais égal à 1, mais $1 - z_n = \dfrac{1}{n}$ peut devenir plus petit que tout nombre donné.

Si les nombres croissants z_n ne restent inférieurs à aucun nombre, et peuvent devenir supérieurs à tout nombre donné, on dit que z_n augmente indéfiniment. Une suite illimitée de nombres croissants a toujours une limite finie ou infinie.

Une suite de nombres décroissants $z_1, z_2, \dots z_n \dots$ a aussi une limite. Car les nombres $-z_1, -z_2, \dots -z_n, \dots$ augmentent, et ont une limite a ; la première suite a pour limite $-a$.

3. Limite. — On dit qu'une suite illimitée $x_1, x_2 \dots x_n, \dots$ a une limite a, si $x_n - a$ tend vers zéro ; c'est-à-dire si, à tout nombre positif ε, on peut faire correspondre un entier n, tel que $x_{n+p} - a$ reste compris entre $-\varepsilon$ et $+\varepsilon$, pour toute valeur positive de p. En représentant par $|x|$ la valeur absolue de x, on aura :

$$| x_{n+p} - a | < \varepsilon$$

n augmentera, si ε diminue ; mais ce nombre n doit toujours être déterminé, tant que ε n'est pas nul.

Si p et q sont deux nombres entiers positifs, $x_{n+p} - a$ et $x_{n+q} - a$ seront compris entre $-\varepsilon$ et $+\varepsilon$; leur différence $x_{n+p} - x_{n+q}$ sera comprise entre -2ε et $+2\varepsilon$. Le nombre $2\varepsilon = \varepsilon'$ peut être choisi arbitrairement ; donc : si la suite x_n a une limite, à tout nombre ε' correspond un rang n tel que :

$$| \, x_{n+p} - x_{n+q} \, | < \varepsilon'$$

quels que soient les nombres entiers positifs p et q.

4. Plus grande limite. — Si les nombres x_1, $x_2,\ldots x_n,\ldots$ n'ont pas de limite, mais restent inférieurs à un nombre A, on peut distinguer deux cas.

1er Cas. — Supposons qu'il n'existe aucun nombre x_n supérieur aux autres ; quel que soit x_n, il y aura un nombre $x_{n'}$ supérieur à x_n. Soit x_{n_1} le premier terme supérieur à x_1 ; si $n < n_1$, x_n sera inférieur à x_{n_1}. Soit ensuite x_{n_2} le premier terme supérieur à x_{n_1}, de sorte que, si $n < n_2$, x_n sera inférieur à x_{n_2} ; et ainsi de suite. On aura des nombres x_1, x_{n_1}, $x_{n_2},\ldots x_{n_p},\ldots$ qui vont en croissant, ainsi que leurs indices ; cette suite est illimitée, car, après x_{n_p}, il y a toujours des termes plus grands. Ces nombres croissants x_{n_p}, qui restent inférieurs à A, ont une limite $\mathcal{L}$, que l'on appelle la plus grande limite de la suite x_n. Tout nombre x_n est inférieur à $\mathcal{L}$; car, après x_n, il y aura un terme x_{n_p} tel que :

$$x_n < x_{n_p} < \mathcal{L},$$

d'autre part, quel que soit ε, on peut trouver un terme x_{n_p} tel que :

$$x_{n_p} > \mathcal{L} - \varepsilon$$

puisque $\mathcal{L}$ est la limite de la suite partielle x_{n_p}.

2e Cas. — Supposons que, parmi les nombres x_1, $x_2,\ldots x_n,\ldots$, il y en ait un x_{n_1} supérieur à tous les autres. On aura $x_n \leqslant x_{n_1}$, quel que soit n. Si plusieurs termes étaient égaux à x_{n_1}, on prendrait le moins éloigné.

Parmi les termes qui suivent x_{n_1}, soit x_{n_2} le plus grand. Parmi ceux qui suivent x_{n_2}, soit x_{n_3} le plus grand ; et ainsi de suite. Il peut arriver qu'après un certain rang x_{n_p} il n'y ait plus de terme supérieur aux autres ; on peut supprimer tous les termes jusqu'à x_{n_p}, et, pour ceux qui suivent, opérer comme dans le premier cas. On aura une plus grande limite $\mathcal{L}$, qui remplit les mêmes conditions, à partir d'un rang déterminé.

Si, au contraire, parmi les termes qui suivent x_{n_p}, il y a toujours un terme supérieur aux autres, la suite x_{n_1}, x_{n_2},... x_{n_p}... sera illimitée. Supposons que cette suite décroissante ait une limite finie $\mathcal{L}$, on dit encore que $\mathcal{L}$ est la plus grande limite de la suite x_n. Quel que soit ε, pourvu que n_p dépasse un nombre déterminé, on aura :

$$\mathcal{L} < x_{n_p} < \mathcal{L} + \varepsilon$$

et, si $n > n_p$:

$$x_n < x_{n_p} < \mathcal{L} + \varepsilon.$$

Si les nombres décroissants x_{n_p} n'ont pas une limite finie, ils décroissent indéfiniment, et tendent vers $-\infty$; la plus grande limite est alors $-\infty$. A tout nombre négatif A, on peut faire correspondre un terme $x_{n_p} < A$; et, si $n > n_p$, on aura :

$$x_n < x_{n_p} < A$$

de sorte que x_n tend aussi vers $-\infty$.

Enfin, si les x_n peuvent dépasser tout nombre positif ; quel que soit A, il existe un terme $x_n > A$. La plus grande limite est infinie.

En résumé, une suite illimitée de nombres x_n a toujours une plus grande limite $\mathcal{L}$. Si elle est finie, quel que soit le nombre positif ε, pour toute valeur de n qui dépasse un rang déterminé, on a :

$$x_n < \mathcal{L} + \varepsilon$$

et il existe toujours des valeurs de n, dépassant un rang donné, telles que

$$x_n > \mathcal{L} - \varepsilon.$$

De sorte qu'il existe une suite partielle de termes x, qui ont pour limite $\mathcal{L}$.

Si $\mathcal{L} = +\infty$, il existe une suite partielle qui augmente indéfiniment.

Si $\mathcal{L} = -\infty$, les nombres x_n tendent vers $-\infty$.

Les nombres $-x_1$, $-x_2$,... $-x_n$,... ont également une plus grande limite $-l$. La plus petite limite de x_1, x_2,... x_n,... est l. Quel que soit ε il existe un rang n au delà duquel x_n reste compris entre $l - \varepsilon$ et $\mathcal{L} + \varepsilon$. Et il existe des termes, de rang supérieur à tout nombre donné, qui sont inférieurs à $l + \varepsilon$ ou supérieurs à $\mathcal{L} - \varepsilon$.

Si on représente les nombres x_n par les points d'une droite, ces points oscillent indéfiniment dans un segment qui se rapproche de plus en plus de celui qui a pour extrémités les points représentant les valeurs l et $\mathcal{L}$.

5. Fonctions continues. — On dit qu'une quantité x varie d'une façon continue, quand elle ne peut passer d'une valeur à une autre, sans passer par les valeurs intermédiaires. Ainsi, la longueur du chemin que parcourt un point mobile est une variable continue.

Une autre quantité y est fonction de x, si, à chaque valeur de x, correspond une valeur de y, que l'on représente par $f(x)$. Si $f(x + h)$ a une limite finie $f(x)$ lorsque h tend vers zéro, par des valeurs positives ou négatives, on dit que la fonction est continue. Alors $f(x + h) - f(x)$ tend vers zéro avec h ; et, à tout nombre positif ε, correspond un nombre α, tel que

$$| f(x + h) - f(x) | < \varepsilon$$

pour toute valeur de h comprise entre $-\alpha$ et $+\alpha$.

Un polynôme en x est une fonction continue ; $y = \dfrac{1}{x}$ est continu, sauf pour $x = 0$.

Si la fonction $f(x)$ est continue, pour toute valeur de x comprise entre deux nombres a et b, et si $f(a)$ et $f(b)$ sont de signes contraires, il existe une valeur de x, comprise entre a et b, pour laquelle $f(x)$ est nul. Supposons, par exemple,

$$f(a) < 0, \qquad f(b) > 0.$$

Divisons l'intervalle de a à b en m parties égales, par les valeurs :

$$a, \quad x_1 = a + \frac{b - a}{m}, \quad x_2 = a + 2\,\frac{b - a}{m}, \dots \quad x_m = b.$$

Si aucune des valeurs x_1, x_2,... x_{m-1} n'annule $f(x)$, soit b_1 la première pour laquelle $f(b_1) > 0$, et a_1 la précédente ; de sorte que

$$f(a_1) < 0 \qquad \text{et} \qquad b_1 - a_1 = \frac{b - a}{m}.$$

En divisant l'intervalle de a_1 et b_1 en m parties, on prendra deux valeurs a_2, b_2, telles que

$$f(a_2) < 0, \quad f(b_2) > 0, \quad b_2 - a_2 = \frac{b_1 - a_1}{m} = \frac{b - a}{m^2}.$$

Supposons qu'en continuant ainsi on n'arrive jamais à une valeur telle $f(x) = 0$. On aura alors des nombres a_1, a_2,... a_n,... qui ne diminuent jamais, et des nombres b_1, b_2,... b_n,... qui n'augmentent jamais. $b_n - a_n$ tend vers zéro, et ces deux suites ont une limite commune x_0. $f(x)$ étant continu, $f(a_n)$ et $f(b_n)$ ont une même limite $f(x_0)$. Comme $f(a_n)$ reste négatif, et $f(b_n)$ positif, cette limite est égale à zéro :

$$f(x_0) = 0.$$

Soit c un nombre compris entre $f(a)$ et $f(b)$. Les différences $f(a) - c$, $f(b) - c$ sont de signes contraires. La fonction continue $f(x) - c$ sera nulle pour une valeur de x comprise entre a et b. Lorsque la variable x prend toutes les valeurs entre a et b, une fonction continue ne peut passer d'une valeur $f(a)$ à une autre $f(b)$ qu'en passant par toutes les valeurs intermédiaires.

6. Maximum. — a et b étant deux nombres finis, soit $f(x)$ une fonction quelconque, qui reste finie entre $x = a$ et b ; c'est-à-dire qu'à chaque valeur de x, telle que $a \leqslant x \leqslant b$, correspond une valeur de $f(x)$, qui reste inférieure à un nombre B. Soit A un nombre inférieur à l'une au moins des valeurs de $f(x)$. Divisons l'intervalle de A à B en 2^n parties égales, comme au § 2. Parmi les nombres croissants A, A_1, A_2,... B, soit A_p le premier qui reste supérieur à toutes les valeurs de $f(x)$; il existera au moins une valeur pour laquelle $f(x) \geqslant A_{p-1}$. A la division par 2^n correspondent deux nombres $X_n = A_{p-1}$ et $Y_n = A_p$. Lorsque n augmente indéfiniment, X_n et Y_n ont une limite commune M, qui est le maximum de $f(x)$ dans l'intervalle ab. Quel que soit le nombre positif ε, $f(x)$ n'est jamais égal à $M + \varepsilon$, car autrement Y_n resterait supérieur à $M + \varepsilon$, et n'aurait pas pour limite M. Il y a au moins une valeur de $f(x)$ supérieure à $M - \varepsilon$, car autrement X_n ne dépasserait jamais $M - \varepsilon$, et n'aurait pas pour limite M. Mais, si $f(x)$ n'est pas continu, il peut arriver que $f(x)$ ne soit jamais égal à M.

Une fonction continue atteint son maximum. — En effet, supposons $f(x)$ continu entre a et b. Divisons l'intervalle de a à b en m parties égales, comme au § 5 ; on a m intervalles, dans l'un au moins desquels le maximum est le même, M. Si on divise cet intervalle en m parties, et ainsi de suite, on formera des intervalles a_1b_1, a_2b_2,... a_nb_n,... de plus en plus petits, qui ont une limite x_0 ; dans chacun de ces intervalles $f(x)$ a le même maximum M. Quel que soit h, entre $x_0 - h$ et $x_0 + h$, $f(x)$ a pour maximum M, car on peut supposer n assez grand pour que $b_n - a_n < h$, et comme $a_n < x_0 < b_n$, on aura :

$$b_n - h < a_n < x_0 < b_n < a_n + h, \quad x_0 - h < a_n < b_n < x_0 + h.$$

L'intervalle de $x_0 - h$ à $x_0 + h$ comprenant celui de a_n à b_n le maximum ne peut pas être inférieur à M. Il est donc égal à M. On doit avoir $f(x_0) = $ M. En effet, supposons $f(x_0) < $ M ; soit un nombre positif $\varepsilon < $ M $- f(x_0)$. f étant continu, il existe un nombre h tel que $f(x) < f(x_0) + \varepsilon < $ M pour toute valeur de x comprise entre $x_0 - h$ et $x_0 + h$. Le maximum dans cet intervalle serait plus petit que M, ce qui est impossible. Comme $f(x)$ ne dépasse pas M, on aura $f(x_0) = $ M.

De même si, entre a et b, les valeurs de $-f(x)$ restent finies, elles auront un maximum que nous représenterons par $-m$; m est le minimum de $f(x)$. Si f est continu, il existe une valeur x_1 pour laquelle $f(x_1) = m$.

Une fonction continue entre a et b peut prendre toutes les valeurs comprises entre m et M. Si A est un nombre quelconque compris entre le minimum et le maximum, il existe une valeur x_0 comprise entre a et b, telle que $f(x_0) = $ A. Les valeurs qui rendent f maximum ou minimum peuvent être les valeurs extrêmes a ou b.

Exercices

1. Déterminer la limite de $\sqrt{n + 1} - \sqrt{n}$ lorsque n devient infini.

2. Limite de $\sqrt{n^2 + an + b} - \sqrt{n^2 + cn + d}$, lorsque n devient infini.

3. Quelle est la plus grande limite de $\sin\left(\dfrac{n + 1}{\sqrt{n}}\,\pi\right)$, pour n infini.

Former une suite partielle de termes tendant vers cette plus grande limite.

4. Quelles sont les valeurs de x pour lesquelles la fonction $\operatorname{tg}\left(\dfrac{\pi x}{x + 1}\right)$ cesse d'être continue.

CHAPITRE II

—

RADICAUX. BINOME

7. Radicaux arithmétiques. — Soit a une quantité positive, et m un nombre entier. On appelle racine d'ordre m de a le nombre positif qui, élevé à la puissance m reproduit a. On la représente par $\sqrt[m]{a}$ ou $a^{\frac{1}{m}}$. L'égalité $x^m = a$ définit le nombre positif x, que l'on peut calculer avec une approximation donnée.

Les calculs sur les puissances reposent sur les formules suivantes, où a et b sont positifs, m et n entiers positifs :

$$(1) \qquad a^m \times a^n = a^{m+n}, \qquad \frac{a^m}{a^n} = a^{m-n}, \qquad (a^m)^n = a^{mn}$$

$$(2) \qquad a^m \times b^m = (ab)^m \qquad \frac{a^m}{b^m} = \left(\frac{a}{b}\right)^m.$$

Les mêmes formules s'appliquent aux exposants fractionnaires. $a^{\frac{n}{m}}$ représente, par définition, $\sqrt[m]{a^n}$. L'exposant $\frac{n}{m}$ peut se remplacer par un exposant égal $\frac{np}{mp}$. On a en effet :

$$\sqrt[m]{a^n} = a^{\frac{n}{m}} = a^{\frac{np}{mp}} = \sqrt[mp]{a^{np}}$$

car, en élevant les deux membres à la puissance mp, on a : $(a^n)^p$ ou a^{np}. Si $m = \dfrac{p}{q}$, $n = \dfrac{p'}{q'}$ les formules (1) deviennent :

$$\sqrt[q]{a^p} \times \sqrt[q']{a^{p'}} = a^{\frac{p}{q}} \times a^{\frac{p'}{q'}} = a^{\frac{p}{q}+\frac{p'}{q'}} = \sqrt[qq']{a^{pq'+qp'}}$$

$$\frac{\sqrt[q]{a^p}}{\sqrt[q']{a^{p'}}} = \frac{a^{\frac{p}{q}}}{a^{\frac{p'}{q'}}} = a^{\frac{p}{q}-\frac{p'}{q'}} = \sqrt[qq']{a^{pq'-qp'}}$$

$$\sqrt[q']{(\sqrt[q]{a^p})^{p'}} = \sqrt[q']{\left(a^{\frac{p}{q}}\right)^{p'}} = \left(a^{\frac{p}{q}}\right)^{\frac{p'}{q'}} = a^{\frac{pp'}{qq'}} = \sqrt[qq']{a^{pp'}}.$$

Elles se vérifient, en élevant les membres extrêmes à la puissance qq'.

Les formules (2) deviennent

$$\sqrt[q]{a^p}\,\sqrt[q]{b^p} = a^{\frac{p}{q}} \times b^{\frac{p}{q}} = (ab)^{\frac{p}{q}} = \sqrt[q]{(ab)^p}$$

$$\frac{\sqrt[q]{a^p}}{\sqrt[q]{b^p}} = \frac{a^{\frac{p}{q}}}{b^{\frac{p}{q}}} = \left(\frac{a}{b}\right)^{\frac{p}{q}} = \sqrt[q]{\left(\frac{a}{b}\right)^p}$$

et se vérifient en élevant à la puissance q.

8. Exposants négatifs. — Si m et n sont deux nombres positifs, entiers ou fractionnaires, $m > n$, on a

$$\frac{a^m}{a^n} = a^{m-n}.$$

Si $m < n$, cette égalité sert de définition aux exposants négatifs, a^{-m} représente $\dfrac{1}{a^m}$.

Les formules (1) et (2) s'appliquent encore aux exposants négatifs ; en mettant les signes en évidence, la première devient, suivant les cas :

$$a^m \times a^{-n} = \frac{a^m}{a^n} = a^{m-n} = \frac{1}{a^{n-m}}$$

$$a^{-m} \times a^n = \frac{a^n}{a^m} = a^{n-m} = \frac{1}{a^{m-n}}$$

$$a^{-m} \times a^{-n} = \frac{1}{a^m} \times \frac{1}{a^n} = \frac{1}{a^{m+n}} = a^{-m-n}$$

La seconde formule (1) est une conséquence de la première ; la troisième donnera, suivant les cas :

$$(a^m)^{-n} = \frac{1}{(a^m)^n} = \frac{1}{a^{mn}} = a^{-mn}$$

$$(a^{-m})^n = \left(\frac{1}{a^m}\right)^n = \frac{1}{a^{mn}} = a^{-mn}$$

$$(a^{-m})^{-n} = \left(\frac{1}{a^m}\right)^{-n} = a^{mn}.$$

Enfin les formules (2) deviennent :

$$a^{-m} \times b^{-m} = \frac{1}{a^m} \times \frac{1}{b^m} = \frac{1}{(ab)^m} = (ab)^{-m}$$

$$\frac{a^{-m}}{b^{-m}} = \frac{a^m}{\frac{1}{b^m}} = \frac{b^m}{a^m} = \left(\frac{b}{a}\right)^m = \left(\frac{a}{b}\right)^{-m}.$$

9. Transformations algébriques. — Lorsqu'une fraction algébrique a un dénominateur contenant des radicaux, il est souvent utile de le rendre rationnel, ce qui est possible, en multipliant les deux termes de la fraction par une même expression.

Par exemple, $\sqrt{}$ représentant une racine carrée, on a

$$\frac{1}{\sqrt{a} + \sqrt{b}} = \frac{\sqrt{a} - \sqrt{b}}{a - b}.$$

De même

$$(\sqrt{a} + \sqrt{b} + \sqrt{c})(\sqrt{a} + \sqrt{b} - \sqrt{c})(\sqrt{a} - \sqrt{b} + \sqrt{c})(-\sqrt{a} + \sqrt{b} + \sqrt{c}) =$$
$$= [(\sqrt{a} + \sqrt{b})^2 - c][c - (\sqrt{a} - \sqrt{b})^2] =$$
$$= (2\sqrt{ab} + a + b - c)(2\sqrt{ab} - a - b + c) =$$
$$= 2(ab + bc + ca) - (a^2 + b^2 + c^2)$$

ce qui permet de rendre rationnel le dénominateur de l'expression

$$\frac{1}{\sqrt{a} + \sqrt{b} + \sqrt{c}}.$$

Si le dénominateur est un polynôme en x, où $x = \sqrt[3]{y}$, on peut le ramener à la forme $ax^2 + bx + c$, où a, b, c, sont rationnels en y. On peut ensuite déterminer un polynôme du quatrième degré en x, dont le produit par $ax^2 + bx + c$ ne contienne que des puissances de x^3. On trouve l'identité :

$$(ax^2 + bx + c)\,[a^2x^4 - abx^3 + (b^2 - ac)x^2 - bcx + c^2] =$$
$$a^3x^6 + b(b^2 - 3ac)x^3 + c^3$$

qui permet de rendre rationnel le dénominateur de $\dfrac{1}{ax^2 + bx + c}$.

La même méthode s'applique à des racines d'ordre quelconque, et permet, par des réductions successives, de rendre les dénominateurs rationnels.

10. Produit de binomes. — Soit un produit de m facteurs :

$$(x + a)\,(x + b)\,(x + c)\,\ldots\,(x + k)\,(x + l) =$$
$$= x^m + S_1 x^{m-1} + S_2 x^{m-2} + \ldots + S_p x^{m-p} + \ldots + S_m$$

cherchons le nombre de termes de chaque coefficient.

$$S_1 = a + b + \ldots + l$$

contient m termes

$$S_2 = ab + ac + \ldots + kl.$$

Chacun de ces termes peut s'obtenir en multipliant un terme de S_1, par exemple a, par l'une des $m - 1$ autres lettres. On obtient ainsi $m(m - 1)$ termes ; mais chacun est formé deux fois, le terme ab, par exemple, provenant du terme a de S_1 multiplié par b, et aussi du terme b multiplié par a. Le nombre des termes de S_2 est donc $\dfrac{m(m - 1)}{2}$.

En général, soit c_p le nombre des termes de S_p ; chacun d'eux peut se déduire d'un terme de S_{p-1} multiplié par l'une des $m - (p - 1)$ lettres qui manquent, ce qui donnerait

$$(m - p + 1) \times c_{p-1}$$

termes. Mais comme chaque terme de S_p renferme p lettres, on l'obtiendra p fois, en multipliant l'un des termes de S_{p-1} par une de ces p lettres. On a donc

$$c_p = \frac{m - p + 1}{p}\, c_{p-1}.$$

En multipliant les égalités obtenues pour $p = 2, 3, \ldots$ on a

$$c_0 = 1, \; c_1 = m, \; c_2 = \frac{m(m-1)}{2}, \; \ldots \; c_p = \frac{m(m-1)\ldots(m-p+1)}{1.2\ldots p}, \ldots$$

$$c_m = \frac{m(m-1)\ldots 1}{1.2\ldots m} = 1.$$

On peut encore écrire :

$$c_p = \frac{m(m-1)\ldots(m-p+1)}{1.2\ldots p} = \frac{(p+1)(p+2)\ldots m}{(m-p)(m-p-1)\ldots 2.1} =$$

$$= c_{m-p} = \frac{1.2\ldots m}{1.2\ldots p \times 1.2\ldots(m-p)}$$

donc les coefficients S_p et S_{m-p}, à égale distance des extrêmes, ont le même nombre de termes.

11. Formule du binôme. — Si $a = b = \ldots = k = l$, S_p sera formé de c_p termes égaux à a^p, et :

$$(x + a)^m = x^m + \frac{m}{1} a x^{m-1} + \frac{m(m-1)}{1.2} a^2 x^{m-2} + \ldots$$

$$+ \frac{m(m-1)\ldots(m-p+1)}{1.2\ldots p} a^p x^{m-p} + \ldots + a^m.$$

Le rapport de deux coefficients consécutifs $\dfrac{m-p+1}{p}$ est plus grand que 1 si

$$m - p + 1 > p, \qquad p < \frac{m+1}{2}.$$

Les coefficients augmentent, puis diminuent, en reprenant les mêmes valeurs.

Si m est pair, il y a un coefficient plus grand que les autres. Si m est impair, le nombre des termes, $m + 1$, est pair, il y a deux coefficients égaux, supérieurs aux autres. Par exemple :

$$(x + a)^3 = x^3 + 3 a x^2 + 3 a^2 x + a^3$$

$$(x + a)^4 = x^4 + 4 a x^3 + 6 a^2 x^2 + 4 a^3 x + a^4.$$

La même formule s'applique au développement de $(x - a)^m$, on a alors alternativement les signes $+$ et $-$.

12. Application. — Soit à calculer la somme des carrés des n premiers nombres entiers. On a :

$$(x + 1)^3 - x^3 = 3x^2 + 3x + 1.$$

Si on ajoute les n équations obtenues pour $x = 1, 2, \ldots n$, le premier membre devient :

$$(2^3 - 1) + (3^3 - 2^3) + \ldots + \big((n + 1)^3 - n^3\big) = (n + 1)^3 - 1 = n^3 + 3n^2 + 3n.$$

On a :

$$n^3 + 3n^2 + 3n = 3(1^2 + 2^2 + \ldots + n^2) + 3(1 + 2 + \ldots + n) + n.$$

Mais

$$1 + 2 + \ldots + n = n + (n - 1) + \ldots + 1 = \frac{n(n + 1)}{2}$$

$$3(1^2 + 2^2 + \ldots + n^2) = n^3 + 3n^2 + 2n - 3\frac{n(n+1)}{2} = n(n+1)\left(n+\frac{1}{2}\right)$$

$$1^2 + 2^2 + \ldots + n^2 = \frac{n(n + 1)(2n + 1)}{6}.$$

Cherchons de même la somme des cubes des n premiers nombres. On a :

$$(x + 1)^4 - x^4 = 4x^3 + 6x^2 + 4x + 1.$$

Remplaçons x par $1, 2, \ldots n$, et ajoutons, on a :

$$(n + 1)^4 - 1 = 4(1^3 + 2^3 + \ldots + n^3) + 6(1^2 + 2^2 + \ldots + n^2) + 4(1 + 2 + \ldots + n) + n$$

$$4(1^3 + 2^3 + \ldots + n^3) =$$

$$= (n+1)^4 - (n+1) - 2n(n+1) - n(n+1)(2n+1) = (n+1)(n^3 + n^2)$$

$$1^3 + 2^3 + \ldots + n^3 = \left(\frac{n(n + 1)}{2}\right)^2.$$

Exercices

1. Simplifier l'expression

$$\frac{2}{\sqrt{3} - \sqrt{2}} - \frac{3}{3\sqrt{2} - 2\sqrt{3}} - \frac{5}{2\sqrt{3} - \sqrt{2}}.$$

2. Calculer la limite, pour n infini, de

$$\frac{\sqrt[4]{n+1}-\sqrt[4]{n}}{\sqrt[3]{n+1}-\sqrt[3]{n}} \times n^{\frac{1}{12}}.$$

3. Rendre rationnelle et résoudre l'équation

$$(x+1)^{\frac{1}{3}} + (x-1)^{\frac{1}{3}} = (5x)^{\frac{1}{3}}.$$

4. Calculer la somme :

$$1.2.3 + 2.3.4 + \ldots + n(n+1)(n+2).$$

CHAPITRE III

—

DÉTERMINANTS

13. Définition. — Supposons données n suites de n quantités, que nous désignerons par les notations suivantes en les disposant en carré :

$$(1) \qquad \begin{vmatrix} a_1 b_1 c_1 & . & . & . & . & . & l_1 \\ a_2 b_2 c_2 & . & . & . & . & . & l_2 \\ . & . & . & . & . & . & . \\ a_n b_n c_n & . & . & . & . & . & l_n \end{vmatrix}$$

choisissons n de ces quantités de façon qu'il y en ait une de chaque colonne, et aussi une de chaque ligne, et formons leur produit. Les n lettres $abc\ldots l$, rangées dans l'ordre des colonnes, auront les n indices $1, 2\ldots n$, mais dans un ordre quelconque. Dans le terme $a_1 b_2 c_3 \ldots, l_n$ formé des éléments de la diagonale, les indices $1, 2\ldots n$ ont l'ordre des lignes, sans inversion ; on le nomme terme principal. Dans un autre produit, tel que $a_4 b_2 c_1 \ldots,$ deux indices 1 et 4 ont une inversion, si le plus grand 4 se trouve le premier. En prenant tous les indices deux à deux, s'il y a p inversions, on multipliera le produit considéré par $(-1)^p$; c'est-à-dire qu'on mettra le signe $+$ si p est pair, $-$ si p est impair. On nomme déterminant la somme de tous les produits ainsi formés, qu'on représente par la notation (1). Par exemple :

$$\begin{vmatrix} a_1 b_1 c_1 \\ a_2 b_2 c_2 \\ a_3 b_3 c_3 \end{vmatrix} = a_1 b_2 c_3 - a_1 b_3 c_2 + a_2 b_3 c_1 - a_2 b_1 c_3 + a_3 b_1 c_2 - a_3 b_2 c_2$$

Le terme $a_2b_3c_1$ ayant deux inversions 2.1, 3.1 a le signe $+$.

Le terme $a_3b_2c_1$ ayant trois inversions, 2.1, 3.1, 3.2 a le signe $-$.

Les éléments peuvent être des expressions algébriques, ou des nombres ; par exemple :

$$\begin{vmatrix} 1 & -1 \\ x & y \end{vmatrix} = y + x$$

On peut encore, dans chaque produit, conserver l'ordre des lignes, et compter les inversions des colonnes. Soit, par exemple, $n = 5$, et le terme $- a_3b_4c_1d_5e_2$ qui a les inversions 3.1, 4.1, 3.2, 4.2, 5.2. On peut l'écrire $- c_1e_2a_3b_4d_5$. Avant c_1 il y avait a_3b_4 qui ont passé après ; au lieu des deux inversions de l'indice 1, on aura deux inversions de la colonne c avec a et b. Ayant déjà compté les inversions de la lettre c et de l'indice 1, supprimons c_1. Avant e_2 il restait $a_3b_4d_5$ qui passeront après ; au lieu des trois inversions de l'indice 2 avec 3, 4, 5, on aura trois inversions de la colonne e avec a, b, d. Sous la nouvelle forme, l'ordre des lignes 1, 2... étant conservé, en comptant les inversions des lettres abc.., ou des colonnes, on trouvera le même nombre p, et le même signe. Le déterminant (1) est donc égal au déterminant :

$$(2) \qquad \begin{vmatrix} a_1a_2a_3 & \cdot & \cdot & \cdot & \cdot & \cdot & a_n \\ b_1b_2b_3 & \cdot & \cdot & \cdot & \cdot & \cdot & b_n \\ \cdot & \cdot & \cdot & \cdot & \cdot & \cdot & \cdot \\ l_1l_2l_3 \cdot & \cdot & \cdot & \cdot & \cdot & \cdot & l_n \end{vmatrix}$$

14. Propriétés des déterminants. — *Si on permute deux colonnes, ou deux lignes, le déterminant change de signe.*

Supposons d'abord qu'on permute deux colonnes consécutives, soit b et c, et qu'on forme le déterminant

$$(3) \qquad \begin{vmatrix} a_1c_1b_1 & \cdot & \cdot & \cdot & \cdot & \cdot & l_1 \\ a_2c_2b_2 & \cdot & \cdot & \cdot & \cdot & \cdot & l_2 \\ \cdot & \cdot & \cdot & \cdot & \cdot & \cdot & \cdot \\ a_nc_nb_n & \cdot & \cdot & \cdot & \cdot & \cdot & l_n \end{vmatrix}$$

un terme $a_3b_2c_1$..., du déterminant (1), deviendra $a_3c_1b_2$... ; les indices 1 et 2, des lettres b et c, ont une inversion pour l'un de ces termes, et l'ordre naturel des lignes pour l'autre. Les autres inversions restent les mêmes. Le nombre des inversions augmente ou diminue d'une unité ; le signe de chaque terme est changé, et le déterminant (3) est formé des mêmes termes que (1) avec des signes contraires.

Si on permute deux colonnes quelconques, soit a et d ; au lieu de $abcd$, on écrira $dbca$. On peut d'abord permuter a successivement de trois rangs, en écrivant $bacd$, $bcad$, $bcda$; puis reculer d de deux rangs successifs : $bdca$, $dbca$; ce qui change le signe $3 + 2$ ou 5 fois. En général, s'il y a p colonnes entre les deux que l'on permute, on aura $(p + 1) + p$ ou $2p + 1$ permutations successives ; le déterminant sera multiplié par $(— 1)^{2p + 1}$ ou $— 1$.

En mettant le déterminant (1) sous la forme (2), on voit qu'en permutant deux lignes, on change également le signe.

Un déterminant qui a deux colonnes, ou deux lignes, identiques est nul. Soit, par exemple, le déterminant (1), que nous représenterons par D, où :

$$a_1 = c_1, \ a_2 = c_2 \dots a_n = c_n.$$

Si on permute les colonnes a et c, le déterminant ne change pas ; mais, comme il doit changer de signe, on a :

$$D = — D. \qquad D = O$$

Il est facile de vérifier que les termes sont deux à deux égaux et de signes contraires.

15. Développement d'un déterminant. — Si, dans le déterminant (1), on prend les termes qui contiennent a_1, et si l'on met a_1 en facteur, le coefficient de a_1 est le déterminant d'ordre $n — 1$:

$$\begin{vmatrix} b_2 c_2 & . & . & . & . & . & . & l_2 \\ b_3 c_3 & . & . & . & . & . & . & l_3 \\ . & . & . & . & . & . & . & . \\ b_n c_n & . & . & . & . & . & . & l_n \end{vmatrix}$$

car chacun de ses termes, multiplié par a_1, reproduit un terme du déterminant (1) avec le même signe.

Considérons, de même, un élément de la colonne de rang p, et de la ligne q ; on pourra ramener sa colonne à être la première, sans changer les autres, par $p - 1$ permutations successives ; puis sa ligne à être la première par $q - 1$ permutations. Cet élément occupe alors la place qu'avait a_1, et le déterminant aura été multiplié par $(-1)^{p+q}$. Donc, si on met cet élément en facteur dans tous les termes qui le contiennent, son coefficient sera égal au déterminant d'ordre $n - 1$, obtenu en supprimant la colonne et la ligne de l'élément considéré, multiplié par $(-1)^{p+q}$.

Par exemple, si $p = 3$, $q = 2$, le déterminant (1) s'écrira :

$$D = (-1)^5 \begin{vmatrix} c_2 a_2 b_2 d_2 \cdot & \cdot & \cdot & \cdot & \cdot \\ c_1 a_1 b_1 d_1 \cdot & \cdot & \cdot & \cdot & \cdot \\ c_3 a_3 b_3 d_3 \cdot & \cdot & \cdot & \cdot & \cdot \\ \cdot & \cdot & \cdot & \cdot & \cdot \end{vmatrix}$$

le coefficient de c_2 est

$$(-1)^5 \begin{vmatrix} a_1 b_1 d_1 & \cdot & \cdot & \cdot & \cdot & \cdot \\ a_3 b_3 d_3 & \cdot & \cdot & \cdot & \cdot & \cdot \\ \cdot & \cdot & \cdot & \cdot & \cdot & \cdot \\ a_n b_n d_n & \cdot & \cdot & \cdot & \cdot & \cdot \end{vmatrix}$$

chaque terme du déterminant (1) contenant l'un des éléments $a_1 a_2 \ldots a_n$, et un seul, si $D_1 D_2 \ldots D_n$ sont leurs coefficients, on aura

$$(4) \qquad D = a_1 D_1 + a_2 D_2 + \ldots + a_n D_n$$

$D_1 D_2 \ldots, D_n$ ne contiennent pas $a_1 a_2 \ldots a_n$; par suite, la somme $b_1 D_1 + b_2 D_2 + \ldots + b_n D_n$ représente la valeur du déterminant (1) où $a_1 a_2 \ldots a_n$ seraient remplacés par $b_1 b_2 \ldots b_n$; comme alors deux colonnes deviennent identiques, on a :

$$(5) \qquad b_1 D_1 + b_2 D_2 + \ldots + b_n D_n = 0$$

On peut de même développer un déterminant suivant les éléments d'une colonne, ou d'une ligne quelconque. La somme des n produits formés, en multipliant chaque élément d'une colonne (ou ligne) par le coefficient de l'élément correspondant d'une autre colonne (ou ligne), est égale à zéro.

Les relations analogues à (4) montrent que, si on multiplie par un même nombre tous les éléments d'une ligne, ou d'une colonne, le déterminant est multiplié par ce nombre.

Des relations (4) et (5) on déduit :

$$D = (a_1 + Kb_1)D_1 + (a_2 + Kb_2)D_2 + \ldots + (a_n + Kb_n)D_n$$

ainsi, on ne change pas la valeur d'un déterminant, en ajoutant aux éléments d'une colonne (ou d'une ligne) les éléments correspondants d'une autre colonne (ou ligne) multipliées par un même nombre. Ces transformations permettent souvent de simplifier un déterminant, en rendant nuls plusieurs éléments.

16. Equations du premier degré. — Soit à résoudre un système de n équations du premier degré à n inconnues x, y, $z \ldots u$:

$$(6) \quad \begin{cases} a_1 x + b_1 y + c_1 z + \ldots + l_1 u = p_1 \\ a_2 x + b_2 y + c_2 z + \ldots + l_2 u = p_2 \\ \ldots \ldots \ldots \ldots \ldots \\ a_n x + b_n y + c_n z + \ldots + l_n u = p_n \end{cases}$$

Formons, avec les coefficients des inconnues, le déterminant (1) sous la forme (4), et ajoutons les équations (6) multipliées respectivement par $D_1 D_2 \ldots D_n$, en tenant compte de (5) et des relations analogues. On aura :

$$(7) \qquad Dx = p_1 D_1 + p_2 D_2 + \ldots + p_n D_n = \begin{vmatrix} p_1 b_1 c_1 \ldots l_1 \\ p_2 b_2 c_2 \ldots l_2 \\ \cdot \quad \cdot \quad \cdot \quad \cdot \\ p_n b_n c_n \ldots l_n \end{vmatrix}$$

le même calcul s'applique à chaque colonne, c'est-à-dire à chaque inconnue, qui s'obtient en divisant, par le déterminant des coefficients, ce déterminant dans lequel les coefficients de l'inconnue considérée sont remplacés par les second membres des équations. On voit que, si D n'est pas nul, il n'y a qu'une seule solution.

Si $D = o$, D_1 n'étant pas nul, l'équation (7) peut remplacer la première équation (6). Si le second membre de (7) n'est pas nul, cette équation étant impossible, le système (6) n'a aucune solution. Mais, si le déterminant, qui forme le second membre de (7), est nul, la première équation (6) est une conséquence des autres, il reste $n - 1$ équations. On peut choisir la valeur de x arbitrairement ; comme $D_1 \lessgtr o$, $yz \ldots u$ auront des valeurs déterminées. Ainsi le système (6) est ou incompatible, ou indéterminé.

Comme on peut changer l'ordre des équations et des inconnues, il en est de même, lorsque $D = 0$, pourvu que l'un des éléments ait son coefficient différent de zéro.

Supposons nuls tous les déterminants, d'ordre $n - 1$, obtenus en supprimant une ligne et une colonne de D. En développant le déterminant D_1 on a :

$$D_1 = b_2 D_2' + b_3 D_3' + \ldots b_n D_n'$$

D_2' est le déterminant, d'ordre $n - 2$, obtenu en supprimant les deux premières lignes, et les deux premières colonnes de D. Supposons qu'il ne soit pas nul, ajoutons les équations (6) multipliées respectivement par $0\ D_2' D_3' \ldots D_n'$, on a l'équation suivante, qui peut remplacer la seconde :

$$x(a_2 D_2' + a_3 D_3' + \ldots + a_n D_n') = p_2 D_2' + p_3 D_3' + \ldots + p_n D_n' =$$

$$= \begin{vmatrix} p_2 c_2 \ldots l_2 \\ p_3 c_3 \ldots l_3 \\ \cdot \quad \cdot \quad \cdot \\ p_n c_n \ldots l_n \end{vmatrix}$$

Mais le coefficient de x est le coefficient de b_1 dans le déterminant D, on le suppose nul. Cette relation est donc impossible, excepté si elle devient une identité. Un calcul analogue permet de remplacer la première équation par une équation ne contenant plus d'inconnues. Donc, ou le système (6) n'a pas de solution, ou il se réduit à $n - 2$ équations ; x et y restant arbitraires, on pourra calculer les autres inconnues.

En général, si tous les déterminants, obtenus en supprimant p lignes et p colonnes quelconques de D, sont nuls, les équations (6) sont incompatibles, à moins qu'elles se réduisent à $n - p$ équations, p de ces équations étant une conséquence des autres, et p inconnues restant arbitraires.

17. Equations homogènes. — Si, dans les équations (6), on a $p_1 = p_2 = \ldots = p_n = 0$ ces équations sont homogènes, l'équation (7) devient

$$Dx = 0.$$

Si D n'est pas nul, on trouvera $x = y = \ldots = u = 0$.

Si $D = 0$, D_1 n'étant pas nul, la première équation est une conséquence des autres; on peut choisir x, et calculer y, z... au moyen des $n - 1$ équations qui restent, dont les seconds membres deviennent $- a_2 x$, $- a_3 x$... On a, par exemple :

$$y \begin{vmatrix} b_2 c_2 ... l_2 \\ b_3 c_3 ... l_3 \\ . \quad . \quad . \\ b_n c_n ... l_n \end{vmatrix} = - x \begin{vmatrix} a_2 c_2 ... l_2 \\ a_3 c_3 ... l_3 \\ . \quad . \quad . \\ b_n c_n ... l_n \end{vmatrix}$$

les coefficients, de y et de x, sont ici les coefficients des éléments a_1 et b_1 (avec leurs signes) dans le déterminant D. Donc, si on développe le déterminant (1) suivant les éléments de la première ligne, sous la forme

$$D = a_1 A_1 + b_1 B_1 + c_1 C_1 + ... + l_1 L_1$$

on aura

$$\frac{x}{A_1} = \frac{y}{B_1} = \frac{z}{C_1} = ... = \frac{u}{L_1}$$

x, y, z... sont proportionnels aux coefficients de $a_1 b_1 c_1$... dans D.

Dans le cas où $D_1 = 0$, ainsi que tous les déterminants analogues d'ordre $n - 1$, les équations homogènes se réduisent à $n - 2$, il y a deux inconnues arbitraires.

Enfin les mêmes calculs permettent d'éliminer n inconnues entre $n + 1$ équations du premier degré. Dans les n équations (6) supposons qu'il y ait $n - 1$ inconnues x, y, z... u, et formons le déterminant

$$D = \begin{vmatrix} a_1 b_1 c_1 ... l_1 p_1 \\ a_2 b_2 c_2 ... l_1 p_2 \\ . \quad . \quad . \quad . \\ a_n b_n c_n ... l_n p_n \end{vmatrix} = p_1 D_1 + p_2 D_2 + ... + p_n D_n$$

développé suivant les éléments de la dernière colonne. En ajoutant les équations (6), multipliées par $D_1 D_2 ... D_n$, on aura $D = 0$.

Si D n'est pas nul les équations sont incompatibles, si D est nul elles se réduisent à $n - 1$ équations.

Exercices

1. Montrer que $\begin{vmatrix} 1 & 1 & 1 \\ x & y & z \\ x^2 & y^2 & z^2 \end{vmatrix}$ est égal à $(x-y)(y-z)(z-x)$.

2. Calculer la valeur du déterminant $\begin{vmatrix} 0 & a & b & c \\ -a & 0 & c' & b' \\ -b & -c' & 0 & a' \\ -c & -b' & -a' & 0 \end{vmatrix}$.

3. Entre les côtés et les angles d'un triangle on a les trois relations
$$a = b\cos C + c\cos B, \quad b = c\cos A + a\cos C, \quad c = a\cos B + b\cos A$$
éliminer a, b, c entre ces équations homogènes.

CHAPITRE IV

—

SÉRIES

18. Définitions. — On appelle série une suite illimitée de termes $u_1, u_2 \ldots u_n \ldots$ Soit S_n la somme des n premiers termes :

$$S_n = u_1 + u_2 + \ldots + u_n.$$

Si S_n a une limite finie, lorsque n augmente indéfiniment, on dit que la série est convergente. Si S_n n'a pas une limite finie, on dit que la série est divergente. Par exemple, pour la progression géométrique, $1, q, q^2 \ldots$

$$S_n = 1 + q + q^2 + \ldots + q^{n-1} = \frac{q^n - 1}{q - 1}.$$

Si $q < 1$ elle est convergente, et a pour somme $\frac{1}{1 - q}$. Si $q \geqslant 1$, $S_n \geqslant n$ augmente indéfiniment, la progression est divergente.

La série $1 - 1 + 1 - 1 \ldots$ est divergente, S_n est alternativement égal à 1 et 0, et n'a pas de limite.

Si une série est convergente, S_n et S_{n-1} ont la même limite, $u_n = S_n - S_{n-1}$ tend vers zéro. Pour qu'une série soit convergente, il est nécessaire que le terme général tende vers zéro ; mais cela ne suffit pas.

Pour savoir si une série est convergente, on peut modifier ou supprimer un nombre limité de termes, et ne considérer que ceux qui suivent un rang déterminé. La somme S_n ne change que d'une quantité finie, la série ne cesse pas d'être soit convergente, soit divergente.

19. Séries à termes positifs. — Si les termes d'une série sont tous positifs, S_n augmente avec n. Donc, si S_n n'augmente pas indéfiniment, il y a une limite (§ 2), et la série est convergente.

Considérons deux séries à termes positifs $u_1\ u_2\ \ldots\ u_n\ \ldots$, $v_1\ v_2\ \ldots\ v_n\ \ldots$, et un nombre positif fixe a. Supposons la série v convergente, soit S sa limite. Si, quel que soit n, $u_n < av_n$, on en déduit :

$$u_1 + u_2 + \ldots + u_n < a\,(v_1 + v_2 + \ldots + v_n) < aS$$

la série u est aussi convergente.

Comme on peut modifier un nombre limité de termes, il suffit que l'on ait $u_n < av_n$ à partir d'un rang déterminé. Si n augmente indéfiniment, $\dfrac{u_n}{v_n}$ aura une plus grande limite (§ 4) et cette règle s'applique lorsque cette plus grande limite est finie.

Inversement, si la série v est divergente, et si, quel que soit n, $v_n < au_n$, on en déduit :

$$u_1 + u_2 + \ldots + u_n > \frac{1}{a}\,(v_1 + v_2 + \ldots + v_n)$$

cette expression augmente indéfiniment, la série u est aussi divergente.

Cette règle s'applique si $\dfrac{v_n}{u_n}$ a une plus grande limite finie.

20. Règle de Dalembert. — *Dans une série à termes positifs, si, à partir d'un rang déterminé, le rapport d'un terme au précédent reste inférieur à un nombre K plus petit que 1, la série est convergente.*

On peut en effet, en changeant les premiers termes, supposer $\dfrac{u_{n+1}}{u_n} < K$ à partir de $n = 1$. On a alors :

$$u_{n+1} = u_1\,\frac{u_2}{u_1} \times \frac{u_3}{u_2} \times \ldots \frac{u_{n+1}}{u_n} < u_1 \times K^n$$

les termes de la série u, étant plus petits que ceux d'une progression géométrique décroissante, cette série est convergente.

Si S est la somme de la série, on a :

$$S - S_n = u_{n+1} + u_{n+2} + \ldots < u_{n+1}\,(1 + K + K^2 + \ldots\ldots) = \frac{u_{n+1}}{1 - K}$$

ce qui donne une limite supérieure de l'approximation lorsque, pour calculer S, on ne prend que n termes.

Si, à partir d'un rang déterminé, le rapport $\frac{u_{n+1}}{u_n}$ reste supérieur, ou égal à 1, les termes ne décroissent pas, le terme général ne tend pas vers zéro, la série est divergente.

Si $\frac{u_{n+1}}{u_n}$ a une limite l, lorsque n augmente indéfiniment, et si $l < 1$, on pourra choisir K tel que $l < K < 1$, et n assez grand pour que $\frac{u_{n+1}}{u_n}$ reste plus petit que K, donc la série est convergente.

Si $l > 1$ la série est divergente. Elle est également divergente si $\frac{u_{n+1}}{u_n}$ tend vers 1 en restant supérieur à cette limite.

Si $\frac{u_{n+1}}{u_n}$ a une plus grande limite inférieure à 1 la série est convergente.

Par exemple, pour la série $1 + x + 2x^2 + \ldots + nx^n + \ldots$, le rapport $\frac{n}{n-1} x$ tend vers x par des valeurs supérieures ; elle est convergente si $x < 1$, divergente si x est égal ou supérieur à 1.

Pour la série $1 + x + \frac{x^2}{2} + \ldots + \frac{x^n}{n} + \ldots$ le rapport $\frac{n-1}{n} x$ tend vers x par des valeurs inférieures, la règle de Dalembert n'indique rien lorsque $x = 1$.

21. Règle de Cauchy. — *Dans une série à termes positifs, si, à partir d'un rang déterminé, $\sqrt[n]{u_n}$ reste inférieur à un nombre* K *plus petit que* 1, *la série est convergente.*

On a, en effet, $u_n < K^n$; les termes sont inférieurs à ceux d'une progression géométrique décroissante.

Si S est la somme de la série, on a :

$$S - S_n = u_{n+1} + u_{n+2} + \ldots < K^{n+1} + K^{n+2} + \ldots = \frac{K^{n+1}}{1 - K}$$

ce qui permet de calculer S avec une approximation donnée.

Si $\sqrt[n]{u_n}$ reste supérieur à 1, pour une infinité de valeurs de n, c'est-à-dire pour des termes particuliers formant une suite illimitée ; pour ces termes, $u_n > 1$, la série est divergente, puisque les termes ne tendent pas tous vers zéro.

Soit $\mathcal{L}$ la plus grande limite de $\sqrt[n]{u_n}$ (§ 4). Si $\mathcal{L} < 1$, on peut choisir K tel que $\mathcal{L} < K < 1$; à partir d'un rang déterminé 'on aura $\sqrt[n]{u_n} < K$, la série sera convergente.

Si $\mathcal{L} > 1$, il y aura une suite infinie de termes tels que $\sqrt[n]{u_n} > 1$, et $u_n > 1$, donc la série est divergente. Il en est de même, lorsque $\mathcal{L} = 1$, s'il y a une infinité de valeurs de $\sqrt[n]{u_n}$ supérieures à la limite 1.

Lorsque la règle de Dalembert s'applique à une série convergente, celle de Cauchy s'applique aussi. En effet, si $\frac{u_{n+1}}{u_n}$ reste, quel que soit n, plus petit que K, on a :

$$u_n = u_1 \times \frac{u_2}{u_1} \times \frac{u_3}{u_2} \times \ldots \times \frac{u_n}{u_{n-1}} < u_1 K^{n-1}$$

$$\sqrt[n]{u_n} < K \sqrt[n]{\frac{u_1}{K}}$$

$\sqrt[n]{\frac{u_1}{K}}$ tend vers 1. Donc $\sqrt[n]{u_n}$ a une plus grande limite au plus égale à K.

Si $K < 1$ les deux règles s'appliquent. Si $\frac{u_{n+1}}{u_n} < K < 1$, à partir d'un rang déterminé, on peut supposer que cela a lieu à partir de $n = 1$, sans que la série cesse d'être convergente.

Du reste, si $\frac{u_{n+1}}{u_n}$ a une limite finie l, $\sqrt[n]{u_n}$ a la même limite. En effet, quel que soit ε, à partir d'un rang déterminé p, $\frac{u_{n+1}}{u_n}$ reste compris entre $l - \varepsilon$ et $l + \varepsilon$ (ε étant supposé plus petit que l). Donc, si $n > p$, on a :

$$u_n = u_p \frac{u_{p+1}}{u_p} \times \frac{u_{p+2}}{u_{p+1}} \times \ldots \times \frac{u_n}{u_{n-1}} < u_p \, (l + \varepsilon)^{n-p} = \frac{u_p}{(l + \varepsilon)^p} \, (l+\varepsilon)^n$$

et

$$u_n > u_p (l - \varepsilon)^{n-p}$$

$\sqrt[n]{u_n}$ est compris entre $(l + \varepsilon) \sqrt[n]{\frac{u_p}{(l + \varepsilon)^p}}$ et $(l - \varepsilon) \sqrt[n]{\frac{u_p}{(l - \varepsilon)^p}}$.

$\sqrt[n]{\frac{u_p}{(l + \varepsilon)^p}}$ tend vers 1 lorsque. p restant fixe, n augmente indéfiniment ; il existe un rang n, à partir duquel cette quantité reste inférieure à $1 + \varepsilon$; on a alors

$$\sqrt[n]{u_n} < (l + \varepsilon)(1 + \varepsilon) = l + \varepsilon(1 + l + \varepsilon).$$

De même, à partir d'un rang déterminé

$$\sqrt[n]{u_n} > (l - \varepsilon)(1 - \varepsilon) = l - \varepsilon(1 + l - \varepsilon) > l - \varepsilon(1 + l + \varepsilon).$$

Si ε' est donné arbitrairement, on peut choisir $\varepsilon = \dfrac{\varepsilon'}{1 + l + \varepsilon'}$ de façon que $\varepsilon(1 + l + \varepsilon) < \varepsilon(1 + l + \varepsilon') = \varepsilon'$; il existera un rang déterminé au delà duquel $\sqrt[n]{u_n}$ reste compris entre $l - \varepsilon'$ et $l + \varepsilon'$.

Donc $\sqrt[n]{u_n}$ a aussi pour limite l.

Dans le cas particulier où $l = 0$, le même raisonnement s'applique, en remplaçant $l - \varepsilon$ par zéro, dans les inégalités précédentes.

La réciproque n'est pas vraie, la règle de Cauchy peut s'appliquer sans celle de Dalembert ; $\sqrt[n]{u_n}$ peut avoir une limite, sans que $\dfrac{u_{n+1}}{u_n}$ en ait une. Soit, par exemple, la série

$$\sum a^{(-1)^n} \times \frac{x^n}{n} = \frac{x}{a} + \frac{ax^2}{2} + \frac{x^3}{3a} + \cdots + \frac{ax^{2n}}{2n} + \frac{x^{2n+1}}{(2n+1)a} + \cdots.$$

Le rapport d'un terme au précédent a alternativement les valeurs $\dfrac{2n-1}{2n}\, a^2 x$ et $\dfrac{2n}{2n+1} \cdot \dfrac{x}{a^2}$ qui ont pour limites $a^2 x$ et $\dfrac{x}{a^2}$. Tandis que $\sqrt[n]{n}$ tend vers 1 comme $\dfrac{n+1}{n}$, $\sqrt[n]{a}$ tend aussi vers 1, de sorte que $\sqrt[n]{u_n}$ a pour limite x. Si l'on suppose $a^2 < x < 1$ la règle de Cauchy montre que la série est convergente, celle de Dalembert n'indique rien, puisque $a^2 x < 1$, $\dfrac{x}{a^2} > 1$.

La règle de convergence de Dalembert ne s'applique qu'aux séries dont les termes décroissent constamment ; cela n'a pas lieu pour la série précédente. Cependant si $x = a^2 < 1$ on a la série décroissante :

$$\sum \frac{1}{n} x^{n + \frac{(-1)^n}{2}} = \sqrt{x}\left[1 + \frac{x^2}{2} + \frac{x^2}{3} + \frac{x^4}{4} + \frac{x^4}{5} + \cdots + \frac{x^{2n}}{2n} + \frac{x^{2n}}{2n+1} + \cdots\right]$$

$\dfrac{u_{n+1}}{u_n}$ a les deux limites 1 et x^2, $\sqrt[n]{u_n}$ tend vers x. La règle de Cauchy s'applique seule.

Ainsi la règle de Cauchy est plus générale que celle de Dalembert. Celle-ci est cependant utile, car elle est souvent plus facile à appliquer.

22. Série harmonique. — On appelle série harmonique, la série :

$$1, \frac{1}{2}, \frac{1}{3}, \cdots \frac{1}{n} \cdots$$

On a

$$\frac{1}{n+1} + \frac{1}{n+2} + \cdots + \frac{1}{2n} > \frac{n}{2n} = \frac{1}{2}.$$

Si on groupe les termes de la façon suivante :

$$1 + \frac{1}{2} + \left(\frac{1}{3} + \frac{1}{4}\right) + \left(\frac{1}{5} + \cdots + \frac{1}{8}\right) + \cdots + \left(\frac{1}{2^{n-1}+1} + \cdots + \frac{1}{2^n}\right) + \cdots$$

chaque groupe ayant une somme supérieure à $\dfrac{1}{2}$, et leur nombre augmentant indéfiniment, la série est divergente.

Si $p < 1$, la série $1, \dfrac{1}{2^p}, \dfrac{1}{3^p}, \cdots, \dfrac{1}{n^p} \cdots$ a ses termes plus grands que ceux de la série harmonique, elle est donc divergente.

Si $p > 1$, cette série est convergente. On a, en effet :

$$\frac{1}{n^p} + \frac{1}{(n+1)^p} + \cdots + \frac{1}{(2n-1)^p} < \frac{n}{n^p} = \frac{1}{n^{p-1}}$$

$$1 + \left(\frac{1}{2^p} + \frac{1}{3^p}\right) + \left(\frac{1}{4^p} + \cdots \frac{1}{7^p}\right) + \cdots + \left(\frac{1}{(2^n)^p} + \cdots + \frac{1}{(2^{n+1}-1)^p}\right) <$$

$$1 + \frac{1}{2^{p-1}} + \frac{1}{4^{p-1}} + \cdots + \frac{1}{2^{n(p-1)}} < \frac{2^{p-1}}{2^{p-1}-1}.$$

La somme S_n restant toujours finie, la série est convergente.

Il en résulte que toute série à termes positifs, telle que nu_n reste, à partir d'un certain rang, supérieur à un nombre positif k, est divergente, car u_n est alors supérieur au terme $\dfrac{k}{n}$ d'une série divergente.

Si, au contraire, $n^p u_n$ reste inférieur à un nombre fini k, p étant plus grand que 1, la série est convergente; car u_n est inférieur au terme $\dfrac{k}{n^p}$ d'une série convergente.

23. Séries à signes variés. — Soit une série u_1, u_2... u_n... dont les termes sont positifs ou négatifs. Si la série des valeurs absolues des termes est convergente, la première série est aussi convergente. Soit en effet :

$$S_n = u_1 + u_2 + \dots + u_n = p_n - q_n$$

où p_n est la somme des termes positifs, — q_n celle des termes négatifs, compris dans les n premiers. Nous supposons que $p_n + q_n$ a une limite. Les deux séries formées des termes positifs seuls, et des termes négatifs seuls (pris positivement) sont également convergentes, car leurs sommes restent finies. p_n et q_n ont des limites p et q, S_n a pour limite $p - q$.

On peut remarquer que la somme d'une série à termes positifs convergente ne dépend pas de l'ordre des termes. Si deux séries $u_1 u_2 \dots u_n \dots$ et $v_1 v_2 \dots v_n \dots$ ont les mêmes termes, mais dans un ordre différent, tout terme u_n entrant dans la série v suffisamment prolongée, et inversement, ces deux séries ont la même somme. En effet, soient S et S′ les limites des deux séries supposées convergentes. n étant donné, on peut choisir le nombre m assez grand pour que les m premiers termes de la série v comprennent les n premiers de la série u. On a alors :

$$S_n = u_1 + u_2 + \dots + u_n < v_1 + v_2 + \dots + v_m < S'$$

S_n étant toujours inférieur à S′ on a $S \leqslant S'$.

On démontre de même que $S' \geqslant S$. Donc $S = S'$.

De même, dans une série à termes positifs et négatifs, qui, séparément, forment des séries convergentes, on peut changer l'ordre des termes d'une façon arbitraire, pourvu qu'on les prenne tous; la somme ne change pas. Les sommes p_n et q_n pourront changer, mais auront toujours les mêmes limites p et q, la série conservera la somme $p - q$. On dit alors que la série est absolument convergente.

24. Séries simplement convergentes. — Soit une série $u_1 u_2 \ldots u_n \ldots$ à signes variés convergente, la série des mêmes termes pris tous positivement étant divergente. Les termes positifs et négatifs, pris séparément, forment deux séries divergentes. On ne peut plus changer l'ordre des termes. En modifiant cet ordre on pourrait avoir une somme arbitraire, ou même une série divergente.

Supposons, en effet, que l'on conserve l'ordre des termes positifs et celui des termes négatifs, considérés séparément, mais qu'on modifie leur ordre relatif. Dans chacune des deux séries, le terme général tend vers zéro, puisque la série u_n est convergente ; mais les sommes augmentent chacune indéfiniment. Quel que soit le nombre A, on peut prendre successivement des suites de termes positifs et négatifs de façon à obtenir des sommes S_n qui seront les unes supérieures, les autres inférieures à A, mais qui en diffèrent de moins en moins, et tendent vers A. On aura ainsi une série ayant les mêmes termes que ceux de la série u, et dont la somme sera un nombre donné A. On dit que la série u est simplement convergente (1).

Considérons, par exemple, les deux séries :

$$1 - \frac{1}{2} + \frac{1}{3} - \frac{1}{4} + \ldots + \frac{1}{2n-1} - \frac{1}{2n} + \ldots$$

$$1 + \frac{1}{3} - \frac{1}{2} + \frac{1}{5} + \frac{1}{7} - \frac{1}{4} + \ldots + \frac{1}{4n-3} + \frac{1}{4n-1} - \frac{1}{2n} + \ldots$$

qui ont les mêmes termes, mais dans un ordre différent.

Pour la première :

$$S_{2n} = 1 - \frac{1}{2} + \frac{1}{3} - \frac{1}{4} + \ldots + \frac{1}{2n-1} - \frac{1}{2n} = \frac{1}{1.2} + \frac{1}{3.4} + \ldots + \frac{1}{(2n-1)2n}.$$

La série dont le terme général est $u_n = \dfrac{1}{(2n-1)2n} < \dfrac{1}{n^2}$ est convergente (§ 22), donc S_{2n} a une limite positive finie S ; $S_{2n-1} = S_{2n} + \dfrac{1}{2u}$ a la même limite, la première série est convergente.

---

(1) Le terme semi-convergente, souvent employé, entraîne des confusions, car il sert aussi à désigner certaines séries divergentes.

Pour la seconde :

$$\frac{1}{4n-3} + \frac{1}{4n-1} - \frac{1}{2n}$$

$$= \left(\frac{1}{4n-3} - \frac{1}{4n-2} + \frac{1}{4n-1} - \frac{1}{4n}\right) + \frac{1}{2}\left(\frac{1}{2n-1} - \frac{1}{2n}\right)$$

$$S'_{3n} = 1 + \frac{1}{3} - \frac{1}{2} + \frac{1}{5} + \ldots + \frac{1}{4n-1} - \frac{1}{2n}$$

$$= \sum\left(\frac{1}{4n-3} - \frac{1}{4n-2} + \frac{1}{4n-1} - \frac{1}{4n}\right) + \frac{1}{2}\sum\left(\frac{1}{2n-1} - \frac{1}{2n}\right) = S_{4n} + \frac{1}{2}S_{2n}$$

S_{2n} et S_{4n} ayant la même limite S, la seconde série est aussi convergente, mais sa somme est $S' = \frac{3}{2}S$.

Le théorème suivant permet souvent de reconnaître la convergence d'une série simplement convergente.

25. Théorème d'Abel. — *Soit une suite de quantités $u_1 u_2 \ldots u_n \ldots$ telles que les valeurs absolues des sommes $S_n = u_1 + u_2 + \ldots + u_n$ restent finies, et $a_1 a_2 \ldots a_n$ des quantités positives décroissantes tendant vers zéro. La série dont le terme général est $a_n u_n$ est convergente.*

On suppose en effet $a_1 > a_2 > \ldots > a_n > \ldots$, a_n tend vers zéro ; S_n reste compris entre — A et + A quel que soit n, A étant un nombre déterminé. On a :

$$u_n = S_n - S_{n-1}$$

$$S'_n = a_1 u_1 + a_2 u_2 + \ldots + a_n u_n$$
$$= a_1 S_1 + a_2(S_2 - S_1) + \ldots + a_n(S_n - S_{n-1})$$
$$= S_1(a_1 - a_2) + S_2(a_2 - a_3) + \ldots + S_{n-1}(a_{n-1} - a_n) + S_n a_n.$$

La série dont le terme général positif est $(a_n - a_{n+1})$ est convergente, la somme des n premiers termes

$$(a_1 - a_2) + (a_2 - a_3) + \ldots + (a_n - a_{n+1}) = a_1 - a_{n+1}$$

a pour limite a_1. Si on multiplie ses termes par des quantités positives inférieures à A, on a encore une série convergente. Donc la série, dont le terme général est $S_{n-1}(a_{n-1} - a_n)$, sera convergente (§ 23) ; comme $S_n a_n$ tend vers zéro, S'_n a une limite finie, la série $a_n u_n$ est convergente.

Prenons, par exemple, pour u_n la suite $1 - 1 + 1 - 1 \ldots$ qui donne alternativement les sommes finies 1 et 0. On voit que la série à signes alternés,

$$a_1 - a_2 + a_3 - a_4 \ldots + a_{2n-1} - a_{2n} + \ldots$$

où a_n décroît et tend vers zéro, est convergente.

Ainsi la série

$$1 - \frac{1}{2^p} + \frac{1}{3^p} - \frac{1}{4^p} + \ldots + \frac{(-1)^{n-1}}{n^p} + \ldots$$

où $p > 0$ est convergente. Si $p \leqslant 1$ elle est simplement convergente.

Prenons encore $u_n = \sin n\theta$, de sorte que

$$2\,S_n \sin \frac{\theta}{2} = 2 \sin \frac{\theta}{2} (\sin \theta + \sin 2\theta + \ldots + \sin n\theta)$$

$$= \left(\cos \frac{\theta}{2} - \cos \frac{3}{2}\theta\right) + \left(\cos \frac{3}{2}\theta - \cos \frac{5}{2}\theta\right) + \ldots$$

$$+ \left(\cos \frac{2n-1}{2}\theta - \cos \frac{2n+1}{2}\theta\right) = \cos \frac{\theta}{2} - \cos \frac{2n+1}{2}\theta$$

$$= 2 \sin \frac{n}{2}\theta \sin \frac{n+1}{2}\theta$$

$$|S_n| < \left|\frac{1}{\sin \frac{\theta}{2}}\right|.$$

De même, si

$$u_n = \cos n\theta$$

$$2\,S_n \sin \frac{\theta}{2} = 2 \sin \frac{\theta}{2} (\cos \theta + \cos 2\theta + \ldots + \cos n\theta) = \sin \frac{2n+1}{2}\theta - \sin \frac{\theta}{2}$$

$$= 2 \sin \frac{n\theta}{2} \cos \frac{n+1}{2}\theta.$$

Si θ a une valeur autre que $2k\pi$, $\sin \frac{\theta}{2}$ n'est pas nul, les séries $\Sigma a_n \sin n\theta$, $\Sigma a_n \cos n\theta$, où a_n reste positif et décroît vers zéro, sont convergentes.

Pour déterminer une limite du reste, formons la somme :

$$a_{n+1}u_{n+1} + a_{n+2}u_{n+2} + \ldots + a_{n+p}u_{n+p} = a_{n+1}(S_{n+1} - S_n)$$
$$+ a_{n+2}(S_{n+2} - S_{n+1}) + \ldots + a_{n+p}(S_{n+p} - S_{n+p-1})$$
$$= - S_n a_{n+1} + S_{n+1}(a_{n+1} - a_{n+2}) + \ldots + S_{n+p-1}(a_{n+p-1} - a_{n+p})$$
$$+ S_{n+p}\, a_{n+p}.$$

Sa valeur absolue est inférieure à

$$A a_{n+1} + A(a_{n+1} - a_{n+2}) + \ldots + A(a_{n+p-1} - a_{n+p}) + A a_{n+p} = 2 A a_{n+1}.$$

Si p augmente indéfiniment :

$$|R_n| < 2 A a_{n+1}.$$

En particulier, pour les séries

$$\Sigma a_n \sin n\theta \quad , \quad \Sigma a_n \cos n\theta, \quad \text{si} \quad 0 < \alpha < \frac{\theta}{2} < \pi - \alpha$$

on a :

$$\sin \frac{\theta}{2} > \sin \alpha \quad , \quad A < \frac{1}{\sin \alpha} \quad , \quad |R_n| < \frac{2 a_{n+1}}{\sin \alpha}.$$

26. Produit de deux séries. — Soient deux séries convergentes à termes positifs :

$$S = u_1 + u_2 + \ldots + u_n + \ldots, \quad T = v_1 + v_2 + \ldots + v_n + \ldots$$

La série

$$u_1 v_1 + (u_1 v_2 + u_2 v_1) + \ldots + (u_1 v_n + u_2 v_{n-1} + \ldots + u_n v_1) + \ldots$$

est convergente, et égale au produit ST.

Soit, en effet :

$$S = u_1 + u_2 + \ldots + u_n + u_{n+1} + \ldots + u_{2n} + R_{2n} = S_{2n} + R_{2n}$$

$$T = v_1 + v_2 + \ldots + v_n + v_{n+1} + \ldots + v_{2n} + R'_{2n} = T_{2n} + R'_{2n}$$

$$X_{2n} = u_1 v_1 + (u_1 v_2 + u_2 v_1) + \ldots + (u_1 v_{2n} + u_2 v_{2n-1} + \ldots + u_{2n} v_1)$$

X_{2n} comprend tous les termes du produit $S_n T_n$, mais une partie seulement des termes du produit $S_{2n} T_{2n}$. Comme tous les u et v sont positifs, il en résulte :

$$S_n T_n < X_{2n} < S_{2n} T_{2n} < ST$$

X_{2n} augmente avec n, reste inférieur à ST et supérieur à

$$S_n T_n = (S - R_n)(T - R'_n)$$

qui tend vers ST, lorsque n augmente indéfiniment. Donc X_n a aussi pour limite ST.

Si les séries S, T sont à signes variés, mais absolument convergentes, on peut former leur produit par la même règle. Représentons, en effet, par S', T' les séries ayant les mêmes termes pris positivement. Les différences $X_{2n} - S_n T_n$ et $X'_{2n} - S'_n T'_n$ sont composées des mêmes produits de termes, sauf les signes, qui, pour la seconde, sont tous positifs. Comme cette seconde différence tend vers zéro, la première, ayant une valeur absolue plus petite, tend aussi vers zéro.

Exercices

1. Une série ayant pour terme général $u_n = \dfrac{x^n}{n + \sqrt{n}}$, pour quelles valeurs de x, positives ou négatives, est-elle convergente?

2. Étudier la convergence d'une série, pour laquelle u_n est une fraction rationnelle de n

$$u_n = \frac{a_0 n^p + a_1 n^{p-1} + \ldots + a_p}{b_0 n^q + b_1 n^{q-1} + \ldots + b_q}.$$

3. Quelles sont les conditions de convergence de la série dont le terme général est

$$u_n = 1 - \cos\left(\frac{x}{n^p}\right).$$

4. Calculer la somme de la série $\dfrac{1}{1.2} + \dfrac{1}{2.3} + \ldots + \dfrac{1}{n(n+1)} + \ldots$ en remarquant que $\dfrac{1}{n(n+1)} = \dfrac{1}{n} - \dfrac{1}{n+1}$.

Appliquer la même méthode à la série

$$\frac{1}{1.2.3} + \ldots + \frac{1}{n(n+1)(n+2)} + \ldots$$

$$\text{CHAPITRE V}$$

—

FONCTION EXPONENTIELLE — LOGARITHMES

27. Nombre e. — On appelle e le nombre défini par la série convergente (§ 20)

$$e = 1 + \frac{1}{1} + \frac{1}{1.2} + \frac{1}{1.2.3} + \dots + \frac{1}{1.2 \dots n} + \dots$$

Si on s'arrête au terme $\dfrac{1}{1.2 \dots n}$ l'erreur est

$$R_n = \frac{1}{1.2 \dots n(n+1)} \left(1 + \frac{1}{n+2} + \frac{1}{(n+2)(n+3)} + \dots \right)$$

$$< \frac{1}{1.2 \dots (n+1)} \left(1 + \frac{1}{n+1} + \frac{1}{(n+1)^2} + \dots \right) = \frac{1}{1.2 \dots n} \times \frac{1}{n}$$

si $n = 8$ on trouve la valeur approchée $2,71828$.

Le produit $1.2 \dots n \times e$ est égal à un nombre entier augmenté de

$$\frac{1}{n+1} + \frac{1}{(n+1)(n+2)} + \dots$$

qui est inférieur à

$$\frac{1}{n+1} + \frac{1}{(n+1)^2} + \frac{1}{(n+1)^3} + \dots = \frac{1}{n}.$$

Le produit de e par un nombre entier quelconque n n'est donc jamais entier, le nombre e est incommensurable.

28. Fonction e^x. — Considérons la série

$$(1) \qquad f(x) = 1 + \frac{x}{1} + \frac{x^2}{1.2} + \ldots + \frac{x^n}{1.2 \ldots n} + \ldots$$

elle est convergente quel que soit x, car le rapport d'un terme au précédent $\frac{x}{n}$ tend vers zéro, elle définit une fonction $f(x)$. Pour une autre valeur y on a :

$$f(y) = 1 + \frac{y}{1} + \frac{y^2}{1.2} + \ldots + \frac{y^n}{1.2 \ldots n} + \ldots$$

quelles que soient les valeurs de x et y, ces deux séries sont absolument convergentes, le produit $f(x) \times f(y)$ sera égal à une série dont le terme général (§ 26) est :

$$\frac{x^n}{1.2 \ldots n} + \frac{x^{n-1}}{1.2 \ldots (n-1)} \times \frac{y}{1} + \frac{x^{n-2}}{1.2 \ldots (n-2)} \times \frac{y^2}{1.2} + \ldots$$

$$+ \frac{x}{1} \times \frac{y^{n-1}}{1.2 \ldots (n-1)} + \frac{y^n}{1.2 \ldots n}$$

$$= \frac{1}{1.2 \ldots n}\left(x^n + \frac{n}{1}x^{n-1}y + \frac{n(n-1)}{1.2}x^{n-2}y^2 + \ldots + y^n\right) = \frac{(x+y)^n}{1.2 \ldots n}$$

d'après la formule du binôme (§ 11). Donc :

$$(2) \quad f(x) \times f(y) = 1 + \frac{x+y}{1} + \frac{(x+y)^2}{1.2} + \ldots + \frac{(x+y)^n}{1.2 \ldots n} + \ldots = f(x+y).$$

En particulier :

$$f(1) = e \quad , \quad f(2x) = \overline{f(x)}^2$$

si m est un nombre entier positif

$$f(mx) = \overline{f(x)}^m \quad , \quad f(m) = e^m.$$

Lorsque x est positif $f(x)$ est positif, si p et q sont deux nombres entiers on a :

$$e = f(1) = f\left(q \times \frac{1}{q}\right) = \overline{f\left(\frac{1}{q}\right)}^q \quad , \quad f\left(\frac{1}{q}\right) = e^{\frac{1}{q}}$$

$$f\left(\frac{p}{q}\right) = \overline{f\left(\frac{1}{q}\right)}^p = e^{\frac{p}{q}}.$$

Donc, pour toute valeur commensurable positive de x,

$$f(x) = e^x.$$

D'autre part

$$f(-x) \times f(x) = f(0) = 1$$

$$f(-x) = \frac{1}{f(x)} = \frac{1}{e^x} = e^{-x}.$$

La série (1) est égale à e^x pour toute valeur commensurable de x, positive ou négative. Cette fonction augmente avec x; car, si x et y sont positifs, $f(x)$ et $f(y)$ sont plus grands que 1

$$f(x + y) = f(x) \times f(y) > f(x)$$

$f(-x) = \dfrac{1}{f(x)}$ est positif, mais plus petit que 1.

$$f(-x + y) = f(-x) \times f(y) > f(-x).$$

Donc, lorsque x augmente de $-\infty$ à $+\infty$, la fonction (1) augmente, et elle augmente au delà de toute limite. $f(-x) = \dfrac{1}{f(x)}$ tend vers zéro lorsque x augmente indéfiniment.

Si x a une valeur incommensurable, que l'on peut définir par deux suites de nombres $x_1 x_2 \ldots x_n \ldots$, $y_1 y_2 \ldots y_n \ldots$, l'une croissante, l'autre décroissante (§ 1), les fonctions e^{x_n}, e^{y_n} formeront des suites, l'une croissante, l'autre décroissante, et tendront vers une limite que l'on pourra représenter par e^x ; car l'équation $f(x_n) = e^{x_n}$ s'étendra à la limite, si e^x représente la limite de e^{x_n}. On a donc, pour toute valeur de x

$$e^x = 1 + \frac{x}{1} + \frac{x^2}{1 \cdot 2} + \cdots + \frac{x^n}{1 \cdot 2 \ldots n} + \cdots$$

Si x croît de $-\infty$ à $+\infty$, e^x croît de 0 à $+\infty$.

Cette fonction est continue pour toute valeur finie de x, si

$$|h| < \theta < 1 :$$

$$|e^h - 1| < \theta + \theta^2 + \cdots + \theta^n + \cdots = \frac{\theta}{1 - \theta}$$

$e^{x+h} - e^x = e^x(e^h - 1)$ aura une valeur absolue plus petite que ε,

si $\theta < \dfrac{\varepsilon}{\varepsilon + e^x}$.

L'équation (2) s'écrit :

$$e^x \times e^y = e^{x+y}$$

si p et q sont entiers positifs, il en résulte :

$$(e^x)^p = e^{px} \quad , \quad \left(e^{\frac{x}{q}}\right)^q = e^x$$

$$(e^x)^{\frac{1}{q}} = e^{\frac{x}{q}} \quad , \quad (e^x)^{\frac{p}{q}} = \left(e^{\frac{x}{q}}\right)^p = e^{\frac{p}{q}x}$$

$$(e^x)^{-\frac{p}{q}} = \left(\frac{1}{e^x}\right)^{\frac{p}{q}} = e^{-\frac{p}{q}x}$$

Si y est commensurable $(e^x)^y = e^{xy}$.

Si y est incommensurable, il sera la limite de nombres commensurables $y_1 y_2 \ldots y_n \ldots$, pour chacun desquels $(e^x)^{y_n} = e^{xy_n}$. On dira que $(e^x)^y$ est, par définition, la limite de $(e^x)^{y_n}$, ou de e^{xy_n}, qui est e^{xy}. Donc, quel que soit y

$$(e^x)^y = e^{xy}.$$

29. Logarithmes. — Soit $y = e^x$. e^x passant par toutes les valeurs positives, à chaque valeur positive de y correspond une valeur de x, qui est une fonction de y. x croît de $-\infty$ à $+\infty$, lorsque y croît de 0 à $+\infty$. Cette fonction s'appelle logarithme népérien, ou de Neper, l'inventeur des logarithmes. Ainsi les équations

$$y = e^x \quad , \quad x = \log y \quad , \quad \text{ou } Ly$$

sont équivalentes.

Soit a un nombre positif, b son logarithme. $e^b = a$.
Posons

$$y = e^{bx} = (e^b)^x = a^x.$$

On dit que x est le logarithme de y, dans le système de base a

$$x = \log_a y.$$

Les logarithmes népériens ont pour base e. a ne peut pas être égal à 1, car alors b serait nul, 1^x serait constant.

Si $a > 1$, b est positif; lorsque x croît de $-\infty$ à $+\infty$, a^x augmente de 0 à $+\infty$.

Si $a < 1$, b est négatif, a^x diminue de $+\infty$ à 0.

Inversement, y restant positif, la fonction $\log_a y$ croît avec y, si $a > 1$. Elle décroît si $a < 1$.

Si $x > 0$ on a $e^x > \dfrac{x^n}{1.2\ldots n}$, quel que soit le nombre entier n. $\dfrac{e^x}{x^p} > \dfrac{x^{n-p}}{1.2\ldots n}$, quel que soit p on peut supposer $n > p$. Si x augmente indéfiniment, $\dfrac{e^x}{x^p}$ augmente indéfiniment. e^x croît plus vite que toute puissance de x, p pouvant être pris aussi grand que l'on voudra, mais restant fixe, lorsque x augmente.

Si

$$y = e^x. \qquad x = \mathrm{L}y, \qquad \frac{\mathrm{L}y}{y^p} = \frac{x}{e^{px}}$$

lorsque y augmente indéfiniment, x augmente aussi indéfiniment.

Si $p > 0$, $\dfrac{\mathrm{L}y}{y^p}$ tend vers 0. $\mathrm{L}y$ augmente avec y, mais moins vite que toute puissance de y, p pouvant être supposé aussi voisin de zéro que l'on voudra, mais restant fixe.

30. Propriétés des logarithmes. — Soient x, x' les logarithmes de deux nombres positifs y, y', dans le système de base a.

$$y = e^{bx} = a^x, \qquad y' = e^{bx'} = a^{x'}, \qquad yy' = e^{b(x+x')} = a^{x+x'}$$

égalités que l'on peut écrire :

$$x = \log_a y. \qquad x' = \log_a y'. \qquad x + x' = \log_a yy'$$
$$\log_a yy' = \log_a y + \log_a y'$$

de même

$$\log_a yy'y'' = \log_a yy' + \log_a y'' = \log_a y + \log_a y' + \log_a y''.$$

Le logarithme d'un produit est égal à la somme des logarithmes des facteurs.

En représentant par y'' le produit yy' on aura

$$\log_a y'' - \log_a y = \log_a \frac{y''}{y}.$$

Le logarithme du quotient de deux nombres est égal à la différence de leurs logarithmes.

Enfin, quel que soit z, on a :

$$y = e^{bx} = a^x \qquad\qquad y^z = e^{bxz} = a^{xz}$$
$$\log_a y = x \qquad\qquad \log_a y^z = xz = z \log_a y$$

formule qui donne le logarithme d'une puissance.

31. Divers systèmes de logarithmes. — Les relations :

$$y = a^x = e^{bx}, \quad \log_a y = x, \quad \mathrm{L}\, y = bx = b \log_a y$$

montrent que les logarithmes de y dans les systèmes de base e et a sont proportionnels.

Si l'on a un autre système de base a', soit x' le logarithme de y

$$y = a^x = a'^{x'}.$$

Il suffit de prendre les logarithmes dans un système quelconque, pour voir que le rapport $\dfrac{x}{x'}$ est constant. Comme, par définition, $\log_a a = 1$

$$\frac{\log_a y}{\log_{a'} y} = \frac{1}{\log_{a'} a} = \log_a a'$$

on peut passer d'un système de logarithmes à un autre, en multipliant tous les logarithmes par un même nombre.

Dans le système de base a soit r le logarithme d'un nombre q, on a :

$$r = \log_a q, \qquad \log_a (q^n) = n \log_a q = nr.$$

Si l'on forme une progression géométrique de raison q commençant par 1, et une progression arithmétique de raison r commençant par 0.

$$\begin{array}{cccc} 1 & q & q^2 \ldots q^n \ldots \\ 0 & r & 2r \ldots nr \ldots \end{array}$$

chaque terme nr de la seconde est le logarithme du terme q^n correspondant de la première progression. Soit p un nombre entier. Si on remplace q par $q^{\frac{1}{p}}$ et r par $\dfrac{r}{p}$, on a deux nouvelles progressions qui, entre deux termes des précédentes, comprendront $p - 1$ nouveaux termes. Ces progressions peuvent servir de définition aux logarithmes, on peut choisir q et r arbitrairement ; en choisissant p assez grand, ou en insérant des moyens géométriques et arithmétiques entre deux termes, on peut calculer le logarithme d'un nombre avec une approximation donnée. La base du système est le nombre qui a pour logarithme 1.

Pour les calculs numériques, on emploie les logarithmes de base 10. De sorte que, si on déplace la virgule d'un nombre, en le multipliant, ou divisant, par une puissance de 10, le logarithme varie d'un nombre entier, la partie décimale reste la même.

32. Produits infinis. — L'étude d'un produit peut se ramener à celle d'une somme de logarithmes. Soit $u_1 u_2 \ldots u_n \ldots$ une suite de quantités supérieures à $- 1$, et

$$\Pi_n = (1 + u_1)(1 + u_2) \ldots (1 + u_n).$$

On dit que ce produit est convergent si, lorsque n devient infini, Π_n a une limite autre que 0 ou ∞ , ou si la série $\Sigma \log (1 + u_n)$ est convergente, ce qui n'est possible que lorsque u_n tend vers zéro.

Posons $\log (1 + u_n) = v$

$$\frac{u_n}{\log (1 + u_n)} = \frac{e^v - 1}{v} = 1 + \frac{v}{2} + \ldots + \frac{v^{n-1}}{1.2\ldots n} + \ldots$$

ce rapport tend vers 1, si u_n tend vers zéro, car v tend aussi vers zéro. Si la série $\Sigma \mid u_n \mid$ est convergente, la série $\Sigma \log (1 + u_n)$ est absolument convergente (§ 23), ainsi que le produit.

Si la série $\Sigma \mid u_n \mid$ est divergente, la série $\Sigma \log (1 + u_n)$ peut être divergente ou simplement convergente, ainsi que le produit.

Si les quantités u_n sont toutes positives, $\log (1 + u_n)$ est aussi positif ; donc, si la série Σu_n est divergente, la série $\Sigma \log (1 + u_n)$ est aussi divergente et a une somme infinie, le produit Π_n augmente alors indéfiniment avec n.

Si les quantités u_n sont toutes négatives, et si la série Σu_n est divergente, la série $\Sigma \log (1 + u_n)$ tend vers $- \infty$; Π_n tend vers 0.

Considérons, par exemple, la série

$$v = v_p + v_{p+1} + \ldots + v_n + \ldots$$

où

$$v_n = \left(1 - \frac{a}{p}\right)\left(1 - \frac{a}{p+1}\right) \cdots \left(1 - \frac{a}{n}\right), \quad p > a > 0.$$

La série $\sum \frac{a}{n}$ étant divergente (§ 22), v_n tend vers zéro.

Si $a \leqslant 1$ on a :

$$1 - \frac{a}{n} \geqslant 1 - \frac{1}{n}$$

$$v_n \geqslant \frac{p-1}{p} \times \frac{p}{p+1} \times \cdots \frac{n-1}{n} = \frac{p-1}{n}$$

la série v est divergente.

Si $a > 1$, en posant $1 - \frac{1}{n} = e^{-x}$, où $x > 0$, on a :

$$(1-a)\,e^{ax} + ae^{(a-1)x} - 1 = \sum_{n=2}^{\infty} \frac{x^n}{1.2\dots n}\, a(1-a)\,[a^{n-1} - (a-1)^{n-1}] < 0$$

$$1 - a + ae^{-x} < e^{-ax}$$

$$1 - \frac{a}{n} < \left(1 - \frac{1}{n}\right)^a.$$

Cette inégalité peut, du reste, se démontrer plus simplement, en utilisant les propriétés des dérivées (§ 42). On en déduit :

$$v_n < \left(1 - \frac{1}{p}\right)^a \left(1 - \frac{1}{p+1}\right)^a \cdots \left(1 - \frac{1}{n}\right)^a = \left(\frac{p-1}{n}\right)^a$$

il en résulte que la série v est convergente, comme la série $\sum \frac{1}{n^a}$.

Exercices

1. Déterminer une fonction continue $f(x)$ telle que

$$f(x + y) = f(x) + f(y) + a$$

pour toutes valeurs de x et y.

2. Démontrer que, si $0 < x < 1$, e^x est compris entre $1 + x$ et $\frac{1}{1-x}$. En déduire que, si $x > 1$, $\frac{1}{x}$ est compris entre $\log \frac{x+1}{x}$

et $\log \dfrac{x}{x-1}$, et trouver la limite de

$$\frac{1}{n} + \frac{1}{n+1} + \frac{1}{n+2} + \ldots + \frac{1}{pn}$$

où p est un nombre entier fixe, lorsque n augmente indéfiniment.

3. Démontrer la convergence du produit

$$\cos x \, \cos \frac{x}{2} \, \cos \frac{x}{3} \, \ldots \, \cos \frac{x}{n} \, \ldots$$

4. Montrer que le produit

$$(\cos x - \sin x) \left(\cos \frac{x}{2} - \sin \frac{x}{2} \right) \ldots \left(\cos \frac{x}{n} - \sin \frac{x}{n} \right) \ldots$$

tend vers zéro, si $x > 0$.

$$\text{CHAPITRE VI}$$

—

DÉRIVÉES

33. Définition. — Soit une fonction $y = f(x)$, qui a une valeur finie pour une valeur donnée de x. Soit dx un accroissement, positif ou négatif, que l'on donne à x, dy l'accroissement correspondant de y

$$dy = f(x + dx) - f(x).$$

Si $\dfrac{dy}{dx}$ a une limite, lorsque dx tend vers zéro, d'une façon quelconque, cette limite est la dérivée de $f(x)$, on la représente par y' ou $f'(x)$.

Par exemple, m étant entier positif, soit $f(x) = x^m$; la formule du binôme (§ 11) donne :

$$\frac{(x + dx)^m - x^m}{dx} = mx^{m-1} + \frac{m(m-1)}{1.2} x^{m-2} dx + \ldots + (dx)^{m-1}$$

lorsque $dx = 0$,

$$f'(x) = mx^{m-1}.$$

Si

$$y = z + u + v,$$

où z, u, v sont des fonctions de x ayant des dérivées z', u', v', à l'accroissement dx correspondent des accroissements dz, du, dv,

$$dy = dz + du + dv.$$

Donc

$$y' = z' + u' + v'.$$

De même, la dérivée de $u - v$ est $u' - v'$.

Si c est une constante, y et $y + c$ ont les mêmes accroissements, et la même dérivée. Une fonction égale à c, quel que soit x, a une dérivée nulle. Et, en effet, si $y = c$, $\frac{dy}{dx}$ est nul quel que soit dx, $y' = 0$.

La dérivée d'un polynôme

$$y = a_0 x^m + a_1 x^{m-1} + \ldots + a_{m-1} x + a_m$$

est égale à la somme des dérivées de ses termes :

$$y' = m a_0 x^{m-1} + (m - 1) a_1 x^{m-2} + \ldots + a_{m-1}.$$

Soit $f(x) = e^x$. On a (§ 28) :

$$\frac{e^{x+dx} - e^x}{dx} = e^x \left(1 + \frac{dx}{1.2} + \ldots + \frac{(dx)^{n-1}}{1.2 \ldots n} + \ldots \right)$$

si $|\,dx\,| < h$,

$$\left| \frac{dx}{2} + \ldots + \frac{(dx)^{n-1}}{1.2 \ldots n} + \ldots \right| < \frac{h}{2}(1 + h + h^2 + \ldots) = \frac{h}{2(1 - h)}$$

expression qui tend vers zéro avec h, $f'(x) = e^x$.

Supposons encore $f(x) = \sin x$

$$\sin(x + dx) - \sin x = 2 \sin \frac{dx}{2} \cos \left(x + \frac{dx}{2} \right)$$

le rapport $\dfrac{\sin\left(\frac{dx}{2}\right)}{\left(\frac{dx}{2}\right)}$ tend vers 1, si dx tend vers zéro, et $f'(x) = \cos x$.

Si $y = uv$, u et v étant 2 fonctions de x ayant des dérivées finies, on a :

$$dy = (u + du)(v + dv) - uv = u\,dv + v\,du + du\,dv$$

$$\frac{dy}{dx} = u \frac{dv}{dx} + v \frac{du}{dx} + \frac{du}{dx}\,dv$$

$\dfrac{du}{dx}$, $\dfrac{dv}{dx}$ ont des limites finies u', v', dv tend vers zéro, et

$$y' = uv' + vu'.$$

De même, si $y = \dfrac{u}{v}$,

$$dy = \frac{u + du}{v + dv} - \frac{u}{v} = \frac{vdu - udv}{v(v + dv)}$$

$\dfrac{dy}{dx}$ a pour limite

$$y' = \frac{vu' - uv'}{v^2}.$$

On appelle dérivée seconde de y la dérivée de y' ; on peut de même définir les dérivées successives y', y'', y'''… ou $f'(x)$, $f''(x)$, $f'''(x)$…

34. Fonctions de fonctions. — Soit :

$$y = f(z), \qquad z = \varphi(x)$$

y est une fonction de fonction de x. À un accroissement dx correspond un accroissement dz, et à celui-ci un accroissement dy. On a identiquement :

$$\frac{dy}{dx} = \frac{dy}{dz} \times \frac{dz}{dx}$$

$\dfrac{dy}{dz}$ a pour limite $f'(z)$, $\dfrac{dz}{dx}$ tend vers $\varphi'(x)$. Donc la dérivée de y, considérée comme fonction de x, est égale au produit $f'(z) \times \varphi'(x)$.

Par exemple, sachant que la dérivée de $\sin x$ est $\cos x$, soit :

$$y = \cos x = \sin\left(\frac{\pi}{2} - x\right)$$

si

$$\frac{\pi}{2} - x = z$$

on a :

$$y' = \cos z \times (-1) = -\sin x.$$

La dérivée de $\operatorname{tg} x$ peut alors se calculer en posant :

$$y = \frac{\sin x}{\cos x} = \frac{u}{v}$$

$$y' = \frac{vu' - uv'}{v^2} = \frac{\cos x \times \cos x - \sin x \times (-\sin x)}{\cos^2 x} = \frac{1}{\cos^2 x}$$

On peut calculer de même la dérivée de $\cotg x = \tg \left(\dfrac{\pi}{2} - x \right)$ qui sera égale à

$$\frac{-1}{\cos^2 \left(\dfrac{\pi}{2} - x \right)} = - \frac{1}{\sin^2 x}$$

La dérivée de a^x se déduit de celle de e^x. a étant supposé positif (§ 29) soit : $z = x \, \mathrm{L} \, a$,

$$y = a^x = e^z$$
$$y_x' = y_z' \times z_x' = e^z \times \mathrm{L} \, a = a^x \times \mathrm{L} \, a$$

35. Fonctions inverses. — Soit $y = f(x)$, à une valeur de x correspond une valeur de y. Inversement cette valeur de y étant donnée, la première valeur de x lui correspond, on peut regarder x comme fonction de y. Supposons que l'on ait pu mettre la relation précédente sous la forme $x = \varphi(y)$, les deux fonctions f et φ sont deux fonctions inverses ; la fonction de fonction $f(\varphi(y))$ est égale à y.

Si dx, dy sont des accroissements correspondants on a :

$$\frac{dy}{dx} \times \frac{dx}{dy} = 1$$

or $\dfrac{dy}{dx}$ a pour limite $f'(x)$, $\dfrac{dx}{dy}$ a pour limite $\varphi'(y)$. Donc

$$f'(x) \times \varphi'(y) = 1.$$

La dérivée de la fonction $\varphi(y)$ sera $\varphi'(y) = \dfrac{1}{f'(x)}$, où l'on pourra remplacer x par sa valeur $\varphi(y)$.

Par exemple, soit :

$$y = e^x, \qquad x = \mathrm{L} \, y, \qquad y_x' = e^x, \qquad x_y' = \frac{1}{e^x} = \frac{1}{y}$$

en changeant les notations, on voit que la fonction $\mathrm{L} \, x$ a pour dérivée $\dfrac{1}{x}$. Soit m un nombre quelconque, qui peut être incommensurable, ou négatif, soit $y = x^m$, où x reste positif, x^m représentant une quantité positive. Si on pose $z = \mathrm{L} \, x$, on a :

$$e^z = x, \qquad y = e^{mz}$$
$$y_x' = y_z' \times z_x' = me^{mz} \times \frac{1}{x} = m\frac{y}{x} = mx^{m-1}.$$

La dérivée d'un produit peut aussi se déduire des logarithmes. Soit : $y = zuv$, où z, u v sont des fonctions de x :

$$\mathrm{L}\, y = \mathrm{L}\, z + \mathrm{L}\, u + \mathrm{L}\, v$$

la dérivée, par rapport à x, de $\mathrm{L}\, y$ est $\dfrac{y'}{y}$ on a donc :

$$\frac{y'}{y} = \frac{z'}{z} + \frac{u'}{u} + \frac{v'}{v}$$

à la fonction $x = \sin y$, où x est compris entre -1 et $+1$, correspond la fonction inverse

$$y = \text{arc sin } x$$

on a

$$x_y{}' = \cos y = \pm \sqrt{1 - \sin^2 y}$$
$$y_x{}' = \frac{1}{\cos y} = \frac{1}{\pm \sqrt{1 - x^2}}$$

S'il y a deux valeurs pour y', c'est que, lorsque x est donné, il y a une infinité d'arcs ayant ce même sinus ; si y est l'un de ces arcs, les autres sont $y + 2k\pi$ et $-y + (2k + 1)\pi$. Leurs dérivées sont $\pm y'$.

La dérivée de arc sin x est donc $\dfrac{1}{\pm \sqrt{1 - x^2}}$, le radical ayant le signe du cosinus, c'est-à-dire que, pour une valeur de x, on peut choisir pour arc sin x l'un des arcs ayant ce sinus ; on suppose ensuite cette fonction continue, arc sin $(x + dx)$ ayant une valeur qui tend vers l'arc choisi lorsque dx tend vers o, la dérivée a alors une valeur déterminée.

La fonction $y = \text{arc cos } x$, inverse de $x = \cos y$, se ramène à la précédente, en posant :

$$\frac{\pi}{2} - y = z \quad , \quad x = \cos y = \sin\left(\frac{\pi}{2} - y\right) \quad , \quad \frac{\pi}{2} - y = \text{arc sin } x$$

$$y = \text{arc cos } x = \frac{\pi}{2} - \text{arc sin } x \quad , \quad z = \text{arc sin } x$$

$$y_x{}' = y_z{}' \times z_x{}' = \frac{-1}{\cos z} = \frac{-1}{\sin y} = \frac{1}{\pm \sqrt{1 - x^2}}$$

où le radical a le signe contraire du sinus de l'arc qu'on a choisi pour arc cos x.

Soit enfin :

$$y = \text{arc tg } x \quad , \quad x = \text{tg } y$$

$$x_y' = \frac{1}{\cos^2 y} = 1 + \text{tg}^2 y \quad , \quad y_x' = \frac{1}{1 + x^2}$$

la dérivée de arc tg x n'a qu'une valeur, car les arcs $y + k\pi$, qui ont même tangente x, ont des différences constantes.

36. Théorème de Rolle. — *Si une fonction $f(x)$, nulle pour deux valeurs finies a et b de x, a une dérivée finie et déterminée pour toute valeur de x entre a et b, cette dérivée s'annule pour une valeur de x comprise entre a et b.*

En effet, pour chaque valeur de x, comprise entre a et b, $\dfrac{f(x + dx) - f(x)}{dx}$ ayant une limite finie, $f(x + dx) - f(x)$ tend vers zéro, la fonction f est continue (§ 5) et finie. Dans l'intervalle ab, elle a un maximum et un minimum, qu'elle atteint pour des valeurs déterminées de x (§ 6).

Comme $f(a) = 0$, le maximum est positif ou nul. S'il n'est pas nul, soit x_0 la valeur de x qui lui correspond, $f(x_0 + dx) - f(x_0)$ ne sera jamais positif, pourvu que $x_0 + dx$ reste entre a et b. Le rapport $\dfrac{f(x_0 + dx) - f(x_0)}{dx}$ a le signe de $- dx$. Si dx tend vers zéro pour des valeurs positives, la limite est négative ou nulle. Mais si dx reste négatif, la limite sera positive ou nulle. Comme on suppose qu'il y a une dérivée déterminée, cette limite $f'(x_0)$ doit être nulle.

De même, si le minimum n'est pas nul, et s'il correspond à une valeur x_0, $f(x_0 + dx) - f(x_0)$ restera positif ou nul. $\dfrac{f(x_0 + dx) - f(x_0)}{dx}$ ayant le signe de dx, la dérivée, que l'on suppose exister, sera nulle.

Il peut arriver que la valeur maximum, ou la valeur minimum, soit nulle. Mais si les deux étaient nulles, $f(x)$ resterait égal à zéro entre a et b, c'est-à-dire constant, sa dérivée serait nulle (§ 33).

Dans tous les cas, il existe au moins une valeur x_0, entre a et b, tel que $f'(x_0) = 0$.

37. Théorème des accroissements finis. — *Si une fonction $f(x)$ a une dérivée finie et déterminée pour toute valeur de x com-*

prise entre a et b, cette dérivée prend la valeur $\dfrac{f(b) - f(a)}{b - a}$ pour une valeur déterminée de x, entre a et b.

Considérons, en effet, la fonction

$$f(b) - f(x) - (b - x)\dfrac{f(b) - f(a)}{b - a}$$

Elle s'annule pour $x = a$, et pour $x = b$; sa dérivée

$$-f'(x) + \dfrac{f(b) - f(a)}{b - a}$$

reste finie entre $x = a$ et $x = b$; cette dérivée est donc nulle pour une valeur x_0 comprise entre a et b (§ 36) :

$$f'(x_0) = \dfrac{f(b) - f(a)}{b - a}$$

Si on pose

$$a = x, \qquad b = x + h, \qquad x_0 = x + \theta h$$

θh sera compris entre o et h ; θ entre o et I. Il existe donc un nombre θ plus grand que o et plus petit que I, tel que :

$$f(x + h) - f(x) = hf'(x + \theta h)$$

pourvu que la dérivée f' reste finie et déterminée, pour les valeurs comprises entre x et $x + h$; ce qui suppose f fini et continu.

38. Généralisation. — Soient $f(x)$ et $\varphi(x)$ deux fonctions ayant des dérivées finies pour toute valeur de x entre a et b ; considérons, de même, la fonction :

$$[f(b) - f(x)] [\varphi(b) - \varphi(a)] - [\varphi(b) - \varphi(x)] [f(b) - f(a)]$$

qui s'annule pour $x = a$ et $x = b$; sa dérivée, restant finie, s'annule pour une valeur x_0 comprise entre a et b.

$$f'(x_0) [\varphi(b) - \varphi(a)] = \varphi'(x_0) [f(b) - f(a)].$$

Supposons encore que $\varphi(b) - \varphi(a)$ ne soit pas nul, et que $f'(x)$ et $\varphi'(x)$ ne s'annulent pas en même temps, alors $\varphi'(x_0)$ n'est pas nul, car autrement $f'(x_0)$ serait aussi nul. On aura donc :

$$\dfrac{f(b) - f(a)}{\varphi(b) - \varphi(a)} = \dfrac{f'(x_0)}{\varphi'(x_0)}$$

$$\dfrac{f(x + h) - f(x)}{\varphi(x + h) - \varphi(x)} = \dfrac{f'(x + \theta h)}{\varphi'(x + \theta h)}$$

pourvu que $\varphi(x+h) - \varphi(x)$ ne soit pas nul, f' et φ' restant finis et déterminés entre x et $x+h$, sans s'annuler en même temps. Mais θ n'est égal ni à o ni à 1, de sorte que cette formule s'applique encore si $f'(x)$ et $\varphi'(x)$ sont nuls pour $x=a$ ou $x=b$, mais ne s'annulent pas en même temps entre a et b.

39. Formule de Taylor. — Supposons que la fonction $f(x)$ ait $n+1$ dérivées successives $f'(x), f''(x),\ldots f^{(n+1)}(x)$; et que, pour toutes les valeurs de x entre a et b (a et b compris), la dérivée d'ordre $n+1$ ait des valeurs finies et déterminées. Cela suppose que f et ses n premières dérivées sont continus (§ 36) et finis entre a et b. Formons la fonction :

$$F(x) = f(b) - f(x) - (b-x)f'(x) - \frac{(b-x)^2}{1.2}f''(x) - \ldots$$
$$- \frac{(b-x)^n}{1.2\ldots n}f^{(n)}(x) - A(b-x)^p$$

où p est entier positif, et soit :

$$A = \frac{1}{(b-a)^p}\left[f(b) - f(a) - (b-a)f'(a) - \frac{(b-a)^2}{1.2}f''(a) - \ldots\right.$$
$$\left. - \frac{(b-a)^n}{1.2\ldots n}f^{(n)}(a)\right]$$

de sorte que :

$$F(a) = 0, \qquad F(b) = 0$$

la dérivée $F'(x)$, étant finie et déterminée, s'annule pour une valeur x_0 comprise entre a et b :

$$F'(x) = -f' + [f' - (b-x)f''] + \left[(b-x)f'' - \frac{(b-x)^2}{2}f'''\right]$$
$$+ \ldots + \left[\frac{(b-x)^{n-1}}{1.2\ldots(n-1)}f^{(n)} - \frac{(b-x)^n}{1.2\ldots n}f^{(n+1)}\right] + Ap(b-x)^{p-1}$$
$$= -\frac{(b-x)^n}{1.2\ldots n}f^{(n+1)}(x) + Ap(b-x)^{p-1}$$

et comme $b-x_0$ n'est pas nul

$$A = \frac{(b-x_0)^{n-p+1}}{p \times 1.2\ldots n}f^{(n+1)}(x_0).$$

Donc

$$\frac{(b-a)^p\,(b-x_0)^{n-p+1}}{p \times 1.2\ldots n}\,f^{(n+1)}(x_0) = f(b) - f(a) - (b-a)f'(a)\ldots$$

$$- \frac{(b-a)^n}{1,2\ldots n}\,f^{(n)}(a).$$

Si on pose :

$$a = x, \qquad b = x + h, \qquad x_0 = x + \theta h$$

on a :

$$b - x_0 = h\,(1 - \theta)$$

et l'on obtient la formule de Taylor :

$$f(x + h) = f(x) + hf'(x) + \frac{h^2}{1.2}\,f''(x) + \ldots + \frac{h^n}{1.2\ldots n}\,f^{(n)}(x)$$

$$+ \frac{h^{n+1}}{1.2\ldots n} \times \frac{(1-\theta)^{n-p+1}}{p}\,f^{(n+1)}(x + \theta h)$$

Si $p = n + 1$ le dernier terme complémentaire prend la forme donnée par Lagrange :

$$\frac{h^{n+1}}{1.2\ldots(n+1)}\,f^{(n+1)}(x + \theta h)$$

qui est la plus simple. Si $p = 1$, on a le terme complémentaire de Cauchy :

$$\frac{h^{n+1}(1-\theta)^n}{1.2\ldots n}\,f^{(n+1)}(x + \theta h).$$

40. Généralisation. — Soient $f(x)$ et $\varphi(x)$ deux fonctions ayant des dérivées successives, jusqu'à l'ordre n, finies et déterminées entre $x = a$ et $x = b$. Posons :

$$F(x) = f(b) - f(x) - (b-x)f'(x) - \frac{(b-x)^2}{1.2}\,f''(x) - \ldots$$

$$- \frac{(b-x)^{n-1}}{1.2\ldots(n-1)}\,f^{(n-1)}(x)$$

$$\Phi(x) = \varphi(b) - \varphi(x) - (b-x)\varphi'(x) - \frac{(b-x)^2}{1.2}\,\varphi''(x) - \ldots$$

$$- \frac{(b-x)^{n-1}}{1.2\ldots(n-1)}\,\varphi^{(n-1)}(x)$$

La fonction $F(x)\,\Phi(a) - F(a)\,\Phi(x)$ est nulle pour $x = a$ et pour $x = b$, sa dérivée, étant finie, s'annulera pour une valeur x_0 entre a et b. Cette dérivée est :

$$\frac{(b-x)^{n-1}}{1.2\ldots(n-1)}\left[-f^{(n)}(x)\,\Phi(a) + \varphi^{(n)}(x)\,F(a)\right]$$

Donc :

$$f^{(n)}(x_0)\,\Phi(a) = \varphi^{(n)}(x_0)\,F(a).$$

Si l'on suppose $\Phi(a)$ différent de zéro, et si $f^{(n)}(x)$, $\varphi^{(n)}(x)$ ne s'annulent pas en même temps entre a et b, cette relation peut s'écrire :

$$\frac{F(a)}{\Phi(a)} = \frac{f^{(n)}(x_0)}{\varphi^{(n)}(x_0)}$$

$$\frac{f(x+h) - f(x) - hf'(x) - \dfrac{h^2}{1.2}f''(x) - \ldots - \dfrac{h^{n-1}}{1.2\ldots(n-1)}f^{(n-1)}(x)}{\varphi(x+h) - \varphi(x) - h\varphi'(x) - \dfrac{h^2}{1.2}\varphi''(x) - \ldots - \dfrac{h^{n-1}}{1.2\ldots(n-1)}\varphi^{(n-1)}(x)}$$

$$= \frac{f^{(n)}(x+\theta h)}{\varphi^{(n)}(x+\theta h)}$$

$$0 < \theta < 1.$$

Exercices

Calculer les dérivées des fonctions suivantes :

$$\frac{x^2+1}{(x+1)^2}, \qquad \frac{1}{\sqrt{1-x^2}}, \qquad \frac{x}{\sqrt{x^2+a^2}}, \qquad \sqrt[3]{x^2+a}, \qquad x(1-Lx)$$

$$L\frac{x+a}{x-a}, \qquad L\,\mathrm{tg}\left(\frac{\pi}{4}+\frac{x}{2}\right), \qquad (x^2-1)e^{x^2}$$

$$\arcsin(2x^2-1), \qquad \arccos(3x-4x^3), \qquad \mathrm{arc\ tg}\frac{x+a}{1-ax}$$

$$\mathrm{arc\ tg}\frac{\sqrt{1-x^2}}{x}, \qquad L(x+\sqrt{1+x^2}).$$

CHAPITRE VII

APPLICATIONS DES DÉRIVÉES

41. Dérivées nulles. — Si, pour toute valeur de x comprise entre a et b, une fonction $f(x)$ a une dérivée nulle, cette fonction est constante entre a et b.

En effet, le théorème des accroissements finis (§ 37) donne :

$$f(a + h) = f(a) + hf'(a + \theta h)$$

si $a + h < b$, $f'(a + \theta h)$ est nul,

$$f(a + h) = f(a).$$

Si deux fonctions $f(x)$, $\varphi(x)$, ont, entre a et b, des dérivées égales bien déterminées, leur différence, ayant une dérivée nulle, est constante.

Par exemple, soit :

$$y = \text{arc tg } x, \qquad\qquad z = \text{arc tg } \frac{-1}{x}$$

$$y' = \frac{1}{1 + x^2}, \qquad\qquad z' = \frac{\dfrac{1}{x^2}}{1 + \dfrac{1}{x^2}} = \frac{1}{1 + x^2}$$

il en résulte que $y - z$ est constant.

Supposons que l'on ne prenne que des arcs compris entre $-\dfrac{\pi}{2}$ et $+\dfrac{\pi}{2}$, si x est positif

$$\text{arc tg } x - \text{arc tg } \frac{-1}{x} = \frac{\pi}{2}$$

si on change x en $-x$, les deux arcs changent de signe, la différence sera $-\frac{\pi}{2}$. C'est que, pour $x = 0$, la fonction z est discontinue, elle tend vers $-\frac{\pi}{2}$ ou $+\frac{\pi}{2}$ suivant que x est positif, ou négatif. Elle n'a pas de dérivée pour $x = 0$, n'ayant pas de valeur déterminée.

Si deux fonctions f, φ restent positives, et ont des dérivées vérifiant la relation $\frac{f'(x)}{f(x)} = \frac{\varphi'(x)}{\varphi(x)}$ pour les valeurs de x comprises entre a et b, il en résulte que les fonctions $\mathrm{L}\, f(x)$ et $\mathrm{L}\, \varphi(x)$ ont des dérivées égales, et une différence constante. Donc le rapport $\frac{f(x)}{\varphi(x)}$ est constant entre les valeurs a et b de x.

Si $f(x)$ restait négatif, la fonction $-f(x)$ resterait positive, et donnerait le même rapport $\frac{f(x)}{f(x)}$; il suffit donc que f conserve le même signe entre a et b. Mais si $f(x)$ s'annule, son logarithme augmente indéfiniment et n'a plus une dérivée bien définie.

42. Variation des fonctions. — Si, entre a et b, une fonction est croissante, et a une dérivée déterminée, cette dérivée est positive.

En effet, x et $x + h$ restant compris entre a et b, $f(x + h) - f(x)$ a le signe de h. Si, pour $h = 0$, $\frac{f(x + h) - f(x)}{h}$ a une limite $f'(x)$, cette limite est positive ou nulle. Si $f'(x)$ était nul entre deux valeurs x_0 et x_1, comprises entre a et b, $f(x)$ serait constant entre ces deux valeurs. Donc, tant que f croît, $f'(x)$ est positif ou nul, mais ne reste jamais nul entre deux valeurs déterminées de x.

Réciproquement, si une fonction a une dérivée positive pour toute valeur de x comprise entre a et b, la fonction est croissante dans cet intervalle. En effet, si x et $x + h$ restent entre a et b, le théorème des accroissements finis donne

$$f(x + h) - f(x) = hf'(x + \theta h).$$

on suppose $f' > 0$ donc $f(x + h) > f(x)$ si h est positif.

Si $f'(x)$, restant positif, s'annulait pour un nombre limité de valeurs de x, on pourrait diviser l'intervalle ab en plusieurs où f

resterait plus grand que zéro, $f(x)$ croît dans chacun de ces intervalles, et aussi entre a et b.

Inversement, si une fonction $f(x)$ est décroissante, la fonction $-f(x)$ croît, $f'(x)$ est négatif et ne peut rester nul dans aucun intervalle.

Si $f'(x)$ reste négatif entre a et b, et ne s'annule que pour un nombre limité de valeurs de x, la fonction $f(x)$ est décroissante dans cet intervalle. En effet $-f'(x)$ restant positif, la fonction $-f(x)$ est croissante.

Il faut remarquer que $f'(x)$ est supposé bien déterminé, par exemple si x varie de -1 à $+1$, soit $f(x) = \dfrac{1}{x}$, $f'(x) = \dfrac{-1}{x^2}$ $f'(x)$ reste négatif, $f(x)$ décroît. Cependant

$$f(+1) = +1 > f(-1) = -1$$

c'est que, pour $x = 0$ f devient infini, et tend vers $+\infty$ ou $-\infty$ suivant le signe de x ; f, n'étant pas fini et déterminé, n'a pas de dérivée pour $x = 0$. $f(x)$ décroît entre -1 et 0, et aussi entre 0 et $+1$.

43. Maximum et Minimum. — Une valeur x_0 rend une fonction $f(x)$ maximum s'il existe un nombre h tel que

$$f(x_0 + dx) - f(x_0)$$

soit négatif pour toute valeur de dx comprise entre $-h$ et $+h$. Si f a une dérivée, elle est nulle pour x_0, car $\dfrac{f(x_0 + dx) - f(x_0)}{dx}$ a le signe de $-dx$; si dx tend vers zéro par des valeurs négatives la limite ne peut être que positive, ou nulle ; si dx reste positif la limite ne peut pas être positive. Donc, s'il y a une limite déterminée, $f'(x_0)$, elle est nulle.

Si x_0 rend $f(x)$ minimum, $f(x_0 + dx) - f(x_0)$ sera positif, si $|dx| < h$; s'il y a une dérivée déterminée, $f'(x_0)$, elle est égale à zéro.

Si, dans un intervalle, $x_0 - h$ à $x_0 + h$, la fonction f a une dérivée, qui est nulle pour x_0 ; si cette dérivée est positive lorsque x est plus petit que x_0, négative quand $x > x_0$, $f(x)$ croît avant, décroît après x_0, et passe par un maximum.

Si la dérivée est négative puis positive, $f(x)$ décroît puis croît, et passe par un minimum pour x_0.

Si la dérivée s'annule sans changer de signe, la fonction ne cesse pas de croître ou de décroître, x_0 ne correspond ni à un maximum, ni à un minimum.

Si $f'(x_0) = 0$ et si, entre $x_0 - K$ et $x_0 + K$, il y a une dérivée seconde déterminée, ce qui suppose f et f' finis et continus, on a (§ 39) :

$$f(x_0 + h) - f(x_0) = \frac{h^2}{2} f''(x_0 + \theta h)$$

pourvu que $|h| < K$.

Donc, si $f''(x)$ reste positif, $f(x_0 + h) - f(x_0)$ est positif, la valeur $f(x_0)$ est un minimum. Si f'' reste négatif, x_0 correspond à un maximum de $f(x)$. Si $f''(x)$ est une fonction continue, il suffit que $f''(x_0)$ soit négatif pour que l'on puisse trouver un intervalle où f'' reste négatif, $f(x_0)$ est un maximum. De même si $f''(x_0) > 0$, $f(x_0)$ est un minimum.

Si $f'(x_0)$, $f''(x_0) \ldots f^{(n-1)}(x_0)$ sont nuls, et si la fonction f a une dérivée d'ordre n dans un intervalle comprenant x_0, on aura :

$$f(x_0 + h) - f(x_0) = \frac{h^n}{1.2 \ldots n} f^{(n)}(x_0 + \theta h).$$

Si $f^{(n)}(x)$ reste positif entre $x_0 - K$ et $x_0 + K$, n étant pair, $f(x_0)$ est un minimum, si $f^{(n)}(x)$ reste négatif, on a de même un maximum. Mais si n est impair, $f^{(n)}$ ne change pas de signe, h^n a le signe de h ; il n'y a ni maximum ni minimum.

Si la première dérivée $f^{(n)}(x_0)$ qui ne s'annule pas est continue dans un intervalle comprenant x_0, on voit que, lorsque n est pair, il y a maximum si $f^{(n)}(x_0) < 0$, minimun si $f^{(n)}(x_0) > 0$.

Tant que $f(x)$ a une dérivée $f'(x)$ les valeurs qui rendent f maximum ou minimum s'obtiendront en cherchant celles qui annulent $f'(x)$; pour chacune de ces valeurs on cherchera le signe de $f''(x)$ ou de la première dérivée non nulle. En général $f''(x)$ ne cesse d'être déterminé que pour des valeurs particulières de x pour lesquelles la méthode des dérivées ne s'applique plus.

44. Règle de l'Hospital. — Soient $f(x)$ et $\varphi(x)$ deux fonctions, nulles pour $x = a$, ayant des dérivées finies entre a et $a + K$.

La fraction $\dfrac{f(x)}{\varphi(x)}$ prend la forme $\dfrac{0}{0}$; pour chercher si elle a une limite on peut appliquer la formule du § 38, en supposant $f(a)$ et $\varphi(a)$ nuls :

$$f(a + h)\,\varphi'(a + \theta h) = \varphi(a + h)f'(a + \theta h)$$

$$(1) \qquad \frac{f(a + h)}{\varphi(a + h)} = \frac{f'(a + \theta h)}{\varphi'(a + \theta h)}$$

pourvu que les dénominateurs ne soient pas nuls.

Supposons que $\dfrac{f'(x)}{\varphi'(x)}$ ait une limite l pour $x = a$; lorsque h tend vers o, $\dfrac{f'(a + \theta h)}{\varphi'(a + \theta h)}$ et par suite $\dfrac{f(a + h)}{\varphi(a + h)}$ ont la limite l.

Si $\varphi'(x)$ ne s'annule qu'un nombre limité de fois entre a et $a + \mathrm{K}$, on peut supposer K assez petit pour que φ' ne s'annule plus dans cet intervalle ($x = a$ étant exclu); alors $\varphi(x)$ ne peut pas s'annuler, car $\varphi(a) = o$, et entre deux valeurs qui annulent φ, il y en a une annulant φ' (§ 36). La formule (1) peut donc s'appliquer pourvu que $h < \mathrm{K}$.

Si φ' s'annule une infinité de fois dans tout intervalle comprenant a, on pourra prendre le rapport inverse $\dfrac{\varphi'}{f'}$, pourvu que $f'(x)$ ne s'annule pas entre a et $a + \mathrm{K}$. Alors $\dfrac{\varphi'}{f'}$ étant nul, pour des valeurs de x tendant vers a, s'il y a une limite, elle est nulle, et $\dfrac{\varphi(x)}{f(x)}$ tend aussi vers zéro.

Si $f'(x)$ et $\varphi'(x)$ s'annulent une infinité de fois, pour des valeurs de x qui tendent vers a, ces valeurs doivent être les mêmes, autrement $\dfrac{f'(x)}{\varphi'(x)}$ étant tantôt nul, tantôt infini, n'aurait pas de limite; alors la règle de l'Hospital ne s'applique plus.

Ainsi lorsque $\dfrac{f'(x)}{\varphi'(x)}$ a une limite, $\dfrac{f(x)}{\varphi(x)}$ a la même limite, pourvu que le premier rapport ne se présente pas sous la forme $\dfrac{0}{0}$ pour une infinité de valeurs voisines de a. En particulier si f' et φ' ont des limites non nulles, $\dfrac{f}{\varphi}$ a pour limite $\dfrac{f'(a)}{\varphi'(a)}$.

Lorsque $f'(a)$ et $\varphi'(a)$ sont nuls, on peut appliquer la même règle, pour chercher la limite de $\dfrac{f'}{\varphi'}$.

Supposons que $f(x)$ et $\varphi(x)$, ainsi que leurs $(n-1)$ premières dérivées, soient nuls pour $x = a$, les dérivées d'ordre n étant déterminées entre a et $a + K$.

La formule du § 40 devient :

$$f(a+h)\,\varphi^{(n)}(a+\theta h) = \varphi(a+h)\,f^{(n)}(a+\theta h)$$

$$\frac{f(a+h)}{\varphi(a+h)} = \frac{f^{(n)}(a+\theta h)}{\varphi^{(n)}(a+\theta h)}$$

pourvu qué les dénominateurs ne soient pas nuls. Si $\varphi^{(n)}(x)$ ne s'annule qu'un nombre limité de fois entre a et $a + K$, il en est de même pour $\varphi^{(n-1)}(x)$, $\varphi^{(n-2)}(x)$,... $\varphi(x)$. En répétant les mêmes raisonnements on voit que :

Si $\dfrac{f^{(n)}(x)}{\varphi^{(n)}(x)}$ a une limite, $\dfrac{f(x)}{\varphi(x)}$ a la même limite, pourvu que le premier rapport ne se présente pas sous la forme $\dfrac{0}{0}$ pour une infinité de valeurs voisine de a. Cette règle s'applique, en particulier, si $f^{(n)}(x)$ et $\varphi^{(n)}(x)$ ont des limites non nulles.

Dans le cas où $\dfrac{f^{(n)}(x)}{\varphi^{(n)}(x)}$ augmente indéfiniment, $\dfrac{\varphi^{(n)}}{f^{(n)}}$ tend vers zéro, en restant positif, $\dfrac{\varphi(x)}{f(x)}$ tend vers zéro par valeurs positives, $\dfrac{f(x)}{\varphi(x)}$ augmente aussi indéfiniment.

45. Diverses formes indéterminées. — Supposons que $f(x)$ et $\varphi(x)$ augmentent indéfiniment lorsque x tend vers a, par valeurs croissantes, et que leurs dérivées soient finies et déterminées pour toute valeur de x comprise entre $a - K$ et a. Pour $x = a$ ces dérivées augmentent indéfiniment, autrement f et φ resteraient continus et finis. Pour chercher si $\dfrac{f(x)}{\varphi(x)}$ a une limite, appliquons à deux valeurs de x la formule du § 38.

$$\frac{f(a-h) - f(a-h')}{\varphi(a-h) - \varphi(a-h')} = \frac{f'(a-h'')}{\varphi'(a-h'')}$$

et soit $0 < h < h'' < h' < K$.

f' et φ' augmentent indéfiniment ; si K est assez petit, f et φ sont des fonctions continues croissantes. Si h est assez petit il existera, dans l'intervalle considéré, une valeur x_1 telle que $f(x_1) = \sqrt{f(a-h)}$

($ 5$), et une x_2 telle que $\varphi(x_2) = \sqrt{\varphi(a - h)}$. Prenons pour $a - h'$ la plus petite des quantités x_1 et x_2. Lorsque h tend vers zéro, h' tend aussi vers zéro, $\dfrac{f(a - h')}{f(a - h)} \leqslant \dfrac{1}{\sqrt{f(a - h)}}$ tend vers zéro, ainsi que $\dfrac{\varphi(a - h')}{\varphi(a - h)}$

$$\frac{f(a - h)}{\varphi(a - h)} \times \frac{1 - \dfrac{f(a - h')}{f(a - h)}}{1 - \dfrac{\varphi(a - h')}{\varphi(a - h)}} = \frac{f'(a - h'')}{\varphi'(a - h'')}.$$

Donc, si $\dfrac{f'(x)}{\varphi'(x)}$ a une limite, pour $x = a$, $\dfrac{f(a - h)}{\varphi(a - h)}$ aura la même limite.

Si x tend vers a en décroissant, il suffit de changer x en $- x$ pour arriver au même résultat.

On peut remarquer que $\dfrac{f'(x)}{\varphi'(x)}$ prend encore la forme $\dfrac{\infty}{\infty}$, mais il peut arriver que ce rapport soit plus simple que le premier. On peut lui appliquer la même règle en formant les rapports $\dfrac{f^{(n)}(x)}{\varphi^{(n)}(x)}$.

Si $\dfrac{f(x)}{\varphi(x)}$ se présente sous la forme $\dfrac{0}{0}$ ou $\dfrac{\infty}{\infty}$, lorsque x augmente indéfiniment, on peut poser $x = \dfrac{1}{y}$; y tend vers zéro

$$f'_y = - \frac{1}{y^2} f'(x) \quad , \quad \varphi'_y = - \frac{1}{y^2} \varphi'(x)$$

$$\frac{f'_y}{\varphi'_y} = \frac{f'(x)}{\varphi'(x)}$$

la règle de l'Hospital s'applique encore, pourvu que $\dfrac{f'(x)}{\varphi'(x)}$ ait, pour x infini, une limite, et ne se présente pas sous une forme illusoire pour des valeurs de x qui augmentent indéfiniment.

Si le produit $f(x)\,\varphi(x)$ prend, pour $x = a$, la forme $0 \times \infty$, on pourra chercher sa limite en appliquant la règle de l'Hospital à la fraction $\dfrac{f(x)}{\left(\dfrac{1}{\varphi(x)}\right)}$.

De même l'expression $f(x)^{\varphi(x)}$ peut prendre les formes indéterminées 1^∞, 0^0, ∞^0, qui se ramènent aux précédentes, en cherchant la limite de son logarithme.

46. Cas d'exception. — Bien que la règle de l'Hospital s'applique à presque toutes les fonctions que l'on rencontre, il est bon de bien se rendre compte des conditions nécessaires.

Si $\dfrac{f'(x)}{\varphi'(x)}$ n'a pas de limite, $\dfrac{f(x)}{\varphi(x)}$ peut en avoir une. Par exemple la fraction $\dfrac{f}{\varphi} = \dfrac{x^2 \sin \frac{1}{x}}{x}$ tend vers zéro avec x ; le rapport $\dfrac{f'}{\varphi'} = 2x \sin \frac{1}{x} - \cos \frac{1}{x}$ n'a pas de limite. Il ne faut pas en conclure que $\dfrac{f}{\varphi}$ n'a pas de limite.

Soit encore :

$$f(x) = 3 x^4 \sin \frac{1}{x} + x^3 \cos \frac{1}{x} \quad , \quad f'(x) = (12 x^3 + x) \sin \frac{1}{x}$$

$$\varphi(x) = 2 x^3 \sin \frac{1}{x} + x^2 \cos \frac{1}{x} \quad , \quad \varphi'(x) = (6 x^2 + 1) \sin \frac{1}{x}$$

$$\frac{f'(x)}{\varphi'(x)} = x \frac{12 x^2 + 1}{6 x^2 + 1} \text{ tend vers zéro, pour } x = 0$$

$$\frac{f(x)}{\varphi(x)} = x \frac{3 x \sin \frac{1}{x} + \cos \frac{1}{x}}{2 x \sin \frac{1}{x} + \cos \frac{1}{x}} \text{ n'a pas de limite.}$$

Le dénominateur s'annule pour des valeurs de x de plus en plus petites. La fonction $2 \sin y + y \cos y$ est continue; si $y = 2n\pi$ elle a la valeur $+ 2n\pi$, pour $y = (2n + 1)\pi$ elle est égale à $- (2n + 1)\pi$, elle s'annule donc pour une valeur y_0, comprise entre $2n\pi$ et $(2n + 1)\pi$, à laquelle correspond $x = \dfrac{1}{y_0}$ qui rend $\dfrac{f}{\varphi}$ infini, car le numérateur ne s'annule pas en même temps. $\dfrac{f(x)}{\varphi(x)}$ est infini pour des valeurs de x qui tendent vers zéro ; d'autre part, si $x = \dfrac{1}{n\pi}$, ce rapport est égal à x et tend vers zéro. Si la règle de l'Hospital ne s'applique pas, c'est que $\dfrac{f'(x)}{\varphi'(x)}$ prend la forme $\dfrac{0}{0}$ pour les valeurs $x = \dfrac{1}{n\pi}$ qui tendent vers zéro.

Exercices

1. Déterminer le maximum ou minimum des fonctions :

$$x\,\frac{x-1}{x+1} \quad , \quad \frac{\log x}{x^{n}} \quad , \quad \frac{\sqrt{1+x^{2}}}{x} + \log\left(x + \sqrt{1+x^{2}}\right).$$

2. Parmi les cônes inscrits dans une sphère donnée, ayant pour base un petit cercle, pour sommet un point de la sphère, quels sont ceux dont le volume est maximum.

3. Trouver la limite, pour $x = 0$, des fonctions suivantes :

$$\frac{x - \sin x}{x^{3}} \quad , \quad \frac{e^{x} - e^{\sin x}}{x - \sin x} \quad , \quad (\cos x)^{\frac{1}{x}} \quad , \quad x^{x}.$$

4. Trouver la limite, lorsque x augmente indéfiniment, des fonctions :

$$x \log \frac{1+x}{x} \quad , \quad \left(1 + \frac{a}{x}\right)^{x} \quad , \quad \frac{x}{\log x}\left[\log^{2}(1+x) - \log^{2}x\right].$$

5. Trouver la limite, pour $x = 1$, des fonctions :

$$\frac{1 - x^{n}}{\log x} \quad , \quad \frac{\cos \frac{\pi x}{2}}{\log x} \quad , \quad (2 - x)^{tg\frac{\pi x}{2}}.$$

$$\text{CHAPITRE VIII}$$

—

DÉVELOPPEMENTS EN SÉRIE

47. Convergence uniforme. — Soit une série

$$f(x) = u_1(x) + u_2(x) + \ldots + u_n(x) + \ldots = S_n(x) + R_n(x)$$
$$R_n(x) = u_{n+1}(x) + u_{n+2}(x) + \ldots$$

dont les termes u sont des fonctions de x continues dans un intervalle ab. On dit que la série est uniformément convergente si, à tout nombre ε, on peut faire correspondre un rang n, tel que le reste R_n soit compris entre $-\varepsilon$ et $+\varepsilon$ pour toutes les valeurs de x, dans cet intervalle. La série $f(x)$ est alors une fonction continue de x. En effet :

$$f(x + h) - f(x) = S_n(x + h) - S_n(x) + R_n(x + h) - R_n(x)$$

x et $x + h$ étant dans l'intervalle ab, on peut choisir n assez grand pour que $|R_n|$ reste inférieur à ε, n restant fixe, on peut choisir h assez petit pour que $|S_n(x + h) - S_n(x)| < \varepsilon$, car S_n est une fonction continue. Alors $|f(x + h) - f(x)|$ est inférieur à 3ε. Au nombre 3ε on peut donc faire correspondre un nombre K tel que l'accroissement de $f(x)$ reste inférieur à 3ε tant que $|h| < K$, f est une fonction continue (§ 5).

48. Série dérivée. — Supposons que les fonctions u aient des dérivées u' continues et que la série

$$f'(x) = u'_1(x) + \ldots + u'_n(x) + \ldots = S'_n(x) + R'_n(x)$$

soit uniformément convergente, ainsi que $f'(x)$. La fonction continue $f'(x)$ sera la dérivée de $f(x)$. En effet, θ étant un nombre quelconque compris entre o et 1, formons l'expression

$$(1) \quad \begin{cases} f(x + h) - f(x) - hf'(x + \theta h) = S_n(x + h) - S_n(x) - \\ hS'_n(x + \theta h) + R_n(x + h) - R_n(x) - hR'_n(x + \theta h) \end{cases}$$

x restant dans l'intervalle où la convergence est uniforme, à un nombre ε on peut faire correspondre un rang n tel que R_n et R'_n restent compris entre $-\varepsilon$ et $+\varepsilon$ pour toutes ces valeurs de x. n restant alors fixe, $S_n(x)$ est une fonction dont la dérivée est $S'_n(x)$, il existe donc un nombre θ tel que (§ 37) :

$$S_n(x + h) - S_n(x) = hS'_n(x + \theta h)$$

le second membre de l'égalité (1) est compris entre -3ε et $+3\varepsilon$, pour cette valeur θ. Dans le premier membre, supposons x et h fixes, et faisons varier θ de o à 1, ce premier membre est une fonction continue de θ qui aura un maximum M et un minimum m (§ 6), et prend toutes les valeurs entre m et M.

Si $m > o$, on ne pourrait pas prendre $3\varepsilon < m$. Il faut donc $m \leqslant o$; de même $M \geqslant o$. Il y a toujours une valeur de θ pour laquelle

$$\frac{f(x + h) - f(x)}{h} = f'(x + \theta h), \qquad o \leqslant \theta \leqslant 1$$

si h tend vers zéro, on voit que $f'(x)$ est la dérivée de $f(x)$.

On pourrait être tenté de croire que ces démonstrations sont inutiles, et que les résultats qui s'appliquent à n fonctions sont vrais lorsque n devient infini. L'exemple suivant montre qu'il n'en est rien. Soit

$$f(x) = x^2 + \frac{x^2}{1 + x^2} + \cdots + \frac{x^2}{(1 + x^2)^{n-1}} + \cdots$$

Si x n'est pas nul, c'est une progression géométrique dont la somme est

$$\frac{x^2}{1 - \dfrac{1}{1 + x^2}} = 1 + x^2.$$

Pour $x = o$ la série devient nulle, tandis que la fonction a pour limite 1, f est une somme de fonctions continues, qui cependant n'est pas continue pour $x = 0$. On peut vérifier que la convergence n'est pas uniforme entre 0 et 1, même si x n'est jamais nul :

$$R_n = \frac{f(x)}{(1 + x^2)^n} = \frac{1}{(1 + x^2)^{n-1}}.$$

Si $R_n < \varepsilon$, on a : $(n - 1) \log (1 + x^2) > \log \frac{1}{\varepsilon}$; lorsque x tend vers zéro, n augmente indéfiniment. La série est absolument convergente si $0 < x \leqslant 1$, mais la convergence n'est pas uniforme.

49. Séries entières. Considérons la série

$$f(x) = a_0 + a_1 x + a_2 x^2 + \ldots + a_n x^n + \ldots$$

où les coefficients a sont constants. Soit $\mathfrak{L}$ la plus grande limite de $\sqrt[n]{|a_n|}$, celle de $\sqrt[n]{|a_n x^n|}$ est $\mathfrak{L}|x|$. Si x est compris entre $-\frac{1}{\mathfrak{L}}$ et $\frac{1}{\mathfrak{L}}$, $|x| < 1$, la série est absolument convergente (§ 21). Si $|x| > \frac{1}{\mathfrak{L}}$ elle est divergente. Pour $x = \frac{1}{\mathfrak{L}}$, ou $-\frac{1}{\mathfrak{L}}$, elle peut être, suivant les cas, divergente, simplement convergente, ou absolument convergente.

Dans le cas où la limite de convergence $\frac{1}{\mathfrak{L}}$ est nulle la série est toujours divergente; si elle est infinie, la série est toujours convergente.

Si $|x| \leqslant x_0 < \frac{1}{\mathfrak{L}}$, le reste R_n de la série $f(x)$ est plus petit que le reste R'_n de la série à termes positifs $\sum |a_n| x_0^n$. On peut toujours déterminer n de façon que $|R_n| < R'_n < \varepsilon$, la série $f(x)$ est donc uniformément convergente entre $-x_0$ et x_0.

Si, pour $x_1 = \frac{1}{\mathfrak{L}}$, la série $f(x_1)$ est convergente (même seulement simplement convergente), la convergence est encore uniforme. Soit en effet :

$$R_n = a_n x_1^n + a_{n+1} x_1^{n+1} + \ldots$$
$$a_n x_1^n = R_n - R_{n+1}$$

à un nombre ε on peut faire correspondre un nombre n tel que

$|R_{n+q}| < \varepsilon$ pour toute valeur positive, ou nulle, de q. Soit

$$x = \theta x_1, \quad 0 < \theta \leqslant 1,$$

et

$$X = a_n x^n + a_{n+1} x^{n+1} + \ldots + a_{n+p} x^{n+p} =$$
$$= (R_n - R_{n+1})\theta^n + (R_{n+1} - R_{n+2})\theta^{n+1} \ldots + (R_{n+p} - R_{n+p+1})\theta^{n+p}$$
$$= R_n \theta^n + R_{n+1}(\theta^{n+1} - \theta^n) + \ldots + R_{n+p}(\theta^{n+p} - \theta^{n+p-1}) - R_{n+p+1}\theta^{n+p}$$

comme $|R|$ reste inférieur à ε.

$$|X| < \varepsilon\theta^n + \varepsilon(\theta^n - \theta^{n+1}) + \ldots + \varepsilon(\theta^{n+p-1} - \theta^{n+p}) + \varepsilon\theta^{n+p} = 2\varepsilon\theta^n \leqslant 2\varepsilon$$

si p augmente indéfiniment, on voit que le reste de la série $f(x)$ est plus petit, en valeur absolue, que 2ε; la série est uniformément convergente si $0 < x \leqslant \dfrac{1}{\varphi}$.

Il en est de même pour la valeur $x = -\dfrac{1}{\varphi}$, si la série est convergente. La série $f(x)$ est donc une fonction continue, tant qu'elle est convergente. La série

$$f'(x) = a_1 + 2a_2 x + \text{---} + na_n x^{n-1} + \ldots$$

a la même limite de convergence, car $\sqrt[n]{n}$ tend vers 1, par suite $\sqrt[n]{\left|\dfrac{a_n}{x}\right|}$ et $\sqrt[n]{|a_n|}$ ont la même plus grande limite. Cette série $f'(x)$ est continue, elle est la dérivée de $f(x)$ tant qu'elle est convergente. Il résulte, du reste, du théorème d'Abel (§ 25) que, si la série $f(x)$ est convergente, la série $f(x)$ obtenue en multipliant les termes par $\dfrac{x}{n}$, est aussi convergente.

50. Série de Taylor. — La formule de Taylor (§ 39) peut s'écrire :

$$f(x_0 + h) = f(x_0) + hf'(x_0) + \ldots + \frac{h^n}{1.2 \ldots n}f^{(n)}(x_0) + R_n$$

$$R_n = \frac{h^{n+1}}{1.2 \ldots (n+1)}f^{(n+1)}(x_0 + \theta h) \quad \text{ou} \quad \frac{h^{n+1}(1 - \theta)^n}{1.2 \ldots n}f^{(n+1)}(x_0 + \theta h).$$

Si R_n tend vers zéro, lorsque n augmente indéfiniment, le second membre devient la série de Taylor, qui a pour limite $f(x_0 + h)$.

Le facteur $\dfrac{h^{n+1}}{1.2 \ldots (n+1)}$ est le terme général d'une série convergente (§ 28) et tend vers zéro. Si, entre x_0 et $x_0 + h$, f, et ses dérivées d'ordre quelconque, restent inférieurs, en valeur absolue, à un nombre fixe, R_n tendra vers zéro, la série sera convergente, et représentera $f(x_0 + h)$. Soit $x_0 = 0$, en posant $h = x$, on a la série de Maclaurin :

$$f(x) = f(0) + xf'(0) + \frac{x^2}{1.2}f''(0) + \ldots + \frac{x^n}{1.2 \ldots n}f^{(n)}(0) + \ldots$$

$$R_n = \frac{x^{n+1}}{1.2 \ldots (n+1)}f^{(n+1)}(\theta x) \quad \text{ou} \quad \frac{x^{n+1}(1 - \theta)^n}{1.2 \ldots n}f^{(n+1)}(\theta x)$$

pourvu que R_n tende vers zéro.

51. Condition nécessaire. — Il ne suffit pas que la série de Maclaurin soit convergente pour qu'elle représente $f(x)$, il faut encore que R_n tende vers zéro. Par exemple la fonction $e^{-\frac{1}{x^2}}$ a des dérivées de la forme $\frac{P(x)}{x^{3n}}e^{-\frac{1}{x^2}}$, où P est un polynôme ; elles tendent vers zéro avec x, car $x^{3n}e^{\frac{1}{x^2}}$ augmente indéfiniment (§ 29). Si $f(x)$ est une fonction pour laquelle R_n tend vers zéro lorsque $-x_0 < x < x_0$, la fonction $e^{-\frac{1}{x^2}} + f(x)$ aura le même développement de Maclaurin, qui ne représente pas cette fonction, mais seulement $f(x)$.

La fonction $e^{\frac{-1}{(x-a)^2(x-b)^2}}$ s'annule, ainsi que ses dérivées, d'ordre quelconque, pour $x = a$ et $x = b$. Soit une fonction égale à $f(x) + e^{\frac{-1}{(x-a)^2(x-b)^2}}$ lorsque $a \leqslant x \leqslant b$, et à $f(x)$ lorsque x n'est pas entre a et b. Cette fonction est continue ainsi que ses dérivées. Si $0 < a < b < x_0$, la série de Maclaurin ne représentera pas cette fonction entre a et b.

Comme toute série entière, la série de Maclaurin est convergente entre des limites $-x_1$ et $+x_1$. Si R_n tend vers zéro lorsque $x < x_1$, et si la série converge pour x_1, comme elle est continue, elle a la même limite que $f(x)$, et représente $f(x_1)$ pourvu que celle-ci soit encore continue. Il en est de même pour $-x_1$. La dérivée de $f(x)$ conduit au développement

$$f'(x) = f'(0) + xf''(0) + \ldots + \frac{x^n}{1.2 \ldots n} f^{n+1}(0) + \ldots$$

Supposons qu'entre les limites — x_0, + x_0 le terme complémentaire R'_n tende vers zéro. $f(x)$ sera continu, sa dérivée $f'(x)$ sera égale à la série précédente, qui est la dérivée de la série de Maclaurin (§ 49). Donc $f(x)$ et la série, sont deux fonctions ayant des dérivées égales entre les limites considérées, leur différence est constante (§ 41) ; la série de Maclaurin représente donc $f(x)$, puisque, pour $x = 0$, sa valeur est $f(0)$.

52. Développement de sin x. — Les dérivées successives de sin x sont cos x, — sin x, — cos x, sin x,... Elles restent toujours comprises entre — 1 et + 1 ; dans la série Maclaurin R_n tend vers zéro, et l'on a, quel que soit x

$$\sin x = x - \frac{x^3}{2.3} + \ldots + (-1)^n \frac{x^{2n+1}}{1.2 \ldots (2n+1)} + \ldots$$

Si

$$n = 2, \qquad \sin x = x - \frac{x^3}{6} \cos \theta x$$

supposons $x > 0$, $x - \sin x$ a pour dérivée $1 - \cos x \geqslant 0$ et croît à partir de zéro. Donc

$$0 < x - \sin x = \frac{x^3}{6} \cos \theta x < \frac{x^3}{6}$$

On trouve de même, quel que soit x :

$$\cos x = 1 - \frac{x^2}{1.2} + \frac{x^4}{1.2.3.4} - \ldots + (-1)^n \frac{x^{2n}}{1.2 \ldots 2n} + \ldots$$

53. Développement de $(1 + x)^m$. — m pouvant avoir une valeur quelconque, soit :

$$f(x) = (1 + x)^m, \qquad f^{(n)}(x) = m(m-1) \ldots (m-n+1)(1+x)^{m-n}$$

la série de Maclaurin donne

$$(1+x)^m = 1 + \frac{m}{1} x + \frac{m(m-1)}{1.2} x^2 + \ldots + \frac{m(m-1) \ldots (m-n+1)}{1.2 \ldots n} x^n + \ldots$$

Si m est entier positif, on retrouve la formule du binôme, limitée à $m + 1$ termes (§ 11).

Le rapport d'un terme au précédent $\dfrac{m - n + 1}{n} x$ a pour limite $- x$. Si $|x| > 1$ la série est divergente. Si $|x| < 1$, le terme complémentaire de Cauchy donne :

$$R_n = \frac{x^{n+1}(1 - \theta)^n}{1 \cdot 2 \ldots n} m(m - 1) \ldots (m - n) (1 + \theta x)^{m-n-1} =$$

$$= x^{n+1} \frac{m(m - 1) \ldots (m - n)}{1 \cdot 2 \ldots n} (1 + \theta x)^{m-1} \left(\frac{1 - \theta}{1 + \theta x} \right)^n$$

comme

$$x > - 1, \quad 1 + \theta x > 1 - \theta > 0, \quad \frac{1 - \theta}{1 + \theta x} < 1, \quad \left(\frac{1 - \theta}{1 + \theta x} \right)^n (1+\theta x)^{m-1}$$

reste fini,

$$x^{n+1} \frac{m(m - 1) \ldots (m - n)}{1 \cdot 2 \ldots n}$$

est le terme général d'une série convergente, donc R_n tend vers 0. La série représente $(1 + x)^m$ lorsque $- 1 < x < 1$, elle s'applique donc aussi aux valeurs $- 1$ et $+ 1$ lorsqu'elle est convergente (§ 49).

Si $x = - 1$, on a la série

$$\Sigma - m \left(1 - \frac{m + 1}{2} \right) \ldots \left(1 - \frac{m + 1}{n} \right)$$

qui est convergente si $m > 0$, divergente si $m < 0$ (§ 32).

Si $x = + 1$, on a une série à signes alternés, pourvu que $n > m + 1$; si $m + 1 \leqslant 0$ les termes ne décroissent pas, la série est divergente.

Si $m + 1 > 0$ les termes décroissent et tendent vers zéro, la série est convergente. Lorsque $- 1 < m < 0$ elle est simplement convergente, si $m > 0$ elle est absolument convergente, de même que lorsque $x = - 1$.

54. Développement de $L (1 + x)$. — La dérivée de $L (1 + x)$ est

$$\frac{1}{1 + x} = 1 - x + x^2 \ldots + (- x)^n + \cdots$$

pourvu que $|x| < 1$. On en déduit (§ 51) :

$$L (1 + x) = x - \frac{x^2}{2} + \frac{x^3}{3} \ldots + (-1)^{n+1} \frac{x^n}{n} + \ldots$$

Cette série est convergente et représente $\log 2$ pour $x = 1$. Pour $x = -1$ elle est divergente, et augmente indéfiniment, ainsi que la fonction $L\,0$.

En changeant x en $-x$, on a :

$$L (1 - x) = -x - \frac{x^2}{2} \ldots - \frac{x^n}{n} \ldots$$

$$L \frac{1+x}{1-x} = L (1 + x) - L (1 - x) = 2 \left(x + \frac{x^3}{3} + \ldots + \frac{x^{2n+1}}{2n+1} + \ldots \right)$$

cette formule peut être utilisée pour le calcul numérique des logarithmes. Si on calcule les n premiers termes de la série, l'erreur sera :

$$R = 2 \left(\frac{x^{2n+1}}{2n+1} + \frac{x^{2n+3}}{2n+3} + \ldots \right)$$

$$< 2 \frac{x^{2n+1}}{2n+1} (1 + x^2 + x^4 + \ldots) = \frac{2\,x^{2n+1}}{(2n+1)(1-x^2)}$$

en posant $x = \dfrac{1}{2p+1}$ on a :

$$L (p + 1) - L\,p = L \frac{p+1}{p} = L \frac{1 + \dfrac{1}{2p+1}}{1 - \dfrac{1}{2p+1}}$$

$$= 2 \left[\frac{1}{2p+1} + \frac{1}{3(2p+1)^3} + \ldots + \frac{1}{(2n+1)(2p+1)^{2n+1}} + \ldots \right].$$

En prenant successivement $p = 1, 2, 3\ldots$ on peut calculer les logarithmes des nombres entiers. Lorsqu'on a obtenu les logarithmes de deux nombres, on peut en déduire le logarithme du produit, ce qui permet de vérifier les calculs. Les logarithmes de base 10 s'en déduisent, en multipliant par la constante $\dfrac{1}{L\,10}$, que l'on calcule de la même manière (§ 31).

55. Développement de arc tg x. — La dérivée de arc tg x est

$$\frac{1}{1 + x^2} = 1 - x^2 + x^4 \ldots + (-1)^n x^{2n} + \ldots$$

on en déduit

$$\text{arc tg } x = x - \frac{x^3}{3} + \frac{x^5}{5} \cdots + (-1)^n \frac{x^{2n+1}}{2n+1} + \cdots$$

où l'on choisit l'arc nul pour $x = 0$, et $|x| < 1$. Pour $x = -1$ la série est divergente, pour $x = +1$ elle devient :

$$\frac{\pi}{4} = \text{arc tg } 1 = 1 - \frac{1}{3} + \frac{1}{5} \cdots + (-1^n) \frac{1}{2n+1} + \cdots$$

Pour calculer π, on peut obtenir des séries qui convergent plus rapidement. La formule

$$\text{tg } (a + b) = \frac{\text{tg } a + \text{tg } b}{1 - \text{tg } a \text{ tg } b}$$

peut s'écrire, en représentant par x et y les deux tangentes :

$$\text{arc tg } x + \text{arc tg } y = \text{arc tg } \frac{x + y}{1 - xy}$$

si

$$x = \frac{1}{2}, \qquad y = \frac{1}{3}, \qquad \frac{x + y}{1 - xy} = 1.$$

Donc :

$$\frac{\pi}{4} = \text{arc tg } \frac{1}{2} + \text{arc tg } \frac{1}{3} = \left(\frac{1}{2} - \frac{1}{3.2^3} + \cdots \right) + \left(\frac{1}{3} - \frac{1}{3.3^3} + \cdots \right).$$

Dans chacune de ces séries, à signes alternés, les termes vont en décroissant ; si l'on prend n termes, l'erreur est plus petite que le premier terme négligé.

On peut encore former des séries qui convergent beaucoup plus vite :

Soit :

$$x = \text{arc tg } \frac{1}{5},$$

$$\text{tg } x = \frac{1}{5}, \qquad \text{tg } 2x = \frac{5}{12}, \qquad \text{tg } 4x = \frac{120}{119}, \qquad \text{tg } \left(4x - \frac{\pi}{4} \right) = \frac{1}{239}$$

$$\frac{\pi}{4} = 4 \text{ arc tg } \frac{1}{5} - \text{arc tg } \frac{1}{239}.$$

Exercices

1. Développer suivant les puissances de x les fonctions

$$\cos^3 x, \qquad \text{arc sin } x, \qquad L\left(x + \sqrt{1 + x^2}\right)$$

quelles sont les limites de convergence.

2. Si on calcule π avec 4 décimales, par la dernière formule du § 55, combien doit-on prendre de termes dans chacune des deux séries qui représentent les arc tg. Combien en faudrait-il, si on employait le développement de arc tg x, pour $x = 1$.

3. Dans une circonférence de rayon R, un angle au centre 2θ correspond à une corde de longueur $2l = 2R \sin \theta$, et à une flèche $f = R(1 - \cos \theta)$. Si on connaît l et $\dfrac{f}{l} = x$, calculer la longueur de l'arc, et montrer que

$$2R\theta = 2l\, \frac{1 + x^2}{x}\, \text{arc tg } x.$$

Développer cette fonction suivant les puissances de x.

CHAPITRE IX

—

FONCTIONS DE PLUSIEURS VARIABLES

56. Continuité. — On dit que plusieurs variables x, y, z...
sont indépendantes, si elles ne sont liées par aucune relation, et
peuvent prendre des systèmes de valeurs arbitraires; $f(x, y, z,...)$
sera une fonction de ces variables, si, à tout système de valeurs de
x, y, z... correspond une valeur de f déterminée. Cette fonction
est continue, pour des valeurs déterminées des variables, si, à tout
nombre ε, on peut faire correspondre un nombre α, tel que
$f(x + h, y + k, z + l,...) - f(x, y, z,...)$ reste compris entre
$-\varepsilon$ et $+\varepsilon$, pour tous les systèmes de valeurs h, k, l... compris
entre $-\alpha$ et $+\alpha$. Lorsque h, k, l tendent vers zéro, en même
temps, mais d'une façon arbitraire, $f(x + h, y + k, z + l,...)$ a
pour limite $f(x, y, z,...)$.

Dans le cas de deux variables, on peut représenter des valeurs
particulières x, y par un point de coordonnées x, y, par rapport
à deux axes rectangulaires (§ 112). $f(x, y)$ sera continue à l'intérieur d'une courbe fermée, si la condition précédente est remplie
pour tout point intérieur, et pour les points de la courbe limite,
en supposant que le point de coordonnées $x + h$, $y + k$ reste à
l'intérieur. Par exemple, si $x^2 + y^2 \leqslant 1$, la courbe est une circonférence ; si x et y varient entre -1 et $+1$, on a un carré.

Dans le cas de trois variables, x, y, z pourront représenter les
coordonnées d'un point dans l'espace (§ 176) ; un ensemble de
systèmes de valeurs pourra être défini par un volume intérieur à
une surface fermée.

Pour passer d'un système de valeurs $x_0\, y_0\, z_0\ldots$ à un autre $x_1\, y_1\, z_1\ldots$, on peut donner aux variables une suite continue de valeurs, en établissant des relations arbitraires, ou en faisant décrire au point correspondant une courbe du plan ou de l'espace. On peut encore prendre pour x, y, $z\ldots$ des fonctions d'un paramètre t; on posera, par exemple :

$$x = x_0 + (x_1 - x_0)t \quad . \quad y = y_0 + (y_1 - y_0)t\ldots$$

t variant de o à r. Tant que f est continue, x, $y\ldots$ étant des fonctions continues de t, f sera une fonction continue de la variable t, car, à toute valeur ε, on peut faire correspondre α tel que l'accroissement de f soit inférieur à ε, pourvu que ceux de x, $y\ldots$ soient inférieurs à α, puis une quantité β telle que ces conditions soient remplies pourvu que l'accroissement de t reste inférieur à β.

Il en résulte (§ 5) qu'une fonction continue prendra toutes les valeurs intermédiaires entre $f(x_0 y_0 z_0\ldots)$ et $f(x_1 y_1 z_1\ldots)$, et même une infinité de fois ; puisque chaque valeur sera obtenue pour chaque succession de valeurs des variables, par exemple sur chaque courbe du plan reliant les deux points, dans le cas de deux variables.

57. Maximum. — Si, pour un ensemble de systèmes de valeurs, une fonction de plusieurs variables reste inférieure à un nombre B. elle aura un maximum M. On peut en effet répéter le raisonnement du § 6 ; la fonction ne sera jamais supérieure à M, et il existera des valeurs des variables pour lesquelles elle est **supérieure à M — ε**, quel que soit ε.

Soit $f(x, y)$ une fonction continue lorsque $a \leqslant x \leqslant b$, $a' \leqslant y \leqslant b'$. Le point xy restera dans un rectangle. Cette fonction sera égale à son maximum M pour des valeurs déterminées de x et y. En effet, si on divise chaque intervalle ab, $a'b'$ en deux parties égales, le rectangle sera divisé en quatre rectangles, pour l'un au moins desquels le maximum est encore M. En divisant ce nouveau rectangle en quatre de la même manière, et ainsi de suite, on obtient pour x et y des séries d'intervalles de plus en plus petits, compris les uns dans les autres ; on aura ainsi pour x une limite x_0, pour y une limite y_0, comme au § 6. Dans chacun des rectangles successifs le maximum est M ; $f(x_0, y_0) = $ M ; car autrement on pourrait choisir un nombre positif $\varepsilon < M - f(x_0, y_0)$; f étant continu, lorsque les intervalles seront devenus assez petits, le maximum serait au plus égal à $f(x_0, y_0) + \varepsilon < M$.

La fonction a de même un minimun m, qu'elle atteint pour des valeurs déterminées. Elle prend toutes les valeurs entre m et M, et même en général une infinité de fois. Il peut arriver que $f = M$ pour une infinité de systèmes de valeurs, et ces valeurs peuvent être sur la limite du contour.

Si les valeurs que peuvent prendre x et y sont représentées par des points intérieurs à un contour fermé, ou sur ce contour, on peut tracer un rectangle comprenant tout le contour ; mais on n'attribue aucune valeur à f pour les points (x, y) extérieurs au contour donné ; on arrive au même résultat.

La même démonstration s'applique au cas de n variables ; quand on divise l'intervalle de chacune en deux, comme on peut combiner ensemble chacun des deux intervalles des n variables, on aura 2^n groupes de va-

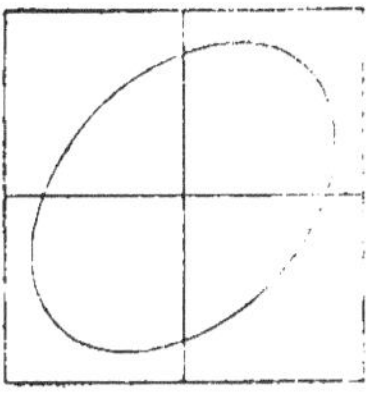

Fig. 1

riations. Une fonction continue entre des limites déterminées prend toutes les valeurs entre m et M, elle atteint son maximum et son minimum.

Nous supposerons, dans la suite, $n = 3$; mais les raisonnements s'appliquent également quel que soit n.

58. Fonctions composées. — La fonction $f(x, y, z)$, où y et z ont des valeurs fixes, devient une fonction de x, dont la dérivée partielle, par rapport à x, f'_x est la limite du rapport

$$\frac{f(x + dx, y, z) - f(x, y, z)}{dx}$$

pour $dx = 0$.

Il y a ainsi trois dérivées partielles f'_x, f'_y, f'_z, qui sont des fonctions de x, y, z.

Si x, y, z sont des fonctions d'une variable t, f est une fonction composée de t. Pour calculer sa dérivée, donnons à t la valeur $t + dt$; x, y, z prendront les valeurs $x + dx$, $y + dy$, $z + dz$. En appliquant le théorème des accroissements finis (§ 37) à la fonction f, considérée successivement comme fonction d'une seule variable x, y, ou z, on a :

$$f(x + dx, y + dy, z + dz) - f(x, y + dy, z + dz)$$
$$= dx f_x'(x + \theta dx, y + dy, z + dz)$$
$$f(x, y + dy, z + dz) - f(x, y, z + dz) = dy f_y'(x, y + \theta' dy, z + dz)$$
$$f(x, y, z + dz) - f(x, y, z) = dz f_z'(x, y, z + \theta'' dz)$$

en ajoutant :

$$\frac{f(x+dx, y+dy, z+dz) - f(x, y, z)}{dt} = \frac{dx}{dt} f_x'(x+\theta dx, y+dy, z+dz)$$
$$+ \frac{dy}{dt} f_y'(x, y+\theta' dy, z+dz) + \frac{dz}{dt} f_z'(x, y, z+\theta'' dz).$$

Si les trois dérivées partielles sont continues, et si les trois fonctions x, y, z de t ont des dérivées, x', y', z', lorsque dt tend vers zéro, dx, dy, dz tendent vers zéro, et l'on a :

$$f_t'(x, y, z) = x' f_x'(x, y, z) + y' f_y'(x, y, z) + z' f_z'(x, y, z)$$

formule qui donne la dérivée d'une fonction composée.

Soit, par exemple, $f = y^z$ où y et z sont des fonctions de x

$$f_x' = z' \times z \times y^{z-1} + y' \times y^z \, \mathrm{L} \, y$$

si $y = z = x$, on voit que la dérivée de x^x est

$$x^x(1 + \mathrm{L} \, x).$$

59. Fonctions implicites. — Une équation $f(x, y) = 0$ définit une fonction y de x. Supposons, en effet, que, pour des valeurs $x_0 y_0$, f soit nul, et que ses deux dérivées partielles soient continues, ainsi que f, $f_y'(x_0, y_0)$ n'étant pas nul. Il existera des nombres positifs A, B, a, b tels que, tant que $x_0 - a \leqslant x \leqslant x_0 + a$ et $y_0 - b \leqslant y \leqslant y_0 + b$, on ait :

$$|f_x'| < \mathrm{A} \quad , \quad |f_y'| > \mathrm{B}$$

f_y' conservant, en outre, le même signe. On peut supposer a assez petit pour que $a\mathrm{A} < b\mathrm{B}$. Ces conditions sont des conséquences de la continuité des fonctions f_x' et f_y'. Le calcul du § 58 donne :

$$f(x_0 + h, y_0 + \mathrm{K}) - f(x_0, y_0) = h f_x'(x_0 + \theta h, y_0 + \mathrm{K}) + \mathrm{K} f_y'(x_0, y_0 + \theta' \mathrm{K})$$

mais $f(x_0, y_0) = 0$. Supposons h compris entre $-a$ et $+a$, mais fixe.

Si $K = \pm b$, on a

$$|bf_y'(x_0, y_0 + \theta'K)| > bB > aA > |hf_x'(x_0 + \theta h, y_0 + K)|$$

et $f(x_0 + h, y)$ a le signe du terme $\pm bf'y$. Comme f_y' conserve le même signe, si y varie de $y_0 - b$ à $y_0 + b$, la fonction $f(x_0 + h, y)$, où $x_0 + h$ reste fixe, change de signe ; elle s'annule donc dans l'intervalle, et une seule fois, puisque sa dérivée ne change pas de signe.

Ainsi, pour toute valeur de x comprise entre $x_0 \pm a$, y a une valeur et une seule, comprise entre $y_0 \pm b$, qui annule $f(x, y)$. Cette valeur y est une fonction continue de x. Si $f(x_0 + h, y_0 + K) = 0$ la dérivée de y est la limite du rapport

$$\frac{K}{h} = -\frac{f_x'(x + \theta h, y + K)}{f_y'(x, y + \theta'K)}$$

c'est-à-dire

$$y' = -\frac{f_x'}{f_y'}.$$

On peut remarquer que y est une fonction de x, qui, substituée dans $f(x, y)$, donne une fonction composée de x identiquement nulle, dont la dérivée sera nulle. D'où

$$f_x' + y'f_y' = 0.$$

60. Dérivées successives. — Soit $f(x, y, z)$ une fonction de trois variables, la dérivée particlle $f_x'(x, y, z)$ peut aussi avoir trois dérivées partielles $f''_{x2}, f''_{xy}, f''_{xz}$. De même f_y' aura des dérivées partielles $f''_{yx}, f''_{y2}, f''_{yz}$. Mais, si ces dérivées sont continues, on a identiquement $f''_{yx} = f''_{xy}$. En effet, considérons

$$f(x + h, y) - f(x, y)$$

comme une fonction de y, dont la dérivée est $f_y'(x + h, y) - f_y'(x, y)$. Le théorème des accroissements finis (§ 37) donne :

$$f(x + h, y + K) - f(x, y + K) - f(x + h, y) + f(x, y)$$
$$= K[f_y'(x + h, y + \theta K) - f_y'(x, y + \theta K)]$$

le même théorème, appliqué à la fonction de x, $f_y'(x, y + \theta K)$ montre que le second membre est égal à $Khf''_{yx}(x + \theta'h, y + \theta K)$.

Mais, on peut faire le même calcul, en partant de la fonction de x, $f(x, y + \mathrm{K}) — f(x, y)$, et en considérant ensuite la fonction de y $f'_x (x + \theta''h, y)$, on obtiendra $h\mathrm{K}f''_{xy} (x + \theta''h, y + \theta'''\mathrm{K})$ expression qui est encore égale au premier membre. Il existe donc des valeurs de θ, θ', θ'', θ''' comprises entre o et 1, telles que

$$f''_{yx}(x + \theta'h, y + \theta\mathrm{K}) = f''_{xy} (x + \theta''h, y + \theta'''\mathrm{K}).$$

Si h et K tendent vers zéro, et si ces dérivées sont continues, on a l'identité

$$f''_{yx}(x, y) = f''_{xy}(x, y).$$

On définit de même les dérivées partielles d'ordres successifs.

On peut toujours, en modifiant l'ordre de deux dérivées successives, changer arbitrairement l'ordre des variables. Ainsi, une dérivée partielle d'ordre $p + q + r = n$ sera $f^{(n)}_{x^p y^q z^r} (x, y, z)$, les dérivées étant prises p fois par rapport à x, q fois par rapport à y, r fois par rapport à z, mais dans un ordre arbitraire, pourvu que les dérivées soient continues.

61. Formule de Taylor. — Pour étendre la formule de Taylor à une fonction de deux variables $f(x, y)$, formons la fonction :

$$\varphi(t) = f(x + ht, y + \mathrm{K}t)$$

où x, y, h, K ont des valeurs données, t étant seul variable. En appliquant à cette fonction la formule de Maclaurin (§ 5o), on a :

$$\varphi(t) = \varphi(o) + t\varphi'(o) + \frac{t^2}{1 \cdot 2} \varphi''(o) + \dots$$
$$+ \frac{t^n}{1 \cdot 2 \dots n} \varphi^{(n)}(o) + \frac{t^{n+1}}{1, 2 \dots (n + 1)} \varphi^{(n+1)}(\theta t).$$

Pour calculer les dérivées de φ on a :

$$\varphi'(t) = hf'_x(x + ht, y + \mathrm{K}t) + \mathrm{K}f'_y(x + ht, y + \mathrm{K}t)$$

φ' est encore une fonction composée dont la dérivée est

$$\varphi''(t) = h^2f''_{x^2} + h\mathrm{K}f''_{yx} + \mathrm{K}hf''_{xy} + \mathrm{K}^2f''_{y^2} = h^2f''_{x^2} + 2h\mathrm{K}f''_{xy} + \mathrm{K}^2f''_{y^2}$$
$$\varphi'''(t) = h^3f'''_{x^3} + 2h^2\mathrm{K}f'''_{x^2y} + h\mathrm{K}^2f'''_{y^2x}$$
$$+ h^2\mathrm{K}f'''_{x^2y} + 2h\mathrm{K}^2f'''_{xy^2} + \mathrm{K}^3f'''_{y^3}$$
$$= h^3f'''_{x^3} + 3h^2\mathrm{K}f'''_{x^2y} + 3h\mathrm{K}^2f'''_{xy^2} + \mathrm{K}^3f'''_{y^3}$$

les variables étant toujours remplacées par $x + ht, y + \mathrm{K}t$.

Pour former les dérivées successives de φ, on fait les mêmes calculs numériques que pour obtenir les puissances de $h + \mathrm{K}$ en effectuant les produits $(h + \mathrm{K})(h + \mathrm{K})$, $(h^2 + 2h\mathrm{K} + \mathrm{K}^2)(h + \mathrm{K})$,… et l'on retrouvera les coefficients de la formule du binôme (§ 11). En général la dérivée d'ordre n sera :

$$\varphi^{(n)}(t) = h^n f^{(n)}{}_{x^n} + \frac{n}{1} h^{n-1} \mathrm{K} f^{(n)}{}_{x^{n-1}y}$$

$$+ \frac{n(n-1)}{1,2} h^{n-2} \mathrm{K}^2 f^{(n)}{}_{x^{n-2}y^2} + \ldots + \mathrm{K}^n f^{(n)}{}_{y^n}$$

que l'on peut écrire sous la forme symbolique $(hf_x + \mathrm{K}f_y)_n$ où, après avoir formé la puissance n de $(hf_x + \mathrm{K}f_y)$, on remplace chaque produit $f^p{}_x f^q{}_y$ par la dérivée d'ordre $p + q$, $f^{(p+q)}{}_{x^p y^q}$.

Si, dans la formule de Maclaurin donnant $\varphi(t)$, on pose $t = 1$, on a :

$$f(x + h, y + \mathrm{K}) = f(x, y) + hf'_x(x, y) + \mathrm{K}f'_y(x, y)$$

$$+ \frac{1}{2}(h^2 f''_{x^2} + 2h\mathrm{K}f''_{xy} + \mathrm{K}^2 f''_{y^2}) + \ldots + \frac{1}{1,2\ldots n}(hf_x + \mathrm{K}f_y)_n + \mathrm{R}_n$$

$$\mathrm{R}_n = \frac{1}{1.2\ldots(n+1)} \varphi^{(n+1)}(\theta) = \frac{1}{1.2\ldots(n+1)}(hf_{x+\theta h} + \mathrm{K}f_{y+\theta \mathrm{K}})_{n+1}.$$

La même méthode s'applique, si on a plus de deux variables, le calcul des dérivées successives est seulement plus compliqué.

Si f est un polynôme de degré m, à partir de l'ordre $m + 1$ les dérivées partielles sont nulles, $\mathrm{R}_m = 0$.

62. Maximum et minimum. — La fonction $f(x, y)$ est maximum si l'on peut trouver une quantité ε telle que

$$f(x, y) > f(x + h, y + \mathrm{K})$$

pour toutes les valeurs de h et K comprises entre $-\varepsilon$ et $+\varepsilon$. Elle est minimum si $f(x, y) < f(x + h, y + \mathrm{K})$. Si $n = 1$ dans la formule de Taylor, on a :

$$f(x+h, y+\mathrm{K}) - f(x, y) = hf'_x(x+\theta h, y+\theta\mathrm{K}) + \mathrm{K}f'_y(x+\theta h, y+\theta\mathrm{K}).$$

Supposons que f et ses dérivées soient continues. Si $f'_x(x, y)$ n'est pas nul, on peut prendre ε assez petit pour que $f'_x(x+\theta h, y+\theta\mathrm{K})$ conserve le même signe, lorsque h et K restent entre $\pm\varepsilon$; si $\mathrm{K} = 0$, l'accroissement de f change de signe avec h, le système de valeurs x, y ne rend f ni maximum, ni minimum. En supposant $h = 0$, on voit que $f(x, y)$ ne peut être maximum ou minimum que si l'on a en même temps $f'_x(x, y) = 0$, $f'_y(x, y) = 0$. Dans ce cas, en prenant $n = 2$, dans la formule de Taylor, dont les termes en h et K disparaissent, on a :

$$f(x + h, y + K) - f(x, y) = \frac{1}{2}[h^2 f''_{x^2}(x + \theta h, y + \theta K)$$
$$+ 2hK f''_{xy}(x + \theta h, y + \theta K) + K^2 f''_{y^2}(x + \theta h, y + \theta K)].$$

Soit

$$\varphi(x, y) = f''^2_{xy}(x, y) - f''_{x^2}(x, y) \times f''_{y^2}(x, y).$$

Si $\varphi(x,y) < 0$, on peut choisir ε assez petit pour que $\varphi(x + \theta h, y + \theta K)$ reste négatif. f''_{x^2} et f''_{y^2} sont alors de même signe, et, ne pouvant pas s'annuler, conservent leur signe. Donc, si $f''_{x^2}(x, y) > 0$, le trinôme en h et K restera positif, ainsi que l'accroissement

$$f(x + h, y + K) - f(x, y)$$

$f(x, y)$ est un minimum. Si $f''_{x^2}(x, y)$ est négatif, f est maximum.

Si $\varphi(x, y) > 0$, le trinôme $t^2 f''_{x^2}(x, y) + 2t f''_{xy} + f''_{y^2}$ a deux racines réelles, il pourra être positif ou négatif suivant les valeurs de t. Posons $h = Kt$, t restant fixe et rendant ce terme positif.

$$f(x + Kt, y + K) - f(x,y) = \frac{K^2}{2}[t^2 f''_{x^2}(x + \theta Kt, y + \theta K) + 2t f''_{xy} + f''_{y^2}]$$

on peut choisir K, ou ε, assez petit pour que cette quantité, qui est continue, soit aussi positive. Mais on aurait pu choisir t de façon qu'elle soit négative ; il n'y a donc ni maximum, ni minimum, pour le système de valeurs x, y.

Si $\varphi(x, y) = 0$, on pourra prendre $n = 3$ dans la formule de Taylor

$$f(x + h, y + K) - f(x, y) = \frac{1}{2}[h^2 f''_{x^2} + 2hK f''_{xy} + K^2 f''_{y^2}]$$
$$+ \frac{1}{6}[h^3 f'''_{x^3}(x + \theta h, y + \theta K) + \dots]$$

si $h = Kt$, où t est la racine double du trinôme précédent, il restera

$$\frac{K^3}{6}[t^3 f'''_{x^3} + 3t^2 f'''_{x^2 y} + 3t f'''_{xy^2} + f'''_{y^3}(x + \theta Kt, y + \theta Kt)]$$

expression qui change de signe avec K, il n'y aura donc ni maximum ni minimum ; si cependant le coefficient de K^3 s'annulait pour $K = 0$, il faudrait pousser plus loin l'approximation, en prenant de nouveaux termes dans la formule de Taylor.

63. Maximum d'une fonction composée. — Soit à chercher le maximum ou le minimum de $u = f(x, y)$, où x et y sont liés par la relation $\varphi(x, y) = 0$.

On peut considérer y et u comme des fonctions de x, la dérivée de u sera

$$u' = f'_x + f'_y \times y' \qquad \text{où} \qquad \varphi'_x + y'\varphi'_y = 0$$
$$u' \times \varphi'_y = f'_x \times \varphi'_y - f'_y \times \varphi'_x.$$

Pourvu que φ'_y ne soit pas nul, et que les dérivées soient continues, pour que u puisse être maximum ou minimum il faudra que

$$u' = 0 \qquad \text{ou} \qquad f'_x\varphi'_y - f'_y\varphi'_x = 0 \qquad \text{et} \qquad \varphi(x, y) = 0.$$

Mais, comme on pourrait faire le même calcul en considérant x comme fonction de y, ce résultat suppose seulement que φ'_x et φ'_y ne s'annulent pas en même temps.

On a alors deux équations pour déterminer x et y. Pour chercher le signe de u'', on calculera de même y''

$$u'' = f''_{x^2} + 2y'f''_{xy} + y'^2 f''_{y^2} + y''f'_y$$
$$\varphi''_{x^2} + 2y'\varphi''_{xy} + y'^2\varphi''_{y^2} + y''\varphi'_y = 0$$

en substituant les valeurs de y'', puis de y', on calculera u'' ; son signe indiquera s'il y a maximum ou minimum.

64. Fonctions homogènes. — On dit qu'une fonction $f(x,y,z)$ est homogène, et de degré m, si l'on a l'identité

$$f(tx, ty, tz) = t^m f(x, y, z).$$

En prenant les dérivées par rapport à t, on a la nouvelle identité :

$$xf'_x(tx, ty, tz) + yf'_y + zf'_z = mt^{m-1}f(x, y, z)$$

pour $t = 1$, on obtient l'identité d'Euler

$$xf'_x(x, y, z) + yf'_y + zf'_z = mf(x, y, z).$$

65. Formule de Leibnitz. — Pour calculer les dérivées successives d'une fonction, on est souvent conduit à la mettre sous forme d'un produit. Soit $y = uv$ où u, v sont des fonctions de x. On a :

$$y' = uv' + u'v, \qquad y'' = uv'' + u'v' + u'v' + u''v = uv'' + 2u'v' + u''v$$
$$y''' = uv''' + 2u'v'' + u''v' + u'v'' + 2u''v' + u'''v = uv''' + 3u'v'' + 3u''v' + u'''v$$

de même qu'au § 61, on est conduit à faire les mêmes réductions que pour former les puissances successives de $u + v$, en multipliant la puissance précédente par $u + v$. On obtiendra ainsi les coefficients de la formule du binôme, et la dérivée d'ordre n sera :

$$y^{(n)} = uv^{(n)} + \frac{n}{1} u'v^{(n-1)} + \frac{n(n-1)}{1.2} u''v^{(n-2)} + \ldots + u^{(n)}v.$$

Exercices

1. On a la fonction $y = (\text{arc sin } x)^2$, supposée nulle pour $x = 0$. Montrer qu'il existe une relation algébrique entière entre x, y' et y''. En déduire une relation entre les dérivées successives ; calculer leurs valeurs pour $x = 0$, et former le développement de y par la formule de Maclaurin.

2. Parmi les cônes de révolution ayant une surface latérale donnée, quel est celui qui a le volume maximum.

3. Déterminer le minimum de la fonction :

$$x^4 + y^4 + 4xy - 2x^2 - 2y^2.$$

CHAPITRE X

IMAGINAIRES

66. Définition. — L'équation $x^2 + 1 = 0$ n'a aucune solution ; les règles ordinaires du calcul donnent $x = \pm \sqrt{-1}$.

On représente par la notation $i = \sqrt{-1}$ une quantité dont le carré est -1, et qui, n'étant égale à aucun nombre, est dite imaginaire. On convient d'appliquer, à cette quantité symbolique, les règles du calcul algébrique. On a ainsi :

$$i^2 = -1, \quad i^3 = -i, \quad i^4 = 1, \quad i^5 = i,\ldots$$

Un polynôme en i se ramène ainsi à la forme $a + bi$, où a et b sont des quantités réelles. On nomme imaginaire toute expression de la forme $a + bi$.

On dit que $a + bi = a' + b'i$ si $a = a'$, $b = b'$; $a - bi$ est la quantité conjuguée de $a + bi$.

Soient XOY des axes rectangulaires, M un point dont les coordonnées (projections de OM sur les axes) (§ 112) sont :

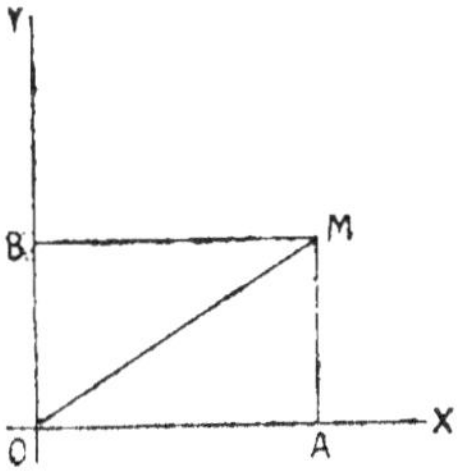

$$OA = x = a, \quad OB = y = b.$$

Fig. 2.

Le point M représente la quantité imaginaire $a + bi$. Les quantités réelles, pour lesquelles $b = 0$, sont représentées par les points de OX. Soit ρ la longueur OM, ω l'angle de OM avec OX, compté dans le sens de rotation de OX vers OY. On a :

$$\begin{cases} a = \rho \cos \omega \\ b = \rho \sin \omega \end{cases} \qquad \rho = \sqrt{a^2 + b^2}$$

ρ est le module, ω l'argument. Si on donne a et b, ρ, étant positif, est déterminé, ω sera donné par son sinus et son cosinus

$$\sin \omega = \frac{b}{\rho} \qquad \cos \omega = \frac{a}{\rho}$$

on peut ajouter à ω un multiple de 2π.

L'égalité

$$\rho (\cos \omega + i \sin \omega) = \rho' (\cos \omega' + i \sin \omega')$$

donne

$$\rho = \rho', \qquad \omega = \omega' + 2\mathrm{K}\pi.$$

Les opérations sur les quantités imaginaires consistent à les mettre sous la forme $a + bi$.

67. Addition. — On a, par définition :

$$(a + bi) + (a' + b'i) = (a + a') + (b + b')i$$

ces deux quantités étant représentées par les points M et M', leur somme sera représentée par le point M″, obtenu en menant la ligne MM″ égale et parallèle à OM′. Les modules sont les longueurs OM et MM″, le module de la somme est OM″. Le triangle OMM″ montre que le module de la somme de deux quantités est plus petit que la somme de leurs modules, et plus grand que la différence de ces modules.

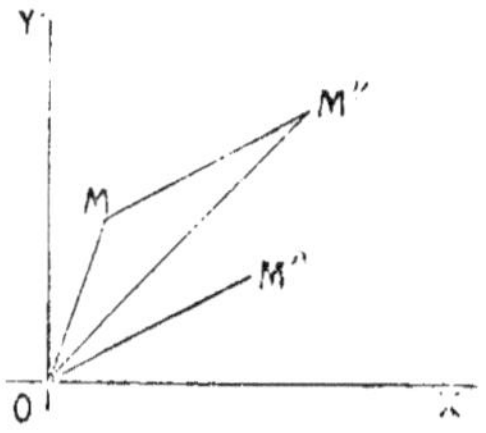

Fig. 3.

Dans le cas où les points O, **M**, **M′**, et par suite **M″**, sont en ligne droite, le module de la somme est égal à la somme ou à la différence des modules, suivant que OM et OM′ ont la même direction, ou des directions opposées.

Si on ajoute plusieurs quantités, on peut construire leur somme en formant un contour polygonal dont les côtés sont successivement égaux et parallèles aux vecteurs OM, OM′,... Il en résulte que le module d'une somme est au plus égal à la somme des modules des divers termes.

La soustraction est une addition algébrique. Pour retrancher

$a' + b'i$ on ajoute la quantité $-a' - b'i$, qui est représentée par un point symétrique de $\mathbf{M}'$, et a le même module.

68. Multiplication. — En remplaçant i^2 par -1, on a :

$$(a + bi)(a' + b'i) = aa' - bb' + (ab' + ba')i.$$

En particulier

$$(a + bi)(a - bi) = a^2 + b^2.$$

Le produit de deux quantités conjuguées est égal au carré de leur module.

La division de deux quantités imaginaires se ramène à une multiplication, en multipliant le dividende et le diviseur par la quantité conjuguée du diviseur.

$$\frac{a + bi}{a' + b'i} = \frac{(a + bi)(a' - b'i)}{a'^2 + b'^2} = \frac{aa' + bb'}{a'^2 + b'^2} + \frac{ba' - ab'}{a'^2 + b'^2}\,i.$$

Ces formules deviennent plus simples, si on connaît les modules et les arguments :

$$\rho(\cos\omega + i\sin\omega) \times \rho'(\cos\omega' + i\sin\omega') = \rho\rho'(\cos\omega\cos\omega' - \sin\omega\sin\omega')$$
$$+ \rho\rho'(\sin\omega\cos\omega' + \cos\omega\sin\omega')i = \rho\rho'\big(\cos(\omega + \omega') + i\sin(\omega + \omega')\big).$$

Le produit de deux quantités imaginaires a pour module le produit de leurs modules, et pour argument la somme de leurs arguments. Si on représente le produit par $\rho''(\cos\omega'' + i\sin\omega'')$, on a :

$$\frac{\rho''(\cos\omega'' + i\sin\omega'')}{\rho(\cos\omega + i\sin\omega)} = \rho'(\cos\omega' + i\sin\omega') = \frac{\rho''}{\rho}\big(\cos(\omega'' - \omega) + i\sin(\omega'' - \omega)\big).$$

Le quotient de deux quantités imaginaires a pour module le quotient de leurs modules, et pour argument la différence de leurs arguments.

Le produit de plusieurs quantités imaginaires a pour module le produit de leurs modules, et pour argument la somme de leurs arguments. En particulier, le produit de m facteurs égaux donne

$$[\rho(\cos\omega + i\sin\omega)]^m = \rho^m(\cos m\omega + i\sin m\omega).$$

Lorsque $\rho = 1$, cette relation est la formule de Moivre. Elle permet de calculer $\cos m\omega$ et $\sin m\omega$, en développant le premier membre par la formule du binôme, ce qui revient à effectuer des multiplications successives, et en égalant les termes réels, et les coefficients de i :

$$\cos m\omega = \cos^m \omega - \frac{m(m-1)}{1.2} \cos^{m-2} \omega \sin^2 \omega$$
$$+ \frac{m(m-1)(m-2)(m-3)}{1.2.3.4} \cos^{m-4} \omega \sin^4 \omega - \dots$$
$$\sin m\omega = \frac{m}{1} \cos^{m-1} \omega \sin \omega - \frac{m(m-1)(m-2)}{1.2.3} \cos^{m-3} \omega \sin^3 \omega + \dots$$

Par exemple :

$$\begin{cases} \cos 3\omega = \cos^3 \omega - 3 \cos \omega \sin^2 \omega \\ \sin 3\omega = 3 \cos^2 \omega \sin \omega - \sin^3 \omega \end{cases}$$
$$\begin{cases} \cos 4\omega = \cos^4 \omega - 6 \cos^2 \omega \sin^2 \omega + \sin^4 \omega \\ \sin 4\omega = 4 \cos^3 \omega \sin \omega - 4 \cos \omega \sin^3 \omega. \end{cases}$$

69. Racines. — On appelle racine d'ordre m de la quantité $\rho(\cos \omega + i \sin \omega)$, une quantité qui, élevée à la puissance m, reproduit la quantité donnée. Si $\rho'(\cos \omega' + i \sin \omega')$ est cette racine, on a :

$$\rho(\cos \omega + i \sin \omega) = [\rho'(\cos \omega' + i \sin \omega')]^m = \rho'^m (\cos m\omega' + i \sin m\omega')$$
$$\rho'^m = \rho \qquad m\omega' = \omega + 2K\pi$$

ρ' étant positif a une valeur déterminée $\sqrt[m]{\rho}$, ω' a une infinité de valeurs

$$\rho'(\cos \omega' + i \sin \omega') = \sqrt[m]{\rho} \left(\cos \frac{\omega + 2K\pi}{m} + i \sin \frac{\omega + 2K\pi}{m} \right)$$

si on donne, à K, m valeurs consécutives, par exemple $0, 1, \dots m-1$, on aura m valeurs différentes ; si K augmente d'un multiple de m, on retrouve les mêmes valeurs. La racine a donc m valeurs, les points qui représentent ces valeurs sont situés sur une circonférence de rayon $\sqrt[m]{\rho}$, et divisent cette circonférence en m parties égales, à partir du point d'argument $\frac{\omega}{m}$.

En particulier, si $\rho = 1$, $\omega = 0$, on voit que la racine d'ordre m de 1 a m valeurs $\cos \frac{2K\pi}{m} + i \sin \frac{2K\pi}{m}$.

Les m valeurs de la racine d'une quantité peuvent s'obtenir en multipliant l'une d'elles par les valeurs de la racine de 1.

$$\sqrt[m]{\rho}\left(\cos\frac{\omega+2\,\mathrm{K}\,\pi}{m}+i\sin\frac{\omega+2\,\mathrm{K}\,\pi}{m}\right)$$

$$=\sqrt[m]{\rho}\left(\cos\frac{\omega}{m}+i\sin\frac{\omega}{m}\right)\left(\cos\frac{2\,\mathrm{K}\,\pi}{m}+i\sin\frac{2\,\mathrm{K}\,\pi}{m}\right).$$

Les puissances fractionnaires se forment de la même manière, $a^{\frac{p}{q}}$ représente la racine d'ordre q de a^p, et a q valeurs différentes

$$[\rho(\cos\omega+i\sin\omega)]^{\frac{p}{q}}=[\rho^p(\cos p\omega+i\sin p\omega)]^{\frac{1}{q}}=\rho^{\frac{p}{q}}\left(\cos\frac{p\omega}{q}+i\sin\frac{p\omega}{q}\right)$$

où $\rho^{\frac{p}{q}}$ représente un nombre positif, mais $p\omega$ peut se remplacer par $p\omega+2\,\mathrm{K}\,\pi$, ce qui revient à multiplier par $\cos\dfrac{2\,\mathrm{K}\,\pi}{q}+i\sin\dfrac{2\,\mathrm{K}\,\pi}{q}$.

On ne peut pas remplacer un exposant fractionnaire par une fraction équivalente, comme dans le cas où l'on ne considérait que des racines positives (§ 7). $a^{\frac{p}{q}}$ a q valeurs, $a^{\frac{np}{nq}}$ représente la racine d'ordre nq de a^{np}, elle a nq valeurs, parmi lesquelles les q précédentes.

70. Exposants imaginaires. — Si, dans la série qui représente e^x (§ 28), on remplace x par yi, y étant une quantité réelle, on a :

$$e^{yi}=1-\frac{y^2}{1.2}+\frac{y^4}{1.2.3.4}\cdots\quad+i\left(y-\frac{y^3}{1.2.3}+\cdots\right)$$

formule qui servira de définition à l'exponentielle imaginaire e^{yi} et qui contient deux séries convergentes quel que soit y. Mais, si on compare aux développements de $\cos y$ et $\sin y$ (§ 52), on a l'identité

$$e^{yi}=\cos y+i\sin y.$$

Le produit de deux exponentielles imaginaires peut se faire en ajoutant les exposants, en effet :

$$e^{yi}\times e^{y'i}=(\cos y+i\sin y)(\cos y'+i\sin y')$$
$$=\cos(y+y')+i\sin(y+y')=e^{(y+y')i}.$$

De même, pour élever e^{yi} à la puissance m, il faut multiplier l'exposant yi par m. Mais on ne peut pas, sans restriction, appliquer la même règle aux racines, ou aux puissances fractionnaires, à cause des valeurs multiples des racines. Si on ajoute à y un multiple de 2π, e^{yi} ne change pas ; lorsqu'on veut prendre la racine d'ordre q on doit remplacer y par $y + 2\,\mathrm{K}\,\pi$, pour avoir les q valeurs de la racine.

En généralisant la règle de la multiplication, nous représenterons le produit $e^{x} \times e^{yi}$ par e^{x+yi} ; c'est-à-dire que, lorsque l'exposant de e sera une quantité $x + yi$, où x et y sont réels, nous admettrons, comme définition, l'identité

$$e^{x+yi} = e^{x} \times e^{yi} = e^{x} (\cos y + i \sin y).$$

Le produit de deux exponentielles peut encore se faire en ajoutant les exposants

$$e^{x+yi} \times e^{x'+y'i} = e^{x} \times e^{yi} \times e^{x'} \times e^{y'i} = e^{x+x'} \times e^{(y+y')i} = e^{x+x'+(y+y')i}.$$

Il en résulte immédiatement que le quotient de deux exponentielles s'obtient en retranchant les exposants.

71. Formules d'Euler. — Il résulte des définitions précédentes que l'on a :

$$\begin{cases} e^{yi} = \cos y + i \sin y \\ e^{-yi} = \cos y - i \sin y \end{cases}$$

d'où l'on déduit

$$\cos y = \frac{e^{yi} + e^{-yi}}{2}$$

$$\sin y = \frac{e^{yi} - e^{-yi}}{2\,i}$$

ces relations permettent de calculer les puissances entières de $\cos y$ et $\sin y$, en appliquant la formule du binôme, ce qui est possible, puisque cette formule résulte d'une suite de multiplications. On a :

$$2^{m}\cos^{m}y = (e^{yi} + e^{-yi})^{m} = e^{myi} + \frac{m}{1}\, e^{(m-2)yi} + \frac{m(m-1)}{1.2}\, e^{(m-4)yi} + \dots$$

$$+ \frac{m}{1}\, e^{(2-m)yi} + e^{-myi}$$

en appliquant les formules d'Euler aux termes équidistants des extrêmes :

$$2^{m-1} \cos^m y = \cos my + \frac{m}{1} \cos(m-2)y + \frac{m(m-1)}{1.2} \cos(m-4)y + \cdots$$

si $m = 2n+1$, le dernier terme est $\dfrac{m(m-1)\ldots(n+2)}{1.2\ldots.n} \cos y$

si $m = 2n$, le dernier terme, qui se trouve seul, devient

$$\frac{1}{2} \cdot \frac{m(m-1)\ldots(n+1)}{1.2\ldots n}.$$

Le même calcul s'applique au sinus, mais on aura un dénominateur i^m qui sera égal, suivant les cas, à $(-1)^n i$, ou à $(-1)^n$. On a ainsi :

$$(-1)^n 4^n \sin^{2n+1} y = \sin(2n+1)y - \frac{2n+1}{1} \sin(2n-1)y$$

$$+ \frac{(2n+1)2n}{1.2} \sin(2n-3)y - \cdots + (-1)^n \frac{(2n+1)\ldots(n+2)}{1.2\ldots n} \sin y$$

$$(-1)^n \times 2^{2n-1} \sin^{2n} y = \cos 2ny - \frac{2n}{1} \cos 2(n-1)y$$

$$+ \frac{2n(2n-1)}{1.2} \cos 2(n-2)y - \cdots + (-1)^n \frac{1}{2} \times \frac{2n\ldots(n+1)}{1.2\ldots n}.$$

On peut remarquer qu'une quantité imaginaire peut toujours se mettre sous la forme $\rho e^{\omega i}$.

72. Logarithmes imaginaires. — La définition des logarithmes népériens peut s'étendre aux quantités imaginaires. Si on représente par $x + yi$ le logarithme de $a + bi$, l'équation

$$L(a + bi) = x + yi$$

sera regardée, par définition (§ 29), comme équivalente à

$$a + bi = e^{x+yi} = e^x(\cos y + i \sin y)$$

ce qui donne :

$$\begin{cases} a = e^x \cos y \\ b = e^x \sin y \end{cases} \qquad a^2 + b^2 = e^{2x}$$

par suite $x = \frac{1}{2} L (a^2 + b^2)$ qui a une valeur réelle bien déterminée, y est ensuite donné par son sinus et son cosinus

$$\text{tg } y = \frac{b}{a} \quad , \quad y = \text{arc tg } \frac{b}{a}.$$

Mais cette expression est trop générale ; comme e^x est positif, quel que soit x, sin y a le signe de b, cos y a le signe de a.

On peut ajouter à y un multiple de 2π ; tandis qu'en général on peut ajouter π à un arc, sans changer la tangente.

$$L (a + bi) = \frac{1}{2} L (a^2 + b^2) + i \text{ arc tg } \frac{b}{a} + 2 K \pi i$$

l'arc ayant des sinus et cosinus dont les signes sont ceux de b et de a.

Exercices

1. Calculer, sous la forme $a + bi$, les deux valeurs de la racine carrée de i.
2. Déterminer les valeurs réelles ou imaginaires de x, qui vérifient les équations suivantes :

$$x^4 - 2 = 0 \quad , \quad x^3 + 8 = 0 \quad , \quad x^6 + 1 = 0.$$

3. Calculer, en se servant des formules d'Euler, les sommes

$$\cos a + \cos (a + b) + \cos (a + 2b) + \ldots + \cos (a + (n - 1) b)$$
$$\sin a + \sin (a + b) + \sin (a + 2b) + \ldots + \sin (a + (n - 1) b).$$

Montrer que, si l'une de ces sommes est nulle pour deux valeurs de n, les deux sommes s'annulent pour une infinité de valeurs de n.

CHAPITRE XI

—

ÉQUATIONS ALGÉBRIQUES

73. Définitions. — On appelle équation algébrique toute équation ramenée à la forme entière :

$$f(z) = a_0 z^m + a_1 z^{m-1} + \dots + a_{m-1} z + a_m = 0.$$

les coefficients a peuvent être réels ou imaginaires, m est le degré de l'équation.

z_0 étant une quantité donnée, on peut ordonner $f(z)$ suivant les puissances de $z - z_0$ en développant chaque terme par la formule du binôme

$$z^n = (z - z_0 + z_0)^n = (z - z_0)^n + \frac{n}{1} z_0 (z - z_0)^{n-1} + \dots + z_0^n.$$

Si on représente par $f'(z)$ le polynôme

$$f'(z) = m a_0 z^{m-1} + (m-1) a_1 z^{m-2} + \dots + a_{m-1}$$

formé comme si le polynôme f était réel, $f'(z)$, $f''(z) \dots f^{(m)}(z)$ représentant les dérivées successives de f, formées de même. On aura le développement

$$f(z) = f(z_0) + (z - z_0) f'(z_0) + \frac{(z - z_0)^2}{1.2} f''(z_0) + \dots + \frac{(z - z_0)^m}{1.2\dots m} f^{(m)}(z_0)$$

qui est la formule de Taylor. Le dernier terme se réduit à $a_0 (z - z_0)^m$.

Si $f(z_0) = 0$, z_0 est une racine de l'équation ; son premier membre est divisible par $z - z_0$, c'est-à-dire que l'on a l'identité

$$f(z) = (z - z_0)\,\varphi(z)$$

où φ est un polynôme de degré $m - 1$, que l'on peut obtenir, soit par le développement précédent, soit en effectuant la division algébrique de f par $z - z_0$.

Si

$$f(z_0) = f'(z_0) = \ldots = f^{(p-1)}(z_0) = 0 \qquad f^{(p)}(z_0) \lessgtr 0$$

on aura, de même,

$$f(z) = (z - z_0)^p\,\varphi(z)$$

φ étant un polynôme de degré $m - p$. Inversement, pour que $f(z)$ puisse se mettre sous cette forme, ou soit divisible par $(z - z_0)^p$, on voit, par le développement de Taylor, qu'il faut d'abord que $f(z_0)$ soit nul, puis $f'(z_0)$, et ainsi jusqu'à $f^{(p-1)}(z_0)$; mais si $f^{(p)}(z_0)$ est aussi nul, φ sera encore divisible par $z - z_0$.

74. Variation du module. — Si a_m n'est pas nul, il existe des valeurs de z, de module inférieur à tout nombre positif, pour lesquelles le module de $f(z)$ est plus petit que celui de a_m.

Représentons, en effet, par r et r' les modules des derniers coefficients, et soit :

$$f(z) = a_0 z^m + a_1 z^{m-1} + \ldots + a_{m-p-1} z^{p+1} + r'e^{\alpha'i}z^p + re^{\alpha i}$$

où $p \geqslant 1$, r et r' n'étant pas nuls. Soit x le module de z, $z = xe^{\omega i}$. Prenons $\omega = \dfrac{\alpha - \alpha' + \pi}{p}$ de façon que

$$e^{\alpha' i} \times e^{p\omega i} = e^{(\alpha + \pi)i} = -e^{\alpha' i}.$$

Les deux derniers termes de f prendront la forme

$$e^{\alpha i}(r - r'x^p)$$

soit ρ le plus grand des modules des autres coefficients

$$a_0,\ a_1,\ \ldots a_{m-p-1},$$

R le module de $f(z)$; si on suppose $r'x^p < r$, on aura

$$\mathrm{R} \leqslant r - r'x^p + \rho(x^{p+1} + x^{p+2} + \ldots + x^m),$$

si $x < 1$,

$$R < r - r'x^p + \rho\,\frac{x^{p+1}}{1-x} = r - x^p\left(r' - \frac{\rho x}{1-x}\right)$$

expression qui sera inférieure à r si $\rho x < r'(1 - x)$ ou

$$x < \frac{r'}{\rho + r'}\,.$$

Donc, si x est inférieur à la plus petite des deux quantités

$$\frac{r'}{\rho + r'} \quad \text{et} \quad \sqrt[p]{\frac{r}{r'}},$$

il existe des valeurs de z, de module x, pour lesquelles le module de $f(z)$ est plus petit que r.

Soit z_0 une valeur, pour laquelle $f(z_0)$ n'est pas nul, en posant $z = z_0 + h$, $f(z)$ sera un polynôme de degré m en h, et il existe des valeurs de h, de module inférieur à toute quantité positive, telles que le module de $f(z_0 + h)$ soit plus petit que le module de $f(z_0)$.

75. Limite du module. — Quelle que soit la quantité positive A, il existe une quantité positive ρ, telle que le module de $f(z)$ soit supérieur à A, pour toute valeur de z de module égal ou supérieur à ρ.

Soit r le module du premier coefficient a_0, r' le plus grand des modules des autres $a_1, a_2, \ldots a_m$. Si x est le module de z, R celui de $f(z)$, on a :

$$R > rx^m - r'(x^{m-1} + x^{m-2} + \ldots + x + 1) = rx^m - r'\,\frac{x^m - 1}{x - 1}$$

si

$$x > 1$$

$$R > rx^m - \frac{r'x^m}{x-1} = \frac{x}{x-1}\,x^m\left(r - \frac{r + r'}{x}\right)$$

n étant un nombre supérieur à $\dfrac{r + r'}{r}$ supposons

$$x \geqslant n > \frac{r + r'}{r} > 1$$

alors

$$R > x^m \left(r - \frac{r + r'}{n} \right)$$

R sera supérieur à A si

$$x^m \geqslant \frac{nA}{nr - r - r'} \cdot$$

Si ρ est la plus grande des quantités n et $\left(\dfrac{nA}{nr - r - r'} \right)^{\frac{1}{m}}$, le module de $f(z)$ sera supérieur à A, pour toute valeur de z, dont le module est supérieur ou égal à ρ.

76. Théorème de Dalembert. — Toute équation algébrique entière a une racine. En effet, soit $z = x + yi$. Le polynôme $f(z)$ est une somme de termes que l'on peut mettre sous la forme $(a + bi)(x + yi)^n$, et, en développant chaque puissance, on aura :

$$f(z) = P(x, y) + iQ(x, y)$$

où P et Q sont deux polynômes de degré m en x, y, à coefficients réels. Le carré du module sera un polynôme φ

$$R^2 = P^2 + Q^2 = \varphi(x, y)$$

soit r le module du terme constant a_m, si $r = 0$ on a $f(0) = 0$; soit donc $r > 0$. On a :

$$\varphi(0,0) = r^2.$$

Soit ρ une quantité telle que $R > r$ lorsque le module de z est égal ou supérieur à ρ (§ 75). Considérons la fonction $\varphi(x, y)$ lorsque $x^2 + y^2 < \rho^2$, le point de coordonnées x, y ne sortant pas de la circonférence de rayon ρ. Le polynôme φ est une fonction continue qui aura un minimum, et sera égale à ce minimum pour un système de valeurs x_1, y_1 (§ 57). Ce minimum ne peut pas être atteint sur la circonférence, car alors

$$\varphi = R^2 > r^2 = \varphi(0,0).$$

D'autre part $\varphi(x, y)$ n'est jamais négatif ; si $\varphi(x_1, y_1)$ est positif, cette valeur ne peut pas être un minimum (§ 74). Donc le minimum est nul ; il existe des valeurs x_1, y_1 telles que $\varphi(x_1, y_1) = 0$, $f(x_1 + iy_1) = 0$. L'équation $f(z) = 0$ a la racine $z_1 = x_1 + iy_1$.

77. Nombre des racines. — L'équation de degré m, $f(z) = 0$, ayant une racine z_1 on a l'idente (§ 73) :

$$f(z) = (z - z_1)f_1(z)$$

où f_1 est un polynôme de degré $m - 1$, dont le premier coefficient est le même a_0. Mais l'équation $f_1 = 0$ a également une racine z_2,

$$f(z) = (z - z_1)(z - z_2)f_2(z)$$

on pourra continuer ainsi, jusqu'à un polynôme du premier degré, qui se mettra sous la forme $a_0(z - z_m)$, et l'on a l'identité :

$$(1) \quad f(z) = a_0 z^m + a_1 z^{m-1} + \ldots + a_m = a_0(z - z_1)(z - z_2)\ldots(z - z_m)$$

l'équation a les m racines z_1, $z_2 \ldots z_m$. Pour toute autre valeur de z, f est un produit de facteurs non nuls, et ne peut pas être nul. Une équation de degré m a donc m racines. Dans le cas où plusieurs des quantités z_1, z_2, ... seraient égales, on dit encore qu'il y a m racines, parmi lesquelles plusieurs sont égales. On a vu (§ 73) que, si z_1 est une racine multiple d'ordre p, c'est-à-dire si $z_1 = z_2 = \ldots = z_p$, cette racine annule $f(z)$, et ses $p - 1$ premières dérivées ; elle sera d'ordre $p - 1$ pour l'équation $f'(z) = 0$.

Le polynôme $f(z)$ ne pourrait s'annuler, pour $m + 1$ valeurs de z, que si tous ses coefficients a étaient nuls, il serait alors identiquement nul.

Si deux polynômes $f(z)$ et $\varphi(z)$, de degrés au plus égaux à m, sont égaux pour $m + 1$ valeurs de z, leur différence $f - \varphi$ s'annule pour ces $m + 1$ valeurs, elle est donc identiquement nulle, ainsi que tous les coefficients ; f et φ ont alors les mêmes coefficients.

Si deux équations $f = 0$, $\varphi = 0$ ont les mêmes racines, avec le même ordre, leur décomposition en facteurs ne diffère que par le coefficient a_0, le rapport $\dfrac{f}{\varphi}$ reste constant, les coefficients des deux polynômes sont proportionnels.

78. Equations à coefficients réels. — Si le polynôme $f(z)$ a ses coefficients réels, et si on remplace z par $x + yi$, le terme général az^n peut s'écrire

$$a\left(x^n - \frac{n(n-1)}{1.2}x^{n-2}y^2 + \ldots\right) + ia\left(\frac{n}{1}x^{n-1}y - \frac{n(n-1)(n-2)}{1.2.3}x^{n-3}y^3 + \ldots\right)$$

le polynôme prendra la forme

$$f(x + yi) = P(x, y) + iQ(x, y).$$

Si on remplace z par $x - yi$, le même calcul donne

$$f(x - yi) = P(x, y) - iQ(x, y)$$

où P et Q sont les mêmes polynômes en x et y, à coefficients réels. Si, pour une valeur particulière, $f(x_1 + y_1 i)$ est nul, il faut que P et Q soient nuls, $f(x_1 - y_1 i)$ est aussi nul.

Si $x_1 + y_1 i$ est racine double, $f'(x_1 + y_1 i)$ sera nul, ainsi que $f'(x_1 - y_1 i)$, car les coefficients de f' sont aussi réels. Il en est de même pour les dérivées successives. Donc, si une équation algébrique à coefficients réels admet une racine imaginaire, elle admet la racine conjuguée avec le même ordre de multiplicité.

Le produit

$$(z - x_1 - y_1 i)(z - x_1 + y_1 i) = (z - x_1)^2 + y_1^2$$

le polynôme $f(z)$ peut alors se décomposer en facteurs réels

$$f(z) = a_0(z - z_1)(z - z_2) \ldots (z - z_p)[(z - x_1)^2 + y_1^2] \ldots [(z - x_q)^2 + y_q^2]$$

z_1, z_2 … z_p étant des nombres réels, deux ou plusieurs de ces facteurs pouvant être égaux. $p + 2q$ est égal au degré m de l'équation.

79. Relations entre les coefficients et les racines. — Dans la relation (1) (§ 77), si on effectue le produit des m facteurs du premier degré, on a :

$$a_0 z^m + a_1 z^{m-1} + \ldots + a_m = a_0(z^m - s_1 z^{m-1} + s_2 z^{m-2} \ldots + (-1)^m s_m)$$

où s_1 est la somme des m racines, s_2 la somme des produits deux à deux, … s_m le produit $z_1 z_2 \ldots z_m$. Les deux membres doivent être identiques, et ont leurs coefficients égaux. On a donc :

$$s_1 = z_1 + z_2 + \ldots + z_m = - \frac{a_1}{a_0} \quad , \quad s_2 = \frac{a_2}{a_0} \quad , \quad s_p = (-1)^p \frac{a_p}{a_0}$$

$$s_m = (-1)^m \frac{a_m}{a_0}.$$

80. Racines infinies. Si, dans une équation de degré m, le premier coefficient a_0 est nul, l'équation est de degré $m - 1$, et n'a plus que $m - 1$ racines. Mais si les coefficients varient et tendent vers des limites déterminées, a_0 devenant nul, on peut demander ce que devient la racine qui disparaît. Pour cela posons $z = \frac{1}{y}$, l'équation devient, en multipliant par y^m,

$$a_0 + a_1 y + a_2 y^2 + \ldots + a_m y^m = 0$$

à chaque racine z correspond une racine $y = \frac{1}{z}$ de la nouvelle équation, si a_0 devient nul, y a une racine nulle, la valeur correspondante de z augmente indéfiniment.

Si les p premiers coefficients $a_0 a_1 \ldots a_{p-1}$ tendent vers zéro, p valeurs, réelles ou imaginaires, de y tendent vers zéro ; il y a p valeurs correspondantes de z dont les modules augmentent indéfiniment. Mais, si les coefficients restent réels, les valeurs imaginaires, étant conjuguées deux à deux, sont toujours en nombre pair.

81. Racines communes. — Si deux équations

$$f(z) = a_0 z^m + a_1 z^{m-1} + \ldots + a_m = 0$$
$$\varphi(z) = b_0 z^n + b_1 z^{n-1} + \ldots + b_n = 0$$

ont des racines communes, $z_1, z_2 \ldots z_p$, dont quelques-unes peuvent être égales, si on forme le polynôme

$$P(z) = (z - z_1)(z - z_2) \ldots (z - z_p)$$

les polynômes f et φ sont divisibles par P, c'est-à-dire que les fractions $\frac{f(z)}{P(z)}$, $\frac{\varphi(z)}{P(z)}$ peuvent se simplifier, et sont égales à des polynômes. En général un polynôme $f(z)$ sera divisible par $P(z)$, si l'équation $f = 0$ admet toutes les racines de P, avec un ordre de multiplicité au moins égal. Le polynôme P, que l'on pourrait multiplier par une constante arbitraire, est le plus grand commun diviseur des polynômes f et φ. On peut le déterminer sans connaître les racines des deux équations.

Supposons $m \geqslant n$, en divisant $f(z)$ par $\varphi(z)$ on peut mettre f sous la forme

$$f(z) = \varphi(z) \times q_1(z) + R_1(z)$$

où q_1 est un polynôme de degré $m - n$, R_1 un polynôme de degré plus petit que n. La division algébrique revient, du reste, à poser

$$q_1(z) = c_0 z^{m-n} + c_1 z^{m-n-1} + \ldots + c_{m-n}$$

on forme le produit φq_1 et on exprime que les coefficients de z^m, $z^{m-1} \ldots z^n$ sont égaux à a_0, a_1, $\ldots a_{m-n}$, ce qui permet de calculer successivement les valeurs de c_0, c_1, $\ldots c_{m-n}$. Le polynôme R_1 est alors égal à la différence $f - \varphi q_1$ de degré inférieur à n.

Tout polynôme qui divise f et φ divise R_1. Tout polynôme qui divise φ et R_1 divise f. De sorte que les polynômes qui divisent f et φ sont les mêmes que ceux divisant φ et R_1. En divisant φ par R_1 on à de même l'identité

$$\varphi = R_1 q_2 + R_2.$$

Puis

$$R_1 = R_2 q_3 + R_3$$

et ainsi de suite ; comme les degrés de f, φ, R_1, $R_2 \ldots$ diminuent, on arrivera, on à un reste constant, ou à un reste nul. Si le dernier reste est une constante, non nulle, les deux équations n'ont aucune racine commune, les deux polynômes sont premiers entre eux. Si on arrive à un reste nul, la dernière division se fait exactement, le dernier diviseur est le plus grand commun diviseur. Par exemple, si $R_3 = 0$, le polynôme R_2 divise R_1, φ et f; tout polynôme qui divise φ et f divise aussi R_1 et R_2.

Si les polynômes f et φ ont pour coefficients des nombres donnés, on peut ainsi, par des calculs numériques, former le polynôme P, et l'équation P $= 0$ qui admet les racines communes. En divisant f et φ par P, on peut former deux équations n'ayant que les racines non communes.

82. Racines multiples. — Si une équation donnée a des racines doubles, qui sont communes avec l'équation dérivée (§ 77), on pourra former une équation n'ayant que ces racines communes. En général, supposons le polynôme $f(z)$ mis sous la forme

$$f(z) = a_0 p_1 p^2_2 p^3_3 \cdots p^n_n$$

$p_1, p_2, \ldots, p_n$ étant des polynômes n'ayant que des racines différentes : p_1 contient les racines simples, p_2 les racines doubles, ... Le polynôme $f'(z)$ sera divisible par $p_2 p^2_3 \cdots p_n^{n-1}$; le plus grand commun diviseur entre f et f', que l'on peut calculer par des divisions successives, sera

$$D_1 = p_2 p^2_3 \cdots p_n^{n-1}$$

le plus grand commun diviseur entre D_1 et sa dérivée sera un polynôme

$$D_2 = p_3 \cdots p_n^{n-2}$$

en continuant ainsi on trouvera des polynômes successifs, jusqu'à

$$D_{n-2} = p_{n-1} p^2_n \qquad D_{n-1} = p_n$$

D_{n-1} et sa dérivée étant premiers entre eux. Les polynômes $D_1 D_2 \ldots D_{n-1}$ étant ainsi déterminés, on aura, par des divisions successives :

$$\frac{f(z)}{D_1} = a_0 p_1 p_2 \cdots p_n, \quad \frac{D_1}{D_2} = p_2 p_3 \cdots p_n, \cdots \quad \frac{D_{n-2}}{D_{n-1}} = p_{n-1} p_n, \quad D_{n-1} = p_n$$

$$\frac{f(z) \times D_2}{a_0 D^2_1} = p_1, \quad \frac{D_1 D_3}{D^2_2} = p_2, \cdots \quad \frac{D_{n-1} \times D_{n-3}}{D_{n-2}^2} = p_{n-2}, \quad \frac{D_{n-2}}{D_{n-1}^2} = P_{n-1}$$

on peut ainsi, par des divisions algébriques, calculer les coefficients des polynômes p ; on peut toujours multiplier chacun de ces polynômes par une constante ; quelques-uns peuvent également disparaître, c'est-à-dire se réduire à une constante.

On peut ainsi ramener une équation à coefficients numériques donnés à plusieurs équations donnant séparément les racines simples, doubles, triples,...

83. Application. — Soit l'équation

$$f(x) = x^3 + px + q = 0, \qquad f'(x) = 3x^2 + p, \qquad f''(x) = 6x$$

Pour qu'il y ait une racine triple, qui sera $x = 0$, il faut $p = q = 0$. On peut écrire

$$3f(x) = x(3x^2 + p) + 2px + 3q.$$

Pour qu'il y ait une racine double, qui annule f', il faut que cette racine annule $2px + 3q$, c'est-à-dire que $x = -\dfrac{3q}{2p}$ annule $f'(x)$, ce qui donne la condition

$$4p^3 + 27q^2 = 0$$

alors la racine double est $-\dfrac{3q}{2p}$, et comme la somme des trois racines est nulle (§ 79), la troisième racine est égale à $\dfrac{3q}{p}$. On peut facilement vérifier, en tenant compte de cette relation, l'identité :

$$x^3 + px + q = \left(x + \frac{3q}{2p}\right)^2 \left(x - \frac{3q}{p}\right).$$

Exercices

1. x_1, x_2 x_3 représentant les trois racines de l'équation

$$x^3 + px + q = 0$$

calculer l'expression $x_1^2 + x_2^2 + x_3^2$ en fonction des coefficients.

2. Quelle est la condition pour que l'équation

$$x^3 + ax^2 + bx + c = 0$$

ait deux racines x_1, x_2 dont la somme soit nulle, $x_1 + x_2 = 0$. Dans ce cas, calculer les trois racines.

3. Déterminer les racines multiples de l'équation

$$x^5 + 2x^4 - 8x^3 - 16x^2 + 16x + 32 = 0$$

CHAPITRE XII

—

RACINES RÉELLES

84. Racines commensurables. — Si les coefficients d'une équation sont des nombres commensurables donnés, on peut les rendre entiers, en les multipliant par un même nombre. Si le terme constant était nul, on pourrait supprimer la racine zéro, en divisant par x. Soit l'équation à coefficients entiers positifs ou négatifs :

$$f(x) = a_0 x^m + a_1 x^{m-1} + \ldots + a_{m-1} x + a_m = 0$$

a_0 et a_m n'étant pas nuls. Soit $\dfrac{p}{q}$ une racine commensurable positive, p et q étant premiers entre eux. En remplaçant x par $\dfrac{p}{q}$ et multipliant par q^m, on a :

$$a_0 p^m + a_1 p^{m-1} q + \ldots + a_{m-1} p q^{m-1} + a_m q^m = 0.$$

Il en résulte que $\dfrac{a_0 p^m}{q}$ est un nombre entier, et aussi $\dfrac{a_0}{q}$. De même $\dfrac{a_m q^m}{p}$ et $\dfrac{a_m}{p}$ sont entiers, avec le signe de a_m. On formera tous les diviseurs des nombres a_m et a_0, y compris 1 ; en les combinant, on a un nombre déterminé de fractions et de nombres entiers que l'on peut essayer de substituer dans $f(x)$. Mais, si $\dfrac{p}{q}$ est une racine, on a l'identité

$$f(x) = a_0 x^m + \ldots + a_m = (qx - p)(b_0 x^{m-1} + b_1 x^{m-2} + \ldots + b_{m-1})$$

$$b_0 = \frac{a_0}{q} \ , \ b_1 = \frac{a_1 + p b_0}{q} \ , \ b_2 = \frac{a_2 + p b_1}{q} \ , \ldots \ b_{m-1} = \frac{a_{m-1} + p b_{m-2}}{q}$$

$$a_m + p b_{m-1} = 0$$

b_0 est entier, si b_1 n'était pas entier, comme p et q sont premiers entre eux, pb_1 serait aussi fractionnaire, ainsi que b_2, b_3 ... b_{m-1} et pb_{m-1} qui ne pourrait pas être égal à $-a_m$. Les coefficients b sont donc entiers.

Pour essayer la racine $\dfrac{p}{q}$, on calcule successivement b_0, b_1 ..., c'est-à-dire que l'on divise $f(x)$ par $qx - p$. Si l'un des coefficients est fractionnaire, il est inutile d'aller plus loin, $\dfrac{p}{q}$ n'est pas racine. Si les nombres b sont entiers, et si $pb_{m-1} + a_m = 0$, $\dfrac{p}{q}$ est racine de $f(x)$, et l'on a, en même temps, calculé le quotient, qui peut remplacer $f(x)$ pour les recherches suivantes.

On peut encore abréger les calculs en remarquant que, si x est un nombre entier et $\dfrac{p}{q}$ une racine $\dfrac{f(x)}{qx - p}$ est un nombre entier. On prendra $x = 1$, $f(1)$ n'étant pas nul, autrement on supprimerait la racine 1, en divisant par $x - 1$; $\dfrac{f(1)}{q - p}$ sera un nombre entier. Il est inutile d'essayer les fractions $\dfrac{p}{q}$ telles que $q - p$ ne divise pas le nombre entier $f(1)$. De même $\dfrac{f(-1)}{q + p}$ doit être un nombre entier.

Les racines commensurables négatives s'obtiennent en remplaçant x par $-\dfrac{p}{q}$, ou en cherchant les racines positives de l'équation

$$f(-x) = (-1)^m a_0 x^m + \ldots - a_{m-1} x + a_m = 0.$$

Avant d'entreprendre la recherche des racines incommensurables, il est nécessaire de démontrer quelques propriétés et de compléter le théorème de Rolle (§ 36).

85. Variations de signe. — Un polynôme à coefficients réels peut se mettre sous la forme

$$f(x) = (x - x_1)(x - x_2) \ldots (x - x_n) \, \varphi(x)$$

où x_1 x_2 ... x_n sont les racines réelles que nous supposerons rangées par ordre de grandeur croissante, φ un polynôme ne s'annulant jamais, et conservant toujours le même signe.

Si x croît, en passant par la valeur x_1, le facteur $x - x_1$ change de signe, donc si $f(a)$ et $f(b)$ sont de même signe, entre a et b il n'y a aucune racine, ou un nombre pair. Si $f(a)$ et $f(b)$ sont de signes contraires, il y a un nombre impair de racines entre a et b.

Si a est une racine d'ordre n, on a :

$$f(x) = (x - a)^n \varphi(x)$$

et (§ 35)

$$\frac{f'(x)}{f(x)} = \frac{n}{x - a} + \frac{\varphi'(x)}{\varphi(x)}$$

comme $\varphi(a)$ n'est pas nul, $(x - a)\dfrac{f'(x)}{f(x)}$ tend vers n pour $x = a$.

Il existe un nombre positif ε tel que $n + \dfrac{\varphi'(x)}{\varphi(x)}(x - a) = (x - a)\dfrac{f'(x)}{f(x)}$

reste positif lorsque $- \varepsilon \leqslant x - a \leqslant \varepsilon$. Donc $\dfrac{f'(a - \varepsilon)}{f(a - \varepsilon)}$ est négatif,

$\dfrac{f'(a + \varepsilon)}{f(a + \varepsilon)}$ est positif.

Le rapport $\dfrac{f'(x)}{f(x)}$ change de signe et passe du signe $-$ au signe $+$ lorsque x croît et passe par une racine de f.

Si a et b sont deux racines consécutives de f, $a < b$, et si ε est assez petit, $\dfrac{f'(a + \varepsilon)}{f(a + \varepsilon)}$ est positif, $\dfrac{f'(b - \varepsilon)}{f(b - \varepsilon)}$ négatif. Mais f n'a pas changé de signe, donc $f'(a + \varepsilon)$ et $f'(b - \varepsilon)$ sont de signes contraires. Entre $a + \varepsilon$ et $b - \varepsilon$ il y a un nombre impair de racines de $f'(x)$.

Deux racines consécutives d'une équation comprennent un nombre impair de racines de la dérivée.

Il en résulte que deux racines consécutives de l'équation dérivée comprennent au plus une racine de l'équation $f(x)$, car s'il y en avait deux, elles ne comprendraient aucune racine de la dérivée.

Si, entre a et b, la dérivée a p racines, $f(x)$ en a au plus $p + 1$, même si a ou b annulaient en outre $f'(x)$.

Si x augmente indéfiniment, $\dfrac{xf'(x)}{f(x)}$ a pour limite m. Si la valeur absolue de x est assez grande, $\dfrac{f'}{f}$ a le signe de x. Si b est la plus grande racine de $f(x)$, $\dfrac{f'(b + \varepsilon)}{f(b + \varepsilon)}$ est positif ; comme f ne change plus de signe entre b et $+ \infty$, $f'(x)$ a le même signe pour $b + \varepsilon$

et $+ \infty$ et a un nombre pair de racines, ou aucune, entre b et $+ \infty$.

De même, entre $- \infty$ et la plus petite racine a de $f(x)$, $f'(x)$ a un nombre pair de racines, ou aucune ; car $\dfrac{f'(x)}{f(x)}$ est négatif pour $- \infty$ et pour $a - \varepsilon$; $f(x)$ a le même signe, et aussi f'.

86. Suite de Rolle. — Supposons que l'on connaisse toutes les racines réelles de l'équation dérivée $x_1\, x_2 \ldots x_n$, supposées rangées par ordre de grandeur croissante. Formons la suite des valeurs

$$f(\infty)\, f(x_1)\, f(x_2) \ldots f(x_n)\, f(+ \infty)$$

que l'on appelle suite de Rolle, et considérons les signes de ces valeurs numériques. Si deux termes consécutifs ont le même signe, f n'a aucune racine entre les deux valeurs de x correspondantes, si les signes sont contraires il y a une racine. Car dans chaque intervalle il n'y a jamais plus d'une racine. On peut remarquer que le nombre de termes consécutifs qui ont le même signe est toujours impair, puisque deux racines consécutives de $f(x)$ comprennent un nombre impair de racines de $f'(x)$. Après la plus grande racine de f, il y a un nombre pair de racines de f', ce qui, avec $f(+ \infty)$, donne encore un nombre impair de termes ayant le même signe ; il en est de même entre $- \infty$ et la plus petite racine de $f(x)$.

Si $f'(x)$ a une racine multiple, qui n'annule pas f, la suite de Rolle comprend des termes égaux, que l'on compte séparément. Si f a une racine x_1 d'ordre p, f' a $p-1$ racines égales $x_1 x_2 \ldots x_{p-1}$; il y a $p - 2$ intervalles nuls, les deux autres racines qui deviennent égales à x_1 seront supposées dans les deux intervalles consécutifs.

Si l'équation dérivée a n racines réelles, l'équation donnée en a au plus $n + 1$. Pour qu'une équation ait ses m racines réelles, il faut que l'équation dérivée ait ses $m - 1$ racines réelles, et que la suite de Rolle ne présente que des changements de signes. Mais il suffit que la suite $f(x_1)\, f(x_2) \ldots f(x_{m-1})$ présente $m - 2$ changements de signes, car alors $f(x_1)$ et $f(x_2)$ étant de signes contraires $f(- \infty)$ et $f(x_1)$ sont aussi de signes contraires, ainsi que $f(x_{m-1})$ et $f(+ \infty)$.

87. Application. — Soit l'équation $f(x) = x^3 + px + q = 0$:

$$f'(x) = 3x^2 + p.$$

Si $p > 0$ la dérivée n'a pas de racines réelles, $f(x)$ en a une.

Si $p < 0$ la dérivée a deux racines réelles $\pm \sqrt{-\dfrac{p}{3}}$. Pour que l'équation ait ses trois racines réelles il faut et il suffit que

$$f\left(\sqrt{-\dfrac{p}{3}}\right) f\left(-\sqrt{-\dfrac{p}{3}}\right) < 0.$$

Mais si

$$3x^2 = -p, \qquad x^3 + px + q = q + \dfrac{2px}{3}$$

on a ainsi :

$$\left(q + \dfrac{2}{3}p\sqrt{-\dfrac{p}{3}}\right)\left(q - \dfrac{2}{3}p\sqrt{-\dfrac{p}{3}}\right) < 0$$
$$27q^2 + 4p^3 < 0.$$

Donc si $4p^3 + 27q^2$ est positif il n'y a qu'une racine réelle, si cette quantité est négative, p est aussi négatif, les trois racines sont réelles. Si elle est nulle, on a vu (§ 83) qu'il y a une racine simple et une double qui sont forcément réelles.

88. Intervalles sans racines. — Supposons le polynôme $f(x)$ mis sous la forme $f(x) = P(x) - Q(x)$, P et Q étant deux fonctions croissantes lorsque $a < x < b$. On aura, pour ces valeurs de x :

$$P(a) - Q(b) < P(x) - Q(x) < P(b) - Q(a).$$

Si $P(a) > Q(b)$, $f(x)$ restera positif et ne s'annulera pas entre a et b.

Si $Q(a) > P(b)$, f restera négatif. Mais on peut ramener ce cas au premier en changeant tous les signes des coefficients. ce qui permute P et Q.

Supposons donc $f(a)$ et $f(b)$ positifs, la formule de Taylor donne :

$$f(a + h) = f(a) + hf'(a) + \ldots$$
$$+ \dfrac{h^{n-1}}{1.2\ldots(n-1)}f^{(n-1)}(a) + \dfrac{h^n}{1.2\ldots n}f^{(n)}(a + \theta h)$$

où h variera de 0 à $b - a$. Si $f^{(n)}(x)$ reste positif, entre a et b, et si, pour $h = b - a$, $f(a)$ est supérieur à la somme des valeurs des termes négatifs de ce développement, f n'a pas de racine entre a et b. De même

$$f(b - K) = f(b) - K f'(b) + \ldots + (-1)^n \frac{K^n}{1.2 \ldots n} f^{(n)}(b - \theta K)$$

si $(-1^n) f^{(n)}(x)$ reste positif, et si, pour $K = b - a$, $f(b)$ est supérieur à la somme des valeurs des termes négatifs, f n'a pas de racine entre a et b.

Ces règles s'appliquent, en particulier, si $f'(x)$ n'a pas de racine entre a et b; ou si, $f''(x)$ restant positif,

$$f(a) + (b - a) f'(a) > 0 \qquad \text{ou} \qquad f(b) + (a - b) f'(b) > 0.$$

Si $n = m + 1$ le terme complémentaire disparaît, car $f^{m+1}(x)$ est nul.

Si, dans un intervalle $a'b'$, $f(x)$ ne s'annule pas, on peut le diviser en parties assez petites pour que ces règles s'appliquent. Il existe en effet un nombre positif α tel que $f(x) > \alpha$, et un nombre positif β tel que $f'(x), \dfrac{f''(x)}{2}, \ldots \dfrac{f^{(m)}(x)}{1.2 \ldots m}$ restent supérieurs à $-\beta$; x restant entre a' et b' on sera sûr que $f(x)$ est positif entre x et $x + h$ si

$$\alpha > \frac{\beta h}{1 - h} > \beta (h + h^2 + \ldots + h^m), \qquad h < \frac{\alpha}{\alpha + \beta}.$$

Si, au contraire, $f(x)$ a des racines simples entre $a'b'$, on peut diviser successivement cet intervalle en d'autres jusqu'à ce que, pour chacun, on sache qu'il n'y a aucune racine, sauf ceux pour lesquels, $f(a) \times f(b)$ étant négatif, il y en a un nombre impair.

89. Séparation des racines. — La méthode précédente s'applique si $b = + \infty$. Supposons le coefficient de x^m positif, f et ses dérivées sont positifs si b est assez grand. Si $f(a)\, f'(a) \ldots f^{(m-1)}(a)$ sont positifs, il n'y a aucune racine supérieure à a. On peut prendre des valeurs de x que l'on augmentera successivement, et qui rendent positif d'abord $f^{(m-1)}$, puis $f^{(m-2)}, \ldots$ jusqu'à $f(x)$. On obtiendra une limite supérieure a des racines. La méthode du § 75 donne également une limite des racines.

En supposant $a = -\infty$ on peut avoir une limite inférieure, que l'on pourrait obtenir en cherchant une limite supérieure des racines de $f(-x)$.

Si une équation a des racines multiples, on peut la décomposer (§ 82). Supposons donc qu'une équation, dont les coefficients sont des nombres donnés, n'ait que des racines simples, toutes comprises entre deux nombres connus, entre lesquels on en choisira d'autres arbitraires. Si, dans un intervalle ab, $f'(x)$ ne s'annule pas, $f(x)$ a une racine, ou aucune, suivant le signe de $f(a) \times f(b)$.

$f(x)$ et $f'(x)$ n'ayant aucune racine commune, on peut diviser les intervalles jusqu'à ce que, dans chacun, on sache que $f(x)$ n'a pas de racine; ou que, $f(a) \times f(b)$ étant négatif, on puisse savoir que $f'(x)$ n'a pas de racine, alors f en a une seule.

Les racines sont séparées, c'est-à-dire qu'on a une suite d'intervalles comprenant chacun une racine, et une seule.

90. Deuxième méthode. — On peut simplifier les calculs par les remarques suivantes :

Supposons que $f^{(n)}(x)$ n'ait pas de racine entre a et b, et que $f'(a) \times f'(b)$ soit positif ou nul, ainsi que $f''(a) \times f''(b)$,... jusqu'à $f^{(n-1)}(a) \times f^{(n-1)}(b)$. Si le dernier produit est positif $f^{(n-1)}(x)$ ne s'annule pas entre a et b; s'il est nul, $f^{(n-1)}$ ne peut s'annuler que pour a ou b. De même $f^{(n-2)}(x) \ldots f'(x)$ ne s'annuleront pas entre a et b. Si $f(a) \times f(b)$ est négatif, f a une racine, si $f(a) f(b)$ est positif, ou même nul, f n'a aucune racine entre a et b.

Si $f^{(n)}(x)$ n'a pas de racine entre a et b, et si $f'(a) \times f'(b)$ est négatif ou nul, ainsi que $f''(a) \times f''(b)$,... $f^{(n-1)}(a) \times f^{(n-1)}(b)$; il en résulte que $f^{(n-1)}$ a une racine lorsque le dernier produit est négatif, mais s'il est nul, $f^{(n-1)}(x)$ n'a pas de racine entre a et b (sauf a ou b); il y en a une seule, y compris a et b. De même $f^{(n-2)}(x), \ldots f'(x)$ ont une seule racine. Si $f(a) \times f(b)$ est négatif $f(x)$ a une racine entre a et b, si ce produit est positif il peut y en avoir deux ou zéro.

Considérons les signes des $m + 1$ produits

$$f^{(m)}(a) \times f^{(m)}(b), f^{(m-1)}(a) \times f^{(m-1)}(b), \ldots, f'(a) \times f'(b). f(a) \times f(b)$$

en supprimant ceux qui seraient nuls. Le premier est une constante positive. Si plusieurs sont positifs ou nuls, jusqu'à $f^{(n-1)}(a) \times$

$f^{(n-1)}(b)$, $f^{(n-1)}(x)$ n'a aucune racine entre a et b ; $f^{(n)}(x)$ en a une, ainsi que les dérivées consécutives qui donneraient un produit négatif ou nul. La première dérivée donnant ensuite un produit positif aura au plus deux racines. Et ainsi de suite, à chaque changement de signe correspond une dérivée qui peut avoir une racine de plus. Si la suite de ces produits présente p changements de signe, $f(x)$ a au plus p racines entre a et b, et la différence est paire ; car, si $f(a) \times f(b)$ est positif, le nombre des racines et p sont pairs ; si ce produit est négatif, les deux nombres sont impairs.

Si $b = +\infty$, f et ses dérivées ont le même signe. Si $a = 0$, elles ont les signes des coefficients successifs ; ce qui conduit au théorème de Descartes :

Le nombre des racines positives est au plus égal au nombre des changements de signe des termes successifs, et en diffère d'un nombre pair.

En changeant x en $-x$, on a de même une limite du nombre des racines négatives.

91. Équations transcendantes. — Les méthodes précédentes, qui reposent sur la formule de Taylor, s'appliquent aux équations non algébriques. Si $f(x)$ s'annule pour $x = x_0$, ainsi que ses $(n-1)$ premières dérivées, et si $f(x_0 + h)$ est développable suivant les puissances de h supposé assez petit, on dira que x_0 est une racine d'ordre n de l'équation $f(x) = 0$.

Si, entre a et b, $f(x)$ reste continu, ainsi que ses dérivées, on pourra appliquer la formule de Taylor, et séparer les racines de l'équation comme pour une équation algébrique.

On est ainsi conduit à chercher les valeurs de x pour lesquelles $f(x)$ cesse d'être continu, et à former des intervalles dans chacun desquels on pourra déterminer le nombre des racines, et les séparer.

Exercices

1. Déterminer les racines commensurables, et séparer les racines réelles des équations :

$$2 x^4 - 4 x^3 + 3 x^2 - 5 x - 2 = 0$$
$$4 x^6 + 13 x^5 + 16 x^4 + 23 x^3 - 5 x^2 - 45 x + 18 = 0.$$

2. Séparer les racines de l'équation :

$$x^4 - 2 x^3 - 2 x^2 + 1 = 0$$

après avoir calculé celles de la dérivée.

3. Séparer les racines de l'équation :

$$x = 2 \sin x.$$

CHAPITRE XIII

—

RACINES INCOMMENSURABLES
ÉQUATION DU TROISIÈME DEGRÉ

92. Principes généraux. — Soit $f(x) = 0$ une équation qui a, entre a et b, une seule racine. On peut choisir des nombres entre a et b, et en déduire un intervalle plus petit, et ainsi de suite, ce qui permet de calculer la racine avec une approximation donnée, mais ces calculs faits au hasard seraient très longs.

Nous supposerons $f(a)$ négatif et $f(b)$ positif, ce qui est possible en changeant au besoin tous les signes. Supposons en outre que $f''(x)$ conserve le même signe entre a et b, ce qui aura lieu si on a commencé par réduire assez l'intervalle ; sauf cependant dans le cas où la racine serait commune à f et f'', ce qui permettrait de simplifier l'équation, si elle est algébrique ; on pourrait du reste calculer la racine de $f''(x)$. On peut alors appliquer les deux méthodes suivantes :

93. Méthode des proportions. — On calcule une valeur approchée x de la racine, en admettant que, entre a et b, les accroissements de x et de $f(x)$ sont proportionnels. Les valeurs a, x_0, b, correspondant à $f(a)$, 0, $f(b)$; on pose :

$$\frac{x_0 - a}{0 - f(a)} = \frac{b - x_0}{f(b) - 0} = \frac{b - a}{f(b) - f(a)}$$

$$x_0 = a - f(a)\frac{b - a}{f(b) - f(a)} = b - f(b)\frac{b - a}{f(b) - f(a)}.$$

Cela revient à remplacer $f(x)$ par la fonction

$$\varphi(x) = f(a) + (x - a)\frac{f(b) - f(a)}{b - a}.$$

La fonction $f(x) - \varphi(x)$ est nulle pour $x = a$ et b, sa dérivée s'annule entre a et b ; sa dérivée seconde est $f''(x)$, si elle reste positive, la dérivée première augmente, elle est d'abord négative puis positive et ne s'annule qu'une fois. $f(x) - \varphi(x)$ diminue puis augmente, et reste négatif entre a et b ; pour la valeur x_0, qui annule φ, $f(x_0)$ est négatif comme $f(a)$. La racine de f est alors comprise entre x_0 et b.

Si $f''(x)$ reste négatif, $f(x) - \varphi(x)$ augmente puis diminue, $f(x_0)$ est alors positif, comme $f(b)$.

En général la valeur approchée x_0 remplacera celui des nombres a ou b pour lequel $f(x)$ et $f''(x)$ ont des signes contraires.

94. Méthode de Newton. — Si on représente par $a + h$ la racine cherchée, la formule de Taylor donne :

$$0 = f(a + h) = f(a) + hf'(a) + \frac{h^2}{2} f''(a + \theta h)$$

$$h = -\frac{f(a)}{f'(a)} - h^2 \frac{f''(a + \theta h)}{2 f'(a)}$$

si $f''(x)$ a le signe de $f(a)$, on peut prendre comme valeur approchée de h, $-\dfrac{f(a)}{f'(a)}$ qui est compris entre 0 et h ; la valeur $a - \dfrac{f(a)}{f'(a)}$ est plus approchée que a, étant comprise entre a et la racine. La valeur numérique de $-\dfrac{f(a)}{f'(a)}$ devra se calculer par défaut, pour que l'on soit sûr de ne pas dépasser la racine. On peut se servir de la valeur obtenue pour en calculer une autre plus approchée. $a + \theta h$ étant compris entre a et b, on peut avoir une valeur approchée du terme complémentaire, qui donne une idée de l'approximation obtenue.

Si $f''(x)$ a le signe de $f(b)$, on pourra prendre la valeur $b - \dfrac{f(b)}{f'(b)}$. La méthode de Newton s'applique à la valeur a ou b pour laquelle f et f'' ont le même signe. C'était le contraire pour la méthode des proportions.

Si on applique les deux méthodes d'approximation, on aura ainsi deux nouvelles valeurs approchées $a'b'$; on continuera jusqu'à ce que l'on ait une approximation déterminée. Il y a avantage à appliquer l'une ou l'autre méthode au nombre a ou b pour lequel $f(x)$ a la plus grande valeur absolue, de façon que $f(a')$ et $f(b')$ soient à peu près du même ordre de grandeur.

95. Interprétation géométrique. — Si on construit la courbe $y = f(x)$ qui représente la fonction f, soit A le point de coordonnées $x = a$, $y = f(a)$ et B $(b, f(b))$; si y'' reste positif, y' augmente, on verra plus loin (§ 124) que la courbe est au-dessus de sa tangente (du côté positif des y) elle coupe oX en c, si $x = oc$, $y = f(x) = 0$, oc est la racine cherchée. La méthode des proportions consiste à remplacer la courbe par la ligne droite AB, pour laquelle les variations de x et y sont proportionnelles oc' est alors la valeur approchée de oc. Il peut arriver que $f'(a)$ soit négatif, le point A étant en A', la méthode s'applique encore.

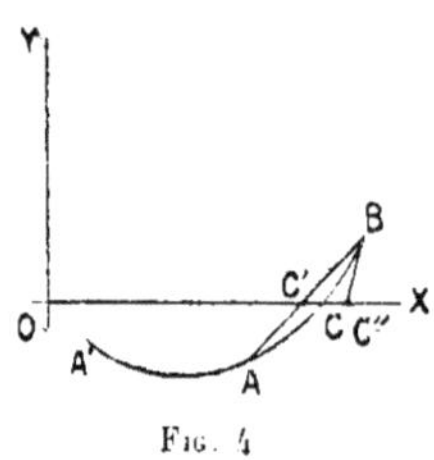

Fig. 4

La méthode de Newton consiste à remplacer la fonction $f(x)$ par

$$y = f(b) + (x - b) f'(b)$$

on verra (§ 124) que cette équation représente la tangente en B à la courbe, on prend oc'' pour valeur approchée de oc. On voit ainsi pourquoi, f'' étant positif, la première méthode s'applique à a, l'autre à b. Si f'' est négatif, la courbe est du côté des y négatifs par rapports aux tangentes, c'est la méthode de Newton qui s'applique à a (*fig.* 5).

Si $f(a)$ était positif et $f(b)$ négatif, on aurait des figures analogues, symétriques des précédentes par rapport à OX.

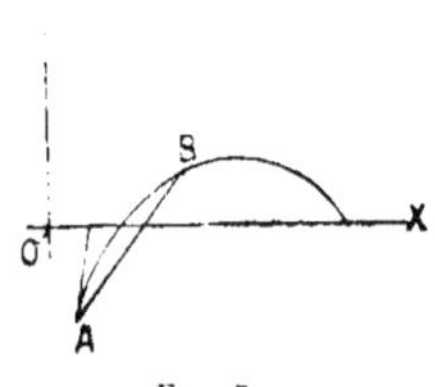

Fig. 5

De même on a vu (§ 88) que, si $f''(x)$ reste positif entre A et B, et si $f(a) + (b - a) f'(a) > 0$, f n'a pas de racine entre a et b.

La tangente en A est représentée par l'équation

$$y = f(a) + (x - a) f'(a)$$

si $x = o\text{H} = b$, $\text{HD} = f(a) + (b - a) f'(a)$ est supposé positif,
la courbe est au-dessus de sa tangente, donc entre a et b ou A et D
elle ne peut pas couper $o\text{X}$; $f(x)$ reste positif.

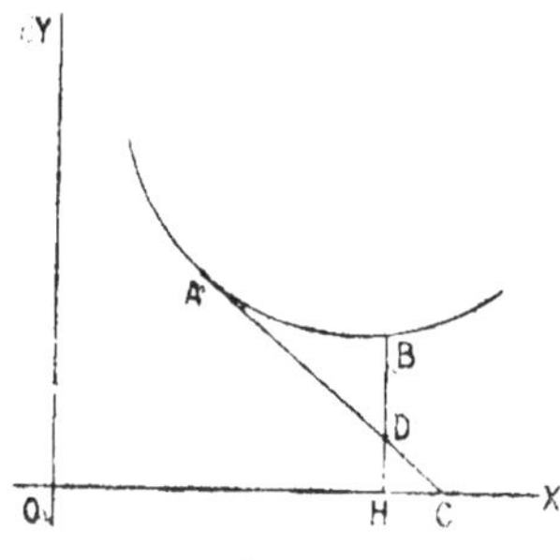

Fig. 6

Ces considérations géométriques seront plus claires quand on
aura vu les trois premiers chapitres de géométrie analytique.

96. Equation du troisième degré. — Soit l'équation

$$ax^3 + bx^2 + cx + d = 0$$

si on pose $x = x' + h$, elle devient

$$ax'^3 + (3\,ah + b)\,x'^2 + \ldots = 0$$

en prenant $h = -\dfrac{b}{3\,a}$ on fait disparaître le terme du second degré,
et, en divisant par a, on la ramène à la forme

$$x^3 + px + q = 0.$$

Posons $x = y + z$, on a :

$$y^3 + z^3 + (y + z)(3yz + p) + q = 0$$

équation qui sera vérifiée si l'on pose :

$$yz = -\frac{p}{3} \quad , \quad y^3 + z^3 = -q$$

alors $y^3 z^3 = -\dfrac{p^3}{27}$.

y^3 et z^3 sont les racines d'une équation du second degré qui donne les valeurs

$$-\frac{q}{2} \pm \sqrt{\frac{q^2}{4} + \frac{p^3}{27}}$$

$$x = \sqrt[3]{-\frac{q}{2} + \sqrt{\frac{q^2}{4} + \frac{p^3}{27}}} + \sqrt[3]{-\frac{q}{2} - \sqrt{\frac{q^2}{4} + \frac{p^3}{27}}} = y + z.$$

Mais chaque radical cubique a trois valeurs (§ 69), il faudra les choisir de façon que yz soit égal à $-\frac{p}{3}$.

Si $4p^3 + 27q^2$ est positif, on aura pour y^3 et z^3 des valeurs réelles, si y et z sont les valeurs réelles des racines cubiques, soit

$$\alpha = e^{\frac{2\pi i}{3}} = \cos\frac{2\pi}{3} + i\sin\frac{2\pi}{3} = \frac{-1 + i\sqrt{3}}{2} \quad , \quad \beta = \alpha^2 = \frac{-1 - i\sqrt{3}}{2}.$$

Les trois solutions sont

$$y + z \quad , \quad \alpha y + \beta z \quad , \quad \beta y + \alpha z.$$

La première est réelle, les autres sont imaginaires conjuguées.

Si $4p^3 + 27q^2 = 0$,   on a $y = z = \sqrt[3]{\dfrac{-q}{2}} = \dfrac{3q}{2p}$

$$y + z = \frac{3q}{p} \quad , \quad y(\alpha + \beta) = -\frac{3q}{2p}$$

il y a une racine double, résultat déjà obtenu (§ 83).

Si $4p^3 + 27q^2 < 0$, y^3 et z^3 ont des valeurs imaginaires conjuguées. y et z auront aussi des valeurs conjuguées dont la somme x est réelle ; il vaut mieux alors, pour éviter les imaginaires, employer la méthode suivante :

97. Méthode trigonométrique. — En posant $x = ty$, on a l'équation :

$$y^3 + \frac{p}{t^2}y + \frac{q}{t^3} = 0$$

prenons $t = -\sqrt{\dfrac{-4p}{3}}$, en supposant p négatif, on aura l'équation

tion

$$4y^3 - 3y - c = 0 \qquad c = \frac{-4q}{t^3} = \frac{3q}{2}\sqrt{-\frac{3}{p^3}}$$

si nous posons $y = \cos \theta$, on en déduit (§ 68)

$$o = 4 \cos^3 \theta - 3 \cos \theta = \cos 3\theta$$

si $4p^3 + 27q^2 < 0$, c^2 est plus petit que 1, à la valeur numérique de c correspond un arc, 3θ, dont le cosinus est c ; on le calculera au moyen des tables de logarithmes, ce qui donne θ. Les trois racines sont :

$$\cos\theta \quad , \quad \cos\left(\theta + \frac{2\pi}{3}\right) \quad , \quad \cos\left(\theta + \frac{4\pi}{3}\right)$$

dont on peut calculer les valeurs numériques.

Exercices

1. Calculer, avec deux décimales, les racines réelles des équations :

$$x^4 + 2x^2 - 6x + 2 = 0$$
$$x^5 + x^3 - 4x^2 - 2 = 0$$

2. Résoudre les équations $x^3 - 3x + 1 = 0$

$$x^3 + 6x^2 + 9x + 4 = 0.$$

CHAPITRE XIV

—

FRACTIONS RATIONNELLES. ÉLIMINATION

98. Décomposition. Une fraction rationnelle est le quotient de deux polynômes premiers entre eux, c'est-à-dire sans racines communes. En faisant la division (§ 81), on peut remplacer une fraction rationnelle par un polynôme augmenté d'une fraction dont le numérateur est d'un degré inférieur à celui du dénominateur. Soit $\dfrac{f(x)}{\varphi(x)}$ la fraction ainsi obtenue, $x = a$ une racine d'ordre n du dénominateur, formons la différence

$$\frac{f(x)}{\varphi(x)} - \frac{A}{(x-a)^n} = \frac{f(x) - A\psi(x)}{\varphi(x)}$$

où

$$\varphi(x) = \psi(x)(x-a)^n$$

si $A = \dfrac{f(a)}{\psi(a)}$, $f(x) - A\psi(x)$ sera divisible par $x - a$; en supprimant ce facteur commun, et en appliquant la même méthode, on mettra la fraction sous la forme

$$\frac{f(x)}{\varphi(x)} = \frac{A_1}{(x-a)^n} + \frac{A_2}{(x-a)^{n-1}} + \dots + \frac{A_n}{x-a} + \frac{f_1(x)}{\psi(x)}.$$

On peut faire le même calcul pour une racine de ψ, et on arrivera à une somme de fractions simples.

On peut encore calculer les coefficients A, en posant $x = a + z$

$$\frac{f(a+z)}{\psi(a+z)} = A_1 + A_2 z + \dots + A_n z^{n-1} + z^n \frac{f_1(a+z)}{\psi(a+z)}$$

on développe le premier membre suivant les puissances de z, par la formule de Taylor, ce qui revient à effectuer la division des polynômes ordonnés suivant les puissances croissantes de z. Enfin, on peut considérer le développement complet

$$\frac{f(x)}{\varphi(x)} = \frac{A_1}{(x-a)^n} + \cdots + \frac{B_1}{(x-b)^{n'}} + \cdots$$

on multiplie par $\varphi(x)$, et on écrit que les coefficients du polynôme obtenu sont égaux à ceux de $f(x)$, on a des équations linéaires qui permettent de calculer les inconnues $A_1 \ldots B_1 \ldots$

99. Facteurs imaginaires. — Si φ a des racines imaginaires, il y aura des fractions simples imaginaires conjuguées. Mais on peut éviter les imaginaires. Soit $x = a \pm bi$ des racines d'ordre n. Formons la différence

$$\frac{f(x)}{\varphi(x)} - \frac{Ax+B}{[(x-a)^2+b^2]^n} = \frac{f(x) - (Ax+B)\,\psi(x)}{\varphi(x)}$$

où

$$\varphi(x) = [(x-a)^2+b^2]^n \, \psi(x)$$

on peut déterminer A et B de façon que le numérateur s'annule pour les valeurs $a \pm bi$, et soit divisible par $(x-a)^2+b^2$; on a des valeurs réelles A et B, en continuant on arrive à l'expression

$$\frac{f(x)}{\varphi(x)} = \frac{A_1 x + B_1}{[(x-a)^2+b^2]^n} + \cdots + \frac{A_n x + B_n}{(x-a)^2+b^2} + \frac{f_1(x)}{\psi(x)}$$

on a ainsi des fractions simples correspondant à chaque groupe de racines conjuguées, et d'autres à numérateurs constants pour les racines réelles. On peut calculer tous les numérateurs par la méthode des coefficients indéterminés.

Si les racines conjuguées sont simples, on peut encore faire la décomposition complète, et ajouter les deux fractions conjuguées. Soient α, β deux racines simples de φ

$$\frac{f(x)}{\varphi(x)} = \frac{A}{x-\alpha} + \frac{B}{x-\beta} + \cdots$$

A est la valeur de $f(x)\dfrac{x-\alpha}{\varphi(x)}$ pour $x = \alpha$, qui est égale (§ 44) à

$$A = \frac{f(\alpha)}{\varphi'(\alpha)} \quad , \quad B = \frac{f(\beta)}{\varphi'(\beta)}$$

$$\frac{A}{x-\alpha} + \frac{B}{x-\beta} = \frac{x(A+B) - A\beta - B\alpha}{(x-\alpha)(x-\beta)}.$$

Si α et β sont imaginaires conjugués, A et B sont conjugués, ainsi que $A\beta$ et $B\alpha$, les coefficients sont donc réels.

100. Elimination. — Eliminer une inconnue x, entre deux équations, c'est exprimer qu'elles sont vérifiées en même temps, ou trouver la condition pour qu'elles aient une solution commune. Si l'on peut résoudre une des équations, il suffit de remplacer dans l'autre x par la solution obtenue. Si la première équation a n solutions, x_1, x_2..., x_n, il faut, et il suffit, que la seconde équation $f(x) = 0$ admette l'une de ces solutions, la condition sera

$$f(x_1) f(x_2) \ldots f(x_n) = 0.$$

Mais on ne peut pas toujours résoudre une équation. Si elles sont algébriques on peut appliquer la méthode du § 81, c'est-à-dire chercher le plus grand commun diviseur par des divisions successives. En général, les coefficients dépendant de quantités n'ayant pas des valeurs numériques déterminées, on pourra continuer jusqu'à un reste indépendant de x. En égalant ce reste à zéro on a la condition pour que les deux équations aient au moins une racine commune. Si la dernière division se faisait exactement, il y aurait toujours une racine commune, pour toutes les valeurs des paramètres. Mais cette méthode de calcul est longue, et l'on peut faire l'élimination d'une façon plus symétrique.

101. Equations algébriques. — Soit les deux équations, du second et du troisième degré :

$$(1) \qquad \begin{cases} f(x) = a_0 x^2 + a_1 x + a_2 = 0 \\ \varphi(x) = b_0 x^3 + b_1 x^2 + b_2 x + b_3 = 0 \end{cases}$$

formons les 5 équations :

$$(2)\quad\begin{cases} x^2 f(x) = a_0 x^4 + a_1 x^3 + a_2 x^2 \qquad\qquad = 0 \\ x\, f(x) = \qquad\quad a_0 x^3 + a_1 x^2 + a_2 x \qquad = 0 \\ f(x) = \qquad\qquad\quad a_0 x^2 + a_1 x + a_2 = 0 \\ x\, \varphi(x) = b_0 x^4 + b_1 x^3 + b_2 x^2 + b_3 x \qquad = 0 \\ \varphi(x) = \qquad\quad b_0 x^3 + b_1 x^2 + b_2 x + b_3 = 0 \end{cases}$$

Si on multiplie ces expressions par des constantes $\alpha_0\,\alpha_1\,\alpha_2\,\beta_0\,\beta_1$, on a l'expression

$$(3)\quad (\alpha_0 x^2 + \alpha_1 x + \alpha_2) f(x) + (\beta_0 x + \beta_1)\,\varphi(x) = P f(x) + Q \varphi(x)$$

qui est un polynôme du quatrième degré, ce polynôme devient identiquement nul, si l'on a les relations :

$$(4)\quad\begin{cases} a_0\alpha_0 \qquad\qquad + b_0\beta_0 \qquad\quad = 0 \\ a_1\alpha_0 + a_0\alpha_1 \qquad + b_1\beta_0 + b_0\beta_1 = 0 \\ a_2\alpha_0 + a_1\alpha_1 + a_0\alpha_2 + b_2\beta_0 + b_1\beta_1 = 0 \\ \qquad\; + a_2\alpha_1 + a_1\alpha_2 + b_3\beta_0 + b_2\beta_1 = 0 \\ \qquad\qquad\qquad\; a_2\alpha_2 \qquad + b_3\beta_1 = 0 \end{cases}$$

Si les équations (1) ont une solution x commune, les 5 équations (2), linéaires par rapport aux 4 variables x, x^2, x^3, x^4, admettent un système de solutions, et l'on a (§ 17)

$$(5)\quad \begin{vmatrix} a_0 & a_1 & a_2 & 0 & 0 \\ 0 & a_0 & a_1 & a_2 & 0 \\ 0 & 0 & a_0 & a_1 & a_2 \\ b_0 & b_1 & b_2 & b_3 & 0 \\ 0 & b_0 & b_1 & b_2 & b_3 \end{vmatrix} = 0$$

Réciproquement, si ce déterminant est nul, en permutant les lignes et les colonnes (§ 13), on voit que les équations (4), homogènes en $\alpha_0\,\alpha_1\,\alpha_2\,\beta_0\,\beta_1$, ont des solutions non nulles, pour lesquelles l'expression (3) est identiquement nulle. Le polynôme Pf est divisible par φ, mais P est du second degré, φ du troisième, donc f admet au moins une racine de φ ; les équations (1) ont une racine commune.

Il peut arriver que les degrés de P et Q se réduisent, il peut alors y avoir plusieurs solutions communes. Le déterminant (5) est le résultant des équations (1), l'équation (5) exprime qu'elles ont au moins une solution commune.

Si on a deux équations de degrés m et n, le résultant sera un déterminant d'ordre $m + n$, dont n lignes contiennent les coefficients a, et m les coefficients b. Ce résultant égalé à zéro donne la condition pour qu'il y ait au moins une racine commune, on peut alors, par les équations (4), déterminer deux polynômes P, Q de degrés inférieurs à n et m tels que $P f(x) + Q \varphi(x)$ soit identiquement nul.

102. Deuxième méthode. — Pour former le résultant, nous avons déduit des équations (1), $m + n$ équations (2), de degrés inférieurs à $m + n$. Si on peut former p équations de degrés inférieurs à p, le déterminant des coefficients doit être nul pour que ces équations puissent être vérifiées en même temps. On peut ainsi mettre le résultant sous forme d'un déterminant d'ordre inférieur à $m + n$, mais dont les éléments seront des fonctions des coefficients a et b. Considérons, par exemple, deux équations du second degré :

$$f(x) = a_0 x^2 + a_1 x + a_2 = 0$$
$$\varphi(x) = b_0 x^2 + b_1 x + b_2 = 0$$

formons les combinaisons

$$b_0 f(x) - a_0 \varphi(x) = (b_0 a_1 - a_0 b_1)x + b_0 a_2 - a_0 b_2 = 0$$
$$b_2 f(x) - a_2 \varphi(x) = (b_2 a_0 - a_2 b_0)x^2 + (b_2 a_1 - a_2 b_1)x = 0$$

si f et φ ont une solution commune, non nulle, ces deux équations seront vérifiées, on peut diviser la seconde par x, et en déduire

$$(b_0 a_2 - a_0 b_2)^2 - (b_1 a_0 - a_1 b_0)(b_2 a_1 - a_2 b_1) = 0.$$

Si $x = 0$ était une solution commune, on aurait $a_2 = b_2 = 0$; cette condition serait aussi vérifiée. On peut vérifier que le premier membre est identique au déterminant

$$\begin{vmatrix} a_0 & a_1 & a_2 & 0 \\ 0 & a_0 & a_1 & a_2 \\ b_0 & b_1 & b_2 & 0 \\ 0 & b_0 & b_1 & b_2 \end{vmatrix}$$

Si $b_2 a_1 - a_2 b_1$ est nul en même temps, les cofficients b_0 b_1 b_2 et a_0 a_1 a_2 sont proportionnels, les équations ont deux racines communes ; tous les déterminants mineurs du troisième ordre du résultant sont alors nuls.

103. Système d'équations. — Pour résoudre deux équations à deux inconnues x, y, il faut déterminer y pour que les deux équations en x aient une solution commune. Le résultant égalé à zéro donne une équation en y ; à chaque solution correspond une valeur de x, qui est la solution commune.

Soient deux équations algébriques de degrés m et n en x et y

$$f(x, y) = a_0 x^m + a_1 x^{m-1} + \ldots + a_m = 0$$
$$\varphi(x, y) = b_0 x^n + b_1 x^{n-1} + \ldots + b_n = 0$$

où a_0, b_0 sont des constantes, a_1, b_1 sont des polynômes du premier degré en y, a_p, b_p de degré p.

Le résultant, de forme (5), est un déterminant d'ordre $m + n$. ayant n lignes formées des a et m des b. L'élément a de la colonne de rang p, et de la ligne de rang $q \leqslant n$, sera a_{p-q} de degré $p - q$ en y. Il devient nul si $p - q$ est négatif, ou supérieur à m. L'élément b, de la colonne p et de la ligne $q > n$, sera b_{p-q+n} de degré $p - q + n$. Il devient nul si $p - q + n$ est négatif ou supérieur à n. Un terme du déterminant est le produit de $m + n$ éléments, pris dans des lignes et des colonnes différentes. Son degré est la somme des degrés $p - q$, $p - q + n$ de ces éléments, où p et q prennent les valeurs 1, 2, ... $m + n$. La somme des p est donc égale à la somme des q, ces sommes se détruisent, le terme $+ n$ provenant des m éléments b, un de chacune des dernières lignes, donnera $m \times n$ pour la somme des degrés. Donc chaque terme du déterminant développé est de degré mn. Le résultant est un polynôme en y de degré mn.

Pour des équations particulières le degré du résultant peut se réduire. Mais, si les polynômes en x, y ont des coefficients arbitraires, le résultant est de degré mn en y. Il faut, pour que ce degré soit moindre, qu'il existe entre les coefficients une relation facile à former. A chaque valeur de y correspond une valeur de x. qui est la racine commune, le système d'équations à mn systèmes de solutions.

Si le résultant est identiquement nul, les deux équations ont une racine commune quel que soit y.

Exercices

1. Décomposer en fractions simples à coefficients réels les fractions :

$$\frac{x^2 + 1}{x(x^2 - 1)} \qquad \frac{x^4 - 2\,x^2 + 3}{(x^4 - 1)\,(x^2 + 1)} \qquad \frac{1}{x^4 + 4}$$

2. Déterminer la condition pour que les deux équations

$$x^3 + px + q = 0 \qquad qx^3 + px^2 + 1 = 0$$

aient une racine commune. Montrer que le résultant est égal à

$$(q^2 + p - 1)^2(q + p + 1)\,(q - p - 1)$$

en le supposant nul, déterminer la racine commune.

CHAPITRE XV

—

INTERPOLATION

104. Formule de Lagrange. — Soit à déterminer un polynôme de degré n connaissant les valeurs A_0, A_1, ... A_n qu'il prend pour les valeurs a_0, a_1 ... a_n de x. La méthode des coefficients indéterminés donnerait $n + 1$ équations linéaires pour déterminer les $n + 1$ coefficients. Ce polynôme peut se calculer par la formule de Lagrange

$$f(x) = A_0 \frac{(x-a_1)(x-a_2)\dots(x-a_n)}{(a_0-a_1)(a_0-a_2)\dots(a_0-a_n)} + A_1 \frac{(x-a_0)(x-a_2)\dots(x-a_n)}{(a_1-a_0)(a_1-a_2)\dots(a_1-a_n)} +$$
$$\dots + A_n \frac{(x-a_0)\dots(x-a_{n-1})}{(a_n-a_0)\dots(a_n-a_{n-1})}$$

Le problème de l'interpolation consiste, connaissant les valeurs d'une fonction pour n valeurs de la variable, à calculer les valeurs intermédiaires. Si la forme de la fonction n'est pas connue, le problème est indéterminé. Mais, si on peut appliquer la formule de Taylor, on pourra, dans les applications, négliger les termes à partir d'un certain rang; on est ramené au calcul d'un polynôme.

Il arrive souvent que, dans les mesures faites pour déterminer les valeurs A, on puisse choisir les valeurs a en progression arithmétique

$$a_1 - a_0 = a_2 - a_1 \dots = a_n - a_{n-1} = h$$

si on pose $x = a_0 + hz$, aux valeurs données de x correspondent pour z les valeurs 0, 1, 2, ... n. On peut alors appliquer la méthode de Newton.

105. Formule de Newton. — Soient A_0 A_1 $A_2 \dots A_n$ les valeurs du polynôme $f(z)$ pour $z = 0, 1, \dots n$. Posons

$$\Delta_0 = A_1 - A_0, \qquad \Delta_1 = A_2 - A_1, \dots \Delta_{n-1} = A_n - A_{n-1}$$

ce sont les différences premières. Leurs différences sont des différences secondes

$$\Delta^{(2)}_0 = \Delta_1 - \Delta_0 = A_2 - 2A_1 + A_0, \quad \Delta^{(2)}_1 = \Delta_2 - \Delta_1 = A_3 - 2A_2 + A_1, \dots$$

De même, on pose

$$\Delta^{(3)}_0 = \Delta^{(2)}_1 - \Delta^{(2)}_0 = A_3 - 3A_2 + 3A_1 - A_0$$

jusqu'à

$$\Delta^{(n)}_0 = A_n - \frac{n}{1} A_{n-1} + \frac{n(n-1)}{1.2} A_{n-2} \dots + (-1)^n A_0$$

les calculs successifs sont les mêmes que pour former les puissances d'un binôme (§ 61), et l'on retrouve les mêmes coefficients.

Si on part des quantités Δ_0 $\Delta_1 \dots \Delta_{n-1}$, leurs différences successives sont $\Delta^{(2)}$, $\Delta^{(3)}$, ..., et conduisent à des formules analogues. On en déduit successivement :

$$A_1 = \Delta_0 + A_0, \qquad \Delta_1 = \Delta^{(2)}_0 + \Delta_0$$
$$A_2 = \Delta_1 + A_1 = \Delta^{(2)}_0 + 2\Delta_0 + A_0. \quad \Delta_2 = \Delta^{(3)}_0 + 2\Delta^{(2)}_0 + \Delta_0$$
$$A_3 = \Delta_2 + A_2 = \Delta^{(3)}_0 + 3\Delta^{(2)}_0 + 3\Delta_0 + A_0$$
$$A_n = \Delta^{(n)}_0 + \frac{n}{1} \Delta^{(n-1)}_0 + \frac{n(n-1)}{1.2} \Delta^{(n-2)}_0 + \dots + n\Delta_0 + A_0$$

On calculera les différences Δ_0, $\Delta^{(2)}_0$, ... $\Delta^{(n)}_0$, la formule de Newton donne le polynôme

$$f(z) = A_0 + \frac{z}{1} \Delta_0 + \frac{z(z-1)}{1.2} \Delta^{(2)}_0 + \dots + \frac{z(z-1) \dots (z-n)}{1.2 \dots n} \Delta^{(n)}_0$$

en remplaçant z par $0, 1, 2, \dots n$, on retrouve en effet les valeurs $A_0, A_1 \dots A_n$.

106. Méthode graphique. — Lorsqu'on a déterminé, par des mesures expérimentales, les valeurs A qui correspondent à n valeurs a de la variable, on peut chercher les valeurs intermédiaires, et la fonction correspondante, en construisant la courbe qui représente la fonction. Sur du papier quadrillé on trace deux axes rectangulaires, et l'on marque les points ayant pour coordonnées $x = a_n$, $y = A_n$. On trace une courbe aussi régulière que possible, passant par les points marqués.

Mais les nombres mesurés ne sont jamais rigoureusement exacts. Toute mesure entraîne des erreurs, ou une approximation limitée. On pourra obtenir une courbe plus régulière en ne la faisant pas passer exactement aux points marqués, qui resteront, les uns en dedans, les autres en dehors. Les distances de ces points à la courbe devront toujours rester de l'ordre des erreurs possibles, dont on connaît, en général. une limite supérieure.

107. Méthode des moindres carrés. — Il arrive souvent que la forme de la fonction est connue par des considérations théoriques, il ne reste qu'à déterminer les valeurs numériques des coefficients. Par exemple, on peut souvent admettre qu'une fonction se réduit à un polynôme d'un degré m connu. Il suffirait alors de $m + 1$ mesures pour calculer ses coefficients. Mais le plus souvent on en fait un plus grand nombre, soit pour vérifier la formule théorique, soit pour avoir plus d'exactitude dans le calcul numérique. On obtient ainsi des équations du premier degré dont le nombre est supérieur à celui des inconnues. Si les mesures pouvaient être rigoureuses, ces équations devraient être compatibles et donneraient les valeurs des coefficients inconnus. Mais à cause des erreurs inévitables, et de l'approximation forcément limitée, les équations sont incompatibles ; ont peut représenter par $x_0 \, x_1 \, \ldots \, x_n$ les erreurs inconnues de chaque mesure, sur $A_0 \, A_1 \, \ldots$ A_n. On introduit ainsi de nouvelles inconnues. Si on élimine les coefficients que l'on voulait déterminer, il reste des équations linéaires entre ces inconnues, que l'on peut exprimer en fonction de paramètres variables ; c'est-à-dire que l'on exprime ces quantités x en fonction de quelques-unes d'entre elles. Il reste à choisir les valeurs des paramètres qui donnent les erreurs x_n les plus faibles possibles. Si l'on peut trouver des valeurs numériques de ces erreurs assez petites, les premières équations deviendront compatibles et détermineront les coefficients.

Une méthode souvent employée consiste à chercher les valeurs qui rendent minimum la somme des carrés des erreurs,

$$x^2_0 + x^2_1 + \ldots + x^2_n$$

ou qui annulent les dérivées de cette somme par rapport à chaque paramètre (§ 62). On a ainsi des équations linéaires, en nombre égal à celui des paramètres variables. qui permettront de calculer leurs valeurs.

Si on forme la somme des carrés, c'est que chaque nombre x, devant être assez petit en valeur absolue, les carrés et la somme des carrés ne doivent jamais être très grands. On ne pourrait pas considérer la somme des erreurs, car cette somme pourrait devenir nulle sans que chaque terme reste petit, les uns pouvant être positifs, les autres négatifs. Dans les applications pratiques cette méthode donne de bons résultats.

Exercices

1. Déterminer un polynôme du quatrième degré, qui prenne les mêmes valeurs que sin x pour les 5 valeurs

$$x = 0, \qquad \pm \frac{\pi}{2}, \qquad \pm \pi$$

2. Déterminer un polynôme du troisième degré égal à 0, 1, 4 et 27 pour $x = 0$, 1, 2 et 3.

DEUXIÈME PARTIE

GÉOMÉTRIE ANALYTIQUE

CHAPITRE PREMIER

NOTIONS FONDAMENTALES

108. Homogénéité. — Les propriétés des figures s'expriment par des relations entre les longueurs. Il peut arriver que l'unité, qui sert à les mesurer, soit une ligne déterminée ; mais, le plus souvent, pour augmenter la généralité des formules, on laisse l'unité arbitraire, et on représente par a, b, c... les longueurs des lignes d'une figure, c'est-à-dire les nombres qui représenteront ces longueurs lorsqu'on aura choisi une même unité quelconque Les propriétés d'une figure peuvent alors s'exprimer par des relations homogènes :

Théorème I. — *Toute relation homogène entre des lignes est indépendante de l'unité de longueur.*

Soit

$$(1) \qquad f(a,\ b,\ c...,\ l) = 0$$

une équation, entre des longueurs a, b, c... l, supposée homogène et de degré m (§ 64). Si on multiplie a, b, c... l par une même quantité t, f est multiplié par t^m. Si cette équation est vérifiée lorsque a, b, c... expriment les longueurs des lignes en prenant une unité de longueur déterminée, en changeant l'unité toutes les longueurs seront multipliées par un même nombre t. Les mêmes lignes auront pour mesure :

$$a' = at, \quad b' = bt,\dots \quad l' = lt$$

t est le rapport entre la première unité et la seconde. Si, par exemple, la première unité était le mètre, la seconde le décamètre, on aurait $t = \dfrac{1}{10}$.

$$f(a', b',\dots l') = f(at, bt,\dots lt) = t^m f(a, b\dots l)$$

l'équation homogène reste vérifiée quelle que soit l'unité adoptée, qu'il est inutile de préciser.

Théorème II. — *Toute relation indépendante de l'unité peut se ramener à une ou plusieurs relations homogènes.*

Si l'équation (1) est indépendante de l'unité, elle sera vérifiée quand on remplacera a, b, c,... par at, bt, ct,..., ce qui revient à diviser l'unité par t. On doit avoir, quel que soit t :

$$(2) \qquad f(at, bt,\dots lt) = 0.$$

Supposons l'équation algébrique, et ramenée à la forme entière. f sera un polynôme de degré n ; pour qu'il soit nul quel que soit t, il faut que le coefficient de chaque puissance de t soit nul. Dans l'équation (1) on pourra égaler à zéro séparément les termes homogènes de chaque degré. Si $f(t)$ représente le premier membre de l'équation (2) on a ainsi les équations :

$$(3) \qquad f'(0) = 0, \quad f''(0) = 0,\dots \quad f^{(n)}(0) = 0.$$

Si f n'est pas un polynôme, cette fonction de t étant nulle quel que soit t, ses dérivées sont aussi identiquement nulles ; et l'on aura encore les relations (3), qui sont homogènes, comme on le voit en formant les dérivées par rapport à t de la fonction composée $f(at, bt,\dots lt)$. n peut être alors arbitraire. Mais ces équations se réduisent à un nombre limité d'équations distinctes ; car, entre m longueurs, il ne peut pas y avoir plus de $m - 1$ équations.

109. Exemples. — Une surface doit être considérée comme du second degré, ou le produit de deux longueurs. Un volume est du troisième degré. Un angle, exprimé par le rapport de deux longueurs, l'arc et le rayon, est de degré zéro.

Si R est le rayon d'une sphère, C la longueur de la circonférence d'un grand cercle, S la surface, V le volume :

$$C = 2\pi R, \qquad S = 4\pi R^2, \qquad V = \frac{4}{3}\pi R^3$$

sont des formules homogènes, π est une valeur numérique, ou un rapport de degré zéro. On a

$$C + S = 2\pi R + 4\pi R^2$$

mais cette équation entraîne les deux premières.

Pour une sphère dont le rayon est de 1 mètre, on a :

$$C = 2\pi, \qquad S = 4\pi$$

formules non homogènes ; mais l'unité n'est plus arbitraire.

110. Segments linéaires. — Supposons donnée une droite illimitée et, sur cette droite, un sens positif, la direction inverse sera négative. Soient A, B deux points de la droite. On représente par $\overline{AB}$ la valeur algébrique de ce segment, c'est-à-dire la longueur AB prise avec le signe $+$, si en allant de A vers B on marche dans le sens positif, et le signe $-$ si de A vers B on marche dans le sens négatif.

$$\overline{BA} = - \overline{AB}$$
$$\overline{AB} + \overline{BA} = 0.$$

Soit C un troisième point de la droite. Si A est entre C et B, les deux segments CA et AB ont le même sens, ainsi que leur somme CB

$$\overline{CA} + \overline{AB} = \overline{CB} = - \overline{BC}.$$

Si B est entre A et C, on aura de même

$$\overline{AB} + \overline{BC} = \overline{AC} = - \overline{CA}.$$

Enfin, si C est entre B et A, on a :

$$\overline{BC} + \overline{CA} = \overline{BA} = - \overline{AB}.$$

Dans les trois cas, on peut écrire ces équations sous la même forme :

$$\overline{AB} + \overline{BC} + \overline{CA} = 0$$

qui s'applique quels que soient les points A, B, C. On en déduit le théorème suivant :

THÉORÈME. — *Si* ABCD... KL *sont des points quelconques, en ligne droite, on a :*

$$\overline{AB} + \overline{BC} + \overline{CD} + ... + \overline{KL} + \overline{LA} = 0.$$

En effet, on a, dans tous les cas :

$$\overline{AB} + \overline{BC} = - \overline{CA} = \overline{AC}$$
$$\overline{AC} + \overline{CD} = \overline{AD}$$
$$. \quad . \quad . \quad . \quad .$$
$$\overline{AB} + \overline{BC} + ... + \overline{KL} = \overline{AL} = - \overline{LA}.$$

111. **Projections sur un axe**. — Soit XX′ une droite, avec un sens positif ; P un plan qui ne lui est pas parallèle. Par les points A, B, C de l'espace, menons des plans parallèles à P ; ils coupent l'axe XX′ aux points a, b, c, projections de A, B, C. La droite $\overline{AB}$, allant de A vers B, a pour projection $\overline{ab}$.

Si deux droites de l'espace, $\overline{AB}$, $\overline{A'B'}$ sont égales, parallèles, et de même sens, leurs projections sont égales ; c'est-à-dire qu'elles ont même longueur, et même signe.

THÉORÈME. — *La somme des projections des côtés d'un contour polygonal fermé est nulle.*

Soient A, B, C... K, L, A les sommets successifs d'un contour polygonal fermé ; c'est-à-dire des points quelconques de l'espace, que l'on joint par des droites successives, le contour étant suivi d'une façon continue. Entre les projections des côtés, on a la relation :

$$\overline{ab} + \overline{bc} + ... + \overline{kl} + \overline{la} = 0$$

que l'on peut écrire

$$\overline{ab} + \overline{bc} + \ldots + \overline{kl} = \overline{al}.$$

La ligne $\overline{AL}$ est la résultante géométrique du contour polygonal
ABC... L, sa projection est la somme des projections des côtés du
contour.

Si tous les points sont dans un plan passant par l'axe, ce plan
coupe le plan P suivant une droite D, les projections se font par
des parallèles à la droite D.

Si le plan P est perpendiculaire à l'axe, les droites Aa, Bb,...
sont perpendiculaires à l'axe, les projections sont orthogonales.
On a alors :

$$\overline{ab} = \overline{AB} \cos \alpha$$

α est l'angle de la direction positive sur laquelle sont pris les points
A et B, avec la direction positive de l'axe XX'. $\overline{AB}$ est la valeur
algébrique du segment AB, qui a le signe + si le sens de A vers B
est le sens positif de cette droite, de même que $\overline{ab}$ sur XX'.

112. Coordonnées. — Dans un plan choisissons deux axes
X'X, Y'Y, qui se coupent en O; OX et OY étant les directions

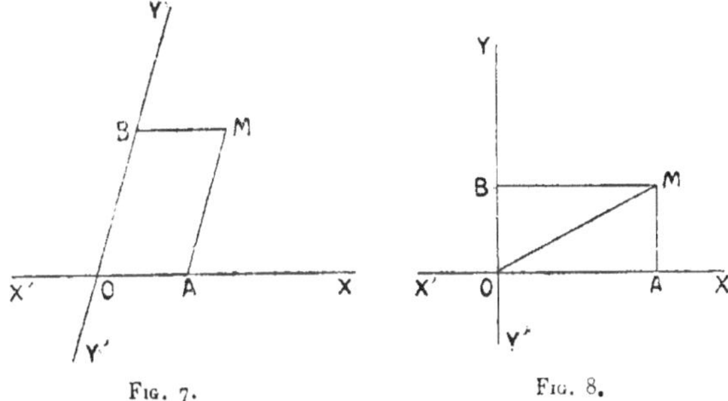

Fig. 7.   Fig. 8.

positives. Un point M du plan sera projeté sur X'X en A parallèlement à Y'Y; et sur Y'Y en B parallèlement à X'X. Les projections
de $\overline{OM}$, coordonnées du point M, sont :

$$\text{l'abscisse } \overline{OA} = x$$
$$\text{l'ordonné } \overline{OB} = y$$

x est positif si A est sur OX, négatif si A est sur OX'. y est positif ou négatif, suivant que B est sur OY ou sur OY'.

Ce système est désigné sous le nom de coordonnées cartésiennes, du nom de Descartes, qui les a utilisées le premier.

Supposons les axes rectangulaires *fig.* 8, soient ρ la longueur OM, ω l'angle de OM avec OX, compté positivement en supposant un rayon vecteur OM, partant de OX, et tournant vers OY. On a :

$$\begin{cases} x = \rho \cos \omega \\ y = \rho \sin \omega \end{cases}$$

on en déduit :

$$\begin{cases} x^2 + y^2 = \rho^2 \\ \dfrac{y}{x} = \operatorname{tg} \omega \end{cases}$$

x, y sont les coordonnées rectangulaires du point M ; ρ, ω ses coordonnées polaires, par rapport à l'axe OX et au pôle O. Si ρ est positif, ω est l'angle XOM ; mais on peut supposer ρ négatif, ω étant l'angle de OX avec la direction MO.

Un point M a des coordonnées cartésiennes déterminées, et à tout système de valeurs, x, y, correspond un point M. Au contraire les coordonnées polaires d'un point M peuvent se représenter par ρ et $\omega + 2\,\mathrm{K}\pi$, ou encore par $-\rho$ et $\omega + \pi + 2\,\mathrm{K}\pi$; K étant entier (positif, négatif, ou nul). Mais à des valeurs données de ρ et ω correspond un seul point M.

113. Transformation des coordonnées. — Etant donnés deux systèmes d'axes, cherchons les relations entre les coordonnées d'un point dans les deux systèmes.

1° Les nouveaux axes X'O'Y' sont parallèles aux anciens XOY et de mêmes sens (*fig.* 9). Ils peuvent s'obtenir par une translation. Soient a, b les coordonnées de O' dans le système XOY ; (x, y) (x', y') les coordonnées d'un point M dans les deux systèmes.

Projetons le contour polygonal OO'M et la résultante OM, sur OX parallèlement à OY, puis sur OY parallèlement à OX ; on a, quelle que soit la position des points O' et M :

$$(1) \qquad \begin{cases} x = a + x' \\ y = b + y'. \end{cases}$$

2° Les axes XOY étant rectangulaires, on les fait tourner d'un angle α autour de l'origine O (*fig.* 10). Supposons tous les angles comptés positivement, lorsqu'une droite tournera de OX vers OY. OX' forme avec OX l'angle α ; OY' forme avec OX l'angle $\alpha + \frac{\pi}{2}$, car pour

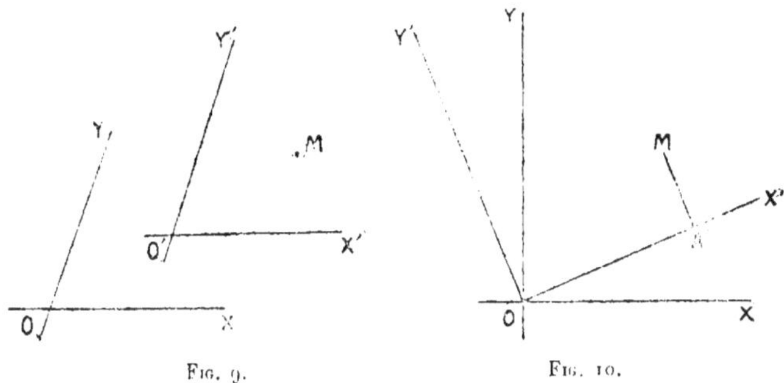

Fig. 9.   Fig. 10.

aller de OX à OY' il faut tourner de l'angle α, puis de l'angle X'OY', ou $\frac{\pi}{2}$. OY' forme avec OY le même angle α. Enfin OX' forme avec OY l'angle $\alpha - \frac{\pi}{2}$, obtenu en tournant de l'angle $\widehat{YOY'} = \alpha$, puis de l'angle $- \frac{\pi}{2}$ pour passer de OY' à OX'.

Soient (x, y) (x', y') les coordonnées d'un point M, MA' la perpendiculaire à OX'. En projetant le contour OA'M et sa résultante OM sur OX, puis sur OY, on a :

$$(2) \quad \begin{cases} x = x' \cos \alpha + y' \cos \left(\alpha + \frac{\pi}{2} \right) = x' \cos \alpha - y' \sin \alpha \\ y = x' \cos \left(\alpha - \frac{\pi}{2} \right) + y' \cos \alpha = x' \sin \alpha + y' \cos \alpha \end{cases}$$

si on résout ces équations par rapport à x', y' on a :

$$\begin{cases} x' = x \cos \alpha + y \sin \alpha \\ y' = - x \sin \alpha + y \cos \alpha \end{cases}$$

qui correspondent au système X'OY' que l'on fait tourner de l'angle $- \alpha$, et peuvent se déduire des équations (2) où α est changé en $- \alpha$.

3° Après avoir transporté l'origine au point $O'(x = a, y = b)$, on fait tourner les axes de l'angle α autour de ce point (*fig. 11*). Soient $X''O'Y''$ les axes obtenus par translation, $X'O'Y'$ ceux obtenus après la rotation. Soient (x, y) (x'', y'') et (x', y') les coordonnées d'un même point M, dans les trois systèmes d'axes. Les relations (1) et (2) deviennent :

$$(3) \qquad \begin{cases} x = a + x'' = a + x' \cos \alpha - y' \sin \alpha \\ y = b + y'' = b + x' \sin \alpha + y' \cos \alpha. \end{cases}$$

4° On a deux systèmes d'axes rectangulaires. Si les axes ont la même disposition ; c'est-à-dire, si pour aller de OX' vers OY' on tourne dans le même sens que pour faire tourner OX vers OY, on

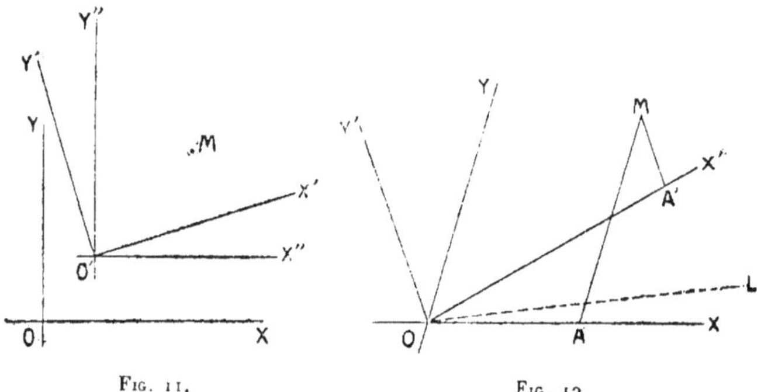

Fig. 11.   Fig. 12.

aura les formules (3). Si les axes ont une disposition inverse, on pourra faire d'abord la transformation (3), et ensuite changer le sens de l'axe OY', ce qui change y' en $- y'$. On a ainsi :

$$(4) \qquad \begin{cases} x = a + x' \cos \alpha + y' \sin \alpha \\ y = b + x' \sin \alpha - y' \cos \alpha. \end{cases}$$

5° On a deux systèmes d'axes obliques ayant même origine O (*fig. 12*). Soit θ l'angle des axes ; α et β les angles de OX' et OY' avec OX, comptés positivement de OX vers OY. Soient (x, y) (x', y') les coordonnées d'un point M. Projetons les contours OAM, OA'M, qui déterminent ces coordonnées, sur un même axe OL, formant avec OX l'angle λ. Les angles comptés dans le même sens à partir de OL, au lieu de OX, sont tous diminués de λ. Les axes OX, Y, X', Y'

forment avec OL les angles $-\lambda$, $\theta-\lambda$, $\alpha-\lambda$, $\beta-\lambda$. Les contours OAM, OA'M ayant même projection, on a :

$$x \cos \lambda + y \cos (\theta - \lambda) = x' \cos (\alpha - \lambda) + y' \cos (\beta - \lambda).$$

En prenant successivement $\lambda = \theta - \dfrac{\pi}{2}$ et $\lambda = \dfrac{\pi}{2}$, on a :

$$(5) \qquad \begin{cases} x \sin \theta = x' \sin (\theta - \alpha) + y' \sin (\theta - \beta) \\ y \sin \theta = x' \sin \alpha + y' \sin \beta. \end{cases}$$

En prenant $\lambda = \alpha - \dfrac{\pi}{2}$ et $\lambda = \beta - \dfrac{\pi}{2}$ on a les équations résolues par rapport à x' et y', qui pourraient se déduire des équations (5).

6° Soient deux systèmes d'axes quelconques. On déplace d'abord l'origine, ce qui donne les formules (1), que l'on combine avec les formules (5) comme nous l'avons fait dans les formules (3). On obtient des relations du premier degré, qu'il est inutile de développer. Le plus souvent on suppose les axes rectangulaires, et il suffit de savoir que les relations entre les coordonnées sont du premier degré, et peuvent se résoudre par rapport à x, y ou à x', y'.

114. Courbes algébriques. — Par rapport à deux axes donnés, toute équation entre x et y représente une courbe, lieu des points dont les coordonnées vérifient cette équation. Par exemple, si les axes sont rectangulaires, l'équation

$$x^2 + y^2 = R^2 \quad , \quad \rho = R$$

représente une circonférence de centre O.

On appelle courbe algébrique une courbe représentée par une équation algébrique, dont on fait disparaître les radicaux et les dénominateurs, ou

$$(1) \qquad f(x, y) = 0$$

f étant un polynôme en x et y, de degré m. On dit alors que la courbe est d'ordre m, ou de degré m.

Si on veut changer les axes de coordonnées, on devra remplacer x et y en fonction des nouvelles coordonnées x', y', l'équation (1) deviendra

$$(2) \qquad f(a + bx' + cy', a' + b'x' + c'y') = 0$$

qui est d'un degré $m' \leqslant m$. Mais si on remplace, dans cette équation (2), x' et y' en fonction de x et y, on doit retrouver l'équation (1), donc $m \leqslant m'$. Et $m = m'$. Le degré d'une courbe algébrique ne dépend pas du choix des axes.

Théorème. — *Une courbe de degré m est coupée par une droite quelconque en m points.*

On peut, en effet, changer les axes, le nouvel axe OX' étant la droite donnée. Les points situés sur OX' sont donnés par l'équation $y' = 0$, et les points d'intersection de OX' avec la courbe (1), ou (2), sont déterminés par l'équation

$$(3) \qquad\qquad f(a + bx', a' + b'x') = 0$$

cette équation est, en général, de degré m et donne pour x' m valeurs réelles ou imaginaires, qui définissent m points d'intersection réels ou imaginaires. Si, pour une droite particulière, l'équation (3) est de degré $m - n$, on dira qu'il y a n points d'intersection à l'infini (§ 80). Cela veut dire que, si une droite se déplace d'une façon continue, n points d'intersection s'éloigneront indéfiniment pour cette droite.

Il peut arriver, pour une droite particulière, que l'équation (3) soit vérifiée identiquement, quel que soit x'. Tout point de l'axe OX' fait alors partie de la courbe; l'équation (2) étant vérifiée pour $y' = 0$ quel que soit x', son premier membre est divisible par y'; la courbe est formée de la droite OX' et d'une courbe de degré $m - 1$.

En général si $f(x, y)$ est le produit de deux polynômes $f = pq$ l'équation (1) se décompose, et représente deux courbes distinctes

$$p = 0 \quad , \quad q = 0.$$

Lorsqu'une droite a plus de m points communs avec une courbe de degré m, la courbe comprend toute cette droite et se décompose en deux parties : la droite et une courbe de degré moindre.

Les points communs à deux courbes ont pour coordonnées les solutions du système des deux équations. Deux courbes de degrés m et n ont, en général, mn points communs (§ 103).

Exercices

1. Les axes étant rectangulaires, calculer la distance de deux points $(x'y')$ $(x''y'')$, en ramenant l'origine en un de ces points.

2. Que devient l'équation

$$x^2 - y^2 = 2\,a\,(x - y + a)$$

si on ramène l'origine au point $x = y = a$, et si les nouveaux axes sont parallèles aux bissectrices des angles des premiers supposés rectangulaires.

3. Que représente l'équation

$$y^3 - xy^2 + x^2y - x^3 = a^2(y - x)$$

(axes rectangulaires).

CHAPITRE II

—

LIGNE DROITE

115. Équation générale. — Une droite est représentée par une équation du premier degré, car, si on prend cette droite pour axe des x, son équation sera $y = 0$.

Réciproquement, soit l'équation générale du premier degré

$$(1) \qquad Ax + By + C = 0$$

Si $B = 0$, x est constant, elle représente une droite parallèle à OY. Si B n'est pas nul, on peut la résoudre par rapport à y, on a :

$$(2) \qquad y = mx + p$$

$$m = -\frac{A}{B}, \qquad p = -\frac{C}{B}$$

L'équation $y = mx$ exprime que $\frac{y}{x}$ est constant. D'après les propriétés des triangles semblables, elle représente une droite passant en O. L'équation (2) représente une droite parallèle, obtenue en augmentant l'ordonnée AM (*fig.* 13) de la longueur constante $MM' = p$.

Le coefficient m est le même pour toutes les droites parallèles, on le nomme coefficient angulaire. Pour les parallèles à OX il est nul; pour une parallèle à OY, B étant nul, $m = -\frac{A}{B}$ devient infini.

Si les axes sont rectangulaires, pour une droite passant en O, on a (*fig.* 14) :

$$m = \frac{y}{x} = \operatorname{tg} \alpha$$

α étant l'angle de la droite (2) avec l'axe OX.

La parallèle à la droite (1) menée par O a pour équation

$$Ax + By = o$$

Une droite

$$A'x + B'y + C' = o$$

est parallèle à la droite (1) si

$$\frac{A}{A'} = \frac{B}{B'}$$

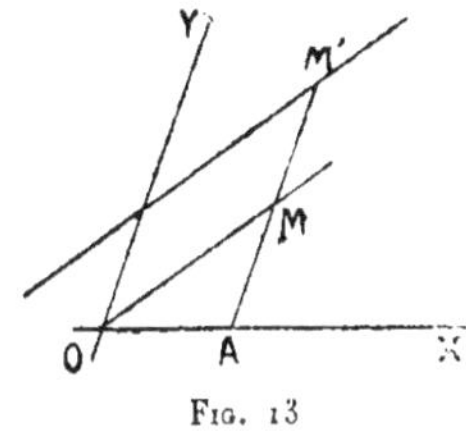

Fig. 13

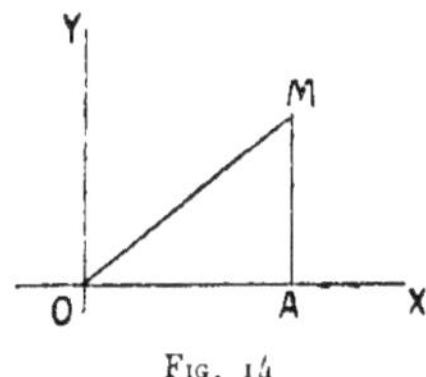

Fig. 14

Si $\dfrac{A}{A'} = \dfrac{B}{B'} = \dfrac{C}{C'}$ les deux équations sont équivalentes, et représentent la même droite.

Pour construire la droite représentée par une équation donnée, il suffit de déterminer deux points particuliers, ou un point et la parallèle menée par O.

Une droite, passant par le point $(x_0 y_0)$, de coefficient angulaire m a pour équation

$$y - mx = y_0 - mx_0$$
$$y - y_0 = m(x - x_0)$$

Si elle passe par le point $x_1 y_1$ on aura

$$m = \frac{y_1 - y_0}{x_1 - x_0}$$

de sorte que la droite passant par les deux points $(x_0 \, y_0)$ $(x_1 \, y_1)$ a pour équation

$$\frac{y - y_0}{y_1 - y_0} = \frac{x - x_0}{x_1 - x_0}$$

ou, sous forme de déterminant

$$\begin{vmatrix} x & y & 1 \\ x_0 & y_0 & 1 \\ x_1 & y_1 & 1 \end{vmatrix} = o$$

puisque ce déterminant s'annule si $x\,y$ sont remplacés par $x_0\,y_0$ ou $x_1\,y_1$.

Si les deux points donnés sont situés sur chacun des axes, soit :

$$y_0 = 0, \qquad x_1 = 0$$

la droite aura pour équation

$$\frac{x}{x_0} + \frac{y}{y_1} = 1$$

116. Angle de deux droites. — Les axes étant rectangulaires, soit les deux droites représentées par les équations

$$y = mx + p \qquad y' = m'x + p'$$

Ces droites, ou les parallèles menées par O, forment avec OX des angles α, α'; soit $V = \alpha' - \alpha$ l'angle des deux droites. On a :

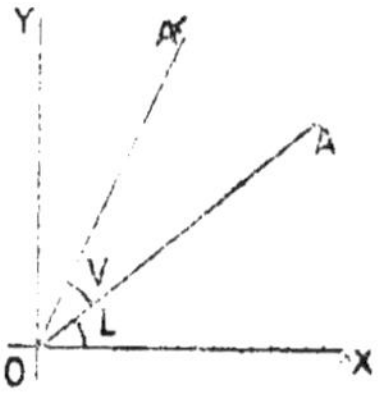

$$\operatorname{tg}\alpha = m, \qquad \operatorname{tg}\alpha' = m', \qquad \operatorname{tg}V = \frac{m' - m}{1 + mm'}$$

L'angle V, défini par sa tangente, a des valeurs qui diffèrent de multiples de π; chaque droite a, en effet, deux directions opposées. Si $m = m'$, $\operatorname{tg}V = 0$, les droites sont parallèles.

Pour que les droites soient perpendiculaires il faut, et il suffit, que tg V soit infini,

$$mm' = -1$$

Fig. 15

117. Distance d'un point à une droite. — Les axes étant rectangulaires, soit une droite D. OP la perpendiculaire menée par O, p la distance OP, α l'angle de OP avec OX, compté positivement dans le sens de OX vers OY. L'angle de OP avec OY, compté dans le même sens, est $\alpha - \frac{\pi}{2}$. Soit M un point donné, de coordonnées x_0, y_0. $d = $ HM sa distance à la droite, comptée positivement de H vers M, dans le même sens que OP. p et d seront positifs en même temps, si O et M ne sont pas du même

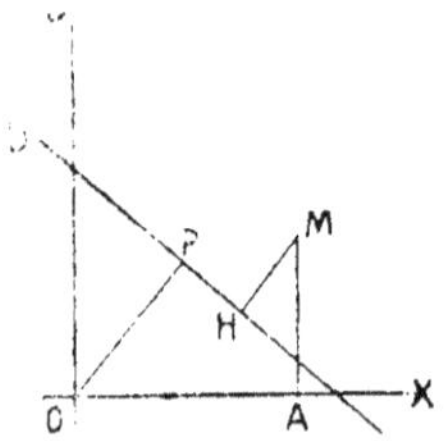

Fig. 16

côté de la droite. Formons le contour OAM des coordonnées de M, et projetons-le sur la direction OP. On a :

$$x_0 \cos a + y_0 \sin \alpha = p + d$$

si M est sur la droite D, $d = 0$; l'équation de la droite D peut se mettre sous la forme :

$$(3) \qquad x \cos \alpha + y \sin \alpha - p = 0$$
$$d = x_0 \cos \alpha + y_0 \sin \alpha - p$$

(3) est l'équation d'une droite sous forme normale, la distance de M à cette droite est égale à la puissance du point M, c'est-à-dire au résultat de la substitution des coordonnées x_0 y_0 de M, dans le premier membre de l'équation (3). Cette valeur de d sera positive ou négative suivant que M est d'un côté ou de l'autre de la droite ; car si, x_0 restant fixe, y_0 varie, d s'annule et change de signe lorsque le point M traverse la droite.

Si l'équation de la droite est donnée sous la forme générale (1) (§ 115), on peut la ramener à la forme (3) en exprimant que ces deux équations représentent la même droite. On a :

$$\frac{\cos \alpha}{A} = \frac{\sin \alpha}{B} = \frac{-p}{C} = \pm \sqrt{\frac{\cos^2 \alpha + \sin^2 \alpha}{A^2 + B^2}} = \frac{1}{\pm \sqrt{A^2 + B^2}}$$

La distance d'un point $M(x_0 y_0)$ à cette droite est .

$$d = x_0 \cos \alpha + y_0 \sin \alpha - p = \frac{A x_0 + B y_0 + C}{\pm \sqrt{A^2 + B^2}}$$

d est proportionnel à la puissance $A x_0 + B y_0 + C$.

On peut prendre le signe $+$ ou $-$ au dénominateur, suivant le sens que l'on choisira comme positif sur OP. Si l'on veut calculer la distance MH en valeur absolue, on choisira le signe $\pm$ pour que la fraction soit positive.

118. Intersection de deux droites. — Deux droites ayant pour équations :

$$(4) \qquad \begin{cases} P = A x + B y + C = 0 \\ P' = A' x + B' y + C' = 0 \end{cases}$$

Les cordonnées du point d'intersection sont les solutions de ces deux équations, vérifiées en même temps :

$$x = \frac{BC' - CB'}{AB' - BA'} \qquad y = \frac{CA' - AC'}{AB' - BA'}$$

L'équation

$$(A - \lambda A')x + (B - \lambda B')y + C - \lambda C' = 0$$

ou $P - \lambda P' = 0$ représente une droite qui passe par ce point d'intersection ; car son équation est vérifiée, si x, y annulent en même temps P et P'. Si cette droite doit passer par un autre point donné, en remplaçant x et y par les coordonnées de ce point on peut déterminer la valeur de λ. Comme, par deux points, on ne peut faire passer qu'une droite, toute droite passant par le point d'intersection des deux premières aura une équation de la forme

$$P - \lambda P' = 0$$

λ pouvant varier de $-\infty$ à $+\infty$.

Pour exprimer qu'une troisième droite

$$P'' = A''x + B''y + C'' = 0$$

passe par le point d'intersection des deux premières, on peut exprimer que les trois équations ont une solution commune, ou se réduisent à deux, ce qui donne la condition (§ 17) :

$$\begin{vmatrix} A & B & C \\ A' & B' & C' \\ A'' & B'' & C'' \end{vmatrix} = 0$$

119. Système de droites. — Une équation, dont le premier membre est le produit de m facteurs du premier degré, représente m droites. Ainsi l'équation $PP' = 0$ représente les deux droites (4).

Une équation de degré m en x, ne contenant pas y, sera vérifiée pour m valeurs de x, et représente m droites, réelles ou imaginaires, parallèles à OY. Une équation homogène, de degré m, détermine m valeurs pour $\frac{y}{x}$ et représente m droites passant par l'origine. Ainsi l'équation :

$$(5) \qquad ax^2 + 2bxy + cy^2 = 0$$

représente deux droites réelles si $b^2 > ac$, imaginaires si $b^2 < ac$, confondues si $b^2 = ac$.

Cherchons, par exemple, les bissectrices des angles des deux droites (5), en supposant les axes rectangulaires. L'équation (5) peut se décomposer sous la forme

$$c(y - mx)(y - m'x) = 0.$$

En exprimant qu'un point (x, y), de l'une des bissectrices, est à la même distance des deux droites, on a :

$$\frac{y - mx}{\pm \sqrt{1 + m^2}} = \frac{y - m'x}{\pm \sqrt{1 + m'^2}}$$

$$(y - mx)^2(1 + m'^2) = (y - m'x)^2(1 + m^2)$$

équation qui présente l'ensemble des deux bissectrices. On peut l'écrire :

$$(y^2 - x^2)(m'^2 - m^2) - 2\,xym(1 + m'^2) + 2\,xym'(1 + m^2) = 0.$$

Le premier membre s'annule si $m' = m$, il est divisible par $m' - m$; ce que l'on pouvait prévoir, car, si les droites se confondent, tout point du plan est à égale distance. Cette équation, divisée par $m' - m$, devient :

$$(y^2 - x^2)(m' + m) + 2\,xy(1 - mm') = 0$$

et comme

$$m' + m = -2\,\frac{b}{c}, \qquad mm' = \frac{a}{c}$$

$$b(y^2 - x^2) + xy(a - c) = 0$$

120. Points en ligne droite. — Pour exprimer que trois points sont en ligne droite, on peut écrire que les coordonnées de l'un vérifient l'équation de la droite qui joint les deux autres. Mais il est souvent utile de connaître les rapports entre leurs distances.

Étant donnés deux points $M_1(x_1\, y_1)$, $M_2(x_2\, y_2)$, soit à déterminer un point M, qui divise la droite $M_1 M_2$ dans un rapport t donné. Les longueurs en ligne droite étant proportionnelles à leurs projections, on a :

$$\frac{M_1 M}{M_2 M} = \frac{x - x_1}{x_2 - x} = \frac{y - y_1}{y_2 - y} = t$$

d'où

$$x = \frac{x_1 + tx_2}{1 + t}, \qquad y = \frac{y_1 + ty_2}{1 + t}$$

à chaque valeur de t, positive ou négative, correspond un point M. Si t varie, ces deux équations représentent un point quelconque de la droite. Lorsque t augmente de o à $+ \infty$, M se déplace de M_1 à M_2. $t = 1$ donne le milieu de $M_1 M_2$. Si t varie de o à $- 1$, le rapport $\frac{M_1 M}{M_2 M} = - t$ varie de o à $+ 1$, M″ s'éloigne de M_1 indéfiniment du côté opposé à M_2. Si t varie de $- \infty$ à $- 1$, $\frac{M_1 M}{M_2 M}$ varie de $+ \infty$ à

Fig. 17.

$+ 1$, le rapport inverse $\frac{M_2 M}{M_1 M}$ varie de o à 1, M′ s'éloigne de M_2 du côté opposé à M_1.

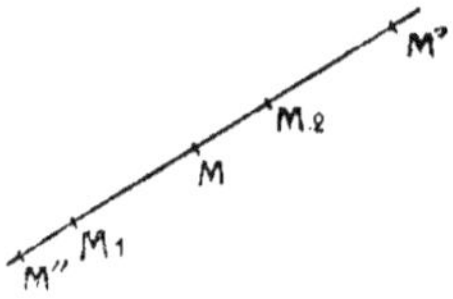

Si on change t en $- t$, on a deux points M, M′ qui divisent $M_1 M_2$ dans des rapports égaux, en valeur absolue. On dit que M et M′ sont deux points conjugués harmoniques par rapport à $M_1 M_2$. Les longueurs étant comptées avec leurs signes, on a :

$$\frac{M_1 M}{MM_2} = \frac{M_1 M'}{M_2 M'} \qquad\qquad \frac{M_1 M}{M_2 M} + \frac{M_1 M'}{M_2 M'} = o$$

que l'on peut écrire

$$\frac{MM_1}{M'M_1} + \frac{MM_2}{M'M_2} = o$$

M_1 et M_2 divisent le segment MM′ dans des rapports égaux en valeur absolue.

121. Polaires. — On donne deux droites XOY, que l'on prendra pour axes. Par un point fixe $M_0(x_0, y_0)$, on mène une droite quelconque, qui coupe les deux premières en A et B. Trouver le lieu du point M tel que M et M_0 divisent AB dans des rapports égaux et de signes contraires.

On a :

$$\frac{AM}{AM_0} + \frac{BM}{BM_0} = o$$

Les projections sur OY et sur OX donnent, si x, y sont les coordonnées de M :

$$\frac{AM}{AM_0} = \frac{y}{y_0}, \qquad \frac{BM}{BM_0} = \frac{x}{x_0}.$$

Donc

$$\frac{y}{y_0} + \frac{x}{x_0} = 0$$

c'est l'équation du lieu de M, qui est une droite passant par O. Les droites OM_0, OM ont pour équations :

$$\frac{y}{x} = \frac{y_0}{x_0}, \qquad \frac{y}{x} = -\frac{y_0}{x_0}$$

OM est la polaire de M_0 par rapport aux droites XOY. Elle reste fixe si M_0 se déplace sur OM_0, car $\frac{y_0}{x_0}$ est constant. Ces deux droites sont conjuguées ; leurs équations peuvent s'écrire

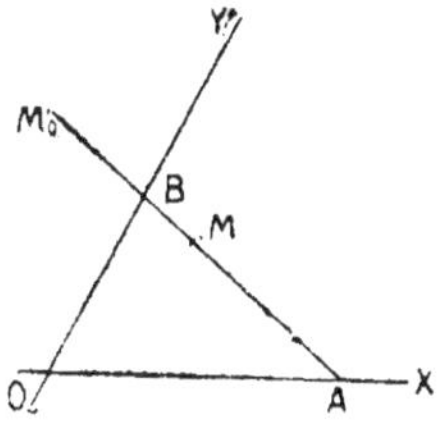

Fig. 18

$$y = mx \qquad y = -mx.$$

Si on les coupe par une droite parallèle à l'axe OY, soit $x = a$, les points d'intersection d'ordonnées ma, $-ma$, ont leur milieu sur OX.

Exercices

1. Etant donné un triangle ABC (*fig.* 19), on prend pour axes le côté BA et la hauteur CO. Soient a, b les abscisses des sommets A et B, c l'ordonnée de C. On demande : 1° de former les équations des trois hauteurs, de vérifier qu'elles passent par un même point, et de calculer ses coordonnées ; 2° de former les équations des médianes, et de calculer de même les coordonnées de leur point de rencontre ; 3° de déterminer un point à égale distance des trois sommets (centre de la circonférence circonscrite) ; 4° démontrer que ces trois points sont en ligne droite, et déterminer le rapport de leurs distances.

2. On donne un triangle rectangle, dont les côtés de l'angle droit pourront être pris pour axes. Trouver le lieu d'un point M, tel que ses projections sur les trois côtés du triangle soient en ligne droite.

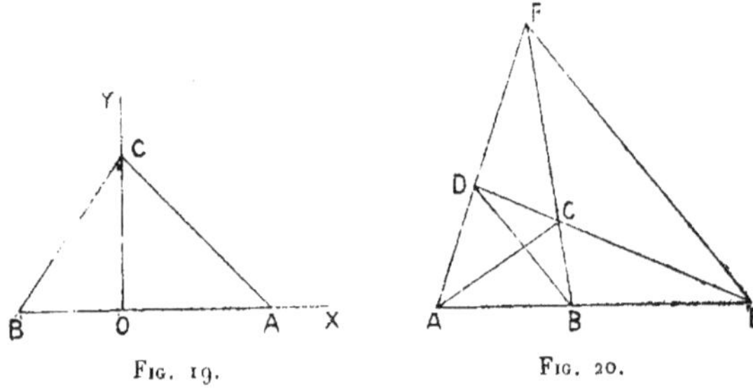

Fig. 19.   Fig. 20.

3. Dans un quadrilatère ABCD, les côtés opposés se coupent en E et F. On prend pour axes les côtés AB, AD, et l'on suppose données les coordonnées des points B, E, D, F. On demande de démontrer que les milieux des droites AC, BD, EF (diagonales du quadrilatère complet) sont en ligne droite.

CHAPITRE III

—

LIEUX GÉOMÉTRIQUES

122. **Méthode générale.** — L'équation d'une courbe peut
s'obtenir en exprimant la propriété qui sert de définition. Ainsi on
a l'équation d'un cercle en écrivant que la distance du point $M(x,y)$
de la courbe au centre est égale au rayon. Si les axes sont rectangulaires, et si le centre a pour coordonnées a, b, on peut ramener
l'origine en ce point ; on a l'équation :

$$(x - a)^2 + (y - b)^2 = R^2.$$

Inversement l'équation

$$x^2 + y^2 - 2ax - 2by + c = 0$$

représente un cercle dont le centre est le point (a, b), le rayon
$R = \sqrt{a^2 + b^2 - c}$. Si $c > a^2 + b^2$ le rayon est imaginaire,
l'équation n'a aucune solution réelle. Si $c = a^2 + b^2$ le rayon est
nul, la circonférence se réduit à un point.

Pour chercher l'équation d'une courbe, on est souvent obligé
d'employer une variable auxiliaire. Un point du lieu est alors
défini par deux équations :

$$(1) \qquad f(x, y, a) = 0 \qquad \varphi(x, y, a) = 0.$$

Pour chaque valeur de a, ces équations représentent deux courbes,
dont les points d'intersection font partie du lieu. Un point (x, y)
répond à la question si les équations (1) donnent pour a une solution commune, ce que l'on exprime en éliminant a (§ 100). L'éli-

mination de a donnera une relation entre x et y qui est l'équation du lieu.

On peut aussi résoudre les équations (1) par rapport à x et y, qui seront exprimés en fonction du paramètre a ; à toute valeur de a correspond un point de la courbe que l'on peut construire en étudiant les variations de x et y.

Il peut arriver que l'énoncé du problème impose au paramètre a certaines conditions. Il faut alors vérifier si tous les points de la courbe obtenue donnent, dans les équations (1), des valeurs de a remplissant ces conditions. Il arrive souvent que la courbe se décompose, et que certaines parties ne remplissent pas les conditions du problème.

On peut employer plusieurs paramètres variables, si on a $n + 1$ équations entre x, y et n autres variables, on éliminera ces n variables, ce qui donne une équation entre x et y ; cette équation est celle du lieu cherché ; car, si elle est vérifiée, les équations ont des solutions communes pour les n variables. Les exemples suivants feront mieux comprendre ces considérations générales.

123. Problème. — On donne deux droites XOY, que l'on prend pour axes. Par un point fixe P (x_1, y_1) on mène une sécante fixe PBA, et une sécante mobile PB'A'. Trouver le lieu du point M où se coupent les droites BA' et AB'. Soient a, a' les abscisses de A et A' ; b, b' les ordonnées de B et B'. Les coordonnées x, y de M doivent vérifier les équations des droites BA', AB'

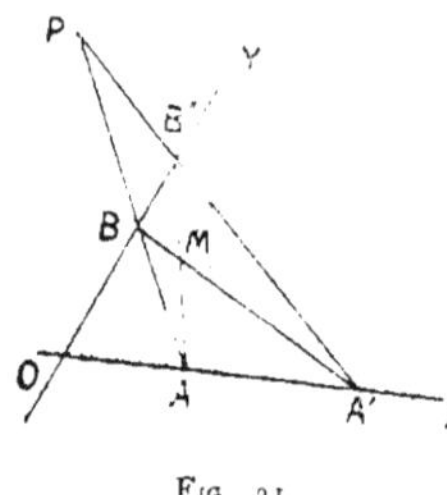

Fig. 21.

$$\frac{x}{a'} + \frac{y}{b} = 1 \qquad \frac{x}{a} + \frac{y}{b'} = 1.$$

Le point P étant sur la droite A'B', les quantités variables $a'b'$ sont liées par la relation

$$\frac{x_1}{a'} + \frac{y_1}{b'} = 1.$$

Pour éliminer a' et b', on peut multiplier cette équation par xy et remplacer $\frac{x}{a'} \cdot \frac{y}{b'}$ par leurs valeurs déduites des deux premières.

On a

$$x^2 \frac{y_1}{a} + xy + y^2 \frac{x_1}{b} - (xy_1 + yx_1) = 0$$

c'est l'équation du lieu. Les points A, B, P étant en ligne droite, les constantes a, b sont liées par la relation

$$\frac{x_1}{a} + \frac{y_1}{b} = 1$$

l'équation du lieu peut alors être rendue homogène par rapport à x_1 et y_1

$$x^2 \frac{y_1}{a} + xy \left(\frac{x_1}{a} + \frac{y_1}{b} \right) + y^2 \frac{x_1}{b} - (xy_1 + yx_1) = 0$$

ou

$$(xy_1 + yx_1) \left(\frac{x}{a} + \frac{y}{b} - 1 \right) = 0$$

équation qui se décompose en deux :

$$\frac{x}{a} + \frac{y}{b} - 1 = 0 \text{ représente la droite AB ;}$$

$$xy_1 + yx_1 = 0 \text{ est une droite passant par o.}$$

Si on trouve la droite AB, c'est que, lorsque les deux sécantes coïncident, M peut être un point quelconque de AB ; mais c'est une solution étrangère à la question. Le lieu est la droite OM polaire de P (§ 121) et reste le même quelle que soit la sécante PA.

124. Tangente. — Soit une courbe $y = f(x)$. La tangente au point M (x, y) est la position limite de la sécante MM′ lorsque le point M′ se rapproche indéfiniment du point M. Soient $x + dx$, $y + dy$ les coordonnées de M′. La droite MM′ a pour coefficient angulaire $\frac{dy}{dx}$; la tangente a pour coefficient angulaire la dérivée $y' = f'(x)$. L'équation de la tangente est

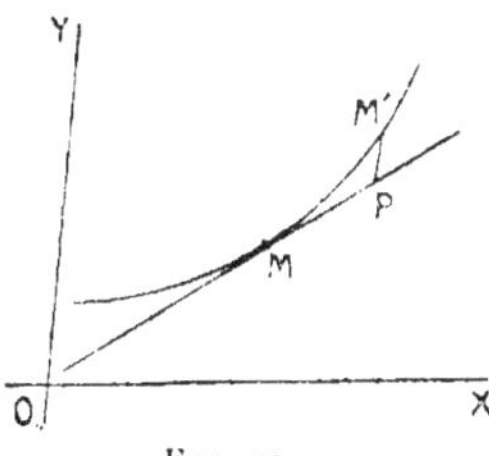

Fig. 92

$$Y - y = y' (X - x)$$

où X, Y sont les coordonnées variables d'un point quelconque de la tangente.

Tant que y' est déterminé, il y a une tangente bien définie. Lorsque y' devient infini la tangente est parallèle à OY.

Pour déterminer la position de la courbe par rapport à sa tangente, supposons que $f(x)$ ait une dérivée seconde continue entre les valeurs $x - \mathrm{K}$, $x + \mathrm{K}$; soit $\mathrm{X} = x + h$ l'abscisse du point M', pourvu que $|h| < \mathrm{K}$, on peut écrire, d'après la formule de Taylor (§ 39) :

$$y = f(x + h) = f(x) + hf'(x) + \frac{h^2}{2} f''(x + \theta h)$$

qui donne l'ordonnée du point M'. L'ordonnée du point P de la tangente est

$$\mathrm{Y} = f(x) + hf'(x)$$

la différence PM' de ces ordonnées a le signe de $f''(x + \theta h)$.

Si $y'' = f''(x)$ est positif au point M, $f''(x + \theta h)$, que nous supposons continu, sera positif, pourvu que h soit assez petit ; la courbe sera, par rapport à la tangente, du côté des y positifs.

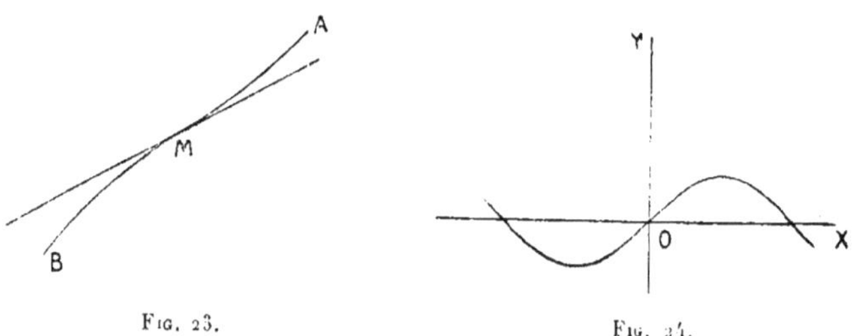

Fig. 23. Fig. 24.

Si y'' est négatif la courbe est du côté des y négatifs.

Si y'' change de signe en M, le sens de la concavité change aussi ; si, par exemple, $f''(x + h)$ est positif lorsque $h > 0$, négatif pour $h < 0$, la courbe est du côté des $y +$ dans la partie MA, du côté opposé pour MB. Elle est traversée par sa tangente. On dit que M est un point d'inflexion.

Tant que y'' reste continu, les points d'inflexion s'obtiennent en cherchant les valeurs de x qui annulent y'', et changent son signe, ce qui a lieu toutes les fois que y''' ne s'annule pas en même temps. Par exemple la sinusoïde $y = \sin x$ donne $y'' = - \sin x$, qui change de signe pour $x = \text{K}\pi$, les points $x = 0$, π, 2π,... sont des points d'inflexion.

Dans le cas où le point M est l'origine, au lieu de chercher la valeur de y', on peut chercher la limite de $\dfrac{y}{y'}$ pour $x = 0$.

125. Cissoïde. — On donne un cercle, un diamètre OP, la tangente en P. Une sécante menée par O (extrémité du diamètre) coupe le cercle en A, la tangente en B ; on prend OM = AB, trouver le lieu du point M.

Soit ω l'angle variable $\widehat{\text{POA}}$, a le diamètre :

$$OB = \frac{a}{\cos \omega}, \qquad OA = a \cos \omega, \qquad OM = AB = a\left(\frac{1}{\cos \omega} - \cos \omega\right)$$

par rapport à l'axe polaire OP, l'équation du lieu est

$$\rho = a\,\frac{\sin^2 \omega}{\cos \omega}$$

par rapport aux axes rectangulaires de sommet O, OY étant la tangente en O, on a :

$$x = \rho \cos \omega = a \sin^2 \omega = a\,\frac{y^2}{x^2 + y^2}$$

l'équation de la cissoïde s'écrit :

$$y^2 = \frac{x^3}{a - x}.$$

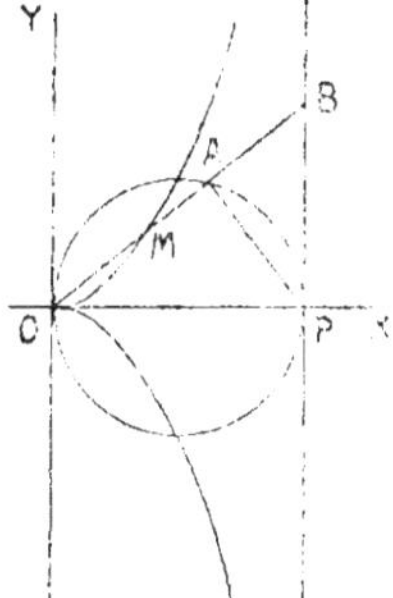

Fig. 25.

On en déduit

$$2\,yy' = \frac{x^2(3a - 2x)}{(a - x)^2}.$$

Pour que y soit réel, il faut $0 < x < a$; x variant de 0 à a, y a deux valeurs de signes contraires, y' a le signe de y. La valeur positive de y augmente avec x, et devient infinie pour $x = a$, la droite PB est une asymptote ; la courbe est symétrique par rapport à OX. $\dfrac{y}{x}$ tend vers zéro avec x, la tangente en O est OX ; la courbe ne dépassant pas O, l'origine est un point de rebroussement.

126. Strophoïde. — On donne un point O, une droite L, et la perpendiculaire OA. Une sécante OB coupe L en B, on porte sur la sécante les longueurs BM, BM′ égales à BA. Trouver le lieu des points M et M′ lorsque la sécante tourne autour de O.

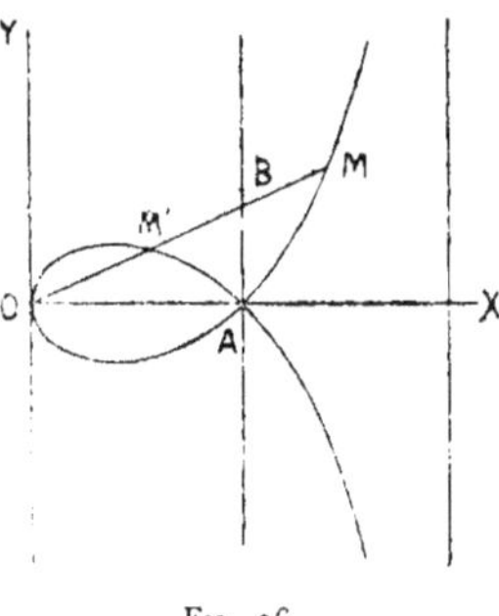

Fig. 26.

Si on prend pour axes la droite OAX et la perpendiculaire OY, soient a, b les coordonnées du point B. Les points M, M′ peuvent se déterminer par l'intersection de la droite OB avec le cercle de centre B, de rayon BA, dont les équations sont :

$$y = \frac{b}{a}\, x, \qquad (x - a)^2 + (y - b)^2 = b^2$$

a est constant, il faut éliminer b, ce qui donne :

$$[(x - a)^2 + y^2]\, x - 2\, ay^2 = 0$$

$$y^2 = x\, \frac{(x - a)^2}{2a - x}$$

$$yy' = (a - x)\, \frac{x^2 - 3\, ax + a^2}{(2a - x)^2}.$$

La courbe est symétrique par rapport à OX, si on prend

$$y = (x - a) \sqrt{\frac{x}{2a - x}} \quad , \quad y' = \frac{-x^2 + 3\, ax - a^2}{\sqrt{x(2a - x)}\, (2a - x)}$$

x peut varier de o à $2a$, y' s'annule pour $x = a\, \dfrac{3 - \sqrt{5}}{2}$, y diminue puis augmente ; pour $x = a$, $y = 0$, $y' = 1$. Puis y augmente indéfiniment pour $x = 2a$. Au point A passent deux branches symétriques, c'est un point double de la courbe.

127. Cycloïde. — Soit à trouver le lieu du point M d'un cercle qui roule, sans glisser, sur l'axe OX. C'est-à-dire que, si O est la position de M lorsqu'il devient le point de contact, l'arc AM sera égal à la tangente OA. Représentons par t l'angle variable de CM

avec CA, compté dans le sens de rotation de OY vers OX. CM
forme avec OX l'angle $\frac{\pi}{2} + t$, avec OY l'angle $\pi + t$, comptés dans

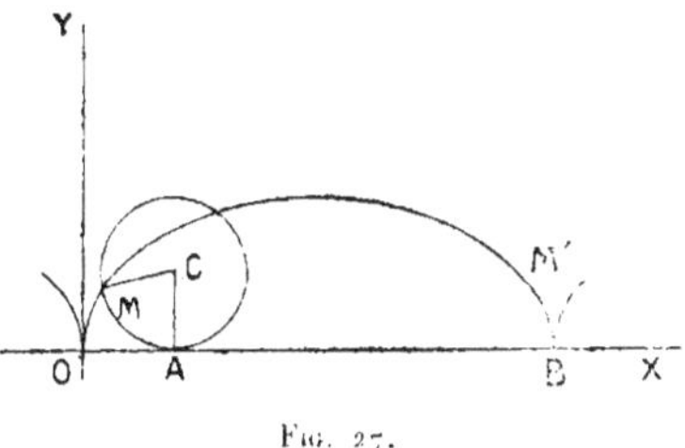

Fig. 27.

le même sens. Les coordonnées de C sont at et a, où a représente
le rayon CA. Celles de M s'obtiennent en ajoutant les projections
de CM, on a :

$$x = a(t - \sin t) \qquad y = a(1 - \cos t).$$

L'élimination de t donnerait l'équation de la cycloïde, mais il est
plus simple de conserver les deux équations ; à chaque valeur de t
correspond un point de la courbe. Les dérivées de x et y par rapport à t sont :

$$x' = a(1 - \cos t) \qquad y' = a \sin t$$

comme x' n'est jamais négatif x augmente avec t, y augmente
lorsque t varie de o à π, puis diminue entre π et 2π.

Si on remplace t par $2\pi - t$, y ne change pas, x devient
$a(2\pi - t + \sin t)$, on a deux points M, M' ayant même ordonnée,
les abscisses ont pour demi-somme $a\pi$. La courbe est symétrique
par rapport à la droite $x = a\pi$.

Le coefficient angulaire de la tangente est la dérivée de y par
rapport à x. Si x est la variable, la dérivée de t sera $\frac{1}{x'}$, la dérivée
de y sera (§ 34) :

$$\frac{y'}{x'} = \frac{\sin t}{1 - \cos t} = \operatorname{cotg} \frac{t}{2}.$$

Pour $t = o$ le coefficient angulaire est infini, ainsi que pour $t = 2\pi$.
Pour $t = \pi$ il est nul, on a ainsi la courbe OMB.

Si on remplace t par $t + 2\pi$, y ne change pas, x augmente de $2a\pi$, on obtient une courbe égale à l'arc OB, qui se reproduit successivement en ajoutant $2K\pi$ à t. Si K est négatif on a de même des branches égales à gauche de O. Les points O, B sont des points de rebroussement.

128. Construction des courbes. — Quand on a l'équation d'une courbe, il faut se rendre compte de sa forme. Si l'équation est résolue par rapport à y, on cherche les valeurs de x qui annulent y', et celles qui rendent y ou y' infini. On les range par ordre de grandeur, et l'on a des points entre lesquels y varie dans le même sens, ce qui indique la forme de la courbe. On pourra tracer les tangentes en ces points.

Si y contient des radicaux, et a plusieurs valeurs, on les étudie séparément. Nous verrons plus loin comment on étudie les branches infinies.

Exercices

1. Lieu des centres des cercles qui passent par un point fixe, et coupent une droite suivant une corde de longueur donnée.
2. Construire la courbe

$$y = x^2 - x^3.$$

La tangente au point $M(x, y)$ coupe la courbe en un point M'. Trouver le lieu du milieu de MM'.
3. On donne la courbe

$$4y^3 = 27\,ax^2$$

déterminer une tangente de coefficient angulaire m. Montrer que trois tangentes passent par chaque point du plan. Trouver le lieu des intersections de deux tangentes perpendiculaires.
4. On donne un point A sur un cercle fixe. Trouver le lieu des intersections de deux cercles ayant pour diamètres deux cordes perpendiculaires passant par A.

CHAPITRE IV

—

POINTS MULTIPLES. — ASYMPTOTES

129. **Tangente à l'origine.** — Soit une courbe algébrique passant par l'origine, représentée par l'équation :

$$f(x, y) = ax + by + cx^2 + dxy + ey^2 + \varphi_3(x, y) + \ldots + \varphi_m(x, y) = 0$$

φ_m étant un polynôme homogène de degré m.

Le coefficient angulaire de la tangente en O est la limite de $\dfrac{y}{x}$, pour $x = 0$. En divisant par x, on trouve la limite $-\dfrac{a}{b}$. L'équation de la tangente est

$$ax + by = 0.$$

Si $b = 0$, $\dfrac{x}{y}$ tend vers 0, la tangente est $x = 0$. L'équation de la tangente à l'origine s'obtient en égalant à zéro les termes du premier degré.

Si $a = b = 0$, posons $y = tx$, et divisons par x^2 ; lorsque $x = y = 0$ on a :

$$c + dt + et^2 = 0$$

$\dfrac{y}{x}$ ou t a deux limites, on a deux tangentes représentées par l'équation :

$$cx^2 + dxy + ey^2 = 0.$$

Pour chaque valeur de x, y a m valeurs. Deux de ces valeurs tendent vers zéro avec x, il y a deux branches de courbe passant par l'origine, qui est un point double. Lorsque e est nul, on arrive au même résultat en cherchant la limite de $\dfrac{x}{y}$. Les tangentes à l'origine sont représentées par les termes du second degré égalés à zéro.

Si les valeurs de t sont réelles, il y a deux tangentes réelles, et deux branches réelles de courbe.

Si les valeurs de t sont imaginaires, les valeurs de y qui tendent vers zéro sont imaginaires. Il n'y a pas de branches de courbe passant par O, qui est un point isolé de la courbe, les tangentes sont imaginaires.

Si les deux valeurs de t sont égales, les deux branches ont même tangente. Si on prend cette tangente pour axe des x, l'équation de la courbe prend la forme :

$$y^2 + ax^3 + bx^2y + cxy^2 + dy^3 + \varphi_4(x, y) + \ldots = 0$$

$\dfrac{y}{x}$ tend vers zéro avec x; en divisant par x^3, on voit que $\dfrac{y^2}{x^3}$ a pour limite $-a$. Si x est assez petit, y^2 a le signe de $-ax$. Si x tend vers zéro avec le signe de a, les deux valeurs de y qui tendent vers zéro sont imaginaires; si x a le signe de $-a$, elles sont réelles. L'origine est un point de rebroussement (§ 125).

Si $a = 0$, $\dfrac{y^2}{x^3}$ tend vers zéro; en divisant par x^4, on aura une équation du second degré pour déterminer la limite de $\dfrac{y}{x^2}$. Deux branches de courbe ont la même tangente, mais elles peuvent être imaginaires.

Si les termes du premier et du second degré de f disparaissent, soit $\varphi_n(x, y)$ le polynôme homogène de degré moindre. L'origine est un point multiple d'ordre n, il y a n limites pour $\dfrac{y}{x}$ et n tangentes, réelles ou imaginaires, représentées par l'équation

$$\varphi_n(x, y) = 0.$$

130. Tangente quelconque. — Soit un point (x, y) de la courbe représentée par l'équation

$$f(x, y) = 0.$$

Si on considère y comme une fonction implicite de x, sa dérivée est donnée par la formule

$$f_x' + y'f_y' = 0.$$

L'équation de la tangente sera :

$$(X - x)f_x' + (Y - y)f_y' = 0.$$

Si f est un polynôme, on peut mettre cette équation sous une forme plus symétrique. Remplaçons x et y par $\frac{x}{z}$ et $\frac{y}{z}$, puis multiplions f par z^m, on a un polynôme $z^m f\left(\frac{x}{z}, \frac{y}{z}\right)$ homogène en x, y, z, que nous représenterons par $f(x, y, z)$, et qui, pour $z = 1$, devient le premier polynôme. L'identité d'Euler donne (§ 64) :

$$xf_x' + yf_y' + zf_z' = mf(x, y, z)$$

mais le point (x, y) est sur la courbe, $f\left(\frac{x}{z}, \frac{y}{z}\right)$ et $f(x, y, z)$ sont nuls. On peut alors écrire l'équation de la tangente

$$Xf_x' + Yf_y' = xf_x' + yf_y' = -zf_z'$$
$$Xf_x' + Yf_y' + f_z' = 0$$

f_z' étant la dérivée du polynôme f rendu homogène, où l'on pose ensuite $z = 1$.

On appelle normale, au point M d'une courbe, la perpendiculaire à la tangente en ce point. Si les axes sont rectangulaires, le coefficient angulaire de la normale est $-\frac{1}{y'}$ (§ 116), son équation est :

$$X - x + (Y - y)y' = 0$$

ou

$$(X - x)f_y' - (Y - y)f_x' = 0.$$

131. Points multiples. — Si, en un point (x, y) de la courbe, f_x' et f_y' sont nuls, la tangente est indéterminée, ce point est multiple. On peut ramener l'origine en ce point, en posant

$$X = x + h \qquad Y = y + k$$
$$f(x+h, y+k) = f(x, y) + hf_x' + kf_y' + \frac{h^2}{2}f''_{x^2} + hkf''_{xy} + \frac{k^2}{2}f''_{y^2} + \ldots = 0$$

h, k sont les coordonnées par rapport aux nouveaux axes. f, f_x', f_y' sont nuls. Les tangentes au point double se déduisent des termes du second degré en h et k. Par rapport aux premiers axes elles seront représentées par l'équation :

$$(X - x)^2 f''_{x^2} + 2(X - x)(Y - y)f''_{xy} + (Y - y)^2 f''_{y^2} = 0.$$

En général, les tangentes au point multiple s'obtiendront en prenant les termes en h et k de degré moindre, qui ne disparaissent pas.

Un point (x, y) est multiple, si ses coordonnées vérifient les trois équations

$$f(x, y) = 0 \qquad f_x' = 0 \qquad f_y' = 0$$

en général il n'y a pas de solutions communes. Si f est un polynôme de degré m à coefficients arbitraires, il faudra, pour qu'il y ait un point multiple, qu'il existe entre les coefficients une relation obtenue par l'élimination de x et y.

Si une courbe du second degré a un point double, que l'on peut prendre pour origine, l'équation sera homogène du second degré en x et y, elle représente deux droites. Une courbe du second degré, qui ne se décompose pas, n'a pas de point multiple.

132. Asymptotes. — Soit une courbe

$$y = f(x)$$

si y augmente indéfiniment, lorsque x tend vers a, la droite $x = a$ est une asymptote.

Si l'équation d'une courbe peut se mettre sous la forme

$$y = cx + d + f(x)$$

f tendant vers zéro, lorsque x augmente indéfiniment, la droite $y = cx + d$ est une asymptote. A une valeur de x correspondent des points, sur la courbe et sur la droite, dont la distance $f(x)$ tend vers zéro. Si x augmente indéfiniment $\frac{y}{x}$ tend vers c, $y - cx$ a pour limite d.

Si $f(x)$ augmente indéfiniment avec x, $\frac{f(x)}{x}$ tendant vers zéro,

$\dfrac{y}{x}$ a encore pour limite c, mais il n'y a plus d'asymptote ; on a une branche de courbe parabolique. C'est le cas de la parabole

$$y = \pm \sqrt{2px}.$$

133. Asymptotes parallèles à oy. — Soit une courbe algébrique de degré m :

$$f(x, y) = f_0(x) y^n + f_1(x) y^{n-1} + \ldots + f_n(x) = 0.$$

Pour chaque valeur de x, y à n valeurs finies ; si x tend vers une valeur qui annule $f_0(x)$, une valeur de y augmente indéfiniment. Les asymptotes parallèles à OY sont représentées par l'équation

$$f_0(x) = 0$$

qui donne les valeurs de x pour lesquelles y peut devenir infini. Si $n = m$, f_0 est constant, il n'y a pas d'asymptote parallèle à OY. Si $n < m$, f_0 sera de degré $m - n$, à chaque racine correspond une asymptote.

Pour étudier la position de la courbe, et chercher comment y devient infini, posons $y = \dfrac{1}{z}$.

$$z^n f\left(x, \frac{1}{z}\right) = f_0(x) + f_1(x) z + \ldots + f_n(x) z^n = 0$$

au point (x, y) de la courbe, correspond un point (x, z) d'une autre courbe

Si une valeur de y devient infinie, une valeur de z devient nulle. Si a est une racine de f_0, cette courbe passe par le point $x = a$, $z = 0$. En général elle aura une tangente, $y(x - a)$ ou $\dfrac{x - a}{z}$ ayant pour limite $-\dfrac{f_1(a)}{f_0'(a)}$. En remplaçant y par $\dfrac{1}{z}$, on voit que la courbe aura deux branches infinies, une de chaque coté de l'asymptote, qui correspondent aux arcs MA, MB (*fig.* 28).

Si $f_1(a) = 0$, $f_0'(a) \gtrless 0$, la tangente en M', à la courbe z, est parallèle à l'axe des z ; la courbe y a deux branches du même coté de l'asymptote.

Si $f_0'(a) = 0$, $f_1(a) \gtrless 0$, la courbe z est tangente à OX, il y a deux branches infinies, vers le même sens de l'asymptote.

Cependant, si M′ ou M″ était un point d'inflexion, la courbe traversant la tangente, les branches infinies auraient la première disposition.

Si f_0, f_0' et f_1 sont nuls pour $x = a$, le point $x = a$, $z = 0$ est un point multiple, à toute branche réelle aboutissant à ce point correspond une branche infinie pour y.

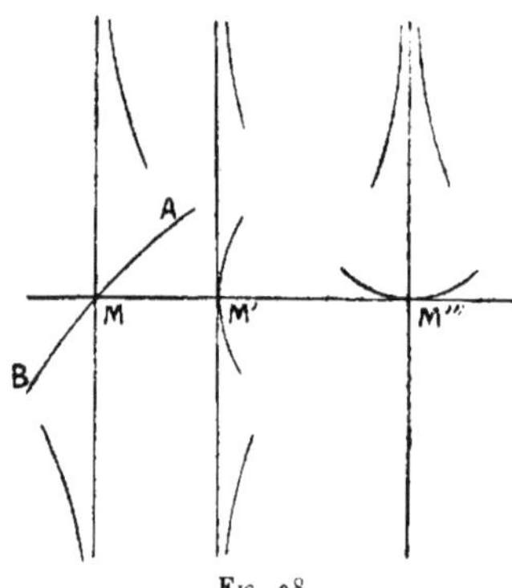

Fɪɢ. 28.

134. Asymptotes non parallèles à OY. — Soit la courbe algébrique de degré m

$$(1) \qquad f(x,y) = \varphi_m(x, y) + \varphi_{m-1}(x, y) + \ldots + \varphi_0 = 0$$

φ_n représentant un polynôme homogène de degré n. On aura :

$$f(x, y) = x^m \varphi_m\left(1, \frac{y}{x}\right) + x^{m-1}\varphi_{m-1}\left(1, \frac{y}{x}\right) + \ldots + \varphi_0 = 0$$

Si on divise par x^m, la limite c de $\dfrac{y}{x}$, lorsque x devient infini, est donnée par l'équation

$$(2) \qquad \varphi_m\left(1, \frac{y}{x}\right) = 0 \quad , \quad \varphi_m(x, y) = 0$$

qui détermine m directions asymptotiques. Soit $\dfrac{y}{x} = c$ une racine ; posons $y = cx + d$:

$$(3) \qquad f(x, cx + d) = 0.$$

Pour avoir la limite de d lorsque x augmente indéfiniment, il faut ordonner l'équation (3) suivant les puissances de x, et égaler à zéro le coefficient de la plus haute puissance de x.

$$f(x, cx + d) = \varphi_m(x, cx + d) + \varphi_{m-1}(x, cx + d) + \ldots$$

Mais $\varphi_m(x, y)$ est divisible par $y - cx$, soit :

$$\varphi_m(x, y) = (y - cx)\psi_{m-1}(x, y)$$
$$\varphi_m(x, cx + d) = d \cdot \psi_{m-1}(x, cx + d)$$

$f(x, cx + d)$ se réduit ainsi au degré $m - 1$, si c est le coefficient angulaire d'une asymptote. Les termes de degré $m - 1$ ne proviennent que des termes

$$d \cdot \psi_{m-1}(x, cx + d) + \varphi_{m-1}(x, cx + d)$$

et le coefficient de x^{m-1}, égalé à zéro, donne :

$$(4) \qquad d \cdot \psi_{m-1}(1, c) + \varphi_{m-1}(1, c) = 0$$

qui détermine d. L'équation de l'asymptote est

$$(5) \qquad y = cx - \frac{\varphi_{m-1}(1, c)}{\psi_{m-1}(1, c)} .$$

En résumé, pour déterminer les asymptotes, on pose $y = cx + d$, dans l'équation (1) de la courbe, et on égale à zéro les coefficients des deux termes de degré le plus élevé en x. Les termes en x^m donnent l'équation (2) qui détermine c, les termes en x^{m-1} donnent l'équation (4) qui détermine d.

On peut aussi, après avoir déterminé une valeur de c, mettre l'équation (1) de la courbe sous la forme

$$(y - cx)\psi_{m-1}(x, y) + \varphi_{m-1}(x, y) + \varphi_{m-2}(x, y) + \ldots = 0$$
$$(6) \qquad y - cx = - \frac{\varphi_{m-1}(x, y) + \ldots}{\psi_{m-1}(x, y)}$$

et chercher ce que devient le second membre, si x et y deviennent infini, $\frac{y}{x}$ ayant pour limite c ; en remplaçant le second membre par cette limite on a l'équation de l'asymptote (5).

Enfin, si on pose $\frac{y}{x} = t$, on a l'identité

$$\psi_{m-1}(1, t) = \frac{\varphi_m(1, t)}{t - c}$$

pour $t = c$, le second membre prend la forme $\frac{0}{0}$, on a (§ 44)

$$\psi_{m-1}(1, c) = \varphi'_m(1, c)$$

φ'_m représentant la dérivée, par rapport à t, de la fonction $\varphi_m(1, t)$. L'équation (5) peut ainsi s'écrire :

$$y = cx - \frac{\varphi_{m-1}(1, c)}{\varphi'_m(1, c)} .$$

Pour déterminer la position des branches infinies, on peut changer les axes, et rendre l'asymptote parallèle au nouvel axe OY.

On peut aussi étudier la variation, et le signe de $y - cx - d$, lorsque x devient infini. Pour cela, on met l'équation (1) ou (6) de la courbe, sous la forme :

$$y - cx - d = - \frac{d\,\psi_{m-1}(x, y) + \varphi_{m-1}(x, y) + \varphi_{m-2}(x, y) + \ldots}{\psi_{m-1}(x, y)}.$$

Il faut chercher le signe du second membre lorsque $x = \pm \infty$, $\frac{y}{x}$ ayant pour limite c, et $y - cx$ tendant vers d. Mais le polynôme homogène $d\psi_{m-1} + \varphi_{m-1}$ s'annule pour $\frac{y}{x} = c$, il est divisible par $y - cx$, soit :

$$d\psi_{m-1}(x, y) + \varphi_{m-1}(x, y) = (y - cx)\,\psi_{m-2}(x, y)$$

l'équation (1) de la courbe prendra la forme :

$$y - cx - d = - \frac{(y - cx)\,\psi_{m-2}(x, y) + \varphi_{m-2}(x, y) + \ldots}{\psi_{m-1}(x, y)}$$

en divisant le numérateur par x^{m-2}, le dénominateur par x^{m-1}, on voit que $x(y - cx - d)$ a pour limite

$$- \frac{d\psi_{m-2}(1, c) + \varphi_{m-2}(1, c)}{\varphi_{m-1}(1, c)}$$

le signe de cette expression montre la position des branches infinies de la courbe. Par exemple, si $x(y - cx - d) > 0$, on a $y > cx + d$ lorsque $x = + \infty$, du coté $x > 0$ la courbe est située, par rapport à l'asymptote, dans le sens $y > 0$. Lorsque $x = - \infty$ elle est du coté opposé.

Si $x(y - cx - d)$ tendait vers zéro, on chercherait la limite de $x^2(y - cx - d)$, et ainsi de suite.

135. Branches paraboliques. Si $\varphi_m(1, c) = \varphi'_m(1, c) = 0$, ou $\psi_{m-1}(1, c) = 0$, c est racine double de l'équation (2). Si $\varphi_{m-1}(1, c)$ n'est pas nul, l'équation (4) montre que d augmente indéfiniment avec x. On a une branche parabolique, $\frac{y}{x}$ tend vers c, mais $y - cx$ augmente indéfiniment. $\varphi_m(x, y)$ est alors divisible par $(y - cx)^2$: soit :

$$\varphi_m(x, y) = (y - cx)^2\,\psi_{m-2}(x, y)$$

l'équation (1) de la courbe peut se mettre sous la forme

$$(y - cx)^2 \psi_{m-2}(x, y) + \varphi_{m-1}(x, y) + \varphi_{m-2}(x, y) + \ldots = 0$$

$$\frac{(y - cx)^2}{x} \psi_{m-2}\left(1, \frac{y}{x}\right) + \varphi_{m-1}\left(1, \frac{y}{x}\right) + \frac{1}{x}\varphi_{m-2}\left(1, \frac{y}{x}\right) + \ldots = 0.$$

Lorsque x devient infini, de façon que $\frac{y}{x}$ tende vers c, $\dfrac{(y - cx)^2}{x}$ aura pour limite $- \dfrac{\varphi_{m-1}(1, c)}{\psi_{m-2}(1, c)}$. Il en résulte que x doit augmenter indéfiniment avec le signe de cette limite, pour que y soit réel, et $(y - cx)^2 > 0$. Mais $y - cx$ aura deux valeurs de signes contraires, qui deviennent infinies avec x. Il y a deux branches s'éloignant à l'infini dans la direction $y = cx$, comme dans la parabole (§ 142).

Si l'on a, en même temps :

$$\varphi_m(1, c) = \varphi'_m(1, c) = 0 \quad , \quad \varphi_{m-1}(1, c) = 0$$

dans l'équation (3) le coefficient (4) de x^{m-1} disparaît, en même temps que celui de x^m. Il faut alors, pour déterminer d, égaler à zéro le coefficient de x^{m-2}. Si on pose

$$\varphi_{m-1}(x, y) = (y - cx)f_{m-2}(x, y)$$

l'équation (3) prendra la forme :

$$(y - cx)^2 \psi_{m-2}(x, y) + (y - cx)f_{m-2}(x, y)$$
$$+ \varphi_{m-2}(x, y) + \varphi_{m-3}(x, y) + \ldots = 0$$

en divisant par x^{m-2}, on voit que la limite d de $y - cx$ est donnée par l'équation

$$d^2\psi_{m-2}(1, c) + df_{m-2}(1, c) + \varphi_{m-2}(1, c) = 0$$

on a deux valeurs de d, il y a deux asymptotes parallèles, qui peuvent être réelles ou imaginaires.

En général, il y a m directions asymptotiques, représentées par l'équation $\varphi_m(x, y) = 0$. A une racine simple correspond une asymptote et deux branches infinies, situées des deux cotés de l'asymptote. A une racine multiple correspondent des branches paraboliques (asymptotes à l'infini), ou des asymptotes parallèles, qui peuvent être imaginaires. Si $\varphi_m(x, y)$ est divisible par x, $\varphi_m\left(1, \frac{y}{x}\right)$ se réduit à un degré inférieur à m, $\frac{y}{x} = c$ a des racines infinies, auxquelles correspondent des asymptotes parallèles à l'axe des y.

136. Exemple. Soit la courbe du second degré

$$A x^2 + 2 B xy + C y^2 + 2 D x + 2 E y + F = 0.$$

Si $B^2 - AC < 0$ les directions asymptotiques sont imaginaires, la courbe est une ellipse.

Si $B^2 - AC > 0$, il y a deux directions asymptotiques réelles, si m et m' sont les coefficients angulaires, l'équation s'écrit

$$C (y - mx) (y - m'x) + 2 D x + 2 E y + F = 0$$

si $\dfrac{y}{x}$ tend vers m, $C (y - mx) = - \dfrac{2 D x + 2 E y + F}{y - m'x}$ a pour limite

$- \dfrac{2 D + 2 E m}{m - m'}$; l'asymptote de direction m a pour équation

$$C (y - mx) (m - m') + 2 D + 2 E m = 0.$$

Si $B^2 - AC = 0$, les deux directions asymptotiques sont confondues, l'équation prend la forme

$$C (y - mx)^2 + 2 D x + 2 E y + F$$

la courbe est une parabole. Cependant si $D + E m = 0$, l'équation est du second degré par rapport à $y - mx$, et représente deux droites parallèles.

Exercices

1. Déterminer les points multiples, les tangentes en ces points, et les asymptotes des courbes suivantes :

$$x^3 - y^3 + x^2 + y^2 - 5x + y + 2 = 0$$
$$x^2 + y^2 = y^3 - x^3$$
$$x^4 + 2x^2 y - xy^2 + y^2 = 0.$$

2. Soit la courbe

$$x^4 + y^4 - 2x^2 - 2y^2 + a = 0$$

quelle valeur faut-il donner à a pour qu'elle ait des points multiples. Déterminer les tangentes aux points multiples.

CHAPITRE V

—

COURBES DU SECOND DEGRÉ

137. Centre. — Un point O est centre d'une courbe, si, M étant un point quelconque de la courbe, le point symétrique M′ fait partie de la courbe.

Si l'origine est un centre, le point (x, y) a pour symétrique le point $(-x, -y)$, les deux équations

$$f(x, y) = 0. \quad f(-x, -y) = 0$$

représentent alors la même courbe, et sont équivalentes. Si f est un polynôme, lorsqu'on change les signes de x et y, les termes de degré pair ne changent pas, les autres changent de signe. Pour que l'origine soit centre il faut que tous les termes soient de degré pair, ou tous de degré impair.

Si une courbe plane a deux centres, O,O′, elle en a une infinité. M étant un point de la courbe, soit M′ le symétrique par rapport à O′, M″ le symétrique de M′ par rapport à O et M‴ celui de M″ par rapport à O′. La droite OO′ coupe MM‴ en son milieu O″, O′O″ = OO′, le point M‴ symétrique de M par rapport à O″ est sur la courbe. Ce point O″ est aussi un centre ; il y a une infinité de centres en ligne droite, à distances égales. Les symétriques de M′ s'obtiendront en portant sur la droite

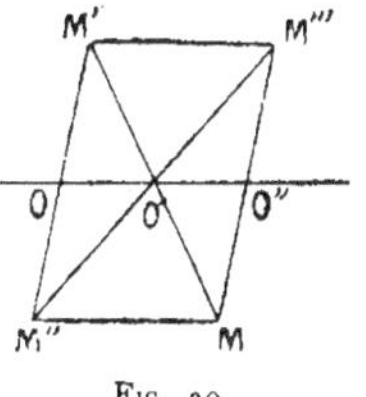

FIG. 29

MM″ des longueurs égales à 2 OO′. La courbe a une infinité de points en ligne droite. C'est le cas de la sinusoïde (§ 124), qui a les centres $y = 0$, $x = K\pi$. Une courbe algébrique ne peut pas avoir deux centres, excepté si elle est formée de droites parallèles.

138. Centre d'une conique. — On appelle section conique, ou conique, une courbe du second degré. Soit :

$$f(x,y) = Ax^2 + 2Bxy + Cy^2 + 2Dx + 2Ey + F = 0$$

si D et E sont nuls, l'origine est centre de la courbe. Pour chercher si un point (x,y) est un centre, on transporte l'origine en ce point. Soient X, Y les coordonnées d'un point M, de la courbe, par rapport aux nouveaux axes ; par rapport aux premiers axes, ce point a pour coordonnées $x + X$, $y + Y$. L'équation de la courbe, lorsque l'origine a été transportée au point (x,y), sera :

$$f(x + X, y + Y) = A(x + X)^2 + 2B(x + X)(y + Y) + C(y + Y)^2$$
$$+ 2D(x + X) + 2E(y + Y) + F = 0$$

ou

$$AX^2 + 2BXY + CY^2 + 2X(Ax + By + D) + 2Y(Bx + Cy + E)$$
$$+ f(x,y) = 0$$

les coefficients de X et Y sont les dérivées partielles f'_x, f'_y de $f(x,y)$ par rapport à x et y. Ce qui permet d'écrire l'équation sous la forme :

$$f(x + X, y + Y) = AX^2 + 2BXY + CY^2 + Xf'_x + Yf'_y + f(x,y) = 0$$

on pourrait déduire ce résultat de la formule de Taylor (§ 61).

La nouvelle origine sera un centre si les coefficients de **X** et **Y** sont nuls. Le centre (x,y) est déterminé par les deux équations

$$\frac{1}{2}f'_x = Ax + By + D = 0$$

$$\frac{1}{2}f'_y = Bx + Cy + E = 0$$

si $B^2 - AC$ n'est pas nul, la courbe a un centre.

Si $B^2 - AC$ est nul, les équations sont incompatibles, la courbe n'a pas de centre.

Cependant si

$$\frac{A}{B} = \frac{B}{C} = \frac{D}{E}$$

les équations du centre sont équivalentes, il y a une infinité de centres en ligne droite, la courbe est formée de deux droites parallèles.

139. Diamètres. — On appelle diamètre le lieu des milieux des cordes parallèles à une direction donnée.

Soit une conique représentée par l'équation générale (§ 138) $ay = bx$ la direction des cordes, M (x,y) au point du lieu. Un point (X, Y) de la corde passant par M a pour coordonnées

$$X = x + at \qquad Y = y + bt$$

à chaque valeur de t correspond un point de cette droite. Si on change t en $- t$ on a deux points (X,Y) $(X'Y')$ tels que

$$X + X' = 2x \qquad Y + Y' = 2y$$

M est le milieu de leur distance. Le point (X,Y) sera sur la conique si

$$f(x + at, \ y + bt) = 0$$

cette équation détermine deux valeurs de t. M sera le milieu, si ces deux valeurs sont égales et de signes contraires, ou si le terme en t disparaît. Son coefficient est égal à la dérivée par rapport à t pour $t = 0$. On a ainsi la condition

$$af'_x (x,y) + bf'_y (x,y) = 0$$

cette équation représente une droite, lieu de M.

Si $m = \dfrac{b}{a}$ est le coefficient angulaire des cordes parallèles, le diamètre conjugué a pour équation

$$f'_x + mf'_y = 0$$
$$Ax + By + D + m(Bx + Cy + E) = 0$$

son coefficient angulaire m' est donné par l'équation

$$A + B(m + m') + Cmm' = 0$$

comme elle est symétrique entre m et m', ces deux directions sont conjuguées.

Si la courbe a un centre, tous les diamètres passent par le centre (§ 118).

Si c'est une parabole, les équations du centre représentent deux droites parallèles, tous les diamètres sont parallèles à ces droites.

On appelle axe un diamètre perpendiculaire aux cordes conjuguées. Si les axes de coordonnées sont rectangulaires, on a alors :

$$m' = -\frac{1}{m} \qquad B(m^2 - 1) + (A - C)m = 0$$

$$\text{si} \qquad m = \operatorname{tg} \alpha \qquad \operatorname{tg} 2\alpha = \frac{2m}{1 - m^2} = \frac{2B}{A - C}$$

140. Équation réduite. — Si $B^2 - AC$ n'est pas nul, on peut ramener l'origine au centre, pour faire disparaître les termes du premier degré. Si, ensuite, on prend pour axes deux directions conjuguées, le terme en xy disparaît, car y doit avoir deux valeurs égales et de signes contraires. pour chaque valeur de x, l'équation est alors

$$A'x^2 + C'y^2 + F' = 0$$

on peut, en particulier, prendre les axes de la courbe, qui sont perpendiculaires.

Si les premiers axes sont rectangulaires, il faut les faire tourner d'un angle α, que nous avons calculé.

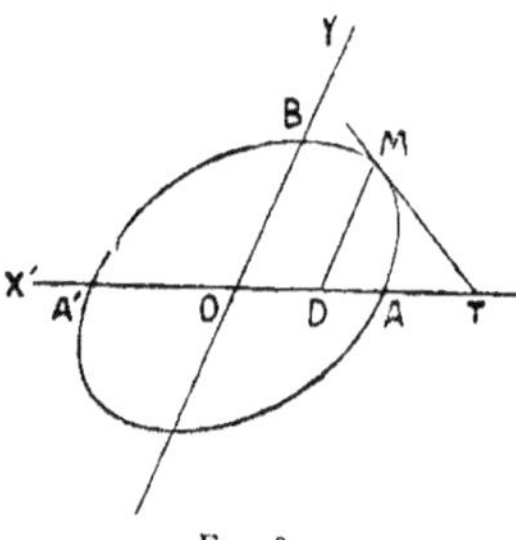

Fig. 30.

Si A' et C' sont de même signe, ont peut les supposer positifs, les directions asymptotiques sont imaginaires, la courbe est une ellipse.

Si F' est aussi positif l'ellipse est imaginaire, elle n'a aucun point réel. Si F' est nul, le seul point réel est l'origine, on a deux droites imaginaires qui se coupent à l'origine.

Si F' est négatif, l'ellipse est réelle ; son équation peut s'écrire

$$\frac{x^2}{a^2} + \frac{y^2}{b^2} = 1$$

Les axes OA, OB sont deux diamètres conjugués.

Deux directions m, m' sont conjuguées si

$$mm' = -\frac{b^2}{a^2}$$

m et m' sont de signes contraires.

La tangente en un point $M (x, y)$ a pour équation (§ 130)

$$\frac{Xx}{a^2} + \frac{Yy}{b^2} = 1$$

Elle coupe OX au point T de coordonnées $\frac{a^2}{x}$, o, OD $\times$ OT est constant et égal à a^2 ou $\overline{OX}^2$.

La tangente en A est parrallèle à OY, ou au diamètre conjugué de la direction de OA.

141. Hyperbole. — Si A′ et C′ sont de signes contraires, F′ $\lessgtr$ O, on peut supposer F′ du signe de C′ ; car on peut permuter x et y en changeant les axes. On a alors l'équation

$$\frac{x^2}{a^2} - \frac{y^2}{b^2} = 1$$

les asymptotes sont réelles, elles ont pour équations

$$bx = \pm ay.$$

Deux directions m, m' sont conjuguées si $mm' = \frac{b^2}{a^2}$.

Si m augmente de o à $\frac{b}{a}$, m' diminue de $+\infty$ à $\frac{b}{a}$.

Si $m = \frac{b}{a}$, on a $m = m'$. Les cordes parallèles à une asymptote ne coupent la courbe qu'en un point, l'autre serait à l'infini.

Les cordes parallèles à OX coupent la courbe en deux points réels. Celles parallèles à OY donnent des points imaginaires si elles sont comprises entre A et A′. Mais le milieu est toujours un point réel. Parmi deux diamètres conjugués, il y en a toujours un qui coupe l'hyperbole, l'autre qui ne la coupe pas.

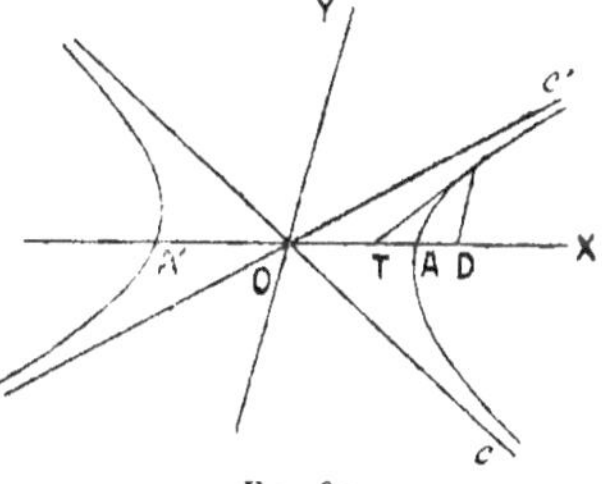

Fig. 31.

La tangente au point M (x, y) a pour équation

$$\frac{Xx}{a^2} - \frac{Yy}{b^2} = 1$$

comme pour l'ellipse on a la relation

$$OD \times OT = x \times \frac{a^2}{x} = a^2 = OA^2.$$

La tangente en A est parallèle au diamètre conjugué OY.

Si F′ était nul, on aurait deux droites réelles.

Pour qu'une conique à centre se réduise à deux droites, il faut que le centre soit sur la courbe.

142. Parabole. — Si $B^2 - AC$ est nul, on peut choisir pour axe des x le diamètre conjugué de OY ; l'équation ne contiendra plus y qu'au second degré, et pourra s'écrire

$$y^2 = 2\,px + C$$

car, les directions asymptotiques étant confondues, le terme en x^2 disparaît avec celui en xy. Si les deux systèmes d'axes sont rectangulaires, cela revient à faire tourner les axes de l'angle α (§ 139) et à prendre ensuite pour OX le diamètre conjugué de la nouvelle direction à OY.

Si p est nul, on a deux droites parallèles.

Si p n'est pas nul, on peut déplacer l'origine sur OX de façon à faire disparaître C et ramener l'équation à la forme réduite.

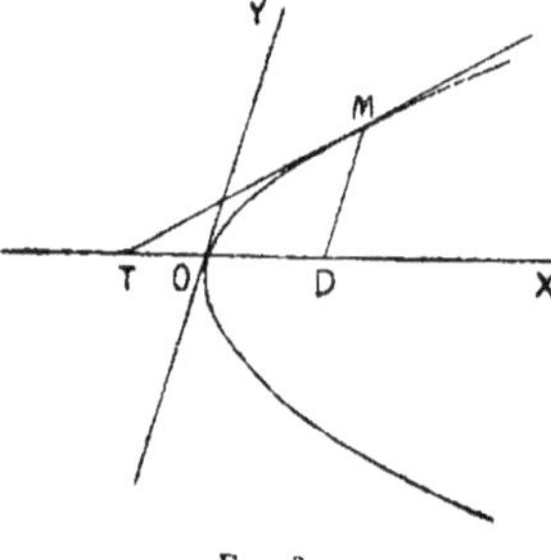

Fig. 32.

$$y^2 = 2\,px.$$

La tangente en O est OY. Tous les diamètres sont parallèles à OX. Ils ne coupent la parabole qu'en un point.

La tangente au point $M(x, y)$ a pour équation

$$Yy = p\,(X + x)$$

elle coupe OX au point T de coordonnées $-x$, o. O est le milieu de TD.

143. Hyperbole rapportée à ses asymptotes. — Si les axes de coordonnées sont les asymptotes, l'origine est le centre ; en choisissant les directions positives des axes, on peut écrire l'équation

$$xy = h^2.$$

Deux directions m, m' sont conjuguées si $m + m' = 0$. Elles sont également conjuguées par rapport aux asymptotes (§ 121). Toute corde coupe l'hyperbole et les asymptotes suivant des segments qui ont le même milieu. En particulier une tangente AMB a son milieu au point de contact. L'équation de la tangente en $M(x, y)$ est $$Xy + Yx = 2\,h^2.$$

Si $Y = 0,$ $\qquad X = OA = \dfrac{2h^2}{y} = 2x$

si $X = 0,$ $\qquad Y = OB = \dfrac{2h^2}{x} = 2y$

on peut vérifier que M est le milieu de AB.

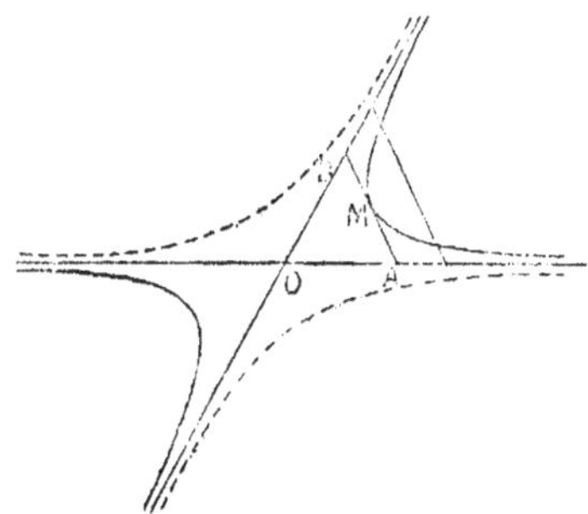

Fig. 33.

La surface du triangle OAB est, si θ est l'angle des asymptotes :

$$\frac{1}{2} OA \times OB \sin \theta = 2xy \sin \theta = 2h^2 \sin \theta$$

on voit qu'elle est constante.

On appelle hyperbole conjuguée, celle qui a pour équation

$$xy = - h^2$$

au point (x,y) correspond le point (xi,yi) de l'hyperbole conjuguée, qui donne une représentation des diamètres imaginaires. Ces deux hyperboles ont les mêmes directions conjuguées.

Exercices

1. Une droite AB, de longueur constante, s'appuie sur deux droites fixes, qui se coupent en O. Trouver le lieu du centre de la circonférence circonscrite au triangle ABO. (On peut prendre pour axes les bissectrices des angles des deux droites).

2. Lieu des milieux des cordes d'une ellipse qui passent par un point fixe. Quelle est, suivant les cas, la partie qui correspond à des points réels de l'ellipse.

3. Lieu des milieux des cordes normales à une parabole. Construire la courbe obtenue.

4. Lieu du centre de la conique

$$ax^2 + 2\,axy + y^2 - 2\,x - 2\,ay + a = 0$$

lorsque a varie. Distinguer la partie du lieu provenant des centres d'ellipses ou d'hyperboles.

CHAPITRE VI

—

DIAMÈTRES CONJUGUÉS. FOYERS

144. Ellipse. — Les coordonnées d'un point d'une ellipse rapportée à ses axes de symétrie peuvent se mettre sous la forme

$$x = a \cos t \quad , \quad y = b \sin t$$

où nous supposerons $a > b > 0$; en éliminant t on retrouve l'équation de l'ellipse (§ 140).

Le point de coordonnées

$$x = a \cos t, \; y' = a \sin t$$

décrit un cercle de rayon a, à une valeur de t correspondent deux points M, M' tels que $\frac{y}{y'} = \frac{b}{a}$. Si on fait tourner le plan du cercle autour de OX d'un angle ayant pour cosinus $\frac{b}{a}$, le point M sera la projection de M'. L'ellipse sera la projection du cercle.

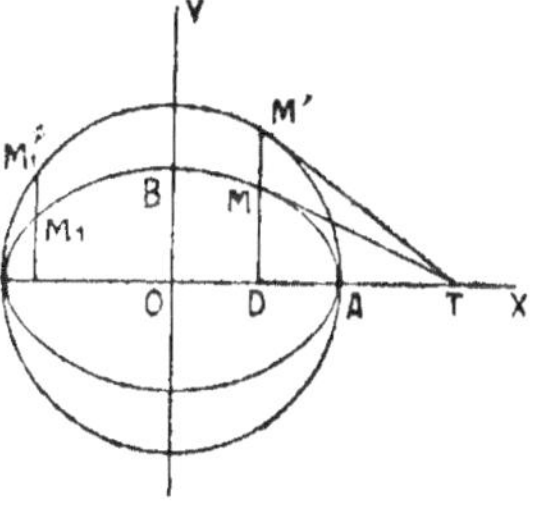

Fig. 34.

Les tangentes en M, M' ont pour équations (§ 140)

$$\frac{X \cos t}{a} + \frac{Y \sin t}{b} = 1 \qquad \frac{X \cos t}{a} + \frac{Y \sin t}{a} = 1$$

elles coupent OX au même point

$$OT = \frac{a}{\cos t} = \frac{a^2}{x}.$$

Soit M_1 le point de l'ellipse correspondant à la valeur $t + \dfrac{\pi}{2}$.

$$x = - a \sin t \qquad y = b \cos t$$

les diamètres OM, OM_1 ont pour coefficients angulaires

$$\frac{b}{a} \operatorname{tg} t, \quad - \frac{a}{b} \operatorname{cotg} t$$

leur produit est $- \dfrac{b^2}{a^2}$. Ces deux diamètres sont conjugués. Les diamètres correspondants OM', OM'_1, du cercle, sont perpendiculaires.

145. Théorèmes d'Apollonius. — Représentons par a' et b' les longueurs de deux demi-diamètres conjugués OM, OM_1.

$$a'^2 = a^2 \cos^2 t + b^2 \sin^2 t \qquad b'^2 = a^2 \sin^2 t + b^2 \cos^2 t$$
$$a'^2 + b'^2 = a^2 + b^2.$$

La somme des carrés de deux diamètres conjugués est égale à la somme des carrés des axes.

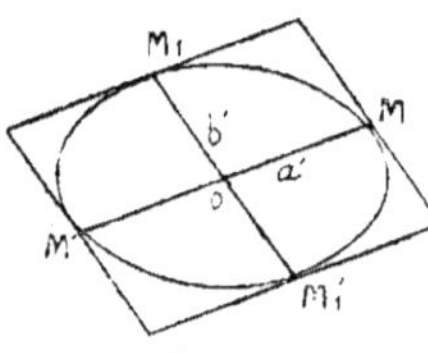

Sur OM, OM_1 construisons un parallélogramme, et calculons sa surface. La droite OM_1 a pour équation

$$ya \sin t + xb \cos t = 0$$

la distance du point M à cette droite est (§ 117) :

Fig. 35.

$$\frac{b \sin t \times a \sin t + a \cos t \times b \cos t}{\sqrt{a^2 \sin^2 t + b^2 \cos^2 t}} = \frac{ab}{b'}$$

la surface du parallélogramme est ab.

La surface du parallélogramme construit sur deux diamètres conjugués MM', $M_1M'_1$, est égale à la surface $4ab$, du rectangle construit sur les axes de l'ellipse.

Soit θ l'angle des diamètres $a'b' \sin \theta = ab$.

146. Hyperbole. — Un point de l'hyperbole rapportée à ses axes peut se représenter par les formules

$$x = \frac{a}{2}\left(t + \frac{1}{t}\right) \quad , \quad y = \frac{b}{2}\left(t - \frac{1}{t}\right)$$

qui donnent

$$\frac{x^2}{a^2} - \frac{y^2}{b^2} = 1.$$

Si on pose

$$x' = \frac{a}{b}\, y = \frac{a}{2}\left(t - \frac{1}{t}\right)$$

$$y' = \frac{b}{a}\, x = \frac{b}{2}\left(t + \frac{1}{t}\right)$$

on a :

$$\frac{y'^2}{b^2} - \frac{x'^2}{a^2} = 1.$$

Le point M_1 $(x'y')$ décrit l'hyperbole conjuguée que l'on peut obtenir
en changeant x, y en xi, yi.

On a :

$$\frac{y'}{x'} \times \frac{y}{x} = \frac{b^2}{a^2}$$

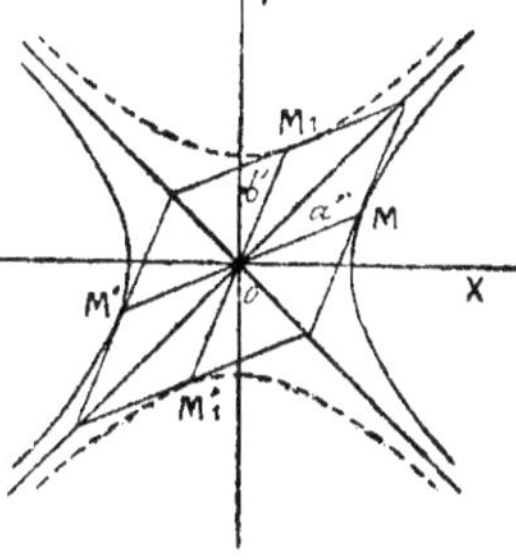

Fig. 36.

OM, OM_1 sont deux directions con-
juguées (§ 141). Si on représente par a', b' leurs longueurs

$$a'^2 = \frac{a^2}{4}\left(t + \frac{1}{t}\right)^2 + \frac{b^2}{4}\left(t - \frac{1}{t}\right)^2$$

$$b'^2 = \frac{a^2}{4}\left(t - \frac{1}{t}\right)^2 + \frac{b^2}{4}\left(t + \frac{1}{t}\right)^2$$

$$a'^2 - b'^2 = a^2 - b^2.$$

La différence des carrés de deux diamètres conjugués est constante. La droite OM_1 a pour équation

$$ya\left(t - \frac{1}{t}\right) - xb\left(t + \frac{1}{t}\right) = 0.$$

La distance de M à cette droite est

$$\frac{\dfrac{ab}{2}\left(t + \frac{1}{t}\right)^2 - \dfrac{ab}{2}\left(t - \frac{1}{t}\right)^2}{\sqrt{a^2\left(t - \frac{1}{t}\right)^2 + b^2\left(t + \frac{1}{t}\right)^2}} = \frac{2ab}{2b'}.$$

La surface du parallélogramme construit sur OM et OM₁ est
égale à ab. Celle du parallélogramme construit sur MM' et M₁M'₁ est
$4ab$, elle est égale à la surface du rectangle construit sur les axes.

147. Foyers de l'ellipse. — Cherchons le lieu d'un point M

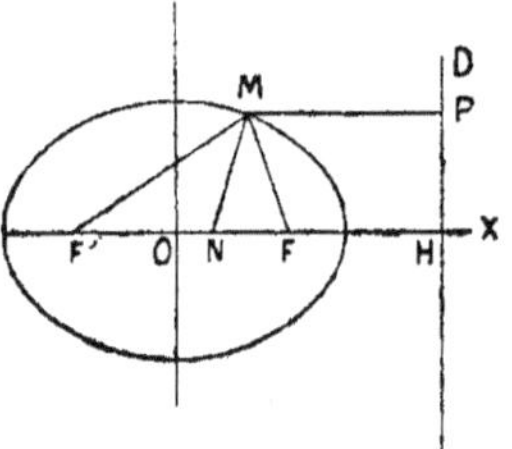

Fig. 37.

tel que la somme de ses distances à
deux points fixes F, F' soit constante.

Soit $2c$ la distance FF', $2a$ la somme
des distances aux foyers F, F'. Prenons
pour axes la droite F'F et la perpendiculaire en son milieu. Les distances r,
r' du point M (x, y) aux points F, F'
sont liées par les relations :

$$r^2 = (x - c)^2 + y^2 \qquad r'^2 = (x + c)^2 + y^2$$
$$r + r' = 2a$$

d'où l'on déduit

$$r' - r = \frac{r'^2 - r^2}{r' + r} = \frac{4cx}{2a} = \frac{2cx}{a}$$

$$r' = a + \frac{cx}{a} \qquad r = a - \frac{cx}{a}$$

en éliminant r on a l'équation du lieu :

$$(x - c)^2 + y^2 = \left(a - \frac{cx}{a} \right)^2$$

qui peut s'écrire

$$\frac{x^2}{a^2} + \frac{y^2}{a^2 - c^2} = 1$$

si on pose $b = \sqrt{a^2 - c^2}$, on a une ellipse rapportée à ses axes. La
relation précédente peut s'écrire

$$(x - c)^2 + y^2 = \frac{c^2}{a^2} \left(\frac{a^2}{c} - x \right)^2$$

$\dfrac{a^2}{c} - x$ représente la distance du point M à la droite HD ayant

pour équation $x = \dfrac{a^2}{c}$. On a ainsi la relation

$$\mathrm{MF} = \frac{c}{a} \, \mathrm{MP}.$$

Le rapport des distances d'un point M de l'ellipse au foyer F et à la directrice D est constant, et égal à $\dfrac{c}{a} < 1$.

A chaque foyer correspond une directrice. La normale en M a pour équation (§ 130)

$$(X - x)\frac{y}{b^2} = (Y - y)\frac{x}{a^2}$$

elle coupe l'axe OX au point N dont l'abscisse est

$$X = x\left(1 - \frac{b^2}{a^2}\right) = x\,\frac{c^2}{a^2}$$

$$NF = c - \frac{c^2}{a^2}\,x = \frac{c}{a}\left(a - \frac{cx}{a}\right) = \frac{c}{a}\,r$$

$$F'N = \frac{c^2}{a^2}\,x + c = \frac{c}{a}\left(a + \frac{cx}{a}\right) = \frac{c}{a}\,r'$$

$$\frac{NF}{F'N} = \frac{r}{r'}$$

il en résulte que la normale est la bissectrice de l'angle FMF'.

148. Foyers de l'hyperbole. — Cherchons le lieu d'un point M tel que la différence de ses distances aux points F, F' soit constante et égale à $2a$.

La distance $FF' = 2c$ doit être plus grande que $2a$. En prenant les mêmes axes que pour l'ellipse, et en supposant $r' = MF'$ plus grand que $r = MF$, on a :

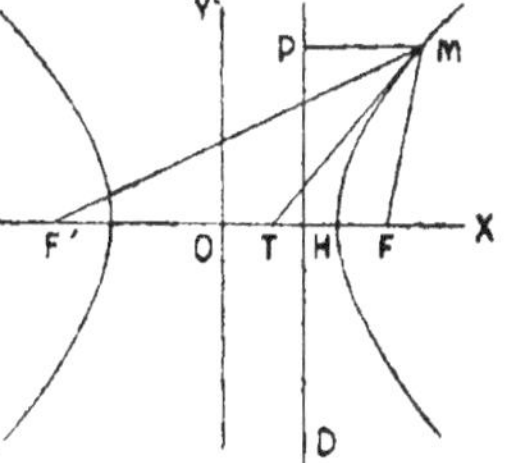

$$r^2 = (x - c)^2 + y^2 \qquad r'^2 = (x + c)^2 + y^2$$

$$r' - r = 2a$$

Fig. 38.

$$r' + r = \frac{r'^2 - r^2}{r' - r} = \frac{4cx}{2a} = \frac{2cx}{a}$$

$$r' = \frac{cx}{a} + a \qquad r = \frac{cx}{a} - a$$

$$(x - c)^2 + y^2 = \left(\frac{cx}{a} - a\right)^2$$

$$\frac{x^2}{a^2} - \frac{y^2}{c^2 - a^2} = 1.$$

Si $r > r'$, on a $r - r' = 2a$, on devra changer a en $-a$; on arrivera à la même équation. On peut poser $b = \sqrt{c^2 - a^2}$, et l'on a une hyperbole rapportée à ses axes.

Si on trace la droite HD ayant pour équation $x = \dfrac{a^2}{c}$, on aura

$$(x - c)^2 + y^2 = \frac{c^2}{a^2}\left(x - \frac{a^2}{c}\right)^2$$

$$\mathrm{MF} = \frac{c}{a}\,\mathrm{MP}.$$

Le rapport des distances d'un point M de l'hyperbole au foyer et à la directrice D est constant et plus grand que 1.

La tangente en M coupe OX au point T d'abscisse (§ 141)

$$X = \frac{a^2}{x} \qquad \mathrm{TF} = c - \frac{a^2}{x} = \frac{a}{x}\,r$$

$$\mathrm{F'T} = \frac{a^2}{x} + c = \frac{a}{x}\,r' \quad , \quad \frac{\mathrm{TF}}{\mathrm{F'T}} = \frac{r}{r'}.$$

La tangente est la bissectrice de l'angle FMF′.

149. Foyer de la parabole. — Pour trouver le lieu des points M à égale distance du point F et de la droite D, prenons pour axes la perpendiculaire FH à D, et la perpendiculaire au milieu de FH. Soit p la distance FH.

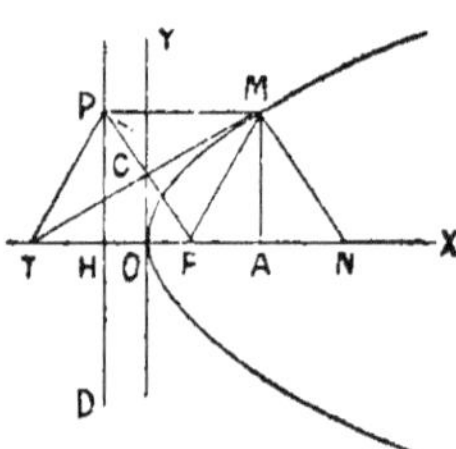

Fig. 39.

On aura :

$$\overline{\mathrm{FM}}^2 = \left(x - \frac{p}{2}\right)^2 + y^2$$

$$\mathrm{PM} = x + \frac{p}{2}$$

d'où l'équation du lieu :

$$\left(x - \frac{p}{2}\right)^2 + y^2 = \left(x + \frac{p}{2}\right)^2$$

$$y^2 = 2px.$$

La tangente coupe OX en T. On a (§ 142) :

$$\mathrm{OT} = \mathrm{AO} \quad , \quad \mathrm{HT} = \mathrm{AF} \quad , \quad \mathrm{FT} = \mathrm{AH} = \mathrm{MP}.$$

Le quadrilatère PMFT est un losange, la tangente est bissectrice de l'angle FMP.

La normale MN étant parallèle à PF, la sous-normale AN est égale à FH.

Le lieu des projections C du foyer sur les tangentes est l'axe OY. Le lieu du symétrique P du foyer par rapport aux tangentes est la directrice.

150. Tangentes. — L'équation

$$\frac{x^2}{A} + \frac{y^2}{B} = 1$$

où $A = a^2$, $B = \pm b^2$ représente une ellipse ou une hyperbole, si $A > B$ les foyers ont pour coordonnées $\pm c$, o, $c^2 = A - B$. La tangente au point (x, y) a pour équation (§ 130) :

$$\frac{Xx}{A} + \frac{Yy}{B} = 1 \qquad Y = -\frac{Bx}{Ay} X + \frac{B}{y}$$

son coefficient angulaire est

$$m = -\frac{Bx}{Ay}$$

$$\frac{y^2}{B} + A \cdot \frac{m^2 y^2}{B^2} = 1 \qquad \left(\frac{B}{y}\right)^2 = B + Am^2.$$

L'équation d'une tangente de coefficient angulaire m est

$$Y = mX \pm \sqrt{B + Am^2}.$$

Il y a deux solutions, qui sont réelles pour l'ellipse. Pour l'hyperbole elles sont réelles si m^2 est supérieur à $-\dfrac{B}{A}$, c'est-à-dire si le diamètre parallèle ne rencontre pas la courbe.

Cherchons le lieu des projections des foyers sur les tangentes. La projection du foyer (c, o) sur une tangente est déterminée par l'équation de la tangente, et la perpendiculaire menée du foyer

$$my + x - c = o.$$

Les deux tangentes parallèles sont représentées par l'équation

$$(y - mx)^2 = B + Am^2.$$

Les deux perpendiculaires menées des deux foyers sont représentées par l'équation

$$(my + x)^2 = c^2 - A - B.$$

Ces deux équations déterminent les quatre projections des deux foyers sur les tangentes parallèles. Le lieu de ces points s'obtiendra en éliminant m. Si on ajoute les deux équations on a :

$$(1 + m^2)(y^2 + x^2 - A) = 0.$$

Le premier facteur donne une tangente imaginaire : si on y remplace m par $\dfrac{\pm c - x}{y}$, on a

$$y^2 + (x \pm c)^2 = 0.$$

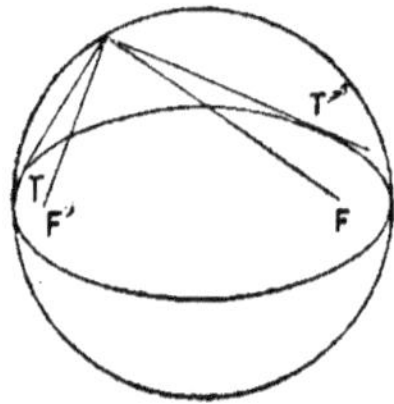

On trouve chaque foyer comme point isolé du lieu ; mais les tangentes correspondantes ont le coefficient angulaire $\pm i$. Si on supprime cette solution imaginaire, on a :

$$x^2 + y^2 = A$$

le lieu est le cercle ayant pour diamètre l'axe dirigé sur OX. Par chaque point M du cercle on peut mener deux tangentes perpendiculaires à MF et MF'.

Fig. 40.

151. Symétrique du foyer. — Le point M, symétrique du foyer $(c, 0)$, par rapport à la tangente, est sur la perpendiculaire

$$my + x - c = 0$$

les points M, F étant à égale distance de la tangente, mais de côtés différents, on a (§ 117) :

$$y - mx - \sqrt{B + Am^2} = \sqrt{B + Am^2} + mc.$$

Si on considère les deux tangentes parallèles, en prenant le radical avec le signe $\pm$, on aura

$$(y - mx - mc)^2 = 4(B + Am^2)$$

en remplaçant m par la valeur $\dfrac{c - x}{y}$, on a l'équation du lieu :

$$(y^2 + x^2 - c^2)^2 = 4By^2 + 4A(x - c)^2$$
$$y^4 + 2y^2(x^2 - A - B) + (x - c)^2(x^2 + 2cx - 3A - B) = 0$$
$$\left[y^2 + (x - c)^2\right]\left[y^2 + x^2 + 2cx - 3A - B\right] = 0.$$

Cette équation se décompose. Le premier facteur donne le foyer F, mais la valeur correspondante de $m = \dfrac{c-x}{y}$ est égale à $\pm i$. Si on ne tient pas compte des tangentes imaginaires, il reste l'équation

$$y^2 + (x + c)^2 = 4\Lambda = 4a^2.$$

Le lieu des symétriques du foyer F, par rapport aux tangentes, est la circonférence dont le centre est le foyer F′ de rayon $2a$.

Pour la parabole $y^2 = 2px$, on trouve une seule tangente de coefficient angulaire m

$$y = mx + \frac{p}{2m}.$$

en faisant les mêmes calculs, on retrouve les résultats du § 149.

Exercices

1. Par deux points fixes A, B, on mène les droites AM, BM parallèles à deux diamètres conjugués d'une ellipse ; AM′ et BM′ perpendiculaires à BM et AM. Démontrer que la droite MM′ est perpendiculaire sur AB. Lieu des points M et M′.

2. On considère les ellipses et hyperboles représentées par l'équation

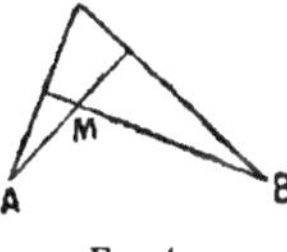

Fɪɢ. 41.

$$\frac{x^2}{a^2 + h} + \frac{y^2}{b^2 + h} = 1$$

où a et b sont fixes. Ces courbes ont les mêmes foyers. On mène des tangentes parallèles à une direction donnée. Lieu des points de contact, lorsque h varie.

3. Connaissant les axes d'une ellipse, calculer les longueurs de deux diamètres conjugués, dont l'angle est ϑ. Entre quelles limites peut varier ϑ.

Parmi les parallélogrammes construits sur deux diamètres conjugués quels sont ceux ayant le périmètre maximum ou minimum.

4. Lieu des projections du foyer d'une parabole sur les normales.

—

CHAPITRE VII

INTERSECTIONS. POLAIRES

152. Intersection. — Deux coniques se coupent, en général, en quatre points (§ 103), dont les coordonnées sont les solutions des deux équations. Parmi ces quatre points il peut y en avoir zéro, deux ou quatre imaginaires ; il peut y en avoir de confondus. Si l'équation, du quatrième degré en x, obtenue par l'élimination de y, a une racine double, qui correspond à une seule valeur de y, les deux courbes sont tangentes, deux points d'intersection se confondent au point de contact. Il peut y avoir trois ou quatre points d'intersection confondus.

Considérons, par exemple, les deux courbes tangentes en O à OY :

$$y^2 + axy + 2\,x^2 - x = 0$$
$$y^2 + x^2 - bx = 0.$$

La première est une ellipse si $a^2 < 8$, la seconde une circonférence, si les axes sont rectangulaires. Si on élimine y (§ 102), on a :

$$(x^2 + bx - x)^2 - a^2x^3(b - x) = 0.$$

Il y a deux racines nulles, $x = 0$, qui correspondent à $y = 0$. Deux points d'intersection sont confondus en O, les deux autres peuvent être réels ou imaginaires. Si $b = 1$, trois racines sont nulles, le quatrième point est réel, les deux courbes se traversent en O.

Si $b = 1$, $a = 0$, on a $x^4 = 0$, les 4 points sont confondus en O.

Si deux directions asymptotiques deviennent parallèles, un point d'intersection s'éloigne à l'infini. L'équation en x, obtenue en éliminant y, se réduit au troisième degré.

Si les deux directions asymptotiques sont parallèles, il y a deux points à l'infini; il faut pour cela que les termes du second degré soient proportionnels; on peut les ramener à être égaux. On a alors :

$$f(x, y) = Ax^2 + 2\,Bxy + Cy^2 + 2\,Dx + 2\,Ey + F = 0$$
$$\varphi(x, y) = Ax^2 + 2\,Bxy + Cy^2 + 2D'x + 2\,E'y + F' = 0$$

L'équation $f(x, y) - \varphi(x, y) = 0$ représente une droite qui passe par les deux points, réels ou imaginaires, communs aux deux courbes. Si une asymptote devient commune, deux points d'intersection s'éloignent indéfiniment. Si les deux asymptotes coïncident, c'est-à-dire si les deux courbes ont même centre et mêmes directions asymptotiques, réelles ou imaginaires, les quatre points communs sont à l'infini. On peut ramener les équations à ne différer que par le terme constant, elles sont incompatibles.

153. Homothétie. — Soit $C(x_0 y_0)$ un point fixe; à chaque point $m(x, y)$ d'une courbe on fait correspondre un point $M(X, Y)$, situé sur la droite Cm, tel que $CM = \dfrac{Cm}{K}$, K étant un nombre fixe positif ou négatif (§ 120). On a :

$$\frac{x - x_0}{X - x_0} = \frac{y - y_0}{Y - y_0} = K$$

à la courbe $f(x, y) = 0$ correspond une courbe homothétique représentée par l'équation

$$f\big(KX + (1 - K)x_0,\ KY + (1 - K)y_0\big) = 0$$

ces deux courbes ont les mêmes directions asymptotiques.

Inversement, considérons deux courbes du second degré ayant les mêmes directions asymptotiques distinctes. Rapportons l'une à ses axes, le centre de l'autre ayant alors pour coordonnées, a, b. Leurs équations pourront s'écrire :

$$Ax^2 + Cy^2 + F = 0$$
$$A(x - a)^2 + C(y - b)^2 + F' = 0$$

Une courbe homothétique de la première aura pour équation :

$$AK^2 \left[X + \frac{1 - K}{K}\, x_0 \right]^2 + CK^2 \left[Y + \frac{1 - K}{K}\, y_0 \right]^2 + F = 0$$

elle coïncidera avec la seconde courbe si :

$$x_0 = \frac{aK}{K - 1}, \qquad y_0 = \frac{bK}{K - 1}, \qquad K^2 = \frac{F}{F'}.$$

Ces équations donnent deux valeurs de K, et deux centres d'homothétie. Si F, F' sont de même signe : c'est-à-dire, si l'on a deux ellipses réelles, ou deux hyperboles situées dans les angles égaux de leurs asymptotes, les valeurs de K sont réelles. Il y a deux centres réels d'homothétie.

Si les deux hyperboles sont dans des angles supplémentaires, K est imaginaire, l'une des hyperboles est conjuguée de l'homothétique de l'autre.

Si $F = F'$, $K = \pm 1$, pour $K = -1$ on a le centre d'homothétie inverse $\frac{a}{2}$, $\frac{b}{2}$. Pour $K = +1$, le centre s'éloigne à l'infini, les deux courbes sont égales et peuvent coïncider par une translation.

Si deux paraboles ont leurs axes parallèles, on peut ramener leurs équations à la forme :

$$y^2 = 2px, \qquad (y - b)^2 = 2q(x - a).$$

Une parabole homothétique de la première a pour équation :

$$K \left(Y + \frac{1 - K}{K}\, y_0 \right)^2 = 2p \left(X + \frac{1 - K}{K}\, x_0 \right)$$

ce sera la seconde parabole si :

$$x_0 = \frac{aK}{K - 1}, \qquad y_0 = \frac{bK}{K - 1}, \qquad K = \frac{p}{q}.$$

Il y a une seule solution. K est positif, et l'homothétie directe, si p et q sont de même signe, ou si les branches infinies des paraboles sont dans le même sens. Si elles sont en sens inverse, K est négatif, l'homothétie est inverse.

Si $p = q$, les courbes sont égales et peuvent coïncider par une translation.

154. Équation générale. — Si on donne deux coniques :

$$f(x, y) = 0, \qquad \varphi(x, y) = 0$$

l'équation

$$f(x, y) + \lambda \varphi(x, y) = 0$$

représente une conique passant par les quatre points communs, réels ou imaginaires, finis ou à l'infini. On peut déterminer λ de façon à faire passer cette courbe par un cinquième point.

Par cinq points on ne peut faire passer qu'une conique ; car l'équation du second degré ayant 6 coefficients homogènes, si on exprime que la courbe passe par cinq points donnés, on a des équations qui déterminent les rapports des coefficients.

Si A, B, C, D sont les quatre points d'intersection, parmi les courbes précédentes, il y a les trois systèmes de droites AB, CD ; AC, BD ; AD, BC. Mais, parmi ces droites, il peut y en avoir d'imaginaires. Si la courbe φ est formée de deux droites

$$\varphi = PQ$$

l'équation

$$f(x, y) + \lambda PQ = 0$$

représente les coniques passant par les points communs à f et à chacune des droites.

Si les deux droites se confondent

$$f(x, y) + \lambda P^2 = 0$$

représente des coniques tangentes à f aux points d'intersection avec la droite P. Ces courbes sont bitangentes, P est la corde des contacts.

155. Cercles. — Deux cercles sont homothétiques, leurs directions asymptotiques imaginaires sont les mêmes ; ils se coupent en deux points. Leurs équations étant (§ 122) :

$$f = x^2 + y^2 - 2ax - 2by + C = 0$$
$$f' = x^2 + y^2 - 2a'x - 2b'y + C' = 0$$

les points d'intersection, réels ou imaginaires, sont sur la droite

$$f - f' = 0$$

qui est l'axe radical des deux cercles.

Si $M(x, y)$ est un point quelconque, MT la tangente au cercle f,

$$\overline{MT}^2 = (x - a)^2 + (y - b)^2 - R^2 = x^2 + y^2 - 2ax - 2by + C.$$

L'axe radical est le lieu des points tels que les tangentes menées de ces points aux deux cercles soient égales.

Si on a un troisième cercle f'', les trois axes radicaux

$$f - f' = 0, \quad f' - f'' = 0, \quad f'' - f = 0$$

se coupent en un même point.

Si deux cercles ont même centre, l'axe radical s'éloigne à l'infini, il n'y a plus de points communs.

156. Polaires. — Si, par un point m, on mène une sécante mPQ à une conique, on appelle polaire de m le lieu du point M conjugué harmonique de m par rapport à PQ (§ 120). Soit une conique à centre, rapportée à ses axes :

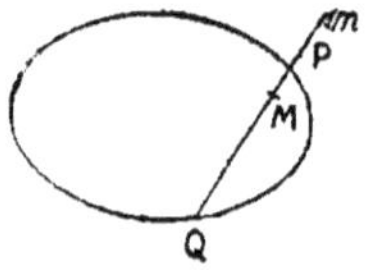

$$\frac{x^2}{A} + \frac{y^2}{B} - 1 = 0$$

Fig. 42.

x, y les coordonnées de m ; X, Y celles de M. Un point P de la droite Mm a pour coordonnées :

$$\frac{x + tX}{1 + t}, \qquad \frac{y + tY}{1 + t} \qquad \text{où} \qquad t = \frac{m\text{P}}{\text{PM}}$$

ce point sera sur la conique si :

$$\frac{(x + tX)^2}{A} + \frac{(y + tY)^2}{B} - (1 + t)^2 = 0$$

cette équation donne deux valeurs de t, qui correspondent aux points P, Q ; ces deux points doivent aussi être conjugués harmoniques par rapport à Mm ; il faut, pour cela, que les valeurs de t soient égales et de signes contraires, ou que le coefficient de t soit nul :

$$\frac{Xx}{A} + \frac{Yy}{B} - 1 = 0.$$

Cette équation, où x, y sont fixes, représente le lieu de **M**, droite polaire de m. Comme elle est symétrique entre x, y et **X, Y,** elle exprime en même temps que M est sur la polaire de m, et que m est sur la polaire de M.

Si un point M est sur la polaire de m, la polaire de M passe par m. On peut remarquer que les points P et Q peuvent être imaginaires conjugués, le point M correspondant est toujours réel.

Si les points P, Q se confondent, mPQ devient une tangente, la polaire de m passe par les points de contact des deux tangentes menées par m.

Si m est sur la courbe, la polaire devient la tangente en m.

Si la courbe donnée est la parabole

$$y^2 = 2px$$

on formera l'équation

$$(y + tY)^2 = 2p(x + tX)(1 + t)$$

le coefficient de $2t$ donne l'équation de la polaire de m :

$$Yy = p(X + x).$$

157. Tangentes issues d'un point. — Soit la conique rapportée à ses axes

$$\frac{x^2}{A} + \frac{y^2}{B} = 1$$

par un point $M(x, y)$ on peut mener deux tangentes, dont les points de contact sont sur la polaire. L'ensemble des coniques bitangentes en ces points est représenté par l'équation (§ 154)

$$\left(\frac{Xx}{A} + \frac{Yy}{B} - 1\right)^2 + \lambda\left(\frac{X^2}{A} + \frac{Y^2}{B} - 1\right) = 0.$$

L'ensemble des deux tangentes issues du point (x, y) est une de ces coniques. Si on exprime qu'elle passe par ce point, on a :

$$\left(\frac{x^2}{A} + \frac{y^2}{B} - 1\right)\left(\frac{x^2}{A} + \frac{y^2}{B} - 1 + \lambda\right) = 0.$$

Le premier facteur n'est pas nul, si M n'est pas sur la conique. Cette équation donne λ ; les tangentes sont représentées par l'équation

$$\left(\frac{Xx}{A} + \frac{Yy}{B} - 1\right)^2 - \left(\frac{X^2}{A} + \frac{Y^2}{B} - 1\right)\left(\frac{x^2}{A} + \frac{y^2}{B} - 1\right) = 0$$

$$\frac{X^2}{A}\left(1 - \frac{y^2}{B}\right) + 2XY\frac{xy}{AB} + \frac{Y^2}{B}\left(1 - \frac{x^2}{A}\right) - 2\frac{Xx}{A} - 2\frac{Yy}{B} + \frac{x^2}{A} + \frac{y^2}{B} = 0$$

$$(Xy - Yx)^2 - B(X - x)^2 - A(Y - y)^2 = 0.$$

Cherchons le lieu des points d'où l'on peut mener deux tangentes perpendiculaires. Pour que le produit des coefficients angulaires soit -1, il faut que la somme des coefficients de X^2 et Y^2 soit nulle :

$$x^2 + y^2 = A + B.$$

Le lieu est un cercle, qui devient imaginaire pour une hyperbole, si l'angle des asymptotes, comprenant la courbe, est obtus.

L'ensemble des tangentes menées d'un point (x, y) à la parabole

$$y^2 = 2px$$

est représenté par l'équation :

$$[Yy - p(X + x)]^2 - (Y^2 - 2pX)(y^2 - 2px) = 0$$
$$2(Y - y)(Yx - Xy) + p(X - x)^2 = 0.$$

Les deux tangentes sont perpendiculaires si

$$2x + p = 0$$

le lieu des sommets des angles droits, dont les côtés sont tangents à la parabole, est la directrice.

Exercices

1. Déterminer les points communs aux deux courbes

$$x^2 + 2y = 1, \qquad xy - 2x - 6y = 2.$$

2. Par un point fixe, intérieur à une ellipse, on mène deux cordes également inclinées sur les axes. Montrer que, par les quatre points d'intersection, on peut faire passer une circonférence. Lieu de son centre, lorsque les cordes tournent autour du point fixe.

3. Par les points d'intersection d'une ellipse et d'un cercle, on peut faire passer deux paraboles. Trouver le lieu des sommets de ces paraboles lorsque le rayon du cercle varie, le centre restant fixe. Examiner le cas où ce centre est sur l'un des axes de l'ellipse.

4. Lieu des centres des coniques bitangentes à une ellipse en deux points donnés.

CHAPITRE VIII

—

COORDONNÉES POLAIRES.
COURBES UNICURSALES

158. Tangente. — La relation

$$\rho = f(\omega)$$

représente une courbe en coordonnées polaires
(§ 112). On détermine la tangente par l'angle
qu'elle forme avec le rayon vecteur OM. Soient
ρ, ω les coordonnées de M, $\rho + d\rho$, $\omega + d\omega$
celles de M'. V l'angle de la corde MM' avec le
prolongement de OM. Dans le triangle rectangle
MM'P, on a :

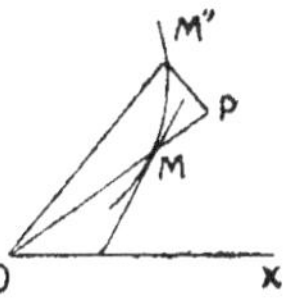

Fig. 43.

$$\operatorname{tg} V = \frac{M'P}{MP} = \frac{(\rho + d\rho)\sin d\omega}{(\rho + d\rho)\cos d\omega - \rho} = \frac{(\rho + d\rho)\dfrac{\sin d\omega}{d\omega}}{\dfrac{d\rho}{d\omega}\cos d\omega - \rho\dfrac{1 - \cos d\omega}{d\omega}}.$$

Lorsque M' se rapproche de M, $d\omega$ tend vers zéro, $\dfrac{\sin d\omega}{d\omega}$ tend
vers 1, $\dfrac{1 - \cos d\omega}{d\omega}$ vers zéro, $\dfrac{d\rho}{d\omega}$ a pour limite la dérivée ρ' de ρ.
L'angle V, de la tangente avec OM, est donné par la formule :

$$\operatorname{tg} V = \frac{\rho}{\rho'}.$$

L'angle de la tangente avec OX est $V + \omega$. Quand cet angle
augmente, sa dérivée $V' + 1$ étant positive, la courbe est entre

le pôle O et la tangente, sa concavité est vers le pôle. Si $V' + 1$ est négatif, la tangente est entre la courbe et le pôle. Le sens de la concavité change, et M est un point d'inflexion, si $V' + 1$ s'annule et change de signe.

En considérant V comme une fonction implicite, on a :

$$V'(1 + tg^2 V) = \frac{\rho'\rho' - \rho\rho''}{\rho'^2}$$

$$(V' + 1)(\rho^2 + \rho'^2) = \rho^2 + 2\rho'^2 - \rho\rho''.$$

Les points d'inflexion sont déterminés par l'équation

$$\rho^2 + 2\rho'^2 - \rho\rho'' = 0.$$

Si ρ s'annule pour $\omega = \alpha$, la tangente à l'origine forme l'angle α avec OX.

159. Spirales. — La spirale d'Archimède est représentée par l'équation

$$\rho = a\omega.$$

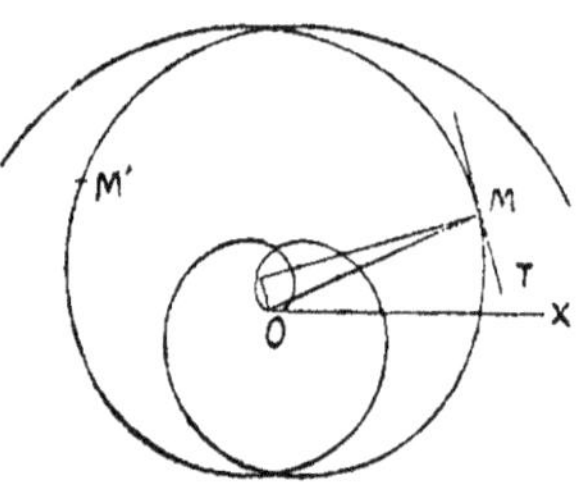

Pour $\omega = 0$, $\rho = 0$, la tangente en O est OX. Sur chaque rayon vecteur il y a une infinité de points à la distance $2a\pi$. Si on change ω en $-\omega$, ρ en $-\rho$, on a des points M', M symétriques par rapport à l'axe OY perpendiculaire à OX.

La perpendiculaire à OM et la normale se coupent en N. L'angle ONM est égal à l'angle OMT ou V

Fig. 44.

$$tg\, V = \frac{\rho}{a}, \qquad ON = \rho \times cotg\, V = a.$$

La spirale logarithmique est représentée par l'équation

$$\rho = e^{a\omega}.$$

Si on augmente ω de 2π, ρ est multiplié par $e^{2a\pi}$. Il y a une infinité de points sur chaque rayon vecteur. Si ω tend vers $-\infty$,

ρ tend vers zéro. L'origine est un point asymptotique.

$$\operatorname{tg} V = \frac{1}{a}, \text{ l'angle V est constant.}$$

160. Limaçon de Pascal. — On donne un point O sur un cercle ; sur chaque sécante, OM, on porte une longueur MM' ou MM'' égale à une constante a.

On appelle limaçon de Pascal le lieu du point M' ou M''.

Soit b le diamètre du cercle dirigé sur OX ; les coordonnées polaires du point M sont ω et $b\cos\omega$, celles du point M' sont ω et

$$\rho = b \cos \omega + a.$$

Si on change ω en $\omega + \pi$, ρ devient $a - b\cos\omega$, on doit porter la longueur $b\cos\omega - a$

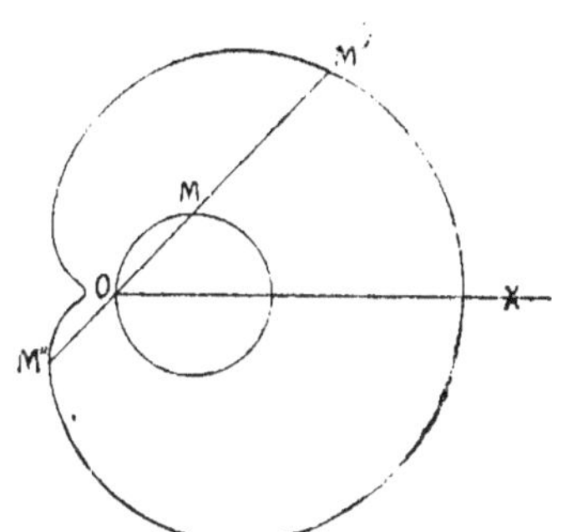

Fig. 45.

dans la direction OM, ce qui donne le point M''. La même équation représente le lieu des points M', M''. Si on augmente ω de 2π on retrouve le même point. Si on change ω en $-\omega$, ρ ne change pas, la courbe est symétrique par rapport à l'axe OX ; il suffit de faire varier ω de o à π pour avoir une moitié de la courbe.

Supposons $a > b$, ρ reste positif, et diminue, entre $\omega = o$ et π, de $a + b$ à $a - b$, ce qui indique la forme de la courbe.

$$\rho' = -b\sin\omega \qquad \rho'' = -b\cos\omega$$
$$\rho^2 + 2\rho'^2 - \rho\rho'' = a^2 + 2b^2 + 3ab\cos\omega.$$

Il y a deux points d'inflexion symétriques pour

$$\cos\omega = -\frac{a^2 + 2b^2}{3ab} \qquad \rho = \frac{2(a^2 - b^2)}{3a} .$$

Mais ces points ne sont réels que si $\cos\omega$ est supérieur à $-$ 1,

$$(a - b)(a - 2b) < o \qquad b < a < 2b$$

si $a > 2b$ il n'y a pas de points d'inflexion.

Si $a = b$, pour $\omega = \pi$, $\rho = 0$, la tangente en O est le prolongement de l'axe, O est un point de rebroussement.

Si $a < b$, ρ s'annule pour $\cos \omega = -\dfrac{a}{b}$, si ω augmente depuis zéro, ρ diminue, s'annule, devient négatif, et égal à $-(b-a)$ pour $\omega = \pi$. O est un point double (*fig.* 46).

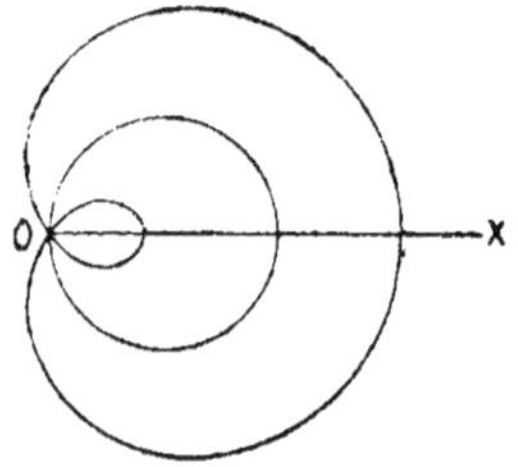

Fig. 46.

161. Lemniscate. — La lemniscate est représentée par l'équation

$$(1) \qquad (x^2 + y^2)^2 = a^2(x^2 - y^2)$$

ou, en coordonnées polaires :

$$\rho^4 = a^2 \rho^2 \cos 2\omega$$

on peut diviser par ρ^2, la solution $\rho = 0$ donnant l'origine ; mais ce point se retrouve pour $\omega = \dfrac{\pi}{4}$. On a alors

$$(2) \qquad \rho^2 = a^2 \cos 2\omega$$

ou

$$(3) \qquad \rho = a\sqrt{\cos 2\omega}$$

on peut supposer $a > 0$, et $\rho > 0$, car si on change ω en $\omega + \pi$, ρ ne change pas ; au point (ρ, ω) l'équation (3) fait ainsi correspondre le point $(\rho, \omega + \pi)$ qui coïncide avec le point $(-\rho, \omega)$. Les équations (2) et (3) sont donc équivalentes, dans (2) il suffirait de faire varier ω de 0 à π pour avoir toute la courbe, chaque valeur de ω donnant deux valeurs de ρ et deux points. Dans l'équation (3) il faut

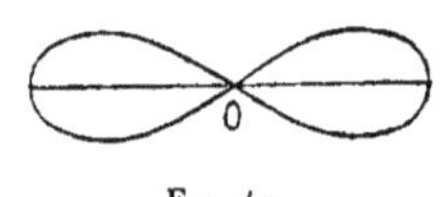

Fig. 47.

faire varier ω de 0 à 2π, ou de $-\pi$ à $+\pi$. Mais, si on change ω en $-\omega$, ρ ne change pas, on a des points symétriques par rapport à l'axe. De $\omega = 0$ à $\dfrac{\pi}{4}$, ρ décroît de a à 0. De $\omega = \dfrac{\pi}{4}$ à $\dfrac{\pi}{2}$, ρ est imaginaire (*fig.* 47). Si ω varie de $-\dfrac{\pi}{2}$ à 0 on a la partie symétrique par rapport à l'axe. Si ω varie de $-\pi$ à $-\dfrac{\pi}{2}$, ou de $\dfrac{\pi}{2}$ à π

on a la partie symétrique par rapport à O. L'origine est un point double, car $\rho = 0$ pour $\omega = \pm \dfrac{\pi}{4}$.

La courbe

$$(x^2 + y^2)^2 = a^2 x^2 - b^2 y^2 \quad , \quad \rho^2 = a^2 \cos^2\omega - b^2 \sin^2\omega$$

a une forme analogue, soit

$$\operatorname{tg} \alpha = \frac{a}{b} > 0 \quad , \quad 0 < \alpha < \frac{\pi}{2},$$

les tangentes en o forment avec l'axe les angles $\pm \alpha$. Lorsque ω varie de o à α, ρ varie de a à o.

La courbe $(x^2 + y^2)^2 = a^2 x^2 + b^2 y^2$

$$\rho^2 = a^2 \cos^2\omega + b^2 \sin^2\omega$$

a un point isolé en o. Les tangentes en o, déterminées par $\operatorname{tg} \omega = \pm \dfrac{a}{b} i$, sont imaginaires. La courbe est fermée, et entoure

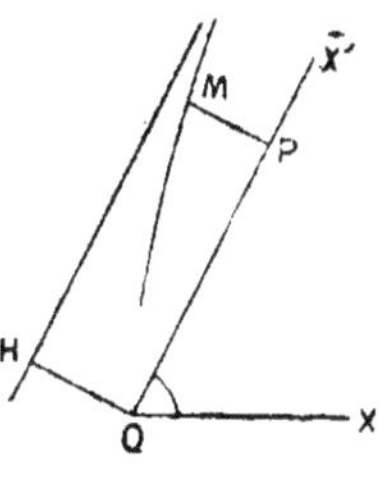

Fig. 48.

l'origine, de $\omega = 0$ à $\dfrac{\pi}{2}$, ρ varie de a à b supposés positifs. Cherchons si elle a des points d'inflexion (§ 158). On a :

$$\rho \rho' = (b^2 - a^2) \sin \omega \cos \omega$$

$$\rho'^2 + \rho \rho'' = (b^2 - a^2) (\cos^2\omega - \sin^2\omega)$$

$$\rho^2 + 2\rho'^2 - \rho \rho'' = \rho^2 + 3 \frac{(b^2 - a^2)^2 \sin^2\omega \cos^2\omega}{\rho^2} - (b^2 - a^2)(\cos^2\omega - \sin^2\omega)$$

$$= \frac{1}{\rho^2} \left[a^2(2a^2 - b^2) \cos^4\omega + b^2(2b^2 - a^2) \sin^4\omega \right.$$

$$\left. + 2(a^4 + b^4 - a^2 b^2) \sin^2\omega \cos^2\omega \right]$$

$$= \frac{1}{\rho^2} (\sin^2\omega + \cos^2\omega) \left[2a^4 \cos^2\omega + 2b^4 \sin^2\omega - a^2 b^2 (\sin^2\omega + \cos^2\omega) \right].$$

Les points d'inflexion sont déterminés par l'équation

$$\operatorname{tg} \omega = \pm \frac{a}{b} \sqrt{\frac{b^2 - 2a^2}{2b^2 - a^2}}.$$

Si $\dfrac{a}{\sqrt{2}} < b < a\sqrt{2}$, il n'y a pas de points d'inflexion.

Si $b > a\sqrt{2}$, ou $b < \dfrac{a}{\sqrt{2}}$, il y a 4 points d'inflexion symétriques, pour lesquels

$$\rho^2 = \frac{a^2 + b^2\,\mathrm{tg}^2\omega}{1 + \mathrm{tg}^2\omega} = b^2\,\frac{a^2(2b^2 - a^2) + a^2(b^2 - 2a^2)}{b^2(2b^2 - a^2) + a^2(b^2 - 2a^2)} =$$

$$= \frac{3\,a^2 b^2(b^2 - a^2)}{2\,(b^4 - a^4)} = \frac{3\,a^2 b^2}{2\,(a^2 + b^2)}.$$

162. Asymptotes. — Si la courbe a une branche infinie, ρ devient infini pour une valeur α de ω, qui correspond à la direction asymptotique. Soit OX' cette direction (fig. 48), l'angle XOX' est égal à α. OM fait avec OX' l'angle $\omega - \alpha$, la distance de M à OX' est

$$MP = \rho \sin(\omega - \alpha)$$

si, pour $\omega = \alpha$, cette expression a une limite d, il y a une asymptote passant par le point H, dont les coordonnées sont d et $\alpha + \dfrac{\pi}{2}$. Si d devient infini il y a une branche parabolique. Le signe de $d - \rho \sin(\omega - \alpha)$ indique la position de la courbe, par rapport à l'asymptote.

163. Ellipse. — Prenons pour origine le foyer F (§ 147), pour axe FX; $FH = \dfrac{a^2}{c} - c = \dfrac{b^2}{c}$, posons $\dfrac{c}{a} = e$; l'équation de l'ellipse sera

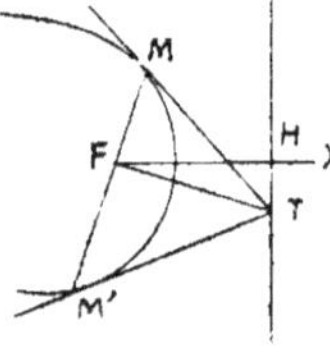

$$\rho = e\left(\frac{b^2}{c} - \rho \cos\omega\right)$$

et, en posant

$$\frac{eb^2}{c} = p \quad , \quad \rho = \frac{p}{1 + e\cos\omega}$$

Fig. 49.

où $e < 1$. Si $e > 1$ cette équation représente une hyperbole (§ 148), si $e = 1$ une parabole.

Pour déterminer la tangente, on a :

$$\mathrm{tg}\,V = \frac{\rho}{\rho'} = \frac{1 + e\cos\omega}{e\sin\omega}.$$

Si FT est perpendiculaire au rayon vecteur FM :

$$FT = \rho \, \mathrm{tg} \, V = \frac{p}{e \sin \omega}$$

la projection de FT sur l'axe est :

$$FH = FT \cos\left(\omega - \frac{\pi}{2}\right) = \frac{p}{e} = \frac{b^2}{c}$$

T est sur la directrice. Le rayon vecteur coupe la courbe en deux points M, M'; les tangentes en ces points se coupent sur la directrice en T ; FT est perpendiculaire à MM'.

164. Courbes unicursales. — Lorsque x et y sont fonctions rationnelles d'un paramètre, on peut réduire les fractions au même dénominateur et les ramener à la forme :

$$x = \frac{P(t)}{R(t)} \qquad y = \frac{Q(t)}{R(t)}$$

les trois polynômes P, Q, R n'étant pas nuls en même temps. L'élimination de t donnerait l'équation algébrique de la courbe. En général, à chaque point de la courbe correspond une valeur de t. Il pourrait cependant arriver que deux valeurs de t donnent le même point; par exemple si l'on avait trois polynômes en t^2, les valeurs $+\,t$, $-\,t$ donneraient un seul point (x, y), mais on pourrait prendre t^2 comme variable. Supposons que, lorsque les équations en t ont une racine commune, (x, y) étant un point de la courbe, il n'y en ait qu'une. Si on coupe la courbe par une droite

$$ax + by + c = 0$$

les points d'intersection sont donnés par l'équation

$$aP(t) + bQ(t) + cR(t) = 0.$$

Si m est le degré le plus élevé des polynômes P, Q, R, on aura m valeurs de t, la courbe est de degré m (§ 114). Si $m = 1$ c'est une droite. Les directions asymptotiques peuvent correspondre aux valeurs qui annulent R, ou à $t = \infty$.

Pour construire la courbe on cherchera les valeurs de t qui annulent les dérivées de x et de y, ou R. En les rangeant par ordre de grandeur, on a des points entre lesquels x et y varient dans le même sens, ce qui indique la forme de la courbe.

165. Folium de Descartes. — Soit la courbe

$$x^3 + y^3 - 3axy = 0.$$

Si on pose $y = tx$ on a :

$$x = \frac{3at}{1 + t^3} \qquad\qquad y = \frac{3at^2}{1 + t^3}$$

$$x' = 3a\,\frac{1 - 2t^3}{(1 + t^3)^2} \qquad\qquad y' = 3at\,\frac{2 - t^3}{(1 + t^3)^2}\,.$$

Pour $t = -1$, x et y sont infinis, $\dfrac{y}{x} = t = -1$.

$$y + x = 3at\,\frac{1 + t}{1 + t^3} \text{ tend vers } -a.$$

L'asymptote a pour équation

$$y + x = -a.$$

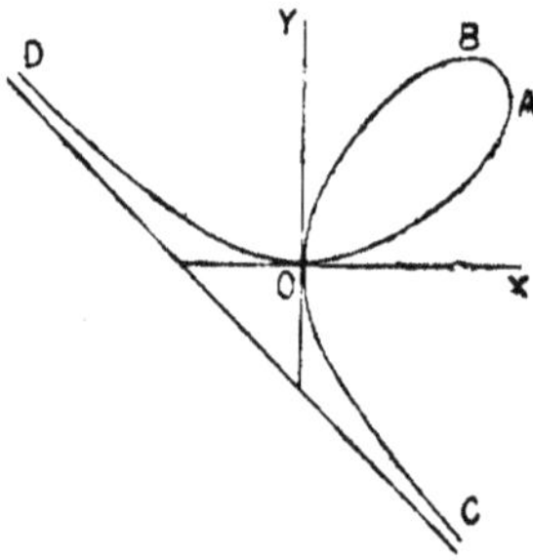

Fig. 50.

Les valeurs correspondantes de t, x et y qui annulent x', y', $1 + t^3$ sont :

t	$-\infty$	-1	0	$\dfrac{1}{\sqrt[3]{2}}$	$\sqrt[3]{2}$	$+\infty$
x	0	$+\infty\,-$	0	$a\sqrt[3]{4}$	$a\sqrt[3]{2}$	0
y	0	$-\infty\,+$	0	$a\sqrt[3]{2}$	$a\sqrt[3]{4}$	0

si t varie de $-\infty$ à -1, on a la branche OC, de -1 à o la branche DO. De o à $\frac{1}{\sqrt[3]{2}}$, x et y croissent du point O à A. Puis x diminue de A à B ; enfin x et y diminuent entre B et O qui est un point double. L'équation étant symétrique entre x et y, la courbe est symétrique par rapport à la bissectrice des axes, les points (x, y) (y, x) sont symétriques.

On aurait pu faire tourner les axes de $\frac{\pi}{4}$ autour de l'origine, l'équation devient (§ 113) :

$$\left(\frac{x-y}{\sqrt{2}}\right)^3 + \left(\frac{x+y}{\sqrt{2}}\right)^3 - 3a\,\frac{x^2 - y^2}{2} = 0$$

$$y^2 = x^2\,\frac{3a\sqrt{2} - 2x}{3(2x + a\sqrt{2})},$$

Exercices

1. Trouver le lieu des projections du centre de la lemniscate (§ 161) sur les tangentes.

2. Construire la courbe

$$\rho = a \sin^3 \frac{\omega}{3}$$

chaque rayon vecteur la coupe en trois points autres que O. Montrer que les tangentes en ces trois points forment un triangle équilatéral.

3. Par le foyer F d'une ellipse on mène deux cordes perpendiculaires. Trouver la relation qui existe entre leurs longueurs. Ces cordes étant les diagonales d'un quadrilatère, dans quel cas sa surface est-elle maximum ou minimum.

4. Montrer que trois points du folium (§ 165) sont en ligne droite, si le produit des trois valeurs de t est égal à -1. La tangente en un point M coupe la courbe en un autre point M'. Si trois points de la courbe M_1, M_2, M_3 sont en ligne droite, montrer que les trois points M'_1, M'_2, M'_3 où les trois tangentes coupent la courbe sont aussi en ligne droite.

CHAPITRE IX

—

ENVELOPPES. — COURBURE

166. Enveloppe. — Considérons une famille de courbes

$$(1) \qquad f(x, y, a) = 0$$

à chaque valeur de a correspond une courbe. Soit une autre courbe

$$f(x, y, a + h) = 0.$$

Les points communs à ces deux courbes sont déterminés par ces deux équations. On peut remplacer la seconde équation par

$$\frac{f(x, y, a + h) - f(x, y, a)}{h} = 0.$$

Si h tend vers zéro, les deux courbes viennent coïncider, mais leurs points d'intersection, définis par la première et la troisième équation, auront une limite, déterminée par les deux équations

$$(2) \qquad f(x, y, a) = 0 \qquad f_a'(x, y, a) = 0.$$

Si a varie, ces deux équations définissent une courbe, lieu des intersections de deux courbes voisines ; on l'appelle enveloppe des courbes (1), son équation peut s'obtenir en éliminant a entre les équations (2).

La courbe (1) est tangente à son enveloppe. Soit, en effet, x, y, a un système de valeurs vérifiant les équations (2). A cette valeur de a correspond une courbe (1) ; le coefficient angulaire y' de sa tangente est donné par l'équation :

$$(3) \qquad f'_x + y'f'_y = 0.$$

L'enveloppe est définie par les deux équations (2), où l'on peut supposer a tiré de la seconde, f est alors une fonction composée de x et y. La tangente au même point (x, y) peut se déterminer en considérant l'équation (1) où a est fonction de x et y.

$$f'_x + y'f'_y + f'_a(a'_x + a'_y y') = 0.$$

Mais comme f'_a est nul, cette équation se réduit à la forme (3).

Le coefficient angulaire de la tangente à la courbe (1), et celui de l'enveloppe, sont donnés par la même équation (3). Pour l'une a est constant, pour l'autre a est fonction de x et y. Mais pour les deux x, y et a prennent la même valeur au point commun, les valeurs de y' seront les mêmes, la courbe (1) est tangente à son enveloppe.

Supposons que f soit un polynôme en a ; en éliminant a entre f et sa dérivée, on exprime que l'équation (1), où a est l'inconnue, a une racine double. Si x, y sont donnés, cette équation détermine m valeurs de a, il passe m courbes par chaque point du plan. L'enveloppe est le lieu des points tels que deux de ces courbes se confondent, son équation peut s'obtenir en écrivant que l'équation, en a, a une racine double.

Si f est du premier degré en a, la courbe (1) passe par des points fixes.

167. Cas d'exception. — Supposons que f soit un polynôme en x, y et a.

Pour démontrer que la courbe (1) est tangente à son enveloppe, nous avons montré que l'équation (3) donne pour y' les mêmes valeurs. Mais cela suppose que cette équation détermine y', ou que f'_x et f'_y ne sont pas nuls en même temps.

Si, pour chaque valeur de a, la courbe (1) a un point multiple, le lieu de ces points multiples vérifie les équations (2). En effet, les points multiples de la courbe (1) doivent vérifier les trois équations

$$f(x, y, a) = 0 \qquad f'_x(x, y, a) = 0 \qquad f'_y(x, y, a) = 0$$

qui doivent se réduire à deux. Supposons qu'on tire, des deux
dernières, x et y en fonction de a ; en substituant dans la première,
f devient une fonction de a, qui doit être identiquement nulle
(autrement, il n'y aurait de points multiples que pour des valeurs
particulières de a). La dérivée de cette fonction doit être aussi nulle
(§ 33) :

$$f_x' \times x_a' + f_y' \times y_a' + f_a' = 0$$

les deux premiers termes sont nuls, donc f_a' est aussi nul.

Les équations (2) sont donc vérifiées si (x, y) est un point multiple de la courbe (1). Ces équations comprennent le lieu des points
multiples.

En général une courbe algébrique n'a pas de points multiples
(§ 131). Mais, si les courbes (1) ont des points multiples, les équations (2) donneront, en même temps, le lieu des points multiples,
et l'enveloppe s'il y en a une.

168. Exemples. — Soit le système de cercles, p étant fixe :

$$(x - a)^2 + y^2 = - 2 ap$$

ou

$$a^2 - 2a(x - p) + x^2 + y^2 = 0$$

En exprimant que les deux valeurs de a sont égales, on a l'enveloppe

$$(x - p)^2 = x^2 + y^2$$

c'est une parabole de foyer O, dont la directrice est $x = p$.

Il faut remarquer que les équations (2) (§ 166) supposent que
(1) représente toute la courbe ; si, par exemple, on résout l'équation des cercles par rapport à a, on peut l'écrire :

$$f(x, y, a) = a + p - x \pm \sqrt{p^2 - 2px - y^2} = 0$$

$f_a' = 1$; il semble qu'il n'y ait pas d'enveloppe. C'est que l'équation, où le radical a un signe déterminé, ne représente qu'une
partie du cercle. Si on prend les deux signes, les deux valeurs de a
sont égales lorsque le radical est nul, ce qui donne l'équation de
l'enveloppe.

Considérons encore la famille de courbes

$$f = (y - a)^2 + (x - a)^3 = 0$$
$$f_a' = -2(y - a) - 3(x - a)^2 = 0$$

Ces deux équations donnent :

$$(x - a)^2 \left(x - a + \frac{4}{9} \right) = 0$$

La solution

$$a = x, \qquad y = x$$

donne un lieu de points de rebroussement (§ 131).
La solution

$$a = x + \frac{4}{9}, \qquad y = x + \frac{4}{27}$$

donne une enveloppe.
La famille de courbes

$$(y - a)^2 + x^3 = 0$$

donnerait

$$a = y, \qquad x = 0$$

qui est le lieu des points de rebroussement, il n'y a pas d'enveloppe.

En particulier, une courbe est l'enveloppe de ses tangentes.

169. Double paramètre. — Considérons la famille de courbes représentée par les deux équations :

$$f(x, y, a, b) = 0 \qquad \varphi(a, b) = 0$$

on peut considérer b comme fonction de a, f est alors une fonction composée de a, dont la dérivée sera donnée par les relations :

$$f_a' + b' f_b' = 0 \qquad \varphi_a' + b' \varphi_b' = 0$$

en éliminant b', on a :

$$f_a' \varphi_b' - f_b' \varphi_a' = 0$$

En exprimant que les dérivées de f et φ sont proportionnelles, on a cette équation qui, jointe aux deux premières. détermine l'enveloppe, dont l'équation s'obtiendra en éliminant a et b.

Cherchons, par exemple, l'enveloppe d'une droite de longueur constante, s'appuyant sur les axes rectangulaires. On a la droite :

$$\frac{x}{a} + \frac{y}{b} - 1 = 0 \qquad a^2 + b^2 = l^2$$

L'enveloppe se déduira de l'équation

$$\frac{x}{a^3} = \frac{y}{b^3}$$

Pour éliminer a et b, on a :

$$\frac{\frac{x}{a}}{a^2} = \frac{\frac{y}{b}}{b^2} = \frac{1}{l^2} \qquad \left\{ \begin{array}{l} a^3 = l^2 x \\ b^3 = l^2 y \end{array} \right.$$

$$x^{\frac{2}{3}} + y^{\frac{2}{3}} = l^{\frac{2}{3}}$$

ou

$$(l^2 - x^2 - y^2)^3 = 27 l^2 x^2 y^2$$

mais la première forme est plus commode pour construire la courbe.

170. Développée. — On appelle développée d'une courbe l'enveloppe de ses normales. Soit une courbe représentée, par rapport à des axes rectangulaires, par les équations

$$y = f(t) \qquad x = \varphi(t)$$

Le coefficient angulaire de la tangente est $\frac{y'}{x'}$ (§ 124). Celui de la normale est $-\frac{x'}{y'}$. L'équation de la normale au point $M(x, y)$ est :

$$(Y - y)y' + (X - x)x' = 0$$

où x, y, x', y' sont des fonctions de t. Pour déterminer l'enveloppe, il faut prendre la dérivée par rapport à t

$$(Y - y)y'' + (X - x)x'' - x'^2 - y'^2 = 0.$$

Ces deux équations donnent :

$$X = x - y' \frac{x'^2 + y'^2}{x'y'' - y'x''} \qquad Y = y + x' \frac{x'^2 + y'^2}{x'y'' - y'x''}$$

Ces valeurs de X, Y, fonctions de t, représentent la développée, dont l'équation pourrait s'obtenir en éliminant t.

Le point (X, Y) se nomme centre de courbure, sa distance au point M est le rayon de courbure R.

$$R^2 = (X - x)^2 + (Y - y)^2 = \frac{(x'^2 + y'^2)^3}{(x'y'' - y'x'')^2}.$$

Si on donne l'équation d'une courbe sous la forme

$$y = f(x)$$

on peut poser $x = t$, $x' = 1$, $x'' = 0$, y' et y'' seront les dérivées par rapport à x. Les formules précédentes deviennent :

$$X = x - y'\frac{1 + y'^2}{y''}, \qquad Y = y + \frac{1 + y'^2}{y''}, \qquad R^2 = \frac{(1 + y'^2)^3}{y''^2}$$

171. Ellipse. — Soit l'ellipse

$$\frac{x^2}{a^2} + \frac{y^2}{b^2} = 1$$

On peut calculer les dérivées de y, considéré comme fonction implicite de x :

$$\frac{yy'}{b^2} + \frac{x}{a^2} = 0 \qquad \frac{yy'' + y'^2}{b^2} + \frac{1}{a^2} = 0$$

$$y'' = -\frac{b^2 + a^2 y'^2}{a^2 y} = -\frac{a^2 y^2 b^2 + b^4 x^2}{a^4 y^3} = -\frac{b^4}{a^2 y^3}$$

$$\frac{1 + y'^2}{y''} = \frac{a^4 y^2 + b^4 x^2}{a^4 y^2 y''} = -y\frac{a^4 y^2 + b^4 x^2}{a^2 b^4}$$

Les coordonnées du centre de courbure sont :

$$X = x - x\frac{a^4 y^2 + b^4 x^2}{a^4 b^2} = x^3\frac{a^2 - b^2}{a^4} = \frac{c^2}{a^4} x^3$$

$$Y = y - y\frac{a^4 y^2 + b^4 x^2}{a^2 b^4} = -\frac{c^2}{b^4} y^3$$

En éliminant x, y entre ces équations et celle de l'ellipse, on a l'équation de la développée

$$(aX)^{\frac{2}{3}} + (bY)^{\frac{2}{3}} = c^{\frac{4}{3}}$$

Cette courbe, symétrique par rapport aux axes, a 4 points de rebroussement ; deux sur le grand axe à la distance $\frac{c^2}{a}$ de l'origine,

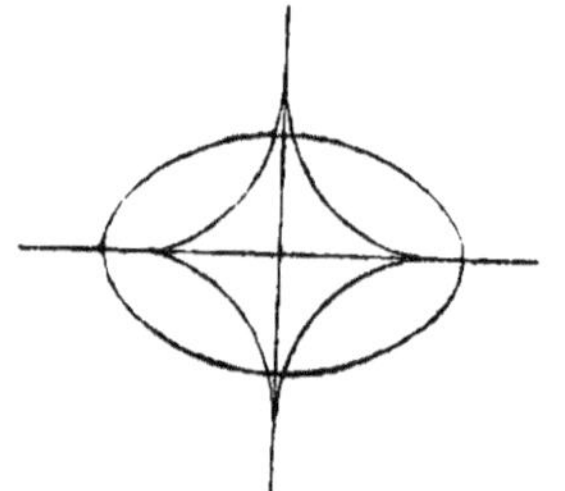

deux sur le petit axe à la distance $\frac{c^2}{b}$ de O, qui sont extérieurs à l'ellipse si $\frac{a}{b} > \sqrt{2}$.

On peut obtenir l'équation sous forme entière en élevant au cube

$$c^4 = (aX)^2 + (bY)^2 + 3(abXY)^{\frac{2}{3}} c^{\frac{4}{3}}$$
$$(c^4 - a^2X^2 - b^2Y^2)^3 = 27\,a^2b^2c^4X^2Y^2.$$

Fig. 51.

172. Hyperbole. — Les mêmes calculs s'appliquent à l'hyperbole, il suffit de changer b^2 en $- b^2$, c^2 représente $a^2 + b^2$. On a :

$$\frac{x^2}{a^2} - \frac{y^2}{b^2} = 1$$

$$X = \frac{c^2}{a^4}\,x^3, \qquad Y = -\,\frac{c^2}{b^4}\,y^3$$

$$(aX)^{\frac{2}{3}} - (bY)^{\frac{2}{3}} = c^{\frac{4}{3}}$$
$$(c^4 - a^2X^2 + b^2Y^2)^3 + 27\,a^2b^2c^4X^2Y^2 = 0.$$

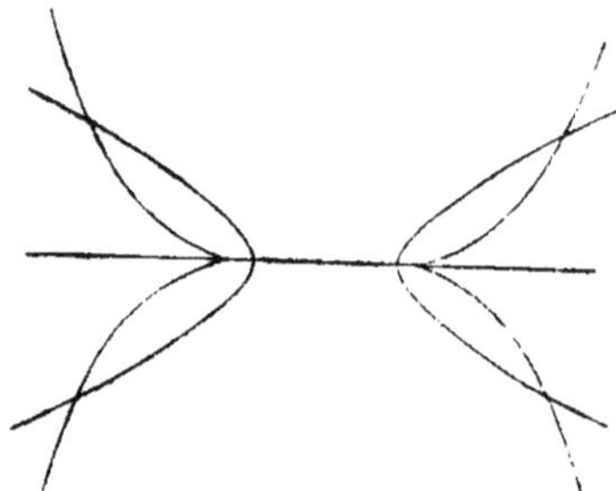

Fig. 52.

Il y a deux points de rebroussement sur OX. Les directions asymptotiques sont perpendiculaires aux asymptotes de l'hyperbole.

$$aX - bY = \frac{3(a^2b^2c^4X^2Y^2)^{\frac{1}{3}} + c^4}{aX + bY}$$

expression qui augmente indéfiniment avec X, si $\frac{Y}{X}$ tend vers $\frac{a}{b}$. Les branches infinies sont paraboliques (§ 155).

173. Parabole. — Soit la parabole

$$y^2 = 2px.$$

Si on prend pour variable $y = t$, on aura :

$$px' = y, \qquad px'' = 1.$$

Le centre de courbure est :

$$X = x + \frac{1 + x'^2}{x''} = x + \frac{p^2 + y^2}{p} = 3x + p$$

$$Y = y - x' \frac{1 + x'^2}{x''} = y - y \frac{p^2 + y^2}{p^2} = -\frac{y^3}{p^2}.$$

L'équation de la développée est :

$$pY^2 = \left(2\frac{X - p}{3}\right)^3.$$

Elle a un point de rebroussement, et deux branches paraboliques.

174. Cercle osculateur. — Un cercle de centre (X, Y), de rayon R, donnés, a pour équation

$$F(x, y) = (x - X)^2 + (y - Y)^2 - R^2 = 0.$$

Par trois points t_1, t_2, t_3 d'une courbe (§ 170) on peut faire passer un cercle, que l'on détermine en remplaçant x, y en fonction de t; X, Y, R sont donnés par les trois équations :

$$F(t_1) = 0, \qquad F(t_2) = 0, \qquad F(t_3) = 0$$

où $F(t)$ représente la fonction $F\big(\varphi(t), f(t)\big)$.

Si deux points t_2, t_1 viennent se confondre, on peut remplacer $F(t_2)$ par l'équation

$$\frac{F(t_2) - F(t_1)}{t_2 - t_1} = 0$$

qui a pour limite

$$F'(t_1) = (x - X)x' + (y - Y)y' = 0$$

le centre XY est sur la normale à la courbe; le cercle a la même tangente aux points confondus.

Si t_3 devient ensuite égal à t_1, soit $t_3 = t_1 + h$. On peut remplacer l'équation $F(t_3)$ par (§ 39) :

$$\frac{F(t_1 + h) - F(t_1) - h F'(t_1)}{h^2} = \frac{1}{2} F''(t_1 + \theta h)$$

qui, pour $h = 0$, devient :

$$F''(t_1) = (x - X)x'' + (y - Y)y'' + x'^2 + y'^2 = 0.$$

Les équations qui déterminent X, Y, R sont celles qui donnent le centre et le rayon de courbure (§ 170). Ce cercle, qui coupe la courbe en trois points confondus, est le cercle osculateur au point t_1.

Si, pour un point voisin $t = t_1 + h$, on forme la fonction

$$F(x, y) = (x - X)^2 + (y - Y)^2 - R^2.$$

F est une fonction de t qui s'annule pour $h = 0$, ainsi que ses deux premières dérivées, cette fonction change de signe (§ 43) en passant par la valeur zéro; en général le cercle osculateur traverse la courbe, car un point (x, y) est intérieur au cercle si F est négatif, extérieur si F est positif.

175. Rebroussement de la développée. — y étant fonction de x, considérons (§ 170) X, Y, R comme des fonctions de x, leurs dérivées sont :

$$X' = 1 - y'' \frac{1 + y'^2}{y''} - y' \frac{2 y' y''}{y''} + y' \frac{1 + y'^2}{y''^2} y''' = y' \left(\frac{1 + y'^2}{y''^2} y''' - 3y' \right)$$

$$Y' = 3y' - \frac{1 + y'^2}{y''^2} y'''$$

$$R' = \sqrt{1 + y'^2} \left(3y' - \frac{1 + y'^2}{y''^2} y''' \right).$$

L'équation

$$(1 + y'^2)y''' - 3y'y''^2 = 0$$

détermine des valeurs de x pour lesquelles X', Y' et R' sont nuls, ce qui donne un point double de la développée, qui est toujours tangente à la normale de la courbe. Les deux tangentes étant confondues, c'est un point de rebroussement (§ 129). Pour ces points R est maximum ou minimum.

Exercices

1. On donne les deux paraboles

$$y^2 = 2px, \qquad y^2 = -2qx.$$

La première se déplace, par une translation, son sommet O décrivant la seconde parabole. Trouver l'enveloppe de cette parabole mobile. Examiner le cas où $q = p$.

2. Enveloppe de la corde qui joint les extrémités de deux diamètres conjugués d'une ellipse (§ 144).

Enveloppe des cercles ayant ces cordes pour diamètre.

3. Déterminer le centre de courbure, le rayon de courbure et la développée 1° de la cissoïde (§ 125), 2° de la cycloïde (127), 3" de la courbe $3ay^2 = x^3$.

CHAPITRE X

—

COORDONNÉES DANS L'ESPACE

176. Coordonnées. — Soient OX, OY, OZ, trois droites qui se coupent, et ne sont pas dans un même plan. On représente un point M par ses projections sur chaque axe, faites par un plan parallèle aux deux autres. Les coordonnées de M sont les projections de OM : OA, OB, OC, ou x, y, z, prises avec leur signe. A chaque système de valeurs de x, y, z correspond un point M, intersection de trois plans parallèles aux plans de cordonnées menés par A, B, C. Pour construire les coordonnées de M, ont peut former un parallélipidède dont les arêtes sont parallèles aux axes. Mais il suffit de former le contour OAPM ; les côtés OA, AP, PM sont égaux à x, y, z si on tient compte du sens de ces segments.

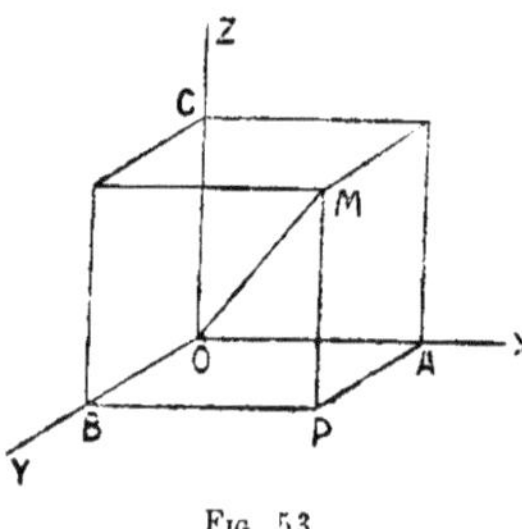

Fig. 53.

En général on prend des axes perpendiculaires deux à deux. Soit ρ la distance OM ; α, β, γ les angles de OM avec les trois axes. On a alors :

$$x = \rho \cos \alpha, \qquad y = \rho \cos \beta, \qquad z = \rho \cos \gamma$$

si on projette le contour OAPM sur OM, on a :

$$\rho = x \cos \alpha + y \cos \beta + z \cos \gamma = \rho \cos^2 \alpha + \rho \cos^2 \beta + z \cos^2 \gamma$$
$$\cos^2 \alpha + \cos^2 \beta + \cos^2 \gamma = 1$$

Les trois cosinus directeurs d'une droite OM sont liés par cette relation, on en déduit

$$\rho^2 = x^2 + y^2 + z^2$$

177. Angle de deux directions. — Soient OM, OM' deux droites qui forment avec les axes rectangulaires des angles, dont les cosinus sont a, b, c et a', b', c'.

On a :

$$x = a\rho, \quad y = b\rho, \quad z = c\rho$$

Si on projette sur OM' le contour OAPM, V représentant l'angle des deux directions :

$$\rho \cos V = a'x + b'y + c'z = \rho(aa' + bb' + cc')$$
$$\cos V = aa' + bb' + cc'$$

En tenant compte des relations

$$a^2 + b^2 + c^2 = 1, \quad a'^2 + b'^2 + c'^2 = 1$$

on a :

$$\sin^2 V = 1 - \cos^2 V = (a^2 + b^2 + c^2)(a'^2 + b'^2 + c'^2) - (aa' + bb' + cc')^2 =$$
$$= a^2(b'^2 + c'^2) + b^2(a'^2 + c'^2) + c^2(a'^2 + b'^2) - 2(aa'bb' + aa'cc' + bb'cc') =$$
$$= (ab' - ba')^2 + (bc' - cb')^2 + (ca' - ac')^2$$

Les directions seront perpendiculaires si $\cos V$ est nul, ou

$$aa' + bb' + cc' = 0$$

Elles coïncident si $\sin V$ est nul ; il faut pour cela que les trois carrés soient nuls séparément :

$$\frac{a}{a'} = \frac{b}{b'} = \frac{c}{c'} = \pm \sqrt{\frac{a^2 + b^2 + c^2}{a'^2 + b'^2 + c'^2}} = \pm 1$$

les deux directions OM, OM' coïncident ou sont opposées, suivant que ces rapports sont égaux à $+1$ ou -1.

178. Transformation des coordonnées. — 1° On a deux systèmes d'axes parallèles et de même sens (*fig.* 54). Soient x_1, y_1, z_1 les coordonnées de l'origine O' par rapport aux premiers axes, (x, y, z) et (x', y', z') les coordonnées d'un point M dans les deux systèmes. En projetant le contour OO'M sur les premiers axes, on a les formules de transformation :

$$(1) \qquad x = x_1 + x', \qquad y = y_1 + y', \qquad z = z_1 + z'$$

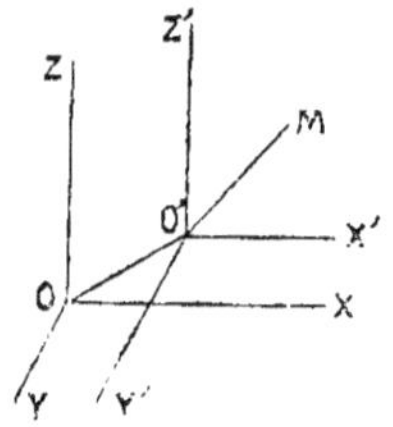

Fig. 54. 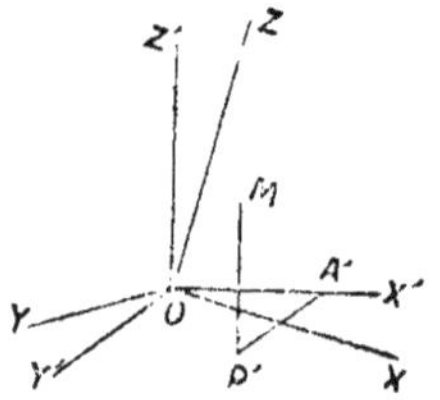   Fig. 55.

2° Deux systèmes d'axes rectangulaires (*fig.* 55) ont même origine. Soient a, b, c les cosinus des angles de OX' avec les premiers axes ; $a'b'c'$ ceux de OY' ; $a''b''c''$ ceux de OZ'. Si on forme le contour OA'P'M des coordonnées du point M dans le système OX'Y'Z' (ce point ayant pour cordonnées $x'y'z'$ et xyz) ; le contour projeté sur les axes OX, OY et OZ donne les relations :

$$(2) \qquad \begin{cases} x = ax' + a'y' + a''z' \\ y = bx' + b'y' + b''z' \\ z = cx' + c'y' + c''z' \end{cases}$$

les 9 cosinus directeurs sont liés par les six relations :

$$(3) \quad \begin{cases} a^2 + b^2 + c^2 = 1 \\ a'^2 + b'^2 + c'^2 = 1 \\ a''^2 + b''^2 + c''^2 = 1 \end{cases} \qquad (4) \quad \begin{cases} aa' + bb' + cc' = 0 \\ a'a'' + b'b'' + c'c'' = 0 \\ a''a + b''b + c''c = 0 \end{cases}$$

les secondes expriment que les nouveaux axes sont rectangulaires. Si on ajoute les équations (2) multipliées par a,b,c ensuite par a',b',c', et par a'',b'',c'', en tenant compte des relations (3) et (4), on obtient les formules de transformation inverses

$$\begin{cases} ax + by + cz = x' \\ a'x + b'y + c'z = y' \\ a''x + b''y + c''z = z' \end{cases}$$

que l'on pourrait obtenir en projetant le contour des premières coordonnées sur les nouveaux axes. Les cosinus directeurs des premiers axes sont alors (a, a', a'') (b, b', b'') (c, c', c''). Les six relations entre ces cosinus peuvent s'écrire :

$$(5) \quad \begin{cases} a^2 + a'^2 + a''^2 = 1 \\ b^2 + b'^2 + b''^2 = 1 \\ c^2 + c'^2 + c''^2 = 1 \end{cases} \qquad (6) \quad \begin{cases} ab + a'b' + a''b'' = 0 \\ bc + b'c' + b''c'' = 0 \\ ca + c'a' + c''a'' = 0 \end{cases}$$

3° Si les deux systèmes d'axes rectangulaires n'ont pas même origine, on déplacera d'abord les axes parallèlement à eux-mêmes, et l'on est conduit à combiner les formules (1) et (2) comme dans le plan (§ 113). On a ainsi :

$$\begin{cases} x = x_1 + ax' + by' + cz' \\ y = y_1 + a'x' + b'y' + c'z' \\ z = z_1 + a''x' + b''y' + c''z' \end{cases}$$

4° Si on a deux systèmes d'axes quelconques, en projettant sur les axes d'un système le contour des coordonnées dans l'autre système, on aura trois relations linéaires qu'il est inutile de développer ; mais, sans faire les calculs, ont peut se rendre compte que les coordonnées x, y, z seront des fonctions du premier degré des nouvelles coordonnées.

179. Sens des trièdres. — Les relations (5) et (6) peuvent se déduire des équations (3) et (4). Les deux dernières équations (4) donnent en effet :

$$\frac{a''}{bc' - cb'} = \frac{b''}{ca' - ac'} = \frac{c''}{ab' - ba'} =$$

$$\pm \sqrt{\frac{a''^2 + b''^2 + c''^2}{(a^2 + b^2 + c^2)(a'^2 + b'^2 + c'^2) - (aa' + bb' + cc')^2}}$$

(§ 177) radical qui est égal à 1, d'après les équations (3) et (4).

Supposons qu'on déplace le trièdre trirectangle OX'Y'Z' d'une façon continue, jusqu'à ce que OX' et OY' coïncident avec OX, et OY ; OZ' pourra venir sur OZ, ou dans la direction opposée. Les rapports précédents conserveront la même valeur + 1 ou — 1 ; après ce déplacement les cosinus deviennent nuls sauf a, b' égaux à + 1, et c'' à ± 1. Si OZ' vient sur OZ, le dernier rapport sera + 1. Donc les trois rapports auront la valeur + 1, si les axes peuvent coïncider ; — 1 s'ils ont une disposition inverse.

Supposons qu'on ait la valeur $+ 1$, formons le déterminant

$$\begin{vmatrix} a & b & c \\ a'b' & c' \\ a''b''c'' \end{vmatrix} = a'(bc' - cb') + b''(ca' - ac') + c''(ab' - ba') =$$

$$= a''^2 + b''^2 + c''^2 = 1$$

On voit de même que a',b',c' sont proportionnels à leurs coefficients du déterminant, et le rapport est aussi $+ 1$, puisque le déterminant est égal à $+ 1$. On a ainsi :

$$\begin{cases} a = b'c'' - c'b'' \\ b = c'a'' - a'c'' \\ c = a'b'' - b'a'' \end{cases} \qquad \begin{cases} a' = b''c - c''b \\ b' = c''a - a''c \\ c' = a''b - b''a \end{cases} \qquad \begin{cases} a'' = bc' - cb' \\ b'' = ca' - ac' \\ c'' = ab' - ba' \end{cases}$$

relations qu'on déduit les unes des autres par une permutation circulaire entre abc, ou $aa'a''$. Ces 9 relations sont des conséquences de (3) et (4). On en déduit :

$$a^2 + a'^2 + a''^2 = a^2 + a'(b''c - c''b) + a''(bc' - cb') =$$

$$= a^2 + b(c'a'' - a'c'') + c(a'b'' - b'a'') = a^2 + b^2 + c^2 = 1$$

$$ab + a'b' + a''b'' = a(c'a'' - a'c'') + a'(c''a - a''c) + a''(ca' - ac') = 0$$

Les équations (5) et (6) s'obtiendront de même.

Si les axes ont une disposition inverse, le déterminant est égal à $- 1$, on aura les mêmes relations où a'',b'',c'' sont remplacés par $- a''$, $- b''$, $- c''$, ce qui revient à changer le sens positif de OZ'. Mais les équations (3), (4), (5), (6) ne sont pas changées.

180. Surfaces algébriques. — Toute équation entre x,y,z représente une surface, lieu des points dont les coordonnées vérifient cette équation. A des valeurs données de x et y correspondent des valeurs de z, qui déterminent des points de la surface. A une valeur donnée de z correspond une courbe située dans un plan parallèle au plan XOY, la surface est le lieu de ces courbes.

Par exemple, par rapport à des axes rectangulaires, l'équation

$$x^2 + y^2 + z^2 = R^2$$

représente une sphère de centre O (§ 176).

Si on transporte l'origine au point (a,b,c) on voit que l'équation

$$(x - a)^2 + (y - b)^2 + (z - c)^2 = R^2$$

représente une sphère de centre (a,b,c).

Une surface algébrique est représentée par l'équation

$$f(x,y,z) = 0$$

où f est un polynôme, dont le degré m est l'ordre de la surface

Si on change les axes, on voit, comme pour les courbes planes (§ 114), que le degré d'une surface ne dépend pas des axes de coordonnées.

Une droite coupe la surface en m points ; car, si on prend cette droite pour axe des x, les points d'intersection sont déterminés par l'équation

$$f(x,0,0) = 0$$

qui a m solutions réelles ou imaginaires. Si, pour une droite particulière, elle est de degré inférieur à m, on dira qu'il y a des points d'insection à l'infini.

Si $f(x,0,0)$ est identiquement nul, la surface contient l'axe OX. Une surface peut contenir une infinité de droites, si elle est engendrée par une droite mobile ; comme, par exemple, un cône ou un cylindre.

Une surface de degré m, qui a plus de m points communs avec une droite, la contient tout entière.

Pour déterminer l'intersection d'une surface et d'un plan, on peut prendre ce plan pour plan des xy, la courbe d'intersection est représentée par l'équation

$$f(x,y,0) = 0$$

c'est une courbe de degré m, qui, pour des plans particuliers, peut être de degré moindre. Si cette équation devient une identité, le plan XOY fait partie de la surface. Si la surface est algébrique, le polynôme f est divisible par z, l'équation se décompose, elle comprend le plan XOY, et une surface de degré moindre.

L'équation

$$f(x,y) = 0$$

représente une courbe du plan XOY, et, dans l'espace, un cylindre engendré par une parallèle à OZ qui s'appuye sur cette courbe.

Une équation ne contenant que x est vérifiée pour des valeurs déterminées de x; elle se décompose en plusieurs équations $x = a$ qui représentent des plans parallèles au plan YOZ.

181. Courbes. — L'intersection de deux surfaces est une courbe, lieu des points dont les coordonnées vérifient les équations des deux surfaces

$$f(x,y,z) = 0 \qquad \varphi(x,y,z) = 0$$

Si f et φ sont des polynômes, la courbe est algébrique, son ordre est le nombre des points d'intersection avec un plan arbitraire, nombre qui peut se réduire pour certains plans particuliers.

Si on élimine y ou z, ou si on résout les équations par rapport à y et z, elles prennent la forme :

$$\ell = F(x) \qquad z = F_1(x)$$

Ces équations représentent des cylindres, projetant la courbe sur les plans XOY, XOZ. Mais ces deux équations ne sont pas toujours équivalentes aux deux premières, elles peuvent être plus générales.

Considérons, par exemple, la courbe définie par les équations

$$x^2 + y^2 + z^2 = a^2, \qquad x + y + z = 0$$

Les cylindres projetant cette courbe sur les plans XOY, XOZ, sont représentées par les équations :

$$x^2 + y^2 + xy = \frac{a^2}{2}, \qquad x^2 + z^2 + xz = \frac{a^2}{2}$$

Pour étudier l'intersection de ces deux cylindres, on peut remplacer la dernière équation par la différence :

$$y^2 + xy - z^2 - xz = (y - z)(x + y + z) = 0$$

équation qui se décompose. L'intersection des deux cylindres est formée de la première courbe et d'une autre, ayant pour équations

$$x^2 + y^2 + xy = \frac{a^2}{2}, \qquad y = z$$

On peut aussi représenter une courbe par les trois équations :

$$x = f_1(t) \qquad y = f_2(t) \qquad z = f_3(t)$$

à chaque valeur de t correspond un point de la courbe. Si on élimine t, on aura deux équations entre x,y,z, qui représentent deux surfaces passant par cette courbe. Mais l'intersection de ces deux surfaces peut, dans certains cas, être plus générale, et se composer de la courbe donnée, et d'une ou plusieurs autres courbes. Si $f_1 f_2 f_3$ sont des fractions rationnelles, la courbe est algébrique et unicursale.

Sauf dans quelques questions particulières, nous supposerons les axes rectangulaires ; cela sera nécessaire toutes les fois qu'on a à calculer des angles ou des distances. Dans les autres cas il sera facile de distinguer les formules qui s'appliquent aux axes obliques.

Exercices

1. Montrer que, dans un tétraèdre, les droites qui joignent les milieux des arêtes opposées passent par un même point, qui est leur milieu.
2. On donne sur les axes trois points A,B,C, à la distance $+1$ de O. On prend pour nouveaux axes la droite BA, la perpendiculaire menée de C sur BA, et une perpendiculaire au plan ABC. Quelles sont les formules de transformation. Déterminer, dans le premier système, les équations du cercle passant par A,B,C.
3. On trace les bissectrices des angles formés par les directions positives des axes, et une droite formant des angles égaux avec les trois axes. Déterminer les angles de ces droites deux à deux.

CHAPITRE XI

—

PLAN. DROITE

182. Équation du plan. — Un plan est représenté par une équation du premier degré ; car, si on prend ce plan pour plan des XOY, son équation sera $z = 0$. Réciproquement, soit l'équation du premier degé :

$$(1) \qquad Ax + By + Cz + D = 0.$$

Si $A = B = 0$, z est constant, elle représente un plan parallèle à XOY.

Si $A = 0$, l'équation représente une droite dans le plan YOZ ; et, dans l'espace, elle est vérifiée pour tout point des droites paral-

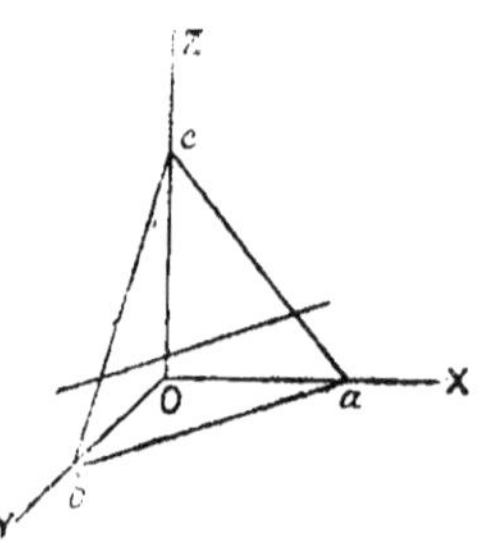

lèles à OX, qui rencontrent la droite précédente. Le lieu de ces droites est un plan parallèle à OX. Il en sera de même si l'un des coefficients **A**, **B**, **C** est nul.

Si A, B et C ne sont pas nuls, l'équation (1) représente une surface qui coupe OZ au point c, $z = -\dfrac{D}{A}$, et les plans XOZ, YOZ suivant deux droites ca, cb (*fig.* 56), obtenues en annulant y ou x. Si z a une valeur fixe,

l'intersection du plan $z = z_0$ avec la surface (1) est une droite ayant pour projection

$$Ax + By + Cz_0 + D = 0$$

qui rencontre les droites ca et cb. Le lieu de ces droites est un plan, représenté par l'équation (1).

Si D est nul, le plan passe en O, qui coïncide avec c. Deux équations représenteront le même plan, si les coefficients sont proportionnels, car les équations sont équivalentes.

L'équation

$$A'x + B'y + C'z + D' = 0$$

où $\dfrac{A'}{A} = \dfrac{B'}{B} = \dfrac{C'}{C}$ représente un plan parallèle au plan (1). Car, si on calcule z en fonction de x et y, la différence des z pour les deux plans est constante ; et on peut amener les plans à coïncider par une translation. Si C' et C étaient nuls, on pourrait résoudre par rapport à x ou y au lieu de z.

183. Ligne droite. — Deux équations du premier degré représentent une droite, intersection des deux plans, pourvu que ces deux plans ne soient pas parallèles. Si on résout les équations par rapport à x et y, on peut les mettre sous la forme

$$x = az + p, \qquad y = bz + q$$

qui montrent qu'une droite dépend de quatre paramètres distincts. Dans le cas où la droite est parallèle au plan XOY, z est constant, on ne peut plus résoudre par rapport à x et y, les équations de la droite peuvent s'écrire :

$$a'x + b'y + c' = 0, \qquad z = z_0.$$

Une droite passant par l'origine sera représentée par deux équations homogènes en x, y, z, que l'on peut mettre sous la forme

$$\frac{x}{a} = \frac{y}{b} = \frac{z}{c}.$$

On peut déterminer une droite en donnant un point $(x_0 y_0 z_0)$ et la parallèle menée par l'origine, ou a, b, c. Si on transporte l'origine au point donné, on voit que les équations de la droite sont

$$(2) \qquad \frac{x - x_0}{a} = \frac{y - y_0}{b} = \frac{z - z_0}{c}.$$

Si on représente par t la valeur de ces rapports, les coordonnées d'un point de la droite seront :

$$x = x_0 + at, \qquad y = y_0 + bt, \qquad z = z_0 + ct$$

à chaque valeur de t correspond un point de cette droite.

Si α, β, γ sont les angles formés par la droite avec les axes rectangulaires, ρ la distance du point $M(x, y, z)$ au point fixe $(x_0 y_0 z_0)$, cette distance étant positive ou négative suivant le sens du segment M_0M, on a :

$$x - x_0 = \rho \cos \alpha, \qquad y - y_0 = \rho \cos \beta, \qquad z - z_0 = \rho \cos \gamma$$

a, b, c sont donc proportionnels aux trois cosinus.

On peut encore définir une droite par deux points, (x_0, y_0, z_0) (x_1, y_1, z_1). En exprimant que les équations de la droite précédente sont vérifiées pour le second point, on peut mettre les équations de la droite sous la forme :

$$\frac{x - x_0}{x_1 - x_0} = \frac{y - y_0}{y_1 - y_0} = \frac{z - z_0}{z_1 - z_0}.$$

184. Distance d'un point à un plan. — Les axes étant rectangulaires, soit OP perpendiculaire à un plan donné, p sa longueur, α, β, γ les angles qu'elle forme avec les axes. Soit $M(x_0 y_0 z_0)$ un point donné HM $= d$ sa distance au plan, comptée dans le sens OP, de H vers M ; de sorte que p et d seront de même signe si O et M ne sont pas du même côté du plan. Si on projette sur OP le contour des coordonnées de M on a :

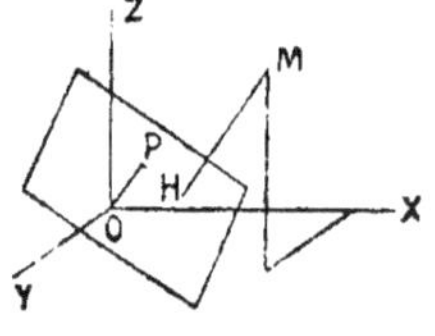

Fig. 57.

$$x_0 \cos \alpha + y_0 \cos \beta + z_0 \cos \gamma = p + d.$$

Si M est dans le plan, d est nul, l'équation du plan est

$$(3) \qquad x \cos \alpha + y \cos \beta + z \cos \gamma - p = 0$$

la distance d'un point M à ce plan est égale à la puissance :

$$d = x_0 \cos \alpha + y_0 \cos \beta + z_0 \cos \gamma - p.$$

Si le plan est donné par l'équation générale (1), en exprimant que (1) et (3) représentent le même plan, on a :

$$-\frac{p}{D} = \frac{\cos\alpha}{A} = \frac{\cos\beta}{B} = \frac{\cos\gamma}{C} = \frac{1}{\pm\sqrt{A^2 + B^2 + C^2}}.$$

La distance du point $(x_0 y_0 z_0)$ au plan (1) sera :

$$d = \frac{Ax_0 + By_0 + Cz_0 + D}{\pm\sqrt{A^2 + B^2 + C^2}}$$

le signe du radical dépendra du sens considéré comme positif. La perpendiculaire abaissée du point (x_0, y_0, z_0) sur le plan a pour équations

$$\frac{x - x_0}{A} = \frac{y - y_0}{B} = \frac{z - z_0}{C}$$

puisque ses cosinus directeurs sont proportionnels à A, B, C ($\S$ 183).

185. Angles. — Soient deux droites représentées par les équations

$$\frac{x - x_0}{a} = \frac{y - y_0}{b} = \frac{z - z_0}{c}, \qquad \frac{x - x_1}{a'} = \frac{y - y_1}{b'} = \frac{z - z_1}{c'}$$

les cosinus directeurs de la première seront donnés par les relations

$$\frac{\cos\alpha}{a} = \frac{\cos\beta}{b} = \frac{\cos\gamma}{c} = \frac{1}{\pm\sqrt{a^2 + b^2 + c^2}}$$

le signe du radical dépend du sens positif de la droite. On calculera de même ceux de la seconde droite. Les parallèles à ces droites, menées par O, forment un angle V, qui sera donné par la formule ($\S$ 177) :

$$\cos V = \cos\alpha\cos\alpha' + \cos\beta\cos\beta' + \cos\gamma\cos\gamma'$$
$$= \frac{aa' + bb' + cc'}{\pm\sqrt{a^2 + b^2 + c^2}\sqrt{a'^2 + b'^2 + c'^2}}$$
$$\sin^2 V = \frac{(ab' - ba')^2 + (bc' - cb')^2 + (ca' - ac')^2}{(a^2 + b^2 + c^2)(a'^2 + b'^2 + c'^2)}$$

les droites sont parallèles si le sinus est nul, ou

$$\frac{a}{a'} = \frac{b}{b'} = \frac{c}{c'}.$$

Elles sont perpendiculaires si cos V est nul, ou :

$$aa' + bb' + cc' = 0.$$

L'angle de deux plans :

$$Ax + By + Cz + D = 0, \quad A'x + B'y + C'z + D' = 0$$

est égal à l'angle formé par les perpendiculaires à ces plans menées par O, dont les équations sont

$$\frac{x}{A} = \frac{y}{B} = \frac{z}{C}, \quad \frac{x}{A'} = \frac{y}{B'} = \frac{z}{C'}.$$

L'angle V des deux plans est donné par la formule :

$$\cos V = \frac{AA' + BB' + CC'}{\pm \sqrt{A^2 + B^2 + C^2} \sqrt{A'^2 + B'^2 + C'^2}}.$$

Les plans sont perpendiculaires si $AA' + BB' + CC' = 0$.

Une droite est parallèle à un plan si elle est perpendiculaire à une perpendiculaire au plan, ce qu'on exprimera par l'équation

$$Aa + Bb + Cc = 0.$$

186. Intersections. — Soient deux plans représentés par les équations

$$P = 0, \quad Q = 0$$

par la droite d'intersection on peut faire passer une infinité de plans qui seront représentés par l'équation

$$P + \lambda Q = 0.$$

Par cette droite et un point $(x_0 y_0 z_0)$ on peut faire passer un plan, la valeur correspondante de λ s'obtiendra en exprimant que les coordonnées de ce point vérifient l'équation du plan.

Si les deux plans étaient parallèles, l'équation précédente représenterait un plan parallèle aux premiers, les points d'intersection sont alors à l'infini.

Le point d'intersection de trois plans, ou d'une droite et d'un plan, s'obtiendra en résolvant les trois équations. Lorsque les trois plans sont parallèles à une même droite, les équations sont incom-

patibles. Si les trois plans ont une droite commune, les équations
se réduisent à deux, et ont une infinité de solutions.

Le point d'intersection de la droite (2) et du plan (1) peut encore
se déduire de l'équation

$$t(\mathrm{A}a + \mathrm{B}b + \mathrm{C}c) + \mathrm{A}x_0 + \mathrm{B}y_0 + \mathrm{C}z_0 + \mathrm{D} = 0$$

qui détermine t, et exprime qu'un point de la droite est dans le
plan. Si le coefficient de t est nul, la droite est parallèle au plan.
Si le point $(x_0 y_0 z_0)$ est, en même temps, dans le plan, la droite est
située dans le plan.

Le plan passant par trois points donnés $(x_1 y_1 z_1)$ $(x_2 y_2 z_2)$ $(x_3 y_3 z_3)$ a
une équation que l'on peut écrire sous forme de déterminant

$$\begin{vmatrix} x & y & z & 1 \\ x_1 & y_1 & z_1 & 1 \\ x_2 & y_2 & z_2 & 1 \\ x_3 & y_3 & z_3 & 1 \end{vmatrix} = 0, \qquad \begin{vmatrix} x - x_1, & y - y_1, & z - z_1 \\ x_2 - x_1, & y_2 - y_1, & z_2 - z_1 \\ x_3 - x_1, & y_3 - y_1, & z_3 - z_1 \end{vmatrix} = 0.$$

Si les trois points sont en ligne droite, les éléments des deux
dernières lignes du second déterminant sont proportionnels, il est
identiquement nul. Tout plan passant par deux points contient
alors le troisième.

Si les trois points donnés sont sur les axes, supposons $y_1 z_1 x_2 z_2 x_3 y_3$
nuls, l'équation du plan peut s'écrire :

$$\frac{x}{x_1} + \frac{y}{y_2} + \frac{z}{z_3} = 1.$$

187. Distance d'un point à une droite. — Soit un point M_1
$(x_1 y_1 z_1)$ et la droite représentée par les équa-
tions (2). Le plan P perpendiculaire à la droite,
mené par M_1, a pour équation

$$a(x - x_1) + b(y - y_1) + c(z - z_1) = 0.$$

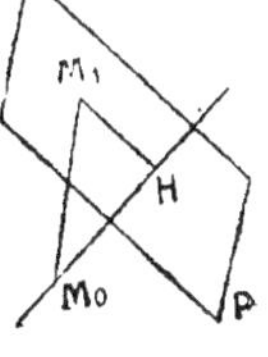

Cette équation et les équations (2) déterminent
le point H, pied de la perpendiculaire $\mathrm{M}_1\mathrm{H}$.
Dans le triangle rectangle $\mathrm{M}_0\mathrm{M}_1\mathrm{H}$, on a :

Fig. 58.

$$\overline{\mathrm{M}_1\mathrm{H}}^2 = \overline{\mathrm{M}_0\mathrm{M}_1}^2 - \overline{\mathrm{M}_0\mathrm{H}}^2$$

$$\overline{\mathrm{M}_0\mathrm{M}_1}^2 = (x_0 - x_1)^2 + (y_0 - y_1)^2 + (z_0 - z_1)^2$$

M_0H est la distance du point M_0 au plan

$$\overline{M_0H}^2 = \frac{[a(x_0 - x_1) + b(y_0 - y_1) + c(z_0 - z_1)]^2}{a^2 + b^2 + c^2}.$$

Exercices

1. Lieu du milieu d'une droite de longueur constante, dont les extrémités restent sur deux droites rectangulaires, non situées dans le même plan.

2. En prenant pour axes trois arêtes d'un tétraèdre, former les équations des plans passant par une arête et le milieu de l'arête opposée. Démontrer que ces six plans passent par un même point.

3. Connaissant les coordonnées des sommets d'un tétraèdre, former l'équation du plan perpendiculaire au milieu d'une arête. Vérifier que les six plans analogues passent par un même point.

4. Une droite est donnée par ses équations (2) (§ 183). Calculer les angles λ, μ, ν qu'elle forme avec ses projections sur les plans de coordonnées, et les distances l, m, n de l'origine à ces projections. Si d est la distance de l'origine à cette droite, démontrer la formule :

$$d^2 = l^2 \cos^2 \lambda + m^2 \cos^2 \mu + n^2 \cos^2 \nu.$$

CHAPITRE XII

—

GÉNÉRATION DES SURFACES

188. Tangente. — Soit une courbe représentée par les équations (§ 181)

$$x = f_1(t), \quad y = f_2(t), \quad z = f_3(t).$$

La droite qui joint deux points $M(x, y, z)$, $M_1(x_1, y_1, z_1)$, donnés par les valeurs t, t_1, a pour équations

$$\frac{X - x}{\lambda(x_1 - x)} = \frac{Y - y}{\lambda(y_1 - y)} = \frac{Z - z}{\lambda(z_1 - z)}$$

où λ peut être choisi arbitrairement ; soit $\lambda = \dfrac{1}{t_1 - t}$; lorsque t_1 tend vers t, les dénominateurs ont pour limites les dérivées x', y', z' de x, y, z ; la tangente, qui est la limite de la droite MM_1, a pour équations :

$$(1) \qquad \frac{X - x}{x'} = \frac{Y - y}{y'} = \frac{Z - z}{z'}.$$

Si y et z sont donnés en fonction de x, on supposera $x = t$, $x' = 1$, y', z' seront les dérivées par rapport à x.

Si la courbe est représentée par deux équations, non résolues :

$$f(x, y, z) = 0, \quad \varphi(x, y, z) = 0$$

on peut considérer y et z comme des fonctions implicites de x dont les dérivées sont données par les équations :

$$f'_x + y' f'_y + z' f'_z = 0, \quad \varphi'_x + y' \varphi'_y + z' \varphi'_z = 0$$

On pourrait calculer y' et z', ou éliminer y', z' entre ces équations et les équations (1) où $x' = 1$; ce qui donne les équations de la tangente sous la forme :

$$(X - x)f_x' + (Y - y)f_y' + (Z - z)f_z' = 0$$
$$(X - x)\varphi_x' + (Y - y)\varphi_y' + (Z - z)\varphi_z' = 0.$$

189. Plan tangent. — Soit une surface $f = 0$, et un point $M(x, y, z)$ sur cette surface. Une courbe de la surface passant par M sera l'intersection avec une autre surface φ passant par M. La tangente est déterminée par les deux équations précédentes ; quel que soit φ, cette tangente est dans le plan

$$(X - x)f_x' + (Y - y)f_y' + (Z - z)f_z' = 0$$

qui est le plan tangent à la surface en M.

Si les trois dérivées sont nulles, ce plan n'est plus déterminé, M est un point singulier, il faut pour cela que l'on ait en même temps

$$f = 0, \qquad f_x' = 0, \qquad f_y' = 0, \qquad f_z' = 0$$

en général, ces équations n'auront aucune solution.

Si f est un polynôme de degré m, on peut le rendre homogène, en remplaçant x, y, z par $\dfrac{x}{t}$, $\dfrac{y}{t}$, $\dfrac{z}{t}$; posons alors

$$f(x, y, z, t) = t^m f\left(\frac{x}{t}, \frac{y}{t}, \frac{z}{t}\right)$$

l'identité d'Euler (§ 64) donne :

$$xf_x' + yf_y' + zf_z' + tf_t' = mf(x, y, z, t)$$

qui est nul, pour un point de la surface, ce qui permet d'écrire l'équation du plan tangent

$$Xf_x' + Yf_y' + Zf_z' + f_t' = 0$$

où t sera remplacé par 1.

Si la surface passe par l'origine, f_x', pour x, y, z nuls, est le coefficient de x, l'équation du plan tangent en O est formée par les termes du premier degré. La normale à la surface en **M** est la perpendiculaire au plan tangent, elle a pour équations :

$$\frac{X - x}{f_x'} = \frac{Y - y}{f_y'} = \frac{Z - z}{f_z'}.$$

190. Génération des surfaces. — On peut obtenir l'équation d'une surface en exprimant la propriété qui sert de définition ; par exemple, une sphère sera représentée par l'équation

$$(x - a)^2 + (y - b)^2 + (z - c)^2 = R^2.$$

On considère souvent une surface comme engendrée par une courbe :

$$f(x, y, z, a) = 0 \qquad \varphi(x, y, z, a) = 0$$

à chaque valeur de a correspond une courbe. Si on élimine a, on exprime que le point (x, y, z) est choisi de façon que les deux équations, en a, ont une racine commune, ou qu'une courbe passe par ce point. L'élimination de a détermine l'équation de la surface.

Il peut arriver que a soit assujetti à certaines conditions, par exemple à ne varier qu'entre certaines limites, ou à être réel, et qu'une partie seulement de la surface obtenue réponde à la question.

Les équations de la courbe mobile peuvent être données en fonction d'un paramètre t :

$$x = f_1(a, t), \qquad y = f_2(a, t), \qquad z = f_3(a, t)$$

à chaque valeur de a correspond une courbe ; à chaque valeur de t, un point de la courbe. A chaque valeur de a et t correspond un point de la surface engendrée, dont l'équation s'obtiendra en éliminant a et t.

191. Cylindre. — Un cylindre est engendré par une droite parallèle à une direction fixe. Si cette direction a été choisie pour l'axe OZ, l'équation est :

$$f(x, y) = 0$$

le plan tangent est :

$$(X - x)f'_x + (Y - y)f'_y = 0$$

il est le même en tous les points d'une génératrice, pour laquelle x et y sont fixes, z étant arbitraire.

Soit un cylindre engendré par une droite parallèle à la direction

$$x = az, \qquad y = bz$$

qui rencontre la courbe directrice :

$$f(x, y, z) = 0 \qquad \varphi(x, y, z) = 0.$$

Une génératrice

$$x = az + p, \qquad y = bz + q$$

doit rencontrer la directrice ; ces quatre équations doivent être vérifiées pour un système de valeurs de x, y, z ; ce qu'on exprime en éliminant x, y, z. On aura une équation entre p et q.

$$F(p, q) = 0$$

il reste à éliminer p et q entre cette équation, et celles de la droite mobile ; on a l'équation du cylindre

$$F(x - az, y - bz) = 0.$$

192. Cône. — Un cône est engendré par une droite passant par un point fixe appelé sommet. Si le sommet est l'origine, une génératrice a pour équations :

$$x = az, \qquad y = bz$$

a et b devront être liés par une équation, que l'on peut, par exemple, obtenir en exprimant que cette droite rencontre une courbe directrice donnée. En éliminant ensuite a et b, on a l'équation du cône

$$F\left(\frac{x}{z}, \frac{y}{z}\right) = 0$$

c'est une équation homogène entre x, y, z. Il en résulte (§ 189) que le plan tangent passe par le sommet, et reste le même en tous les points d'une génératrice.

Un cône de révolution est le lieu des droites formant avec l'axe un angle V constant. Si a, b, c sont les cosinus directeurs de l'axe $M(x, y, z)$ un point du cône, de sommet O, en exprimant que OM forme l'angle V avec l'axe, on a l'équation du cône (§ 185) :

$$(ax + by + cz)^2 = (x^2 + y^2 + z^2) \cos^2 V.$$

L'équation d'un cône, ayant pour sommet un point (x_0, y_0, z_0), peut s'obtenir en transportant l'origine en ce point. L'équation du cône, par rapport aux premiers axes, est homogène entre

$$x - x_0, \qquad y - y_0, \qquad z - z_0.$$

193. Surface de révolution. — Une surface de révolution est engendrée par une courbe tournant autour d'un axe. Tout point de la courbe décrit un cercle dont le centre est sur l'axe, le plan perpendiculaire à l'axe. On peut considérer la surface comme le lieu de ces cercles.

Soient $\dfrac{x - x_0}{a} = \dfrac{y - y_0}{b} = \dfrac{z - z_0}{c}$ les équations de l'axe.

Un des cercles de la surface sera l'intersection d'une sphère ayant pour centre le point x_0, y_0, z_0 de l'axe, et d'un plan perpendiculaire à l'axe.

$$(x - x_0)^2 + (y - y_0)^2 + (z - z_0)^2 = R^2, \quad ax + by + cz = d$$

R et d étant variables. Si on exprime que ce cercle rencontre la courbe directrice, on a, par l'élimination de x, y, z, une relation entre R et d :

$$F(R^2, d) = 0$$

l'élimination de R et d détermine l'équation de la surface

$$F\big((x - x_0)^2 + (y - y_0)^2 + (z - z_0)^2, ax + by + cz\big) = 0$$

Si l'axe de la surface est OZ, cette équation devient une relation entre $x^2 + y^2$ et z, qui peut se mettre sous la forme

$$x^2 + y^2 = f(z).$$

Le plan tangent au point (x, y, z) a pour équation

$$2x(X - x) + 2y(Y - y) - (Z - z)f'(z) = 0.$$

La normale est :

$$\frac{X - x}{2x} = \frac{Y - y}{2y} = \frac{Z - z}{-f'(z)}.$$

Elle coupe l'axe au point

$$X = 0, \qquad Y = 0, \qquad Z = z + \frac{1}{2}f'(z).$$

Les normales aux points d'un parallèle, pour lesquels z est constant, coupent l'axe au même point. Ces normales forment un cône de révolution.

Les plans tangents aux points d'un parallèle coupent aussi l'axe en un même point :

$$X = 0, \qquad Y = 0, \qquad Z = z - 2\,\frac{x^2 + y^2}{f'(z)} = z - 2\,\frac{f(z)}{f'(z)}$$

ces plans sont tangents à un cône de révolution.

Si $y = 0$ dans l'équation de la surface, on a la courbe méridienne. Le plan tangent est perpendiculaire au plan méridien.

Si l'équation de la courbe méridienne est donnée, dans le plan $y = 0$, l'équation de la surface s'obtiendra en remplaçant x^2 par $x^2 + y^2$ ou x par $\sqrt{x^2 + y^2}$.

194. Tore. — Supposons que la courbe méridienne soit un cercle ayant son centre sur OX

$$(x - a)^2 + z^2 = b^2$$

la surface engendrée par ce cercle tournant autour de OZ a pour équation

$$(\sqrt{x^2 + y^2} - a)^2 + z^2 = b^2$$
$$(x^2 + y^2 + z^2 + a^2 - b^2)^2 = 4\,a^2(x^2 + y^2)$$

la méridienne est formée de deux cercles symétriques. Supposons $a > b$. La tangente OT à la méri-

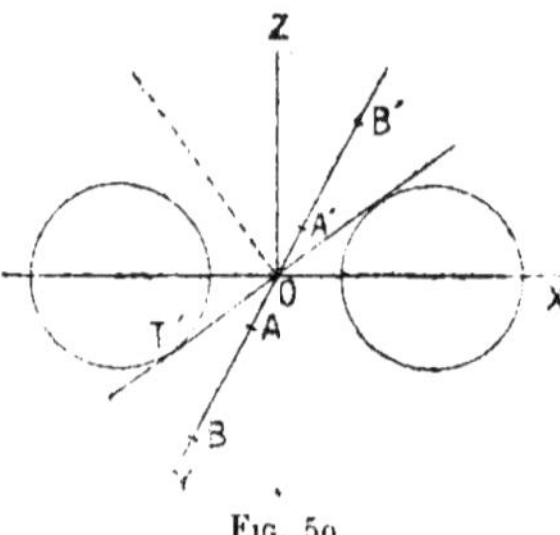

Fig. 59.

dienne forme avec OX un angle α dont le sinus est $\frac{b}{a}$. Le plan passant par OY et OT est bitangent aux points T et T'. Cherchons l'équation de l'intersection de la surface par ce plan. Si on fait tourner les axes XOZ de l'angle α, on a les formules de transformation (§ 113) :

$$\begin{cases} x = X \cos\alpha - Z \sin\alpha = X\sqrt{1 - \dfrac{b^2}{a^2}} - Z\,\dfrac{b}{a} \\[2ex] z = X \sin\alpha + Z \cos\alpha = X\,\dfrac{b}{a} + Z\sqrt{1 - \dfrac{b^2}{a^2}} \end{cases}$$

l'équation de la section, dans son plan, s'obtiendra en posant $Z = 0$ dans la nouvelle équation de la surface ; c'est-à-dire en remplaçant x et z par $X\sqrt{1 - \dfrac{b^2}{a^2}}$ et $X\dfrac{b}{a}$:

$$(X^2 + y^2 + a^2 - b^2)^2 = 4(a^2 - b^2)X^2 + 4a^2y^2$$
$$X^4 + 2X^2(y^2 + b^2 - a^2) + y^4 - 2y^2(a^2 + b^2) + (a^2 - b^2)^2 = 0$$
$$X^2 = a^2 - b^2 - y^2 \pm 2by$$

L'équation se décompose et représente deux cercles de centres $X = 0$, $y = \pm b$, de rayon a. L'axe OY coupe le tore aux quatre points A, B, A', B', les deux cercles de section du plan bitangent ont pour diamètres BA' et AB'. Ils se coupent aux points de contact T, T'.

Exercices

1. Équation de la surface engendrée par une droite qui coupe l'axe OZ à angle droit, et rencontre un cercle situé dans un plan parallèle à YOZ. Sections de la surface parallèles au plan YOZ.
2. Former l'équation de la surface engendrée par un cercle qui rencontre OX, OY et la droite $y = x$, $z = a$, et dont le plan reste parallèle au plan $x + y = 0$.
3. Quelles sont les surfaces de révolution du second degré.
4. Former l'équation de la surface engendrée par une droite qui tourne autour de OZ, déterminer la courbe méridienne.

CHAPITRE XIII

—

SURFACES DU SECOND DEGRÉ

195. Centre. — Une surface du second degré, ou quadrique, sera représentée par l'équation :

$$f(x, y, z) =$$
$$Ax^2 + A'y^2 + A''z^2 + 2Byz + 2B'zx + 2B''xy + 2Cx + 2C'y + 2C''z + D = 0.$$

L'origine est un centre si C, C' C'' sont nuls, car l'équation ne change pas quand on remplace (x, y, z) par le point symétrique $(- x, - y, - z)$.

Si on transporte l'origine en un point (x, y, z) l'équation de la surface devient

$$f(x + X, y + Y, z + Z) = 0.$$

La nouvelle origine est centre si les coefficients de X, Y, Z sont nuls, ou (§ 61) :

$$\tfrac{1}{2} f_x'(x, y, z) = Ax + B''y + B'z + C = 0$$

$$\tfrac{1}{2} f_y'(x, y, z) = B''x + A'y + Bz + C' = 0$$

$$\tfrac{1}{2} f_z'(x, y, z) = B'x + By + A''z + C'' = 0$$

ces trois équations représentent des plans, dont le point d'intersection est le centre de la surface.

Si le déterminant des coefficients de x, y, z est nul, les plans sont parallèles à une même droite, il n'y a pas de centre, ou un centre à l'infini.

Si les trois plans passent par une même droite, tout point de cette droite est un centre, la surface est un cylindre ; un plan la coupe suivant une courbe à centre, c'est un cylindre dont la base est une ellipse ou une hyperbole, qui peut se réduire à deux droites.

Si les trois plans sont parallèles, la ligne des centres s'éloigne à l'infini, ainsi que le centre de la base du cylindre, qui devient une parabole.

Si les trois sont confondus, la surface est formée de deux plans parallèles, car il y a une infinité de centres dans un plan ; si M est un point de la surface, le plan, parallèle au plan des centres, qui passe par le symétrique de M, fait partie de la surface.

196. Plan diamétral. — Cherchons le lieu des milieux des cordes parallèles à la droite

$$\frac{x}{a} = \frac{y}{b} = \frac{z}{c}.$$

Si, par un point (x, y, z), on mène une droite parallèle à cette direction, un point de cette droite a pour coordonnées (§ 183) :

$$X = x + at \quad , \quad Y = y + bt \quad . \quad Z = z + ct$$

ce point sera sur la surface f si :

$$f(x + at, y + bt, z + ct) = 0$$

cette équation donne deux valeurs de t, correspondant aux deux points d'intersection. Le point (x, y, z) sera le milieu si les valeurs de t sont égales et de signes contraires, ou si le terme en t disparaît (§ 139) :

$$af_x'(x, y, z) + bf_y'(x, y, z) + cf_z'(x, y, z) = 0.$$

C'est l'équation du lieu, plan diamétral conjugué de la direction donnée. Il passe par le centre de la surface. S'il n'y a pas de centre, il est parallèle à la même droite que les plans du centre.

197. Diamètres. — Considérons deux directions de cordes L et L', dont les plans diamétraux P, P' se coupent suivant une droite D. Un plan Q parallèle aux deux droites L, L' coupe la surface suivant une courbe C. Les cordes du plan Q parallèles à L ont leurs milieux dans le plan P, l'intersection de P et Q est un diamètre de la section ; le centre de la section est sur ce diamètre ; il est aussi dans le plan P', et par suite sur la droite D intersection de P et P'. Donc D est le lieu des centres des sections parallèles au plan de L et L', c'est le diamètre conjugué de ce plan.

Les diamètres passent par le centre, comme les plans diamétraux. S'il n'y a pas de centre, ils sont parallèles à une droite fixe.

Soient les deux directions :

$$\frac{x}{a} = \frac{y}{b} = \frac{z}{c} \qquad \frac{x}{a'} = \frac{y}{b'} = \frac{z}{c'}$$

et leur plan

$$\begin{vmatrix} x & y & z \\ a & b & c \\ a' & b' & c' \end{vmatrix} = lx + my + nz = 0.$$

Le diamètre conjugué de ce plan est représenté par les équations

$$af'_x + bf'_y + cf'_z = 0, \qquad a'f'_x + b'f'_y + c'f'_z = 0$$

$$\frac{f'_x}{bc' - cb'} = \frac{f'_y}{ca' - ac'} = \frac{f'_z}{ab' - ba'} \cdot$$

Donc le lieu des centres des sections parallèles au plan

$$lx + my + nz = 0$$

est le diamètre représenté par

$$\frac{f'_x}{l} = \frac{f'_y}{m} = \frac{f'_z}{n} \cdot$$

Si la surface a un centre, à un diamètre D correspond un plan diamétral P passant par le centre. Si D' et D" sont deux diamètres conjugués de la section par le plan P, D, D', D" forment un système de trois diamètres conjugués ; chacun est conjugué du plan des deux autres.

198. Plans principaux. — Si les cordes sont perpendiculaires au plan diamétral conjugué, ce plan est un plan principal, ou un plan de symétrie. En exprimant que le plan diamétral est perpendiculaire aux cordes, on a :

$$\frac{Aa + B''b + B'c}{a} = \frac{B''a + A'b + Bc}{b} = \frac{B'a + Bb + A''c}{c} = S$$

S représentant la valeur de ces rapports, ou :

$$\begin{cases} (A - S)a + B''b + B'c = 0 \\ B''a + (A' - S)b + Bc = 0 \\ B'a + Bb + (A'' - S)c = 0 \end{cases}$$

$$\begin{vmatrix} A - S & B'' & B' \\ B'' & A' - S & B \\ B' & B & A'' - S \end{vmatrix} = 0$$

à chaque valeur de S correspond une direction perpendiculaire au plan conjugué. Si la surface a un centre, le plan principal passe par le centre, il coupe la surface suivant une courbe dont les axes forment, avec la direction conjuguée, un système d'axes ; ces trois axes sont réels et correspondent aux trois valeurs de S.

Si la surface n'a pas de centre, en supprimant les termes Cx, $C'y$, $C''z$, on a une surface cylindrique, qui a les mêmes directions principales ; car les parallèles à ces directions ne dépendent que des termes du second degré. Ce cylindre a pour base une ellipse ou une hyperbole, la ligne des centres, et les axes d'une section perpendiculaire, sont trois directions principales. Pour la première surface. il y a donc trois directions perpendiculaires, mais le plan principal peut s'éloigner à l'infini, comme le centre.

199. Quadriques à centre. — Si on prend le centre pour origine, les directions principales pour axes, la surface étant symétrique par rapport aux plans de coordonnées se réduit à :

$$Ax^2 + A'y^2 + A''z^2 + D = 0.$$

Si D est nul, c'est un cône (§ 192). Si A'' est nul c'est un cylindre parallèle à OZ. Si l'un des coefficients est nul, on a donc un cône ou un cylindre. Dans les autres cas on peut, en choisissant les axes, supposer A et A′ positifs ; car deux des quantités AA′A″

ont le même signe. On peut alors ramener l'équation à l'une des formes suivantes :

$$\frac{x^2}{a^2} + \frac{y^2}{b^2} + \frac{z^2}{c^2} - 1 = 0 \qquad \frac{x^2}{a^2} + \frac{y^2}{b^2} + \frac{z^2}{c^2} + 1 = 0$$

$$\frac{x^2}{a^2} + \frac{y^2}{b^2} - \frac{z^2}{c^2} - 1 = 0 \qquad \frac{x^2}{a^2} + \frac{y^2}{b^2} - \frac{z^2}{c^2} + 1 = 0.$$

La première est coupée par les plans de coordonnées suivant des ellipses, c'est un ellipsoïde (*fig.* 60). Si $a = b$ c'est un ellipsoïde de révolution autour de OZ. La seconde est un ellipsoïde imaginaire, elle n'a aucun point réel. La troisième est coupée par les plans XOZ. YOZ suivant des hyperboles qui ne rencontrent pas OZ. Les plans parallèles à XOY donnent des ellipses réelles, quelle que soit la valeur donnée à z. C'est

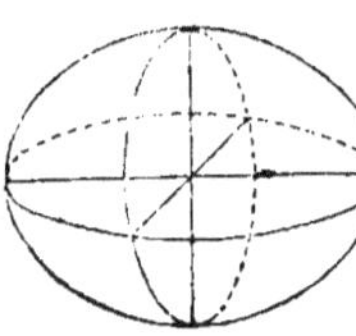

Fig. 60.

un hyperboloïde à une nappe (*fig.* 61). Si $a = b$, la surface est de révolution.

La quatrième surface est un hyperboloïde à deux nappes (*fig.* 62). Les plans XOZ, YOZ la coupent suivant des hyperboles, dont les

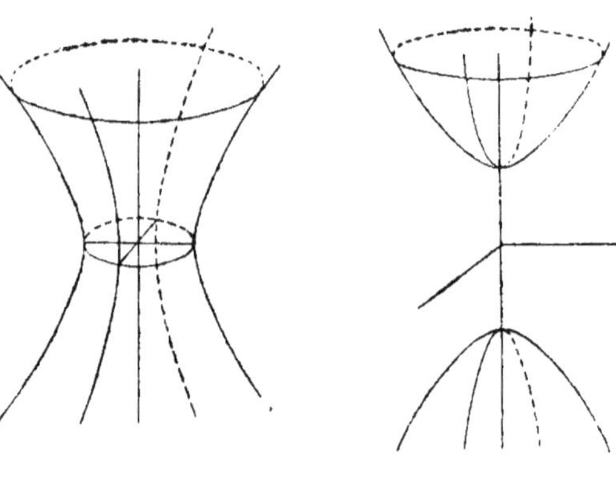

Fig. 61.   Fig. 62.

sommets sont sur OZ. Les sections parallèles à XOY sont des ellipses réelles, lorsque $z^2 > c^2$, si z est compris entre $-c$ et $+c$ la section est imaginaire. Si $a = b$ la surface est de révolution, l'hyperbole méridienne tourne autour de l'axe passant par les sommets.

Ces quatre surfaces peuvent se distinguer par le nombre des sommets réels.

200. Systèmes de diamètres conjugués. — Soit la surface

$$\frac{x^2}{A} + \frac{y^2}{B} + \frac{z^2}{C} = 1$$

et trois diamètres

$$\frac{x}{l} = \frac{y}{m} = \frac{z}{n} \quad , \quad \frac{x}{l'} = \frac{y}{m'} = \frac{z}{n'} \quad , \quad \frac{x}{l''} = \frac{y}{m''} = \frac{z}{n''}$$

le plan diamétral conjugué du premier est (§ 196) :

$$\frac{lx}{A} + \frac{my}{B} + \frac{nz}{C} = 0$$

chaque diamètre sera conjugué du plan des deux autres, si on a :

$$\frac{ll'}{A} + \frac{mm'}{B} + \frac{nn'}{C} = 0 \quad , \quad \frac{l'l''}{A} + \frac{m'm''}{B} + \frac{n'n''}{C} = 0,$$

$$\frac{l''l}{A} + \frac{m''m}{B} + \frac{n''n}{C} = 0.$$

Supposons que la surface soit un ellipsoïde, et que (l, m, n) (l', m', n') (l'', m'', n'') soient les extrémités de trois diamètres conjugués. Les quantités $\frac{l}{a}$, $\frac{m}{b}$, $\frac{n}{c}$; $\frac{l'}{a}$, $\frac{m'}{b}$, $\frac{n'}{c}$; $\frac{l''}{a}$, $\frac{m''}{b}$, $\frac{n''}{c}$ vérifient les six relations (3, 4, § 178), qui existent entre les 9 cosinus de trois directions perpendiculaires.

Les relations (5), qu'on en déduit, donnent :

$$l^2 + l'^2 + l''^2 = a^2, \quad m^2 + m'^2 + m''^2 = b^2, \quad n^2 + n'^2 + n''^2 = c^2$$

$$(l^2 + m^2 + n^2) + (l'^2 + m'^2 + n'^2) + (l''^2 + m''^2 + n''^2) = a^2 + b^2 + c^2$$

la somme des carrés des longueurs de trois diamètres conjugués est constante.

201. Paraboloïdes. — Si la surface n'a pas de centre, on peut choisir OX parallèle aux trois plans du centre (§ 195), alors A,

B′, B″ sont nuls. Si on prend les axes Y et Z parallèles aux axes de la section par le plan YOZ, B est aussi nul. En déplaçant l'origine on peut faire disparaître les termes en y, z, et le terme constant. L'équation prend alors la forme

$$\frac{y^2}{p} + \frac{z^2}{q} = 2x.$$

On peut choisir le sens de OX de façon que p soit positif, si q est positif, les sections perpendiculaires à OX sont des ellipses, les sections XOY, XOZ sont des paraboles tournées vers le sens positif des x. La surface est un paraboloïde elliptique (*fig.* 63).

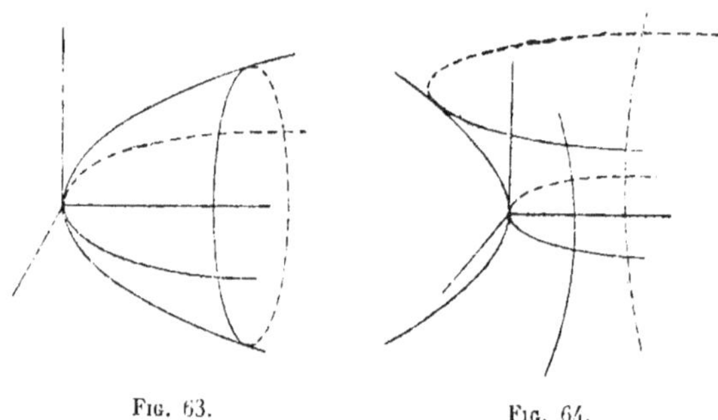

FIG. 63.   FIG. 64.

Si $p = q$ c'est une surface de révolution. Si q est négatif, les sections XOY, XOZ sont des paraboles de sens inverses. Les plans perpendiculaires à OX donnent des hyperboles ; la surface est un paraboloïde hyperbolique (*fig.* 64). Le plan YOZ la coupe suivant deux droites.

202. Cône asymptote. — La section d'un quadrique par un plan est déterminée par les deux équations :

$$f(x, y, z) = 0 \qquad z = \alpha x + \beta y + c$$

la projection sur le plan XOY s'obtiendra en éliminant z, et les directions asymptotiques en ne conservant que les termes du second degré, ou en cherchant la section du plan $z = \alpha x + \beta y$ dans le cône obtenu en prenant les termes du second degré de f. Ce cône est donc le lieu des droites parallèles aux asymptotes des sections planes. Si l'origine est le centre, c'est le cône asymptote. Soit la surface

$$\frac{x^2}{A} + \frac{y^2}{B} + \frac{z^2}{C} = 1$$

le cône asymptote est représenté par le premier membre égalé à zéro, il est imaginaire pour l'ellipsoïde, réel pour les hyperboloïdes. Soit

$$\frac{x}{l} = \frac{y}{m} = \frac{z}{n} \quad , \quad \frac{l^2}{A} + \frac{m^2}{B} + \frac{n^2}{C} = 0$$

une génératrice du cône asymptote. Une parallèle à cette génératrice pourra se représenter par les équations

$$\frac{X - x_0}{l} = \frac{Y - y_0}{m} = \frac{Z - z_0}{n} = t$$

les points où elle coupe la surface sont donnés par l'équation

$$\frac{(x_0 + lt)^2}{A} + \frac{(y_0 + mt)^2}{B} + \frac{(z_0 + nt)^2}{C} = 1$$

cette équation se réduit au premier degré ; une parallèle à une génératrice du cône coupe la surface en un seul point, l'autre serait à l'infini. Le coefficient de t peut être nul ; les deux points d'intersection sont à l'infini si :

$$\frac{lx_0}{A} + \frac{my_0}{B} + \frac{nz_0}{C} = 0$$

équation qui exprime que le point x_0, y_0, z_0 est dans le plan tangent au cône au point (l, m, n) (§ 189). Les droites du plan tangent au cône, parallèles à la génératrice de contact, ne coupent pas la surface.

Enfin si l'équation en t devenait une identité, la droite serait sur la surface.

L'intersection du plan tangent au cône, le long de la génératrice (l, m, n), avec la surface est déterminée par les deux équations

$$\frac{lX}{A} + \frac{mY}{B} + \frac{nZ}{C} = 0 \qquad \frac{X^2}{A} + \frac{Y^2}{B} + \frac{Z^2}{C} = 1$$

sa projection sur le plan XOY est :

$$\left(\frac{X^2}{A} + \frac{Y^2}{B} - 1\right)\frac{n^2}{C} + \left(\frac{lX}{A} + \frac{mY}{B}\right)^2 = 0$$

et, en tenant compte de la relation entre l, m, n :

$$\frac{X^2 m^2}{AB} + \frac{Y^2 l^2}{BA} - 2\frac{lmXY}{AB} + \frac{n^2}{C} = 0$$

$$(Xm - Yl)^2 = - n^2 \frac{AB}{C}$$

Le plan tangent au cône coupe la surface suivant deux droites parallèles à la génératrice de contact, elles sont réelles pour l'hyperboloïde à une nappe, car ABC est négatif ; imaginaires pour l'hyperboloïde à deux nappes.

203. Plans directeurs. — Les parallèles, menées par O, aux asymptotes des sections d'un paraboloïde (§ 201) sont situées sur la surface

$$\frac{y^2}{p} + \frac{z^2}{q} = 0$$

qui représente deux plans, réels pour le paraboloïde hyperbolique, imaginaires pour le paraboloïde elliptique.

Un plan, parallèle à l'un de ces plans directeurs, détermine une section représentée par les équations :

$$z = y\sqrt{\frac{-q}{p}} + \lambda, \qquad \frac{y^2}{p} + \frac{z^2}{q} = 2x$$

sa projection sur le plan XOY est :

$$2\frac{\lambda y}{q}\sqrt{\frac{-q}{p}} + \frac{\lambda^2}{q} = 2x$$

La section est formée d'une seule droite.

204. Sections planes. — Si on coupe une quadrique

$$f(x, y, z) = 0$$

par un plan

$$z = ax + by + c$$

la projection de la section a pour équation

$$f(x, y, ax + by + c) = 0$$

le plan parallèle, mené par le centre, coupe le cône asymptote suivant deux droites parallèles aux asymptotes de la section.

Pour un paraboloïde, le plan coupe les plans directeurs suivant des parallèles aux asymptotes.

L'ellipsoïde, ayant un cône asymptote imaginaire, n'a que des sections elliptiques, l'ellipse pouvant être réelle ou imaginaire.

Le paraboloïde elliptique est coupé suivant une ellipse ; ou une parabole, si le plan est parallèle à l'axe, intersection des deux plans directeurs imaginaires.

La section d'un hyperboloïde est une ellipse si le plan parallèle mené par l'origine ne coupe pas le cône asymptote, une hyperbole si ce plan coupe le cône suivant deux génératrices. S'il est tangent au cône, la section est une parabole, car les deux directions asymptotiques se confondent.

Un paraboloïde hyperbolique est coupé suivant une hyperbole, sauf par les plans parallèles à l'axe, qui donnent des paraboles.

Si une section se décompose en deux droites (réelles ou imaginaires), le plan est tangent au point de rencontre des deux droites.

Exercices

1. Lieu des milieux des cordes d'un ellipsoïde, qui passent par un point fixe.
2. Former l'équation du cône ayant pour sommet le centre d'un ellipsoïde, pour base une section donnée. Comment faut-il choisir le plan de cette section pour que ce cône soit coupé suivant des cercles par les plans perpendiculaires au grand axe de l'ellipsoïde. Dans ce cas trouver le lieu des centres de ces sections.
3. Démontrer que la somme des carrés des distances des extrémités de trois diamètres conjugués d'un ellipsoïde à un diamètre fixe est constante. Quels sont les diamètres donnant la somme maximum ou minimum.
4. Lieu des foyers des sections d'un paraboloïde par des plans parallèles à l'un des plans principaux.

CHAPITRE XIV

—

INTERSECTIONS

205. **Génératrices rectilignes**. — Soit une quadrique dont l'équation est mise sous la forme

$$PQ = RS$$

P, Q, R, S étant quatre polynômes en x, y, z. Les droites représentées par :

$$P = \lambda R, \qquad S = \lambda Q$$

sont situées sur la surface. A deux valeurs λ, λ' correspondent deux droites qui n'ont aucun point commun ; les 4 équations ne pourraient être vérifiées que si P, Q, R, S s'annulaient en même temps. Dans ce cas les droites passeraient par un point fixe, la surface serait un cône. La même surface contient le système de droites.

$$P = \mu S, \qquad R = \mu Q$$

cette droite rencontre la première, car les 4 équations se réduisent à trois :

$$P = \lambda R = \mu S = \lambda \mu Q$$

qui déterminent un point, intersection des deux droites.

Deux génératrices du même système ne se coupent pas ; deux génératrices de systèmes différents se coupent en un point M. Le plan des deux droites est le plan tangent en M.

Si on prend pour origine un point d'une quadrique (§ 195), et XOY tangent en O, les coefficients C, C', D sont nuls ; la section par ce plan tangent, obtenue en annulant z, donne un polynôme homogène du second degré, qui représente deux droites, réelles ou imaginaires. Tout plan tangent coupe la surface suivant deux droites, une de chaque système. Pour l'ellipsoïde et l'hyperboloïde à deux nappes ces droites sont imaginaires, le plan tangent n'a qu'un point commun avec la surface.

Pour l'hyperboloïde à une nappe :

$$\frac{x^2}{a^2} - \frac{z^2}{c^2} = 1 - \frac{y^2}{b^2}$$

les génératrices sont représentées par les équations :

$$\begin{cases} \dfrac{x}{a} - \dfrac{z}{c} = \lambda\left(1 - \dfrac{y}{b}\right) \\ \lambda\left(\dfrac{x}{a} + \dfrac{z}{c}\right) = 1 + \dfrac{y}{b} \end{cases} \qquad \begin{cases} \dfrac{x}{a} - \dfrac{z}{c} = \mu\left(1 + \dfrac{y}{b}\right) \\ \mu\left(\dfrac{x}{a} + \dfrac{z}{c}\right) = 1 - \dfrac{y}{b} \end{cases}$$

elles sont parallèles aux génératrices du cône asymptote.

Pour le paraboloïde hyperbolique

$$\frac{y^2}{p} - \frac{z^2}{q} = 2x$$

Les génératrices sont

$$\begin{cases} \dfrac{y}{\sqrt{p}} - \dfrac{z}{\sqrt{q}} = 2\lambda x \\ \lambda\left(\dfrac{y}{\sqrt{p}} + \dfrac{z}{\sqrt{p}}\right) = 1 \end{cases} \qquad \begin{cases} \dfrac{y}{\sqrt{p}} - \dfrac{z}{\sqrt{q}} = \mu \\ \mu\left(\dfrac{y}{\sqrt{p}} + \dfrac{z}{\sqrt{p}}\right) = 2x \end{cases}$$

ce sont les intersections de la surface par des plans parallèles aux plans directeurs.

206. Intersection. — Deux quadriques se coupent suivant une courbe du quatrième ordre. Un plan coupe les deux surfaces suivant des coniques, qui ont quatre points communs. Si les deux surfaces ont pour équations :

$$f(x, y, z) = 0 \qquad \varphi(x, y, z) = 0$$

la surface

$$f + \lambda \varphi = 0$$

passe par la courbe d'intersection. On peut déterminer λ de façon que cette surface passe par un point M donné. Par ce point et la courbe il ne passe pas d'autre quadrique, car un plan passant par M coupe la courbe en 4 points; par ces 5 points passe une seule conique, qui doit toujours être située sur la quadrique qui passe en M.

La tangente, en un point de la courbe, est l'intersection des plans tangents aux deux surfaces. Si ces plans coïncident le point est double; si on prend ce point pour origine, XOY étant le plan tangent commun, les équations des deux surfaces peuvent s'écrire :

$$z = \mathrm{F}\,(x,\,y,\,z) \qquad z = \Phi\,(x,\,y,\,z)$$

où F et Φ sont homogènes du second degré; la courbe d'intersection est sur le cône, $\mathrm{F} - \Phi = 0$, qui est coupé par le plan tangent suivant deux génératrices réelles ou imaginaires; ce sont les tangentes au point double.

207. Cas de décomposition. — L'intersection de deux quadriques peut se décomposer. Si les deux surfaces ont une conique commune, l'intersection est formée de deux coniques. En effet, si on prend pour XOY le plan de la conique, les termes ne contenant pas z ont leurs coefficients proportionnels; on peut les supposer égaux. L'équation $f - \varphi = 0$, divisible par z, représente deux plans. L'intersection est formée des sections faites par ces plans dans l'une des surfaces. Les surfaces passant par ces deux coniques ont alors une équation de la forme

$$f(x,\,y,\,z) + \lambda \mathrm{PQ} = 0$$

P et Q représentant les plans des deux coniques. Ces plans se coupent suivant une droite, qui rencontre f en deux points M, M′ (réels ou imaginaires); toutes ces surfaces ont même plan tangent en ces points, car ces plans tangents contiennent les deux tangentes aux coniques communes. Ces surfaces sont bitangentes.

Réciproquement, deux quadriques tangentes en deux points M et M′, qui ne contiennent pas la droite MM′, ont deux coniques communes ; car tout plan passant par MM' les coupe suivant deux coniques bitangentes (§ 154), qui ne peuvent avoir d'autre point commun sans coïncider. Si M" est un point de l'intersection, le plan MM'M" coupe les deux surfaces suivant la même conique. Il faut remarquer que chacune des coniques P, Q peut être réelle ou imaginaire, les points de contact M, M' pouvant être imaginaires, si la droite commune aux deux plans ne coupe pas les quadriques.

L'une des coniques peut être formée de deux droites, MM", M'M" (*fig.* 65) ; au point de rencontre M" les surfaces ont le même plan tangent MM'M". Elles ont trois plans tangents communs. Si

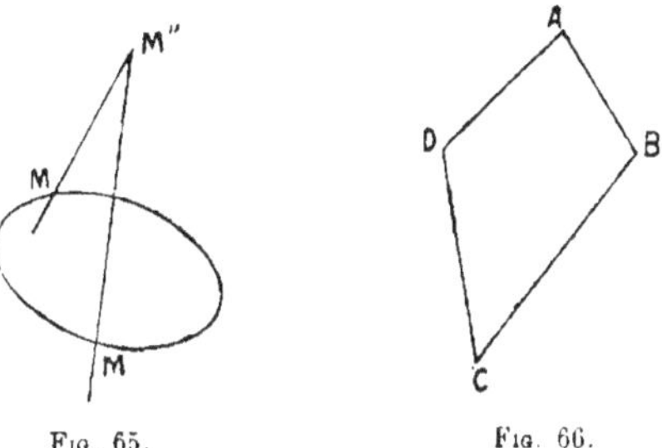

Fig. 65.   Fig. 66.

les deux coniques se réduisent à deux droites, les deux quadriques ont quatre droites communes AB, BC, CD, DA (*fig.* 66) ; elles sont tangentes en quatre points ; il y a quatre plans les coupant suivant deux droites communes.

Si deux quadriques ont une droite commune, le reste de l'intersection est une cubique, tout plan la coupe en trois points.

S'il y a deux droites communes dans un même plan, ces deux droites forment une conique, l'intersection comprend une autre conique.

S'il y a deux droites communes ne se coupant pas, il y a quatre droites communes ; car, si M est un point de l'intersection, les plans passant par M et chacune des deux droites se coupent suivant une droite, qui a trois points communs avec les quadriques, et fait partie de l'intersection.

208. Éléments doubles. — Si on coupe une quadrique par deux plans, par les deux sections passent une infinité de quadriques. Si les deux plans viennent coïncider, ces surfaces seront représentées par l'équation

$$f(x, y, z) + \lambda P^2 = 0$$

Elles n'ont en commun qu'une seule conique; mais elles sont tangentes en tout point de cette conique. En effet, si on prend, pour XOY, le plan de cette section, P sera égale à z. Pour un point de la conique, z est nul, l'équation du plan tangent ne contiendra pas λ, et sera la même pour toutes ces surfaces, qui sont circonscrites le long d'une conique. Cette conique peut être imaginaire, si le plan P ne coupe pas la surface f.

Lorsque deux surfaces ont des droites communes, il peut arriver que deux de ces droites viennent coïncider, les deux surfaces ont alors même plan tangent en chaque point de cette génératrice; elles se coupent suivant deux autres droites. En effet, prenons pour axe des z la génératrice commune; une quadrique contenant OZ a pour équation :

$$A x^2 + A'y^2 + 2Byz + 2B'xz + 2B''xy + 2Cx + 2C'y = 0$$

le plan tangent au point $(0, 0, z_0)$ a pour équation

$$x (B'z_0 + C) + y (Bz_0 + C') = 0$$

La surface

$$A_1 x^2 + A'_1 y^2 + 2Byz + 2B'xz + 2B''_1 xy + 2Cx + 2C'y = 0$$

est tangente à la première en tout point de OZ ; en retranchant les équations on a :

$$(A - A_1) x^2 + (A' - A'_1) y^2 + 2 (B'' - B''_1) xy = 0$$

équation qui représente deux plans passant par OZ, et montre que l'intersection comprend, outre OZ, deux droites qui rencontrent la génératrice double.

Ces deux droites peuvent également se confondre, les deux surfaces ont alors seulement deux génératrices communes, mais sont tangentes tout le long de ces génératrices.

Si $\dfrac{B}{B'} = \dfrac{C'}{C}$ le plan tangent est le même en tout point de OZ, si on prend ce plan pour XOZ les équations des deux surfaces ont la forme :

$$Ax^2 + A'y^2 + 2Byz + 2B''xy + 2C'y = 0$$

c'est un cône de sommet $\left(0, 0, -\dfrac{C'}{B}\right)$; si on a deux équations de cette forme, on peut les écrire :

$$x^2 = Py \qquad x^2 = Qy$$

L'équation $(P - Q)y = 0$ représente deux plans, l'intersection comprend l'axe OZ, et une conique. Les surfaces passant par cette intersection sont des cônes dont le sommet est sur la génératrice, la base est la conique commune.

209. Éléments à l'infini. — Une portion de l'intersection peut s'éloigner indéfiniment. Deux quadriques auront une droite commune à l'infini, si elles ont un plan directeur parallèle ; un plan coupe les deux surfaces suivant des coniques, ayant une direction asymptotique commune, qui auront trois points communs ; il n'y a donc qu'une cubique commune.

Si les cônes asymptotes sont parallèles ; c'est-à-dire, si les termes du second degré sont proportionnels, tout plan coupe les deux surfaces suivant deux coniques, ayant les deux asymptotes parallèles, qui se coupent en deux points ; l'intersection est alors formée d'une seule courbe plane, l'autre est à l'infini. On peut supposer égaux les termes du second degré, l'équation $f - \varphi = 0$ représente le plan de la seule conique commune.

Si les deux équations ne diffèrent que par le terme constant, les deux surfaces n'ont aucun point commun, toute l'intersection est à l'infini.

Enfin, lorsque deux quadriques sont tangentes le long d'une génératrice ; cette génératrice peut s'éloigner à l'infini, il ne reste que deux droites communes ne se coupant pas. Un plan coupe les deux surfaces suivant deux coniques n'ayant que deux points communs, c'est-à-dire ayant les mêmes directions asymptotiques, ou une asymptote commune. Mais dans le premier cas les surfaces, ayant des cônes asymptotes parallèles, ont une conique commune, qui peut se réduire à deux droites d'un même plan. Dans le second cas les surfaces auront deux droites communes. Par exemple, les quadriques représentées par l'équation :

$$A(x - a)y + B(x + a)z = \lambda(x^2 - a^2)$$

où λ est variable, n'ont en commun que les deux droites

$$\begin{cases} x = a \\ z = 0 \end{cases} \qquad \begin{cases} x = -a \\ y = 0 \end{cases}$$

Un plan, $z = \alpha x + \beta y + \gamma$, les coupe suivant des coniques ayant pour projection

$$A(x - a)y + B(x + a)(\alpha x + \beta y + \gamma) = \lambda(x^2 - a^2)$$

OY est une direction asymptotique, la droite

$$A(x - a) + B(x + a)\beta = 0$$

est une asymptote (§ 133) ; ne contenant pas λ, elle est la même pour toutes ces surfaces.

210. Courbes unicursales. — Si x, y, z sont des fonctions rationnelles d'un paramètre t, le point correspondant décrit une courbe unicursale. Si on réduit ces fractions au même dénominateur

$$(1) \qquad x = \frac{P(t)}{S(t)} \qquad y = \frac{Q(t)}{S(t)} \qquad z = \frac{R(t)}{S(t)}$$

où P, Q, R, S sont des polynômes. Les points où cette courbe coupe un plan (§ 182) sont donnés par une équation de la forme

$$AP + BQ + CR + DS = 0$$

Si m est le degré le plus élevé des quatres polynômes, il y a m valeurs de t, vérifiant cette équation ; la courbe est d'ordre m. Si $m = 1$ c'est une droite. Si $m = 2$ c'est une conique, dont on peut déterminer le plan en éliminant t et t^2, considérés comme deux variables. x, y, z augmentent indéfiniment, lorsque S devient nul ; leurs rapports, pour les valeurs de t qui annulent S, donnent les directions asymptotiques, si S a ses racines imaginaires la conique est une ellipse, si S a une racine double c'est une parabole.

211. Cubique. — Deux quadriques, ayant en commun la droite $A = B = 0$, ont des équations de la forme

$$(2) \qquad AC = BD \qquad AC' = BD'$$

où $ABCDC'D'$ sont des polynômes du premier degré. Outre la droite, elles se coupent suivant une cubique, déterminée par les équations

$$\frac{A}{B} = \frac{D}{C} = \frac{D'}{C'} = t$$

on a trois équations du premier degré, donnant x, y, z en fonction de t ; la cubique est unicursale. La surface

$$(3) \qquad CD' - DC' = 0$$

contient la cubique, sans contenir la première droite ; les surfaces

$$AC - BD + \lambda (AC' - BD') + \mu (CD' - DC') = 0$$

contiennent aussi la cubique.

La droite A, B coupe la cubique en deux points, intersections de la droite avec la surface (3), en ces points les surfaces (2) ont même plan tangent. De même, les droites de la première surface :

$$A = \lambda D \qquad B = \lambda C$$

coupent la surface (3) et la cubique en deux points.

Les génératrices du second système (§ 205) :

$$A = \lambda B, \qquad D = \lambda C$$

n'ont qu'un point commun avec la cubique, déterminé par les équations

$$\lambda = \frac{A}{B} = \frac{D}{C} = \frac{D'}{C'}$$

Lorsqu'une quadrique passe par une cubique, les génératrices d'un système la coupent en deux points, celles de l'autre système en un seul point.

Si B est une constante, la droite commune aux surfaces (2) est à l'infini, elles n'ont pas d'autre partie commune que la cubique.

Si on met les équations sous la forme (1), où $m = 3$, en expri-

mant qu'une quadrique représentée par l'équation générale
(§ 195) contient cette courbe, on a une équation en t de degré six,
et sept équations entre les dix coefficients de l'équation de la quadrique ; il restera donc trois coefficients arbitraires, dont les
rapports donneront deux paramètres distincts restant dans l'équation générale de ces surfaces.

Les valeurs de t, qui annulent S, donnent trois directions
asymptotiques, dont deux peuvent être imaginaires. Supposons
que OX soit une direction asymptotique, Q, R, S s'annuleront
pour la même valeur de t, y et z auront des limites déterminées,
auxquelles correspond une asymptote, dont la courbe se rapproche
indéfiniment. Il y a donc une ou trois asymptotes réelles. Deux
directions asymptotiques peuvent aussi se confondre.

212. Quartique unicursale. — Supposons $m = 4$, dans les
équations (1). Si on exprime que la courbe est située sur une quadrique, on a une équation en t de degré 8, ce qui donne 9 équations
entre les 10 coefficients, dont les rapports seront déterminés. Par
cette courbe passe une seule surface du second ordre, que l'on
peut encore déterminer en exprimant qu'elle passe par 9 points
déterminés de la courbe, ou que l'équation de degré 8 en t est
vérifiée pour 9 valeurs particulières de t.

Par cette courbe passent une infinité de surfaces du troisième
ordre, elle est l'intersection d'une surface du second ordre et d'une
du troisième, dont l'intersection complète est d'ordre six et comprend, en outre, une conique ou deux droites. Mais, si ces deux
surfaces ont une conique commune, en prenant son plan pour plan
XOY, on peut mettre les équations sous la forme :

$$f(x, y) = \mathrm{P}z, \qquad \mathrm{Q}f(x, y) = z\varphi(x, y, z)$$

où P, Q sont du premier degré, f et φ du second ; ce qui donne :

$$\frac{f(x, y)}{z} = \mathrm{P} = \frac{\varphi}{\mathrm{Q}}$$

la courbe est située sur la quadrique $\mathrm{PQ} = \varphi$, elle est l'intersection
de deux quadriques, et d'une infinité.

Si deux surfaces du second et du troisième ordre ont deux

droites communes, non dans un même plan, leurs équations peuvent s'écrire

$$PQ = RS, \qquad APQ + BPS + CRQ + DRS = 0$$

où $P = R = 0$ et $Q = S = 0$ sont les droites communes, A, B, C, D sont aussi des polynômes du premier degré. Si on pose :

$$P = Rt, \qquad S = Qt$$

la seconde équation devient

$$RQ(At + Bt^2 + C + Dt) = 0$$

en supprimant la solution RQ qui donne les deux droites, il reste trois équations du premier degré, donnant x, y, z en fonction de t; elles représentent une quartique unicursale.

Si la courbe a un point double, c'est-à-dire si deux valeurs de t donnent le même point; en prenant 9 valeurs de t, dont les deux précédentes, on a, pour déterminer la quadrique passant par ces 9 points, 8 équations distinctes; dans ce cas, il y a une infinité de surfaces du second ordre passant par la courbe.

Inversement, si deux quadriques sont tangentes en un point, la courbe d'intersection a un point double. Tout plan passant par le point double coupe les surfaces suivant deux coniques tangentes, qui ont deux autres points communs, si le plan contient l'une des tangentes, il y a un autre point confondu au point de contact, ces plans coupent la courbe en un seul autre point. L'équation de ces plans est de la forme $P = \lambda Q$, les coordonnées du point d'intersection seront des fonctions rationnelles de λ; la courbe est unicursale.

En résumé, il y a deux sortes de courbes du quatrième ordre :

1° Les courbes unicursales, qui sont sur une seule quadrique, sauf si elles ont un point double.

2° Les intersections de deux quadriques, qui ne sont pas unicursales, sauf si elles ont un point double, les surfaces étant tangentes.

Exercices

1. Soient OX, OY deux génératrices rectilignes d'un hyperboloïde, de systèmes différents (que l'on peut prendre pour axes). Deux génératrices parallèles quelconques coupent, l'une OX en A, l'autre OY en B. Démontrer que le produit OA × OB est constant.

2. A, B, C étant trois points pris sur les axes, OX, OY, OZ ; former l'équation générale des hyperboloïdes passant par les droites OA, AB, BC, CO. Lieu de leurs centres. Montrer que par ces droites passe un paraboloïde.

3. Lieu des centres des surfaces du second degré qui passent par la cubique :

$$x = at, \quad y = bt^2, \quad z = ct^3.$$

4. Déterminer la surface du second ordre qui passe par la courbe

$$x = at, \quad y = bt(t^2 - 1), \quad z = ct^2(t^2 - 1).$$

Former l'équation des génératrices rectilignes, qui coupent la courbe en trois points. Etant donné un point M de la courbe, déterminer deux autres points en ligne droite avec M.

CHAPITRE XV

—

SECTIONS CIRCULAIRES.
CÔNES CIRCONSCRITS

213. Sections circulaires. — Les sections d'une quadrique par des plans parallèles sont des coniques semblables, les équations de leurs projections ayant les mêmes termes du second degré (§ 153). Si deux quadriques ont les mêmes termes du second degré, les sections par le même plan sont aussi semblables.

Si une section est un cercle, toute sphère passant par ce cercle coupe la surface suivant deux courbes planes, qui sont des cercles. S'il existe une sphère φ telle que l'équation

$$f(x, y, z) - \lambda\varphi(x, y, z) = P \times Q = 0$$

représente deux plans, P et Q, tout plan parallèle donne une section circulaire.

Si, dans f et φ, on ne prend que les termes du second degré, l'équation précédente représentera deux plans parallèles aux plans P et Q.

Soit la quadrique rapportée à ses axes :

$$\frac{x^2}{A} + \frac{y^2}{B} + \frac{z^2}{C} = 1$$

l'équation

$$\frac{x^2}{A} + \frac{y^2}{B} + \frac{z^2}{C} - \lambda(x^2 + y^2 + z^2) = 0$$

représente un cône de sommet O, qui ne peut se décomposer en deux plans que si λ est égal à $\frac{1}{A}$, $\frac{1}{B}$ ou $\frac{1}{C}$. Car autrement O est le seul centre (§ 195). Soit $\lambda = \frac{1}{B}$, on a les plans des sections circulaires :

$$x^2\left(\frac{1}{A} - \frac{1}{B}\right) + z^2\left(\frac{1}{C} - \frac{1}{B}\right) = 0$$

$$x = \pm z \sqrt{\frac{A}{C} \times \frac{C - B}{B - A}}$$

ces plans sont réels si $\left(1 - \frac{B}{C}\right)\left(1 - \frac{B}{A}\right) < 0$, les rapports $\frac{B}{A}$, $\frac{B}{C}$ sont, l'un plus grand, l'autre plus petit que 1.

On aura, de même, les plans de sections circulaires :

$$y = \pm x \sqrt{\frac{B}{A} \times \frac{A - C}{C - B}}, \quad z = \pm y \sqrt{\frac{C}{B} \times \frac{B - A}{A - C}}.$$

Pour l'ellipsoïde (§ 199), si $a > b > c$, les sections réelles passent par l'axe moyen OY.

Pour les hyperboloïdes $\frac{x^2}{a^2} + \frac{y^2}{b^2} - \frac{z^2}{c^2} = \pm 1$, si $a > b$, les sections réelles passent par l'axe OX, $\frac{a^2}{b^2}$ étant plus grand que 1, $\frac{a^2}{-c^2}$ négatif ; les autres sont imaginaires.

Pour l'hyperboloïde à une nappe, tout plan réel donne une section réelle, car il est coupé par les génératrices rectilignes. Pour l'ellipsoïde, ou l'hyperboloïde à deux nappes, un plan parallèle aux plans de sections circulaires donne un cercle réel ou imaginaire, suivant la position du plan.

Pour le paraboloïde
$$\frac{y^2}{p} + \frac{z^2}{q} = 2x$$

l'équation
$$\frac{y^2}{p} + \frac{z^2}{q} - \lambda(x^2 + y^2 + z^2) = 0$$

peut représenter deux plans, si λ est égal à 0, $\frac{1}{p}$ ou $\frac{1}{q}$. $\lambda = 0$ donne des génératrices rectilignes (§ 205).

Si $\lambda = \frac{1}{p}$, on a les plans $x = \pm z \sqrt{\frac{p - q}{q}}$

qui sont réels, si $\frac{p}{q} > 1$.

On a de même

$$x = \pm y \sqrt{\frac{q - p}{p}}.$$

Pour le paraboloïde elliptique l'une de ces séries de plans est réelle. Pour le paraboloïde hyperbolique, $\frac{p}{q}$ étant négatif, ils sont imaginaires, il n'y a pas de sections circulaires. Un plan quelconque coupe la surface suivant une hyperbole, car les directions asymptotiques de la section sont toujours réelles (§ 203).

214. Cône. — Un cône dont la base est une conique est du second degré. En choisissant les axes, on peut toujours ramener son équation à la forme (§ 199) :

$$Ax^2 + By^2 + Cz^2 = 0$$

où les trois coefficients sont différents de zéro, si le cône ne se réduit pas à deux plans. Si on suppose $A > B > C$, A étant positif, C négatif, le cône est réel ; les plans

$$x = \pm z \sqrt{\frac{B - C}{A - B}} + \lambda$$

donnent des sections circulaire réelles.

Tout cône du second degré peut être considéré comme un cône à base circulaire. Si le cône est de révolution, B est égal à A ou C, les sections circulaires sont parallèles à l'un des plans de coordonnées ; les deux plans coïncident.

Un plan coupe le cône suivant une ellipse ou une hyperbole, selon que le plan parallèle mené par le sommet coupe le cône suivant des droites réelles ou imaginaires. Un plan parallèle à un plan tangent coupe le cône suivant une parabole.

215. Cône circonscrit. — Soit une quadrique représentée par l'équation

$$f(x, y, z) = 0.$$

Le plan tangent au point (x, y, z) a pour équation (§ 189) :

$$Xf'_x + Yf'_y + Zf'_z + f'_t = 0.$$

Si M (X, Y, Z) est un point donné, cette équation exprime que le plan tangent passe par ce point; le point de contact est déterminé par les deux équations. La seconde, où x, y, z sont les coordonnées courantes, représente un plan, plan polaire du point M. Il y a une infinité de plans tangents passant par ce point, les points de contact sont sur une conique. Le cône, ayant pour base cette conique et pour sommet le point M, est circonscrit à la surface: il a même plan tangent tout le long de cette base. L'équation générale des quadriques circonscrites le long de cette courbe est (§ 208) :

$$f(x, y, z) - \lambda(Xf'_x + Yf'_y + Zf'_z + f'_t)^2 = 0.$$

Le cône circonscrit passe par M, ce qui donne, pour déterminer λ. (§ 64) :

$$f(X, Y, Z) = \lambda(Xf'_x + Yf'_y + Zf'_z + f'_t)^2 = 4\lambda f^2(X, Y, Z)$$

f n'est pas nul, si M n'est pas sur la surface,

$$4\lambda f(X, Y, Z) = 1.$$

Le cône circonscrit, de sommet M(X, Y, Z), a pour équation :

$$4f(x, y, z) f(X, Y, Z) = (Xf'_x + Yf'_y + Zf'_z + f'_t)^2.$$

216. Sections coniques. — Soit une sphère tangente en O au plan XOY :

$$x^2 + y^2 + z^2 - 2Rz = 0.$$

Le cône circonscrit, qui est de révolution, a pour équation :

$$(x^2+y^2+z^2-2Rz)(X^2+Y^2+Z^2-2RZ) = (Xx+Yy+Zz-RZ-Rz)^2.$$

Le plan XOY le coupe suivant la courbe :

$$z = 0, \quad (x^2 + y^2)(X^2 + Y^2 + Z^2 - 2RZ) = (Xx + Yy - RZ)^2.$$

Cette conique a pour foyer l'origine, et pour directrice l'intersection du plan XOY avec le plan polaire du sommet.

Soit un cône de révolution donné, et une section plane P. Représentons ($fig.$ 67) la section faite par un plan perpendiculaire à P, mené par l'axe du cône; SA, SA' seront les génératrices du cône, AA' la trace du plan P, qui est perpendiculaire à la figure. Les deux circonférences inscrites dans l'angle ASA', tangentes à AA', déterminent les foyers de la section elliptique. Les droites de contact BB', CC' coupent AA' aux pieds des directrices. On a :

$$FA = a - c, \qquad FA' = a + c, \qquad SA' - SA = FA' - FA = 2c.$$

Si on donne le cône, ou l'angle $\widehat{S}$, et une ellipse, ou a et c, on peut construire le triangle AA'O, l'angle $\widehat{O}$ étant égal à $\dfrac{\pi + S}{2}$, et

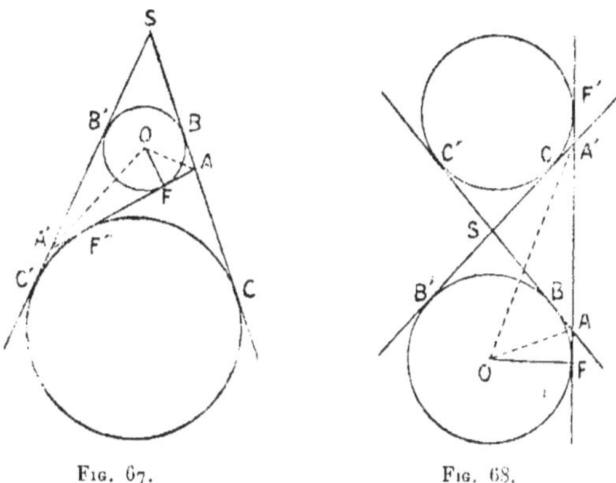

Fig. 67.   Fig. 68.

ensuite SAA'. On peut également calculer SA et SA'; dans le triangle SAA' :

$$4a^2 = \overline{AA'}^2 = \overline{SA}^2 + \overline{SA'}^2 - 2\,SA \times SA' \cos S =$$

$$= (SA' + SA)^2 \sin^2 \frac{S}{2} + (SA' - SA)^2 \cos^2 \frac{S}{2}$$

$$(SA + SA')^2 = \frac{4a^2}{\sin^2 \frac{S}{2}} - 4c^2 \cot^2 \frac{S}{2} = 4a^2 + 4b^2 \cot^2 \frac{S}{2}$$

$$SA' = c + \sqrt{a^2 + b^2 \cot^2 \frac{S}{2}}, \qquad SA = -c + \sqrt{a^2 + b^2 \cot^2 \frac{S}{2}}$$

expressions positives; on peut toujours placer une ellipse donnée sur un cône de révolution donné.

Si A' est sur le prolongement de SB' (*fig.* 68), la section est une hyperbole, de foyers F, F'. On a :

$$AF = c - a, \qquad A'F = c + a$$

$$SA + SA' = AF + A'F = 2c$$

$$4a^2 = \overline{SA}^2 + \overline{SA'}^2 + 2SA \times SA' \cos S =$$

$$= (SA + SA')^2 \cos^2 \frac{S}{2} + (SA - SA')^2 \sin^2 \frac{S}{2}$$

$$(SA - SA')^2 = \frac{4a^2}{\sin^2 \frac{S}{2}} - 4c^2 \cot g^2 \frac{S}{2} = 4a^2 - 4b^2 \cot g^2 \frac{S}{2}$$

$$SA = c + \sqrt{a^2 - b^2 \cot g^2 \frac{S}{2}} \qquad SA' = c - \sqrt{a^2 - b^2 \cot g^2 \frac{S}{2}}$$

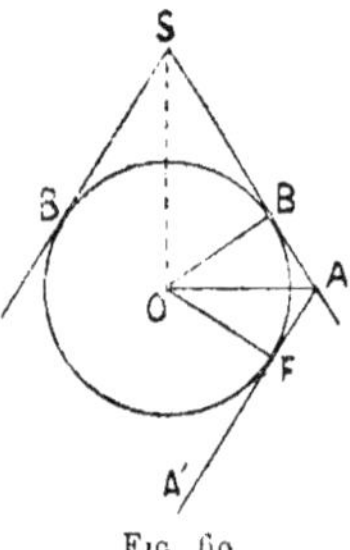

Fig. 69

en supposant $SA > SA'$. On peut placer une hyperbole sur le cône, pourvu que $\frac{b}{a}$ soit plus petit que $\operatorname{tg} \frac{S}{2}$, ou que les asymptotes forment un angle au plus égal à S.

Enfin, si AA' est parallèle à SB' (*fig.* 69), la section est une parabole. On a :

$$FA = R \operatorname{tg} \frac{S}{2} \qquad SB = R \cot g \frac{S}{2} = FA \cot g^2 \frac{S}{2}$$

$$SA = FA \left(1 + \cot g^2 \frac{S}{2} \right) = \frac{FA}{\sin^2 \frac{S}{2}}$$

une parabole donnée peut toujours être placée sur le cône. Ce sont ces propriétés qui ont fait donner aux courbes du second degré le nom de sections coniques.

217. Cylindre circonscrit. — Soit une quadrique et une direction donnée

$$\frac{x}{a} = \frac{y}{b} = \frac{z}{c}.$$

Le plan tangent au point (x, y, z)

$$Xf_x' + Yf_y' + Zf_z' + f_t' = 0$$

sera parallèle à la droite donnée, si l'on a (§ 185) :

$$af_x' + bf_y' + cf_z' = 0$$

le point de contact doit être sur l'intersection de ce plan avec la surface. C'est le plan diamétral conjugué de la direction (a, b, c) (§ 196). Le cylindre ayant pour base cette courbe, parallèle à cette direction, est circonscrit à la surface, il a même plan tangent.

On peut considérer ce cylindre comme la limite d'un cône circonscrit dont le sommet (X, Y, Z) s'éloigne à l'infini, X, Y, Z restant proportionnels à a, b, c. Si $\varphi(x, y, z)$ représente les termes du second degré de f, l'équation du cylindre devient (§ 215) :

$$4f(x, y, z)\,\varphi(a, b, c) = (af_x' + bf_y' + cf_z')^2$$

Par exemple, si l'on a une sphère tangente en O au plan XOY :

$$x^2 + y^2 + z^2 - 2Rz = 0$$

un cylindre circonscrit a pour équation :

$$(x^2 + y^2 + z^2 - 2Rz)(a^2 + b^2 + c^2) = (ax + by + cz - cR)^2.$$

La section par le plan XOY est :

$$(x^2 + y^2)(a^2 + b^2 + c^2) = (ax + by - cR)^2$$

c'est une ellipse ayant pour foyer O, pour directrice l'intersection du plan XOY par le plan de la courbe de contact.

En faisant tourner les axes, on peut supposer $b = 0$, cette équation devient :

$$(cx + aR)^2 + y^2(a^2 + c^2) = R^2(c^2 + a^2)$$

les demi-axes de l'ellipse sont R et $\dfrac{R}{c}\sqrt{c^2 + a^2}$.

On voit que les sections d'un cylindre de révolution sont des ellipses dont le petit axe est constant.

218. Nature d'une quadrique. — Pour reconnaître la nature d'une quadrique dont on donne l'équation, on utilise les propriétés du centre, du cône asymptote et des sections planes.

S'il y a un centre unique et un cône asymptote imaginaire, la surface est un ellipsoïde réel ou imaginaire, suivant qu'un plan passant par le centre la coupe suivant une ellipse réelle ou imaginaire. Si le centre est sur l'ellipsoïde, il se réduit à un seul point réel.

S'il y a un centre unique et un cône asymptote réel, la surface est un hyperboloïde, qu'on distinguera en coupant par un plan passant par le centre, ne coupant pas le cône asymptote, ou encore par un plan tangent, ces sections sont réelles pour l'hyperboloïde à une nappe, imaginaires pour l'hyperboloïde à deux nappes. Si le centre est sur la surface, elle devient un cône réel. Si les plans du centre sont parallèles à une droite, la surface est un paraboloïde elliptique ou hyperbolique, suivant que les termes du second degré représentent deux plans imaginaires ou réels.

S'il y a une infinité de centres en ligne droite, la surface est un cylindre elliptique ou hyperbolique, que l'on peut distinguer comme les paraboloïdes, ou par une section plane. Si les centres sont sur la surface, elle se réduit à deux plans. Si les plans du centre sont parallèles, on a un cylindre parabolique, qui se réduit à deux plans lorsque les plans du centre coïncident.

Exercices

1. Former l'équation générale des sphères qui coupent un paraboloïde elliptique suivant deux cercles égaux.

2. Lieu des sommets des cônes circonscrits à un ellipsoïde suivant un cercle.

3. Démontrer que deux quadriques, circonscrites à une troisième, se coupent suivant deux courbes planes. Si deux cônes, circonscrits à un ellipsoïde, ont leurs sommets sur le même diamètre, les plans des coniques d'intersection, et les plans des courbes de contact sont parallèles.

4. Déterminer la nature des surfaces suivantes :

$$x^2 - y^2 + 2z^2 - xy = 1$$
$$2x^2 + y^2 + z^2 + 2xy - 2yz = az$$
$$x^2 + y^2 + z^2 - 2yz \cos\alpha - 2xz \cos\beta - 2xy \cos(\alpha + \beta) = 1.$$

CHAPITRE XVI

—

ENVELOPPES. COURBURE

219. Enveloppe. — Soit une surface représentée par l'équation :

$$(1) \qquad f(x, y, z, a) = 0$$

à chaque valeur de a correspond une surface. Aux valeurs a et $a + h$ correspondent deux surfaces ; si h tend vers zéro, la courbe d'intersection a pour limite (§ 166) une courbe représentée par les équations (1) et (2)

$$(2) \qquad f_a'(x, y, z, a) = 0$$

appelée courbe caractéristique. Le lieu de cette courbe est une surface enveloppe, dont l'équation peut s'obtenir en éliminant a entre (1) et (2), ou en exprimant que l'équation (1) a une racine double, lorsque a est l'inconnue.

A chaque valeur de a correspond une surface (1) et une courbe caractéristique, en tout point de cette courbe la surface et l'enveloppe ont même plan tangent. Le plan tangent à la surface (1) a, en effet, pour équation :

$$(X - x)f_x' + (Y - y)f_y' + (Z - z)f_z' = 0.$$

L'enveloppe peut être représentée par l'équation (1) où a est une fonction de x, y, z donnée par (2), f est alors une fonction composée de x, y, z ; le plan tangent a pour équation

$$(X - x)\,(f_x' + f_a' \times a_x') + (Y - y)\,(f_y' + f_a' \times a_y')$$
$$+ (Z - z)\,(f_z' + f_a'a_z') = 0.$$

Mais comme f_a' est nul, on retrouve la même équation. Dans le premier cas a est constant ; dans le second, a est fonction de x, y, z. Mais, en un point de la caractéristique, x, y, z et a prennent les mêmes valeurs ; les plans tangents coïncident.

Considérons la caractéristique (1) (2), et la surface

$$f(x, y, z, a + h) = 0.$$

Les points d'intersection peuvent se déterminer par les équations (1), (2) et (§ 39) :

$$2\,\frac{f(a + h) - f(a) - hf'(a)}{h^2} = f''(a + \theta h) = 0$$

Lorsque h tend vers zéro cette dernière équation a pour limite

$$(3) \qquad\qquad f_a''(x, y, z, a) = 0$$

Les équations (1) (2) et (3), lorsque a varie, définissent une courbe, dont les équations peuvent s'obtenir en éliminant a ; cette courbe, située sur la surface enveloppe, peut être considérée comme l'enveloppe des courbes caractéristiques ; elles ont même tangente. Elles sont, en effet, représentées par les équations (1), (2), où a est constant pour la caractéristique, variable et déduit de (3) pour la courbe enveloppe. Les tangentes sont les intersections des plans tangents aux surfaces, et sont représentées par les mêmes équations

$$(X - x)f_x' + (Y - y)f_y' + (Z - z)f_z' = 0,$$
$$(X - x)f''_{a,x} + (Y - y)f''_{a,y} + (Z - z)f''_{a,z} = 0$$

si on tient compte de (2) et (3). Au point commun les tangentes coïncident. Cette courbe enveloppe (1, 2, 3) est l'arête de rebroussement de la surface enveloppe.

220. Exemples. — Si f est une fonction algébrique de a, du premier degré

$$f = F_1(x, y, z) + aF_2(x, y, z) = 0$$

les surfaces passent par une courbe fixe, intersection des surfaces F_1, F_2. Il n'y a pas d'enveloppe.

Si f est du second degré

$$f = F_1(x, y, z) + aF_2(x, y, z) + a^2 F_3(x, y, z) = 0.$$

La surface enveloppe a pour équation

$$F_2^2 - 4F_1 F_3 = 0$$

qui exprime que les valeurs de a sont égales. Mais les courbes caractéristiques passent par les points fixes, intersection des trois surfaces $F_1 F_2 F_3$.

Supposons que la surface mobile soit un plan, on aura les équations :

$$\begin{cases} A x + B y + C z + D = 0 \\ A'x + B'y + C'z + D' = 0 \\ A''x + B''y + C''z + D'' = 0 \end{cases}$$

où A, B, C, D sont des fonctions du paramètre a ; A', A''.., leurs dérivées. Ces trois équations définissent x, y, z en fonction de a et déterminent une courbe, arête de rebroussement ; les deux premières définissent une droite, pour chaque valeur de a ; cette droite, tangente à la courbe, engendre une surface, enveloppe du plan mobile ; cette surface est appelée surface développable.

Si A, B, C, D sont des polynômes du premier degré, les plans passent par une droite fixe. Si ces polynômes sont du second degré l'enveloppe est un cône, les plans passent par un point fixe.

Les remarques des § 167 et 168 s'appliquent aux surfaces mobiles. Si les surfaces ont un point singulier, c'est-à-dire si f, f'_x, f'_y, f'_z, sont nuls, en même temps, il n'y a plus de plan tangent ; le lieu de ces points variables n'est pas une enveloppe.

221. Surfaces réglées. — Soit une droite

$$(1) \qquad x = az + p \qquad y = bz + q$$

si a, b, p, q, sont des fonctions d'un paramètre t, elle engendre une surface. Si on remplace z par une fonction de t, le point (x, y, z) décrit une courbe de cette surface, dont la tangente a pour équations :

$$\frac{X - az - p}{a'z + a'z + p'} = \frac{Y - bz - q}{b'z + b'z + q'} = \frac{Z - z}{z'}$$

en éliminant z' on a :

$$(2) \qquad \frac{X - aZ - p}{a'z + p'} = \frac{Y - bZ - q}{b'z + q'}.$$

si t et z, et par suite x, y, sont déterminés, cette équation représente le plan tangent à la surface, lieu des tangentes aux courbes passant par ce point. Si, t restant fixe, z varie, le point (x, y, z) se déplace sur une droite (1), le plan tangent varie avec z et tourne autour de cette droite. Si cette génératrice est OZ, a, b, p, q seront nuls ; le plan tangent en un point de OZ est :

$$Y = X \frac{b'z + q'}{a'z + p'}.$$

Si z augmente indéfiniment, ce plan devient $a'Y = b'X$. Prenons ce plan limite pour YOZ, a' sera nul. On peut ensuite choisir l'origine de façon à rendre q' nul. O sera le point où le plan tangent est perpendiculaire au plan tangent limite, quand z devient infini. Si ω est l'angle du plan tangent avec XOZ, on a alors :

$$\frac{Y}{X} = \operatorname{tg} \omega = Cz.$$

222. Surfaces développables. — Si on a l'identité :

$$(3) \qquad a'q' = b'p' \qquad \frac{a'}{b'} = \frac{p'}{q'} = \frac{a'z + p'}{b'z + q'}$$

l'équation (2) est indépendante de z, le plan tangent reste le même en tout point de la génératrice. L'équation (2) de ce plan devient :

$$(4) \qquad (X - aZ - p)\,b' = (Y - bZ - q)\,a'.$$

Si t varie, la caractéristique sera définie par cette équation et

$$(X - aZ - p)\,b'' = (Y - bZ - q)\,a''$$

les autres termes se réduisent d'après (3). Pourvu que $a'b'' - b'a''$ ne soit pas nul, ces deux équations sont équivalentes à (1) ; cette droite est la caractéristique du plan. Pour déterminer l'arête de rebroussement, on a :

$$(X - aZ - p)\,b''' - (a'Z + p')\,b'' = (Y - bZ - q)\,a''' - (b'Z + q')\,a''.$$

Cette équation, et les deux équations (1), en tenant compte de (3), donnent :

$$(5) \quad Z = -\frac{p'}{a'} - \frac{q'}{b'} \quad , \quad X = p - a\frac{p'}{a'} \quad , \quad Y = q - b\frac{q'}{b'}.$$

Ces équations représentent, en fonction de t, l'arête de rebroussement de la surface, lieu de la droite (1), enveloppe du plan (4). Il est facile de vérifier que les droites (1) sont les tangentes à cette courbe, en effet :

$$Z' = -\left(\frac{p'}{a'}\right)' = -\left(\frac{q'}{b'}\right)', X' = -a\left(\frac{p'}{a'}\right)' = aZ'. Y' = -b\left(\frac{q'}{b'}\right)' = bZ'$$

les cosinus directeurs de la tangente sont proportionnels à a, b, 1.

Considérons une courbe de la surface, z étant fonction de t dans les équations (1), et le point M où cette courbe rencontre l'arête de rebroussement (5). La direction de la tangente à la courbe (1) est déterminée par les expressions

$$x' = a'z + p' + az' = az' \quad . \quad y' = b'z + q' + bz' = bz'$$

Cette tangente est la droite (1) ; sauf si z' est nul, ce point M est alors un point multiple.

Si un plan passant par M contient la droite (1) la section est tangente à cette droite ; si ce plan ne contient pas la droite il coupe la surface suivant une courbe pour laquelle M est un point de rebroussement.

223. Plan osculateur. — Soit une courbe définie par les équations

$$x = f_1(t) \qquad y = f_2(t) \qquad z = f_3(t)$$

et une valeur de t, qui donne un point M. Un plan passant par M a pour équation

$$A(X - x) + B(Y - y) + C(Z - z) = 0.$$

Par M et deux autres points de la courbe M', M'' on peut faire passer un plan ; le plan osculateur est la limite de ce plan, lorsque les trois points sont confondus. Si M' se confond avec M, en exprimant que le plan passe par M' $(t + dt)$, on a une relation qui peut s'écrire :

$$\frac{1}{dt}\left[A\big(f_1(t+dt)-f_1(t)\big) + B\big(f_2(t+dt)-f_2(t)\big) + C\big(f_3(t+dt)-f_3(t)\big) \right] = 0$$

ce qui donne, lorsque dt devient nul

$$A x' + B y' + C z' = 0$$

Si le point M'' vient ensuite se confondre avec M, en tenant compte de cette première relation, on a :

$$2A \frac{f_1(t+dt) - f_1(t) - dt f'_1(t)}{dt^2} + \ldots\ldots = 0$$

et, pour $dt = 0$:

$$A x'' + B y'' + C z'' = 0.$$

Ces deux équations déterminent les rapports de A, B, C, que l'on peut porter dans la première, ou éliminer A, B, C. L'équation du plan osculateur est :

$$\begin{vmatrix} X - x, & Y - y, & Z - z \\ x', & y', & z' \\ x'', & y'', & z'' \end{vmatrix} = 0.$$

$$(X - x)(y'z'' - z'y'') + (Y - y)(z'x'' - x'z'') + (Z - z)(x'y'' - y'x'') = 0$$

On peut la considérer comme représentant un plan mobile, dont l'enveloppe est une surface développable. On forme la dérivée du déterminant, en prenant les dérivées successivement de chaque ligne :

$$\begin{vmatrix} -x' & -y' & -z' \\ x' & y' & z' \\ x'' & y'' & z'' \end{vmatrix} + \begin{vmatrix} X-x, & Y-y, & Z-z \\ x'' & y'' & z'' \\ x'' & y'' & z'' \end{vmatrix} + \begin{vmatrix} X-x, & Y-y, & Z-z \\ x' & y' & z' \\ x''' & y''' & z''' \end{vmatrix} = 0$$

Les deux premiers déterminants sont nuls ; les deux plans qui déterminent la caractéristique passent par la tangente à la courbe :

$$\frac{X - x}{x'} = \frac{Y - y}{y'} = \frac{Z - z}{z'}$$

qui est la caractéristique du plan osculateur.

L'enveloppe du plan osculateur est la surface développable, lieu des tangentes dont la courbe donnée est l'arête de rebroussement.

224. Centre de courbure. — Le plan normal, perpendiculaire à la tangente, a pour équation :

$$(X - x)x' + (Y - y)y' + (Z - z)z' = 0$$

On appelle normale principale, celle qui est dans le plan osculateur. C'est l'intersection du plan osculateur et du plan normal. Ses équations sont :

$$\frac{X - x}{y'(x'y'' - y'x'') - z'(z'x'' - x'z'')} = \frac{Y - y}{z'(y'z'' - z'y'') - x'(x'y'' - y'x'')}$$
$$= \frac{Z - z}{x'(z'x'' - x'z'') - y'(y'z'' - z'y'')}$$

Ces dénominateurs peuvent s'écrire sous la forme :

$$x'(x'x'' + y'y'' + z'z'') - x''(x'^2 + y'^2 + z'^2),$$
$$y'\Sigma x'x'' - y''\Sigma x'^2, \qquad z'\Sigma x'x'' - z''\Sigma x'^2$$

La caractéristique du plan normal, supposé mobile, est déterminée par le plan normal, et sa dérivée :

$$(X - x)x'' + (Y - y)y'' + (Z - z)z'' = x'^2 + y'^2 + z'^2$$

Cette droite, perpendiculaire au plan osculateur, le coupe en un point c, appelé centre de courbure. Mc est le rayon de courbure R. Le centre de courbure est sur la normale principale. Ses coordonnées (X, Y, Z) sont données par les équations :

$$\frac{X - x}{x'\Sigma x'x'' - x''\Sigma x'^2} = \frac{Y - y}{y'\Sigma x'x'' - y''\Sigma x'^2} = \frac{Z - z}{z'\Sigma x'x'' - z''\Sigma x'^2}$$
$$= \frac{\Sigma x'^2}{(\Sigma x'x'')^2 - \Sigma x'^2\Sigma x''^2}$$
$$R^2 = (X - x)^2 + (Y - y)^2 + (Z - z)^2 = \frac{(\Sigma x'^2)^3}{\Sigma x'^2\Sigma x''^2 - (\Sigma x'x'')^2}$$

Le cercle de centre c de rayon R, dans le plan osculateur, est le cercle de courbure.

Si $z = 0$, on retrouve, après quelques réductions simples, les formules des courbes planes (§ 170).

225. Hélice. — Soit la courbe représentée par les équations :

$$x = a\cos t, \qquad y = a\sin t, \qquad z = aht$$

obtenue en portant, sur les génératrices d'un cylindre de révolution, à partir de la base, des longueurs proportionnelles à l'arc at de la circonférence de base, dans le plan XOY.

$$x'^2 + y'^2 + z'^2 = a^2 (1 + h^2), \qquad x''^2 + y''^2 + z''^2 = a^2,$$
$$x'x'' + y'y'' + z'z'' = 0$$

Le centre de courbure (X, Y, Z) est :

$$\frac{X - a\cos t}{\cos t} = \frac{Y - a\sin t}{\sin t} = \frac{Z - aht}{0} = - a(1 + h^2)$$

$$X = - ah^2 \cos t, \qquad Y = - ah^2 \sin t, \qquad Z = aht, \qquad R = a(1 + h^2)$$

Ce point décrit une hélice, obtenue en remplaçant a et h par

$$a' = - ah^2, \qquad h' = - \frac{1}{h}$$
$$- a'h'^2 = a, \qquad a'h' = ah$$

Le centre de courbure de cette hélice en c est le point M de la première.

La tangente à la première hélice a pour équations :

$$\frac{X - a\cos t}{- \sin t} = \frac{Y - a\sin t}{\cos t} = \frac{Z - aht}{h}.$$

elle forme avec OZ un angle γ constant

$$\cos \gamma = \frac{h}{\sqrt{1 + h^2}}$$

Cette tangente coupe le plan XOY au point :

$$Z = 0, \qquad X = a(\cos t + t\sin t), \qquad Y = a(\sin t - t\cos t)$$

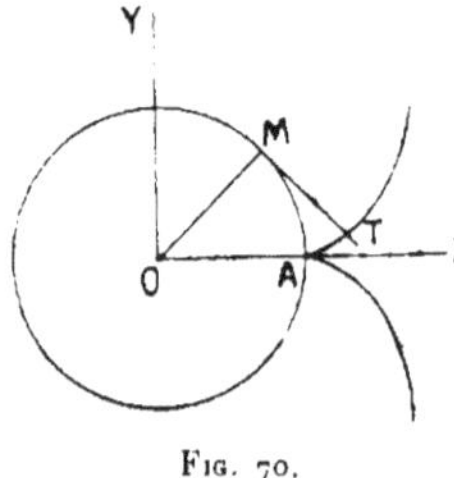

Fig. 70.

Le lieu de ce point est l'intersection par le plan XOY de la surface développable, lieu des tangentes à l'hélice.

On peut construire ce point en traçant la circonférence

$$X = a\cos t, \qquad Y = a\sin t$$

et en portant, sur la tangente, dans la direction $t - \frac{\pi}{2}$, la longueur at égale à l'arc MA. Le point T engendre une développante de cercle (courbe dont le cercle est la développée) (§ 170). Le point A est un point de rebroussement, comme on peut le vérifier en calculant les dérivées de X et Y, pour $t = 0$. Ce point est en effet sur l'arête de rebroussement de la surface.

226. Double paramètre. — Soit une surface représentée par l'équation

$$(1) \qquad f(x, y, z, a, b) = 0$$

à chaque système de valeurs de a et b correspond une surface. Si on remplace a et b par $a + h$ et $b + k$, et si h et k tendent vers zéro, $\dfrac{k}{h}$ ayant une limite b', l'intersection des deux surfaces a pour limite une courbe représentée par (1) et

$$f_a' + b' f_b' = 0$$

toutes ces courbes passent par les points déterminés par (1) et (2) :

$$(2) \qquad f_a'(x, y, z, a, b) = 0 \qquad f_b'(x, y, z, a, b) = 0$$

Ces points caractéristiques engendrent, lorsque a et b varient, une surface enveloppe. On peut éliminer a et b en les remplaçant, dans (1), par leurs valeurs déduites de (2). La dérivée partielle de (1) par rapport à x est alors

$$f_x' + f_a' a_x' + f_b' b_x' = f_{x'}'$$

de même pour y et z. Les plans tangents à la surface (1), et à la surface enveloppe au même point caractéristique, sont donc représentés par la même équation

$$(X - x)f_x' + (Y - y)f_y' + (Z - z)f_z' = 0$$

a, b sont constants pour la première surface, variables et donnés par (2) pour la seconde, mais ont les mêmes valeurs au point caractéristique ; la surface est tangente à son enveloppe en ce point.

Par exemple une surface est l'enveloppe de ses plans tangents.

227. Courbure des surfaces. — Soit une surface

$$z = f(x, y)$$

et un point $M(x, y, z)$ sur cette surface. Une courbe passant par ce point sur la surface peut s'obtenir en posant

$$y = \varphi(x)$$

y et z sont alors des fonctions de x. Soient y' et y'' les dérivées de y au point M. Représentons par p, q, les dérivées partielles de z, et r, s, t ses dérivées secondes

$$p = f'_x, \quad q = f'_y, \quad r = f''_{x^2}, \quad s = f''_{xy}, \quad t = f''_{y^2}$$

les dérivées de z, considéré comme fonction composée de x, sont :

$$z' = p + qy', \qquad z'' = r + 2sy' + ty'^2 + qy''$$

Le plan normal à la courbe a pour équation

$$X - x + (Y - y)y' + (Z - z)z' = 0$$

la caractéristique du plan normal, qui est perpendiculaire au plan osculateur et passe par le centre de courbure, est définie par cette équation et sa dérivée :

$$(Y - y)y'' + (Z - z)z'' = 1 + y'^2 + z'^2$$

Cette droite, étant dans le plan normal, rencontre la normale à la surface, dont les équations sont :

$$\frac{X - x}{p} = \frac{Y - y}{q} = \frac{Z - z}{-1}$$

Et, en effet, si on remplace $X - x$, $Y - y$ par $-p(Z - z)$, $-q(Z - z)$, dans les deux équations précédentes, la première devient une identité, la seconde donne le point $c(X, Y, Z)$ d'intersection des deux droites :

$$\frac{X - x}{-p} = \frac{Y - y}{-q} = Z - z = \frac{1 + y'^2 + (p + qy')^2}{r + 2sy' + ty'^2}$$

Ce point ne dépend pas de y'', mais seulement de y'. Si plusieurs courbes, passant en M, ont la même tangente, y' sera le même, ainsi que le point c. Le centre de courbure est la projection de c sur le plan osculateur. Une courbe a le même centre de courbure que la section de la surface par son plan osculateur.

Si le plan de la section est normal à la surface, c est le centre de courbure ; on a ainsi le théorème de Meusnier : le centre de courbure d'une section plane en M est la projection sur son plan du centre de courbure de la section normale ayant la même tangente en M.

Si on prend les différentes sections normales en M, $Z - z$ a le signe de $r + 2sy' + ty'^2$. Si $s^2 - rt$ est négatif, ce signe est le même, quel que soit y', les centres de courbure sont du même côté de la normale à partir de M, le rayon de courbure conserve le même sens, il est égal à

$$\sqrt{1 + p^2 + q^2} \, \frac{1 + y'^2 + (p + qy')^2}{r + 2sy' + ty'^2}$$

Si $s^2 - rt$ est positif, $Z - z$ change de signe, suivant la valeur de y' les centres de courbure sont de part et d'autre du point M, la surface est à courbures opposées.

228. Indicatrice. — Si on prend pour origine le point M, XOY étant le plan tangent, x, y, z, p et q sont nuls en M. Le centre de courbure est sur OZ :

$$R = Z = \frac{1 + y'^2}{r + 2sy' + ty'^2}$$

Soit ω l'angle de la trace de la section normale avec OX, sur cette droite portons une longueur $\rho = \sqrt{R}$. On a un point, qui décrit la courbe représentée par l'équation

$$\rho^2 = \frac{1}{r \cos^2 \omega + 2s \sin \omega \cos \omega + t \sin^2 \omega}$$

ou

$$rx^2 + 2sxy + ty^2 = 1$$

Les axes de cette conique correspondent aux rayons de courbures principaux, maximum ou minimum. Si on choisit pour OX, OY ces directions principales, on a $s = 0$

$$\frac{1}{R} = r \cos^2 \omega + t \sin^2 \omega$$

Si r et t sont alors de même signe, positifs pourvu que l'on choisisse convenablement OZ, on a

$$\frac{1}{R} = \frac{\cos^2 \omega}{R_1} + \frac{\sin^2 \omega}{R_2}$$

R_1 et R_2 étant les rayons de courbure principaux des sections XOZ, YOZ.

R varie entre R_1 et R_2.

Si r et t sont de signes contraires

$$\frac{1}{R} = \frac{\cos^2 \omega}{R_1} - \frac{\sin^2 \omega}{R_2}$$

si ω varie de o à $\frac{\pi}{2}$, R varie de R_1 à $+\infty$ puis de $-\infty$ à $-R_2$.

Il n'y a pas de centre de courbure entre les centres principaux c_1 et c_2, il y a deux sections normales pour lesquelles R est infini.

Si $s^2 - rt = o$ l'indicatrice se réduit à deux droites parallèles, on peut ramener leur équation à la forme

$$rx^2 = 1 \qquad\qquad \frac{1}{R} = \frac{\cos^2 \omega}{R_1}$$

R varie entre R_1 et $+\infty$.

En appliquant la formule de Maclaurin (§ 61), la section de la surface par le plan tangent XOY, peut s'écrire :

$$o = f(x, y) = rx^2 + 2sxy + ty^2 + \ldots$$

O est un point double, à tangentes imaginaires si l'indicatrice est une ellipse, réelles si c'est une hyperbole. Dans le premier cas la surface est du même côté du plan tangent, dans le voisinage de O ; dans le second cas elle traverse son plan tangent.

Si $s^2 - rt = o$, O est un point de rebroussement de la section.

Exercices

1. On coupe un ellipsoïde par deux plans perpendiculaires **au** grand axe, par les deux courbes de section on fait passer un paraboloïde. Enveloppe de ce paraboloïde si les deux plans se déplacent, leur distance restant constante.

2. On donne un paraboloïde ; trouver l'enveloppe des plans polaires (§ 215) des points d'une sphère, dont le centre est sur l'axe du paraboloïde.

3. Déterminer le plan osculateur, le centre et le rayon de courbure en un point de la courbe :

$$x = e^t \cos t, \qquad y = e^t \sin t, \qquad z = e^t$$

4. Par le sommet d'un paraboloïde, on trace, sur la surface, une courbe quelconque. Lieu des centres de courbure de toutes les courbes en ce point.

––––––––

TROISIÈME PARTIE

ANALYSE

CHAPITRE PREMIER

DIFFÉRENTIELLES

229. Infiniment petits. — On dit qu'une variable est infiniment petite, si elle tend vers zéro. Si x et y tendent vers zéro en même temps, x étant l'infiniment petit principal, auquel on comparera les autres, on dit que y est d'ordre n, si $\frac{y}{x^n}$ a une limite A qui n'est ni nulle ni infinie, ou si

$$y = x^n (A + \varepsilon)$$

ε est infiniment petit, Ax^n est la partie principale de y.

Pour chercher la limite d'un rapport $\frac{y}{z}$, on peut remplacer y par sa partie principale, puisque $\frac{y}{Ax^n}$ tend vers 1. Ce qui revient à négliger le terme εx^n.

Un infiniment petit n'a pas toujours un ordre déterminé. Soit :

$$y = x^2 \left(3 + \sin \frac{1}{x} \right)$$

si $n < 2$, $\frac{y}{x^n}$ tend vers zéro ; $\frac{y}{x^2}$ prend des valeurs comprises entre 2 et 4, et n'a aucune limite. On peut dire que y est d'ordre 2, mais il n'y a pas de partie principale.

$$y = x^2 \sin \frac{1}{x}$$

n'a pas d'ordre, car $\dfrac{y}{x^n}$ s'annule pour une infinité de valeurs qui tendent vers zéro, et augmente indéfiniment si $n > 2$, et si x tend vers zéro par des valeurs qui n'annulent pas le sinus.

Plusieurs infiniment petits d'ordre n ont une somme d'ordre au moins égal à n ; cet ordre sera supérieur à n, si les parties principales ont une somme nulle.

230. Différentielle. — Soit $y = f(x)$ une fonction de x, à l'accroissement Δx correspond pour y l'accroissement Δy (§ 33) :

$$\Delta y = f(x + \Delta x) - f(x) = (f'(x) + \varepsilon)\,\Delta x.$$

On appelle différentielle de y la partie principale $f'(x)\,\Delta x$ de cet accroissement, et on la représente par dy

$$dy = f'(x)\,\Delta x.$$

Si $y = x$, $f' = 1$

$$\Delta y = \Delta x = dx.$$

La différentielle dx, de la variable indépendante x, est égale à son accroissement. La différentielle d'une fonction $y = f(x)$ est

$$dy = f'(x)\,dx.$$

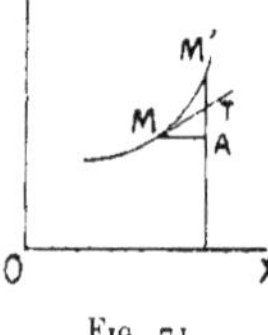

Fig. 71.

Si on construit la courbe $y = f(x)$, et la tangente MT au point (x, y) (*fig.* 71), soit $MA = dx$ l'accroissement de x, $AM' = \Delta y$ est l'accroissement de y. La tangente MT a pour équation

$$Y - y = (X - x)\,f'(x)$$

$AT = Y - y = f'(x)\,dx$ est la différentielle dy.

$$TM' = AM' - AT = f(x + dx) - f(x) - f'(x)\,dx = \frac{dx^2}{2}\,f''(x + \theta h)$$

(§ 39), $TM' = \Delta y - dy$ est infiniment petit du second ordre, $\dfrac{TM'}{dx^2}$ a pour limite $\dfrac{1}{2}f''(x)$. $\dfrac{TM'}{dx}$ tend vers zéro avec dx. Pour chercher la limite d'un rapport on peut remplacer l'accroissement Δy par la différentielle dy.

Soit $z = \varphi(y)$, $y = f(x)$ une fonction de x. On a :

$$\Delta z = (\varphi'(y) + \varepsilon') \Delta y = (\varphi'(y) + \varepsilon') (f'(x) + \varepsilon) dx$$

la différentielle, ou la valeur principale de Δz est

$$dz = \varphi'(y)\, dy = \varphi'(y) f'(x)\, dx.$$

La différentielle d'une somme de plusieurs fonctions est la somme de leurs différentielles.

Si u et v sont deux fonctions de x, l'accroissement du produit uv est

$$(u + \Delta u)(v + \Delta v) - uv = u\Delta v + v\Delta u + \Delta u\Delta v$$

la différentielle du produit est

$$d(uv) = udv + vdu.$$

L'accroissement du quotient $\dfrac{u}{v}$ est

$$\frac{u + \Delta u}{v + \Delta v} - \frac{u}{v} = \frac{v\Delta u - u\Delta v}{v(v + \Delta v)}$$

la différentielle du quotient est

$$d\left(\frac{u}{v}\right) = \frac{vdu - udv}{v^2}\,.$$

231. Différentielles successives.

La différentielle $dy = f'(x)\, dx$ est une fonction de x et de dx. Si on considère dx comme constant, et si x prend un accroissement dx égal au premier, la différentielle de dy, ou différentielle seconde sera :

$$d^2y = f''(x)\, dx^2$$

de même

$$d^3y = f'''(x)\, dx^3, \qquad d^ny = f^{(n)}(x)\, dx^n.$$

On peut ainsi représenter les dérivées successives de y par

$$\frac{dy}{dx}, \qquad \frac{d^2y}{dx^2}, \dots \qquad \frac{d^ny}{dx^n}.$$

La différentielle seconde de $z = \varphi(y)$ est la différentielle du produit $dz = \varphi'(y)\, dy$, où dy dépend de x.

$$d^2z = \varphi''(y)\, dy^2 + \varphi'(y)\, d^2y = [\varphi''(y)f'^2(x) + \varphi'(y)f''(x)]\, dx^2.$$

Si $y = x$, on a $dy = dx$ et d^2y ou $d^2x = 0$.

La différentielle seconde de z dépend de la variable indépendante x choisie, car la différentielle seconde de cette variable est supposée nulle. De sorte que, si y était la variable indépendante, d^2z se réduirait à $\varphi''(y)\,dy^2$, d^2y étant nul. On peut alors représenter par $\dfrac{d^2z}{dy^2}$ la dérivée seconde de z par rapport à y. De sorte que la dérivée seconde de z par rapport x sera :

$$\frac{d^2z}{dx^2} = \frac{d^2z}{dy^2}\left(\frac{dy}{dx}\right)^2 + \frac{dz}{dy}\frac{d^2y}{dx^2}.$$

Mais il faut bien remarquer que d^2z représente des quantités différentes et ne doit pas être séparé des dénominateurs $\dfrac{d^2z}{dx^2}$, $\dfrac{d^2z}{dy^2}$. Dans le premier rapport d^2x est supposé nul, d^2y ne l'est pas ; dans le second c'est d^2y qui est nul.

232. Différentielle totale. — Soit z une fonction de deux variables indépendantes

$$z = f(x, y)$$

dx, dy des accroissements infiniment petits arbitraires ; l'accroissement de z sera (§ 61)

$$\begin{aligned}
\Delta z &= f(x + dx, y + dy) - f(x, y)\\
&= dx\,f_x'(x + \theta dx, y + \theta dy) + dy\,f_y'(x + \theta dx, y + \theta dy)\\
&= dx\left(f_x'(x, y) + \varepsilon\right) + dy\left(f_y'(x, y) + \varepsilon'\right)
\end{aligned}$$

la différentielle de z, partie principale de Δz est :

$$dz = f_x'dx + f_y'dy$$

le premier terme $f_x'dx$ est la différentielle partielle par rapport à x, le second, la différentielle partielle par rapport à y. On peut représenter les dérivées partielles par

$$f_x' = \frac{\partial z}{\partial x}, \qquad f_y' = \frac{\partial z}{\partial y}$$

où ∂z représente deux différentielles partielles différentes, et ne doit pas être séparé du dénominateur, dz représente la différentielle totale.

Si x et y sont fonctions d'une variable indépendante t, z est une fonction composée de t, dont la différentielle peut s'obtenir en remplaçant dx et dy par les expressions de ces différentielles.

De même, la différentielle d'une fonction de trois variables $f(x, y, z)$ peut s'écrire sous la forme

$$df = \frac{\partial f}{\partial x}\, dx + \frac{\partial f}{\partial y}\, dy + \frac{\partial f}{\partial z}\, dz$$

où $\frac{\partial f}{\partial x}$, $\frac{\partial f}{\partial y}$, $\frac{\partial f}{\partial z}$ représentent des dérivées partielles.

233. Différentielles totales successives. — z étant fonction des deux variables indépendantes x et y, dz est une fonction de x, y, dx, dy; si on donne à x, y de nouveaux accroissements égaux aux premiers dx, dy, la différentielle de dz, ou différentielle seconde est :

$$d^2z = d(f'_x dx + f'_y dy) = dx(f''_{x^2} dx + f''_{xy} dy)$$
$$+ dy(f''_{yx} dx + f''_{y^2} dy) = f''_{x^2} dx^2 + 2f''_{xy} dx dy + f''_{y^2} dy^2$$

que l'on peut écrire :

$$d^2z = \frac{\partial^2 z}{\partial x^2}\, dx^2 + 2\frac{\partial^2 z}{\partial xy}\, dx dy + \frac{\partial^2 z}{\partial y^2}\, dy^2$$

où les termes tels que $\frac{\partial^2 z}{\partial x^2}$ représentent des dérivées partielles, et $\partial^2 z$ des différentielles partielles, ayant un sens différent suivant le dénominateur.

Cette formule suppose x et y variables indépendantes, c'est-à-dire d^2x et d^2y nuls. Si x, y sont fonctions d'une ou deux autres variables indépendantes, on aura :

$$d^2z = \frac{\partial^2 z}{\partial x^2}\, dx^2 + 2\frac{\partial^2 z}{\partial xy}\, dx dy + \frac{\partial^2 z}{\partial y^2}\, dy^2 + \frac{\partial z}{\partial x}\, d^2x + \frac{\partial z}{\partial y}\, d^2y$$

on forme de même les différentielles successives, dans le cas de deux ou plusieurs variables.

234. Changement de variable. — Si une expression contient une fonction y de la variable x, et ses dérivées ; si on exprime x en fonction d'une nouvelle variable t, on devra calculer les relations entre les dérivées successives (§ 34) :

$$\frac{dy}{dt} = \frac{dy}{dx}\frac{dx}{dt}, \qquad \frac{dy}{dx} = \frac{\dfrac{dy}{dt}}{\dfrac{dx}{dt}}$$

$$\frac{d^2y}{dx^2} = \frac{d\left(\dfrac{dy}{dx}\right)}{dt} \times \frac{dt}{dx} = \frac{\dfrac{d^2y}{dt^2}\dfrac{dx}{dt} - \dfrac{d^2x}{dt}\dfrac{dy}{dt}}{\left(\dfrac{dx}{dt}\right)^3} = \frac{d^2ydx - d^2xdy}{dx^3}$$

si x n'est plus la variable indépendante, d^2y doit donc être remplacé par $\dfrac{d^2ydx - d^2xdy}{dx}$, qui devient égal à d^2y lorsque d^2x est supposé nul. On calculera de même les expressions des dérivées, ou des différentielles, successives.

Par exemple, si y est fonction de x, le rayon de courbure d'une courbe plane est donné par la formule (§ 170) :

$$R = \frac{(1 + y'^2)^{\frac{3}{2}}}{y''} = \frac{\left[1 + \left(\dfrac{dy}{dx}\right)^2\right]^{\frac{3}{2}}}{\dfrac{d^2y}{dx^2}} = \frac{(dx^2 + dy^2)^{\frac{3}{2}}}{d^2ydx}.$$

Mais, si x n'est plus la variable indépendante, x et y étant exprimés en fonction de t, on devra remplacer d^2y par son expression générale.

On retrouve la formule :

$$R = \frac{(dx^2 + dy^2)^{\frac{3}{2}}}{d^2ydx - dyd^2x} = \frac{(x'^2 + y'^2)^{\frac{3}{2}}}{x'y'' - y'x''}.$$

235. Double changement. — Supposons x et y liés à deux nouvelles variables ρ et ω. Au lieu de regarder y comme fonction de x, considérons ρ et ω comme fonctions d'une autre variable t. On devra mettre les expressions à calculer sous la forme précédente, la variable indépendante n'étant plus x, et pouvant être arbitraire ; puis on exprimera les différentielles de x et y en fonction des nouvelles variables.

Par exemple, si ρ et ω sont les coordonnées polaires, on a :

$$\begin{cases} x = \rho \cos \omega \\ y = \rho \sin \omega \end{cases} \qquad \begin{cases} dx = \cos \omega d\rho - \rho \sin \omega d\omega \\ dy = \sin \omega d\rho + \rho \cos \omega d\omega \end{cases}$$

$$\begin{cases} d^2x = \cos \omega d^2\rho - 2 \sin \omega d\rho d\omega - \rho \cos \omega d\omega^2 - \rho \sin \omega d^2\omega \\ d^2y = \sin \omega d^2\rho + 2 \cos \omega d\rho d\omega - \rho \sin \omega d\omega^2 + \rho \cos \omega d^2\omega. \end{cases}$$

Si on veut calculer le rayon de courbure en coordonnées polaires, on a :

$$dx^2 + dy^2 = d\rho^2 + \rho^2 d\omega^2$$

$$d^2y dx - dy d^2x = d\rho (\cos \omega d^2y - \sin \omega d^2x) - \rho d\omega (\sin \omega d^2y + \cos \omega d^2x)$$

$$= d\rho (2 d\rho d\omega + \rho d^2\omega) - \rho d\omega (d^2\rho - \rho d\omega^2).$$

Si ω est variable indépendante, $d^2\omega$ est nul, ρ étant fonction de ω on a :

$$R = \frac{(d\rho^2 + \rho^2 d\omega^2)^{\frac{3}{2}}}{\rho^2 d\omega^3 + 2 d\rho^2 d\omega - \rho d^2\rho d\omega} = \frac{(\rho'^2 + \rho^2)^{\frac{3}{2}}}{\rho^2 + 2 \rho'^2 - \rho\rho''}.$$

236. Cas de deux variables. — Soit z une fonction de deux variables x, y que l'on exprime en fonction des coordonnées polaires ρ et ω. Si ρ et ω sont deux variables indépendantes, on a entre les différentielles :

$$dz = \frac{\delta z}{\delta x} dx + \frac{\delta z}{\delta y} dy = \frac{\delta z}{\delta x}(\cos \omega d\rho - \rho \sin \omega d\omega) + \frac{\delta z}{\delta y}(\sin \omega d\rho + \rho \cos \omega d\omega)$$

$$= \frac{\delta z}{\delta \rho} d\rho + \frac{\delta z}{\delta \omega} d\omega$$

ces expressions devant être identiques, pour toutes valeurs de $d\rho$ et $d\omega$, on en déduit :

$$\frac{\delta z}{\delta \rho} = \frac{\delta z}{\delta x} \cos \omega + \frac{\delta z}{\delta y} \sin \omega, \qquad \frac{\delta z}{\delta \omega} = - \frac{\delta z}{\delta x} \rho \sin \omega + \frac{\delta z}{\delta y} \rho \cos \omega$$

entre les différentielles secondes, $d^2\rho$ et $d^2\omega$ étant supposés nuls :

$$d^2z = \frac{\delta^2 z}{\delta x^2} dx^2 + 2 \frac{\delta^2 z}{\delta x y} dx dy + \frac{\delta^2 z}{\delta y^2} dy^2 + \frac{\delta z}{\delta x} d^2x + \frac{\delta z}{\delta y} d^2y$$

$$= \frac{\delta^2 z}{\delta \rho^2} d\rho^2 + 2 \frac{\delta^2 z}{\delta \rho \omega} d\rho d\omega + \frac{\delta^2 z}{\delta \omega^2} d\omega^2$$

en remplaçant dx, dy, d^2x, d^2y par leurs expressions, et en égalant les coefficients de $d\rho^2$, $d\rho d\omega$, $d\omega^2$, on a les relations entre les dérivées secondes.

Exercices

1. Que devient l'équation

$$(1 - x^2)\frac{d^2y}{dx^2} - x\frac{dy}{dx} + a^2y = 0$$

si on prend pour variable t,

$$x = \cos t.$$

2. Calculer le rayon de courbure en un point des courbes suivantes :

$$\rho = ae^\omega, \qquad \rho^2 = a^2 \cos 2\,\omega, \qquad \rho = a\omega.$$

3. Que devient l'équation

$$\frac{dy}{dx}\frac{d^3y}{dx^3} = 3\left(\frac{d^2y}{dx^2}\right)^2$$

si on considère x comme fonction de y.

CHAPITRE II

—

INTÉGRALES

237. Intégrale définie. — Soit $f(x)$ une fonction qui reste comprise entre deux nombres finis A et B, lorsque x varie de a à b.

$$a \leqslant x \leqslant b \quad , \quad A \leqslant f(x) \leqslant B.$$

Divisons l'intervalle de a à b en n parties par des valeurs intermédiaires arbitraires $x_0 = a$, x_1, $x_2 \ldots x_n = b$. Soit M_i le maximum de $f(x)$ dans l'intervalle x_{i-1}, x_i (§ 6). On a toujours

$$A \leqslant M_i \leqslant B.$$

Posons $\delta_i = x_i - x_{i-1}$, et formons la somme

$$S = M_1 \delta_1 + M_2 \delta_2 + \ldots + M_n \delta_n$$

comme $\delta_1 + \delta_2 + \ldots + \delta_n = b - a$, S est compris entre $A(b-a)$ et $B(b-a)$. Si, entre ces valeurs x_i, on en intercale d'autres, l'intervalle δ_i est remplacé par la somme d'intervalles plus petits, le maximum M_i est le plus grand maximum des intervalles partiels, le terme $M_i \delta_i$ est remplacé par une somme de plusieurs autres, qui peut lui être égale ou inférieure. Si on divise successivement les intervalles, S diminue. Si, par des subdivisions successives les intervalles δ tendent tous vers zéro, la suite des nombres décroissants S a une limite $\mathcal{I}$ (§ 2). Quel que soit ε, on peut trouver un nombre n, et une somme correspondante S, telle que

$$\mathcal{I} < S < \mathcal{I} + \varepsilon$$

cette limite $\mathcal{I}$ est indépendante de la façon dont la décomposition a été faite. En effet, supposons ε, n et S déterminés dans la décomposition précédente par subdivisions successives, et considérons une autre décomposition de l'intervalle de a à b faite d'une façon arbitraire, on formera la somme

$$S' = M_1'\delta_1' + M_2'\delta_2' + \ldots + M_p'\delta_p'$$

lorsque p augmente indéfiniment, on suppose que tous les δ' tendent vers zéro, mais d'après une loi arbitraire, pourvu que $\delta_1' + \delta_2' + \ldots + \delta_p'$ reste égal à $b - a$, sans qu'il soit nécessaire de faire des subdivisions successives. Pour comparer S' à S, considérons l'ensemble des valeurs x_i et x_i' qui correspondent aux divisions de S et S', et l'ensemble des intervalles ainsi formés. Chaque intervalle δ_i de S sera décomposé en plusieurs autres par les valeurs x_i' de S', et chaque intervalle de S' pourra être décomposé par les valeurs extrêmes x_i des intervalles δ_i de S. Parmi les intervalles δ' de S', les uns seront entièrement compris dans un intervalle δ, et ne seront pas décomposés ; alors M' est inférieur ou égal au maximum M de l'intervalle δ de S. Les autres empiètent sur l'un des intervalles δ, mais leur nombre est inférieur à n, car un seul intervalle δ' peut ainsi correspondre à l'extrémité x_i de chacun des $n - 1$ intervalles intermédiaires de S. Si δ' est le plus grand de ces intervalles, leur somme est inférieure à $n\delta'$. Comme M' et M restent compris entre A et B, on a toujours $M' - M \leqslant B - A$. Donc, dans les sommes S' et S, où les δ et δ' sont décomposés par toutes les valeurs des deux décompositions, il y a des parties où $M' \leqslant M$; et d'autres, formant une somme d'intervalles inférieure à $n\delta'$, pour lesquelles $M' - M \leqslant B - A$. On a ainsi

$$S' - S < (B - A)n\delta'.$$

Si, ε, n et S restant fixes, p augmente indéfiniment, δ' tendra vers zéro. On peut donc supposer p assez grand pour que $\delta' < \dfrac{\varepsilon}{(B-A)n}$ expression qui reste fixe. On a alors :

$$S' < S + \varepsilon < \mathfrak{L} + 2\varepsilon.$$

Ainsi, ε étant un nombre donné, on peut déterminer un nombre n, et ensuite p tel que $S' < \mathfrak{L} + 2\varepsilon$.

Mais on peut ensuite supposer p fixe ; et, en conservant les intervalles δ' et la somme S', augmenter n dans la première division. Le même raisonnement montrera que l'on peut choisir n

assez grand, ou les δ assez petits, pour que la nouvelle somme S_1 vérifie la condition

$$S_1 < S' + \varepsilon$$

mais on a toujours $\mathfrak{L} < S_1$, donc on aura :

$$\mathfrak{L} - \varepsilon < S' < \mathfrak{L} + 2\varepsilon.$$

Etant donné un mode de décomposition, où les δ^V tendent vers zéro, on peut supposer p assez grand pour que S' soit compris entre $\mathfrak{L} - \varepsilon$ et $\mathfrak{L} + 2\varepsilon$, quel que soit ε. Il en résulte que S' a pour limite $\mathfrak{L}$. Quelle que soit la façon dont les δ tendent vers zéro, cette limite est la même.

Si m_i est le minimum de $f(x)$ entre x_{i-1} et x_i, la fonction $- f(x)$ aura pour minimum $- M_i$, et pour maximum $- m_i$ dans le même intervalle δ_i. Il en résulte que la somme

$$s = m_1 \delta_1 + m_2 \delta_2 + \ldots + m_n \delta_n$$

a une limite déterminée l, lorsque les δ tendent vers zéro d'une façon arbitraire.

Si les deux limites l et $\mathfrak{L}$ sont égales, on aura encore la même limite en remplaçant m_i ou M_i par une valeur intermédiaire, par exemple par $f(x_i')$ où $x_{i-1} \leqslant x_i' \leqslant x_i$ car alors $f(x_i')$ sera compris entre m_i et M_i. A chaque intervalle δ_i faisons correspondre une valeur x_i' comprise dans cet intervalle, et formons la somme

$$\Sigma f(x)\delta = f(x_1')\delta_1 + f(x_2')\delta_2 + \ldots + f(x_n')\delta_n$$

elle sera comprise entre s et S, et aura la même limite, que l'on appelle intégrale définie. On peut, en particulier, supposer $x_i' = x_{i-1}$ et représenter cette somme, ou intégrale, par :

$$\int_a^b f(x)dx = \text{limite} \big[f(x_0)(x_1-x_0) + f(x_1)(x_2-x_1) + \ldots + f(x_{n-1})(x_n-x_{n-1}) \big]$$

où $x_0 = a$, $x_n = b$. Cette intégrale existe si s et S ont la même limite.

238. Fonction continue. — *Une fonction continue entre a et b a une intégrale définie.* En effet, soit $f(x)$ une fonction quelconque, qui reste comprise entre A et B lorsque $a \leqslant x \leqslant b$. Divisons l'intervalle de a à b en 2^p parties égales. Dans l'un des intervalles soit M le maximum, m le minimum de $f(x)$. Quand on remplace p par

$p + 1$, cet intervalle est divisé en deux, pour chacun desquels M peut diminuer ou rester le même, m augmente ou ne change pas ; la différence $M - m$ n'augmente jamais. Soit ε un nombre donné. Pour la division en 2^p intervalles, considérons le premier de ces intervalles tel que $M - m \geqslant \varepsilon$; soient $x = a_p$ et $x = a_p + \dfrac{b - a}{2^p}$ ses extrémités, de sorte que $M - m$ sera plus petit que ε dans chacun des intervalles qui précédent, entre a et a_p ; et $M - m$ restera plus petit que ε dans tous les intervalles compris entre a et a_p, lorsque p augmentera. A chaque nombre entier p correspond un nombre a_p, qui peut rester le même, ou augmenter. Il peut arriver que l'un de ces nombres soit égal à b. alors $M - m$ est inférieur à ε pour tous les intervalles de cette division.

Supposons que a_p ne soit jamais égal à b, quel que soit p. Les nombres a_1, a_2, ... a_n..., qui ne décroissent jamais, ont une limite x_0, pour p infini (§ 2), $a \leqslant x_0 \leqslant b$. Pour cette valeur x_0, $f(x)$ n'est pas continu. En effet, soit h un nombre positif aussi petit que l'on voudra. a_p ayant pour limite x_0, on peut choisir p assez grand pour que

$$x_0 - h < a_p \leqslant x_0$$

et l'on peut supposer, en même temps, p assez grand pour que $\dfrac{b - a}{2^p} < h$, de sorte que l'on aura :

$$x_0 - h < a_p < a_p + \frac{b - a}{2^p} < x_0 + h.$$

L'intervalle de a_p à $a_p + \dfrac{b - a}{2^p}$, pour lequel $M - m \geqslant \varepsilon$, étant intérieur à l'intervalle de $x_0 - h$ à $x_0 + h$, on aura aussi $M - m \geqslant \varepsilon$ dans cet intervalle, quel que soit h. Si $f(x)$ était continu, elle atteindrait les valeurs M et m pour des valeurs de x comprises entre $x_0 - h$ et $x_0 + h$ (§ 6), et $M - m$ tendrait vers zéro avec h. Si $M - m$ reste supérieur ou égal à ε quelque soit h, la fonction $f(x)$ n'est pas continue pour $x = x_0$.

Si la fonction $f(x)$ est continue entre a et b, à tout nombre ε correspond un nombre p tel que, si on divise l'intervalle de a à b en 2^p parties égales, on aura $M - m < \varepsilon$ dans chacun des intervalles. Si on forme les sommes S et s (§ 237) pour cette division, on aura :

$$S - s = (M_1 - m_1)\delta_1 + (M_2 - m_2)\delta_2 + \ldots + (M_n - m_n)\delta_n < \varepsilon (b - a)$$

S et s ont toujours des limites déterminées $\mathcal{L}$ et l. Comme on peut choisir ε aussi petit que l'on voudra, on aura : $\mathcal{L} = l$, et la fonction continue $f(x)$ a une intégrale définie entre a et b.

Si B et A sont le maximum et le minimum de $f(x)$ entre a et b, on a :

$$A(b - a) < s < \int_a^b f(x)dx < S < B(b - a)$$

$f(x)$ étant continu passe par toutes les valeurs comprises entre A et B. Lorsque x prend toutes les valeurs entre a et b, le produit $(b - a) f(x)$ prend toutes les valeurs comprises entre A $(b - a)$ et B $(b - a)$. Il existe donc une valeur x_1 de x, comprise entre a et b, telle que

$$\int_a^b f(x)dx = (b - a) f(x_1).$$

Si c est une valeur de x, entre a et b, on peut décomposer les sommes S et s en deux, et l'on a :

$$\int_a^b f(x)dx = \int_a^c f(x)dx + \int_c^b .$$

On peut aussi faire varier x, dans le sens négatif, de b à a, les accroissements dx sont négatifs, et l'on a :

$$\int_b^a f(x)dx = -\int_a^b f(x)dx.$$

239. Intégrale indéfinie. — On peut considérer une intégrale définie comme une fonction de l'une des limites. Soit

$$F(z) = \int_a^z f(x)dx.$$

Si f est continu, cette fonction F a pour dérivée $f(z)$. En effet :

$$F(z + h) = \int_a^{z + h} f(x)dx = F(z) + \int_z^{z + h} f(x)dx$$

$$F(z + h) - F(z) = \int_z^{z + h} f(x)dx = hf(z + \theta h).$$

θ étant compris entre o et 1, $z + \theta h$ entre z et $z + h$. Si h tend vers zéro $\dfrac{F(z + h) - F(z)}{h}$ a pour limite $f(z)$, qui est la dérivée de $F(z)$. On peut représenter la variable z par x, car il n'y a pas de confusion possible entre cette limite, et la variable de f qui prend toutes les valeurs de a jusqu'à z ou x. Si $F(x)$ est une fonction ayant pour dérivée $f(x)$, on a ainsi (§ 41) :

$$F(x) = \int_a^x f(x)dx + C, \qquad F'(x) = f(x)$$

C pouvant être une constante arbitraire. On appelle intégrale indéfinie, ou simplement intégrale, toute fonction F ayant pour dérivée f; on la représente par

$$\int f(x)dx.$$

Cette fonction n'est pas complètement déterminée, on peut lui ajouter une constante. On peut déterminer C en remarquant que l'intégrale définie s'annule pour $x = a$, donc

$$F(x) = F(a) + \int_a^x f(x)dx$$

si on connaît F, on pourra calculer l'intégrale définie par la formule

$$\int_a^b f(x)dx = F(b) - F(a)$$

où $f(x)$ et $F(x)$ sont des fonctions continues entre a et b.

240. Intégration immédiate. — Le calcul des dérivées (§ 33) fait connaître des intégrales dont les plus simples sont les suivantes :

$$\int x^m dx = \frac{x^{m+1}}{m+1}, \quad \int \frac{dx}{x} = L\,x, \qquad \int e^x dx = e^x$$

$$\int \cos x\,dx = \sin x, \quad \int \sin x\,dx = -\cos x, \quad \int \frac{dx}{\cos^2 x} = \operatorname{tg} x$$

$$\int \frac{dx}{\sin^2 x} = -\cot g\,x, \quad \int \frac{dx}{1 + x^2} = \operatorname{arc\,tg} x, \quad \int \frac{dx}{\sqrt{1 - x^2}} = \operatorname{arc\,sin} x$$

ce dernier arc ayant un cosinus positif (§ 35).

D'autres intégrales se ramènent à ces cas simples, en multipliant par une constante, ou en ajoutant plusieurs intégrales. La première formule donne ainsi l'intégrale d'un polynôme.

On peut encore changer de variable. Si on pose

$$x = \varphi(t) \quad , \quad F(x) = \int f(x)dx$$

devient une fonction de t, dont la dérivée est $f(x) \times \varphi'(t)$. On peut écrire :

$$\int f(x)\, dx = \int f(\varphi(t))\, \varphi'(t)\, dt$$

si on connaît l'intégrale de cette fonction de t, on pourra y remplacer t en fonction de x.

Par exemple :

$$\int \frac{dx}{a^2 + x^2} = \frac{1}{a} \int \frac{d\frac{x}{a}}{1 + \frac{x^2}{a^2}} = \frac{1}{a} \operatorname{arc\,tg}\left(\frac{x}{a}\right)$$

$$\int \cos^2 x\, dx = \int \frac{1 + \cos 2x}{2}\, dx = \frac{x}{2} + \frac{\sin 2x}{4}$$

$$\int \sqrt{\frac{1+x}{1-x}}\, dx = \int \frac{1+x}{\sqrt{1-x^2}}\, dx = \operatorname{arc\,sin} x + \frac{1}{2}\int \frac{d(x^2)}{\sqrt{1-x^2}}$$

si on pose $1 - x^2 = t$, cette dernière intégrale devient :

$$\frac{1}{2}\int \frac{-dt}{\sqrt{t}} = -\frac{1}{2}\int t^{-\frac{1}{2}}\, dt = -t^{\frac{1}{2}} = -\sqrt{1-x^2}.$$

En posant $x = \sin t$, on trouve encore, en supposant $\cos t$ positif :

$$\int \frac{x^2 dx}{\sqrt{1-x^2}} = \int \sin^2 t\, dt = \int \frac{1 - \cos 2t}{2}\, dt = \frac{t}{2} - \frac{\sin 2t}{4} = \frac{1}{2}\operatorname{arc\,sin} x - \frac{x}{2}\sqrt{1-x^2}.$$

241. Intégration par parties. — u et v étant deux fonctions de x, on a :

$$d\,(uv) = udv + vdu$$

$$\int udv = uv - \int vdu.$$

L'intégrale de udv ou $uv'dx$ est ramenée à celle de vdu qui est souvent plus simple.

Par exemple

$$2\int x\ \mathrm{L}\ xdx = \int \mathrm{L}\ xdx^2 = x^2\ \mathrm{L}\ x - \int xdx = x^2\ \mathrm{L}\ x - \frac{x^2}{2}$$

$$\int x \sin xdx = -\int xd\cos x = -x\cos x + \int \cos xdx = -x\cos x + \sin x$$

on peut intégrer par parties plusieurs fois, ainsi :

$$\int f(x)e^x\,dx = f(x)e^x - \int f'(x)\,e^x\,dx = e^x\big(f(x) - f'(x)\big) + \int f''(x)e^x dx$$

en continuant n fois :

$$\int f(x)\,e^x\,dx = e^x\big(f(x) - f'(x) + f''(x) \ldots + (-1)^{n-1}\,f^{(n-1)}(x)\big)$$

$$+ (-1)^n \int f^{(n)}(x)\,e^x\,dx$$

Si f est un polynôme de degré $n - 1$, le dernier terme est nul, l'intégrale sera connue.

242. Intégration des fractions rationnelles. — Pour intégrer une fraction rationnelle, on la décompose en fractions simples (§ 98). On peut avoir un polynôme, et des intégrales de la forme :

$$\int \frac{dx}{(x-a)^n} = \int (x-a)^{-n}\,dx = \frac{(x-a)^{1-n}}{1-n} = \frac{-1}{(n-1)(x-a)^{n-1}}$$

$$\int \frac{dx}{x-a} = \mathrm{L}\,(x-a).$$

Par exemple :

$$\int \frac{dx}{x^2 - a^2} = \frac{1}{2a} \int \frac{dx}{x - a} - \frac{1}{2a} \int \frac{dx}{x + a} = \frac{1}{2a} \log \frac{x - a}{x + a}.$$

Cette méthode peut s'appliquer aux racines imaginaires, les imaginaires n'entrant que dans les coefficients constants ; on aura des termes imaginaires conjugués qui, après réduction, se mettront sous forme réelle ; la somme de deux quantités conjuguées étant réelle. Mais on peut éviter les imaginaires dans la décomposition en fractions simples (§ 99). On a à calculer les intégrales

$$\int \frac{Ax + B}{[(x - a)^2 + b^2]^n} \, dx$$

En posant $x - a = bz$, cette intégrale devient :

$$\frac{1}{b^{2n-1}} \int \frac{Abz + (Aa + B)}{(1 + z^2)^n} \, dz$$

$$\int \frac{zdz}{(1 + z^2)^n} = \frac{-1}{2(n - 1)(1 + z^2)^{n-1}}, \qquad \int \frac{zdz}{1 + z^2} = \frac{1}{2} L (1 + z^2)$$

Il reste à calculer $\int \frac{dz}{(1 + z^2)^n}$, que l'on obtient par des réductions successives. La dérivée de la fonction $\frac{z}{(1 + z^2)^{n-1}}$ est :

$$\frac{1}{(1 + z^2)^{n-1}} - \frac{2(n - 1)z^2}{(1 + z^2)^n} = \frac{2(n - 1) + (3 - 2n)(1 + z^2)}{(1 + z^2)^n}$$

Donc :

$$\frac{z}{(1 + z^2)^{n-1}} = 2(n - 1) \int \frac{dz}{(1 + z^2)^n} + (3 - 2n) \int \frac{dz}{(1 + z^2)^{n-1}}$$

$$\int \frac{dz}{(1 + z^2)^n} = \frac{z}{2(n - 1)(1 + z^2)^{n-1}} + \frac{2n - 3}{2n - 2} \int \frac{dz}{(1 + z^2)^{n-1}}$$

En donnant à n les valeurs 2, 3,... on peut calculer ces intégrales.

Ainsi :

$$\int \frac{dz}{1 + z^2} = \text{arc tg } z, \qquad \int \frac{dz}{(1 + z^2)^2} = \frac{1}{2}\left(\frac{z}{1 + z^2} + \text{arc tg } z\right)$$

$$\int \frac{dz}{(1 + z^2)^3} = \frac{z}{4(1 + z^2)^2} + \frac{3}{4}\int \frac{dz}{(1 + z^2)^2} = \frac{z}{4(1 + z^2)^2} + \frac{3}{8}\left(\frac{z}{1 + z^2} + \text{arc tg } z\right).$$

243. Radicaux. — Soit l'intégrale

$$\int F\left(x, \sqrt[n]{ax + b}\right) dx$$

où F est une fraction rationnelle des deux variables, n entier. Si on pose

$$ax + b = z^n, \qquad \text{on a :}$$

$$\int F\left(\frac{z^n - b}{a}, z\right) \times \frac{nz^{n-1}}{a}\, dz$$

intégrale d'une fraction rationnelle en z.

On peut également ramener à être rationnelle l'intégrale

$$\int F\left(x, \sqrt{ax^2 + bx + c}\right) dx$$

Posons :

$$x\sqrt{a} + \sqrt{ax^2 + bx + c} = z$$

$$ax^2 + bx + c = ax^2 - 2xz\sqrt{a} + z^2$$

$$x = \frac{z^2 - c}{2z\sqrt{a} + b}, \qquad dx = \frac{2\left(z^2\sqrt{a} + bz + c\sqrt{a}\right)}{(2z\sqrt{a} + b)^2}\, dz$$

On aura l'intégrale d'une fraction rationnelle en z, puisque x et le radical s'expriment rationnellement. Cette substitution suppose a positif. Soit par exemple

$$\int \frac{dx}{\sqrt{x^2 + c}}$$

On aura :

$$x = \frac{z^2 - c}{2z}, \qquad \sqrt{x^2 + c} = z - x = \frac{z^2 + c}{2z}, \qquad dx = \frac{z^2 + c}{2z^2}\, dz$$

$$\int \frac{dx}{\sqrt{x^2 + c}} = \int \frac{dz}{z} = \text{L } z = \text{L }\left(x + \sqrt{x^2 + c}\right)$$

On pourrait encore, en faisant sortir x^2 du radical, le ramener à la forme $\sqrt{a + \dfrac{b}{x} + \dfrac{c}{x^2}}$ et faire la substitution :

$$\sqrt{ax^2 + bx + c} + \sqrt{c} = xz$$

$$ax^2 + bx + c = c - 2xz\sqrt{c} + x^2 z^2$$

$$x = \frac{2z\sqrt{c} + b}{z^2 - a}$$

x et le radical sont rationnels; l'intégrale deviendra rationnelle en z. Cela suppose c positif.

Enfin, si α et β sont les racines du radical, on peut poser :

$$\sqrt{a(x - \alpha)(x - \beta)} = (x - \alpha)z$$

$$a(x - \beta) = (x - \alpha)z^2$$

qui donne pour x et pour le radical des expressions rationnelles.

Si a et c étaient négatifs, les racines étant imaginaires, la quantité sous le radical serait négative quel que soit x; on ne pourrait pas éviter les imaginaires.

244. Intégrales trigonométriques. — F étant une fraction rationnelle, l'intégrale

$$\int F(\sin x)\cos x\, dx$$

s'intègre en prenant pour variable $\sin x$, dont la différentielle est $\cos x\, dx$.

$$\int F(\sin x, \cos x)\, dx$$

devient rationnelle, si on pose : $\operatorname{tg} \dfrac{x}{2} = z$

$$\sin x = \frac{2\sin\dfrac{x}{2}\cos\dfrac{x}{2}}{\cos^2\dfrac{x}{2} + \sin^2\dfrac{x}{2}} = \frac{2z}{1 + z^2}, \quad \cos x = \frac{\cos^2\dfrac{x}{2} - \sin^2\dfrac{x}{2}}{\cos^2\dfrac{x}{2} + \sin^2\dfrac{x}{2}} = \frac{1 - z^2}{1 + z^2}$$

$$dx = \frac{2\, dz}{1 + z^2}.$$

Si F est un polynôme, on peut appliquer successivement les formules donnant les produits de deux sinus ou cosinus, pour arriver à une somme de termes en $\sin mx$ et $\cos mx$, qui s'intègrent immédiatement. Les formules d'Euler (§ 71) permettent également de remplacer F par un polynôme en e^{xi}, e^{-xi}, dont les termes e^{mxi}, e^{-mxi} s'exprimeront en $\cos mx$, $\sin mx$. Les imaginaires se réduisent à la fin du calcul.

Exercices

Calculer les intégrales suivantes :

$$\int \frac{x\,dx}{\sqrt{a^4 - x^4}}, \qquad \int \frac{x\,dx}{a^2 + x^2}, \qquad \int \frac{dx}{1 + e^x}, \qquad \int x^2 \text{ arc sin } x\,dx$$

$$\int \frac{dx}{1 - x^4}, \qquad \int \frac{x^2\,dx}{1 - x^4}, \qquad \int \frac{x^2\,dx}{x^4 + x^2 - 2}, \qquad \int \frac{x^2\,dx}{x^3 + 5x^2 + 8x + 4}$$

$$\int \frac{3 - 8x^4}{\sqrt{1 + x^2}}\,dx, \qquad \int \frac{dx}{(1 - x^2)\sqrt{1 - x^2}}, \qquad \int \frac{x^2\,dx}{(a + bx^2)\sqrt{a + bx^2}}$$

$$\text{CHAPITRE III}$$

—

INTÉGRALES DÉFINIES. SURFACES

245. Calcul des intégrales définies. — Une intégrale définie peut se calculer par la variation de l'intégrale indéfinie, lorsque celle-ci est connue (§ 239). Par exemple

$$\int_0^1 \frac{dx}{1+x^2} = (\text{arc tg } x)_0^1 = \text{arc tg } 1 - \text{arc tg } 0 = \frac{\pi}{4}$$

arc tg 1 et arc tg 0 peuvent avoir une infinité de valeurs; mais il faut supposer arc tg x continu, si arc tg 0 est nul, lorsque x varie de 0 à 1, l'arc varie de 0 à $\frac{\pi}{4}$.

On peut changer de variable en posant $x = \varphi(t)$; lorsque t varie de t_0 à t_1, si φ reste continu et varie de x_0 à x_1, on aura :

$$\int_{x_0}^{x_1} f(x)\,dx = \int_{t_0}^{t_1} f(\varphi(t))\varphi'(t)\,dt.$$

Soit, par exemple :

$$\int_{-1}^{1} \sqrt{1-x^2}\,dx$$

si $x = \sin t$, t variant de $-\frac{\pi}{2}$ à $+\frac{\pi}{2}$, x varie de -1 à $+1$, $\cos t$ reste positif et égal à $+\sqrt{1-x^2}$.

$$\int_{-1}^{+1} \sqrt{1-x^2}\,dx = \int_{-\frac{\pi}{2}}^{+\frac{\pi}{2}} \cos^2 t\,dt = \int_{-\frac{\pi}{2}}^{+\frac{\pi}{2}} \frac{1+\cos 2t}{2}\,dt =$$

$$= \left(\frac{t}{2} + \frac{\sin 2t}{4}\right)_{-\frac{\pi}{2}}^{+\frac{\pi}{2}} = \frac{\pi}{2}.$$

Enfin on peut appliquer la méthode d'intégration par parties (§ 241). Par exemple, n étant un nombre entier supérieur à 1, on a :

$$\int_0^{\frac{\pi}{2}} \sin^n x\, dx = \int_0^{\frac{\pi}{2}} \sin^{n-1} x\, d(-\cos x) =$$

$$-\left(\sin^{n-1} x \cos x\right)_0^{\frac{\pi}{2}} + (n-1)\int_0^{\frac{\pi}{2}} \sin^{n-2} x \cos^2 x\, dx =$$

$$= (n-1)\int_0^{\frac{\pi}{2}} \sin^{n-2} x\, dx - (n-1)\int_0^{\frac{\pi}{2}} \sin^n x\, dx$$

$$\int_0^{\frac{\pi}{2}} \sin^n x\, dx = \frac{n-1}{n}\int_0^{\frac{\pi}{2}} \sin^{n-2} x\, dx$$

par des réductions successives, on arrive ainsi, suivant que n est pair ou impair, à

$$\int_0^{\frac{\pi}{2}} dx = \frac{\pi}{2}, \qquad \int_0^{\frac{\pi}{2}} \sin x\, dx = -\left(\cos x\right)_0^{\frac{\pi}{2}} = 1.$$

On a ainsi :

$$\int_0^{\frac{\pi}{2}} \sin^{2n} x\, dx = \frac{(2n-1)(2n-3)\ldots 1}{2n(2n-2)\ldots 2} \times \frac{\pi}{2}$$

$$\int_0^{\frac{\pi}{2}} \sin^{2n+1} x\, dx = \frac{2n(2n-2)\ldots 2}{(2n+1)(2n-1)\ldots 3}$$

246. Différentielle infinie. — La définition de l'intégrale définie (§ 237) suppose $f(x)$ fini. Cependant, si $f(b)$ est infini et si $\int_a^x f(x)\, dx$ a une limite finie, lorsque x tend vers b, cette limite représente, par définition, $\int_a^b f(x)\, dx$.

Si b est compris entre a et c, on admettra encore, par définition

$$\int_a^c f(x)\,dx = \int_a^b f(x)\,dx + \int_b^c f(x)\,dx$$

à condition que chacune de ces intégrales ait une valeur finie.

Par exemple :

$$\int_0^x \frac{dx}{(b-x)^n} = \frac{(b-x)^{1-n} - b^{1-n}}{n-1}.$$

Si $n < 1$, $(b-x)^{1-n}$ tend vers zéro pour $x = b$

$$\int_0^b \frac{dx}{(b-x)^n} = \frac{b^{1-n}}{1-n}.$$

Mais, si $n > 1$, l'intégrale augmente indéfiniment. De même

$$\int_0^x \frac{dx}{b-x} = \mathrm{L}\, b - \mathrm{L}\,(b-x) = \mathrm{L}\, \frac{b}{b-x}$$

augmente indéfiniment pour $x = b$.

Ainsi l'intégrale d'une fraction rationnelle n'a pas de sens, si le dénominateur s'annule entre les limites.

En général, s'il existe un nombre positif A, tel que $(b-x)f(x)$ reste supérieur à A, entre a et b, on aura :

$$\int_a^x f(x)\,dx > \mathrm{A} \int_a^x \frac{dx}{b-x} = \mathrm{A}\,\mathrm{L}\,\frac{b-a}{b-x}$$

l'intégrale augmente indéfiniment lorsque x tend vers b.

Inversement, si, n étant inférieur à 1, on a :

$$0 < (b-x)^n f(x) < \mathrm{A}, \text{ lorsque } a < x < b$$

on en déduit :

$$\int_a^x f(x)\,dx < \mathrm{A} \int_a^x \frac{dx}{(b-x)^n} < \mathrm{A}\, \frac{(b-a)^{1-n}}{1-n}$$

$f(x)$ étant positif, l'intégrale augmente avec x; comme elle reste finie, elle a une limite, et un sens bien déterminé, pour $x = b$ (§ 2).

Par exemple : $\displaystyle\int_a^b \frac{dx}{\sqrt{(x-a)(b-x)}}$ a une valeur finie, bien que le dénominateur s'annule aux limites. Si on pose :

$$x - a = (b - x)\,\mathrm{tg}^2\,t, \qquad x = a\cos^2 t + b\sin^2 t$$

lorsque t varie de o à $\dfrac{\pi}{2}$, x varie de a à b

$$\sqrt{(x-a)(b-x)} = \sqrt{(b-a)\sin^2 t \times (b-a)\cos^2 t} = (b-a)\sin t \cos t$$

$b - a$, $\sin t$ et $\cos t$ étant positifs.

$$dx = 2(b-a)\sin t \cos t\,dt$$

$$\int_a^b \frac{dx}{\sqrt{(x-a)(b-x)}} = 2\int_0^{\frac{\pi}{2}} dt = \pi.$$

247. Limite infinie. — On représente par $\displaystyle\int_a^\infty f(x)\,dx$ la limite de l'intégrale $\displaystyle\int_a^x f(x)\,dx$ lorsque x augmente indéfiniment, si cette limite est finie et déterminée.

Par exemple, a étant positif :

$$\int_a^x \frac{dx}{x^n} = \frac{a^{1-n} - x^{1-n}}{n-1}$$

si $n > 1$, x^{1-n} tend vers zéro, pour x infini,

$$\int_a^\infty \frac{dx}{x^n} = \frac{a^{1-n}}{n-1}.$$

Si $n < 1$ l'intégrale augmente indéfiniment, de même :

$$\int_a^x \frac{dx}{x} = \mathrm{L}\,\frac{x}{a}$$

n'a pas de limite finie, si x augmente indéfiniment.

Si, pour toute valeur de x supérieure à a, $xf'(x) > A > o$, on en déduit

$$\int_a^x f(x)\,dx > A\int_a^x \frac{dx}{x} = A\,\mathrm{L}\,\frac{x}{a}$$

l'intégrale augmente indéfiniment avec x.

Inversement, si, n étant plus grand que 1, $0 < x^n f'(x) < A$

$$\int_a^x f(x)\,dx < A \int_a^x \frac{dx}{x^n} < \frac{A a^{1-n}}{n-1}$$

l'intégrale augmente avec x, elle reste finie, et a une limite finie et déterminée.

Ainsi l'intégrale d'une fraction rationnelle aura une limite finie, si le numérateur a un degré inférieur de plus d'une unité à celui du dénominateur, car alors $x^2 f(x)$ reste fini.

Par exemple

$$\int_{-\infty}^{+\infty} \frac{dx}{1+x^2} = \left(\text{arc tg } x \right)_{-\infty}^{+\infty} = \pi.$$

248. Aires planes. — Soit une courbe représentée par l'équation

$$y = f(x)$$

considérons la portion du plan comprise entre la courbe, l'axe OX, et deux ordonnées Aa, Bb (*fig.* 72). Si on forme les sommes $\Sigma M_i \delta_i$, $\Sigma m_i \delta_i$ (§ 237), et si on construit les ordonnées d'abscisses x_{i-1} et x_i, la partie du plan limitée par ces deux droites, la courbe, et OX est comprise entre deux rectangles de surfaces $m_i \delta_i$ et $M_i \delta_i$. Si $f(x)$ est continue, les deux sommes ont la même limite ; on peut dire que la courbe détermine une portion du plan, dont l'aire reste comprise entre ces deux sommes, cette aire sera égale à l'intégrale définie

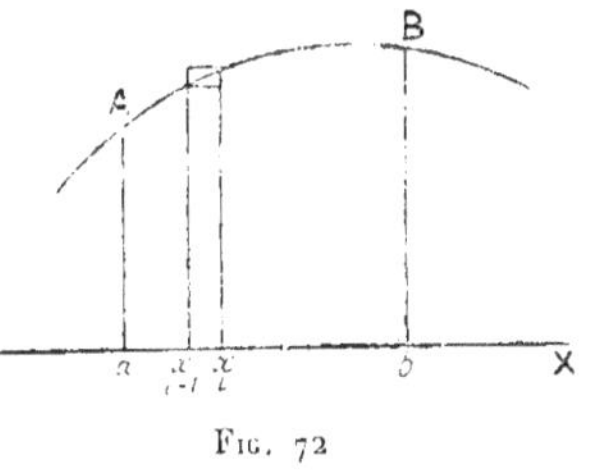

$$A = \int_a^b f(x)\,dx$$

c'est la limite de l'aire limitée par un polygone inscrit dans l'arc AB, dont les côtés tendent vers zéro.

Si $f(x)$ change de signe, l'intégrale représente la différence des aires situées au-dessus et au-dessous de OX (*fig* 73). Si on veut

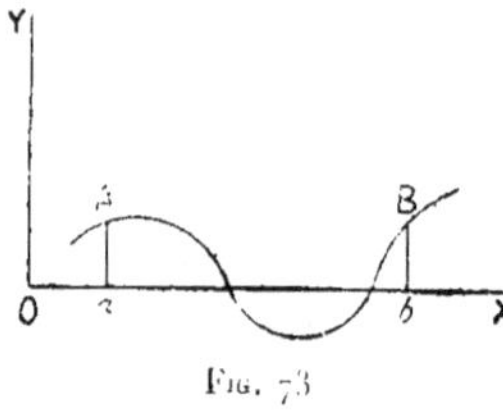

Fig. 73

calculer les aires, en valeur absolue, il faudra former séparément les intégrales correspondant aux valeurs positives et négatives de y.

Si les axes sont obliques, leur angle étant θ, au lieu de rectangles on aura une décomposition en parallélogrammes (*fig.* 74) de surface $y \sin \theta\, dx$, ce qui introduit le facteur constant $\sin \theta$.

249. Parabole. — Soit à évaluer l'aire comprise entre une parabole et une corde MM'. Si on prend pour axes la tangente parallèle à la corde et le diamètre conjugué, la parabole a pour équation :

$$y^2 = 2px$$

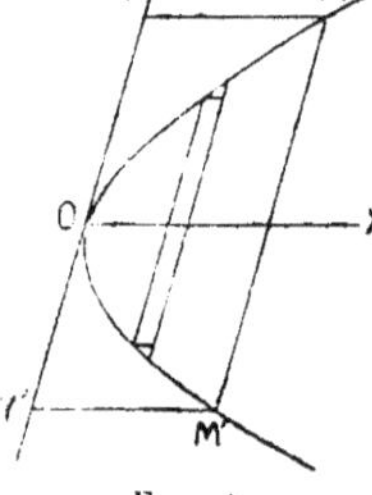

Fig. 74

l'aire de chaque parallélogramme infiniment petit est divisée, par OX, en deux parties égales, donc l'aire M'OM est :

$$A = 2 \sin \theta \int_0^x y\, dx = 2 \sin \theta \int_0^x \sqrt{2px}\, dx = 2\sqrt{2p} \sin \theta \times \frac{2}{3} x^{\frac{3}{2}} =$$

$$= \frac{4}{3} xy \sin \theta,$$

(x, y) étant les coordonnées de M. $2xy \sin \theta$ représente l'aire A' du parallélogramme parallèle à OX construit sur M'M et Y'Y. La parabole divise ce parallélogramme en deux parties dont l'une est double de l'autre.

250. Ellipse. — Pour calculer l'aire A intérieure à une ellipse rapportée à ses axes, cette aire étant symétrique, on peut poser (§ 144) :

$$x = a \cos t \quad , \quad y = b \sin t$$

t variant de $\frac{\pi}{2}$ à o lorsque x varie de o à a

$$\frac{A}{4} = \int_0^a y\,dx = \int_{\frac{\pi}{2}}^0 - ab\sin^2 t\,dt = \frac{ab}{2}\int_0^{\frac{\pi}{2}}(1 - \cos 2t)\,dt =$$

$$= \frac{ab}{2}\left(t - \frac{1}{2}\sin 2t\right)_0^{\frac{\pi}{2}} = \frac{\pi ab}{4}$$

l'aire intérieure à l'ellipse est πab.

251. Coordonnées polaires. — Soit la courbe $\rho = f(\omega)$, et l'aire comprise entre cette courbe et deux rayons vecteurs OA, OB. L'aire limitée par deux rayons vecteurs d'angle $d\omega$ et l'arc de cercle de rayon ρ, de longueur $\rho d\omega$, est égale à $\frac{1}{2}\rho^2 d\omega$. Sur l'arc MM′, entre ω et $\omega + d\omega$, ρ est compris entre deux limites m, M ; lorsqu'on divise l'angle AOB en éléments $d\omega$, si ρ est une fonction continue de ω, les deux sommes $\Sigma m^2\frac{d\omega}{2}$, $\Sigma M^2\frac{d\omega}{2}$ ont la même limite (§ 238). L'aire AOB sera donnée par l'intégrale définie :

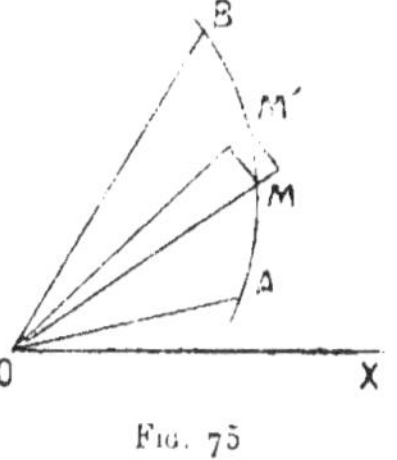

Fig. 75

$$A = \frac{1}{2}\int_{\omega_0}^{\omega_1}\rho^2 d\omega$$

Soit, par exemple, la lemniscate (§ 161), ω variant de o à $\frac{\pi}{4}$, pour obtenir le quart de l'aire totale A, formée par les deux boucles.

$$A = 2\int_0^{\frac{\pi}{4}} a^2\cos 2\omega\,d\omega = a^2\left(\sin 2\omega\right)_0^{\frac{\pi}{4}} = a^2$$

252. Arc de courbe. — Si, sur une courbe, on prend des points infiniment voisins, la distance ds de deux points sera donnée par :

$$ds^2 = dx^2 + dy^2$$

si x et y sont des fonctions de t, ayant des dérivées continues, le polygone obtenu en joignant ces points a une longueur, dont la limite est déterminée ; cette limite est appelée longueur de l'arc de courbe

$$s = \int_{t_0}^{t_1} \sqrt{x'^2 + y'^2}\, dt$$

si y est exprimé en fonction de x, on remplace t par x, x' par 1. Par exemple, l'arc de cycloïde (§ 127) est donné par la formule :

$$x'^2 + y'^2 = a^2 (2 - 2 \cos t) = 4\, a^2 \sin^2 \frac{t}{2}$$

$$s = \int_{t_0}^{t_1} 2\, a \sin \frac{t}{2}\, dt = 4a \left(\cos \frac{t_0}{2} - \cos \frac{t_1}{2} \right)$$

L'arc compris entre deux points de rebroussement, O et B, pour lesquels $t_0 = 0$, $t_1 = 2\pi$, sera $8\,a$.

Dans l'espace, la distance ds de deux points infiniment voisins est donnée par :

$$ds^2 = dx^2 + dy^2 + dz^2$$

si les coordonnées (x, y, z) d'un point d'une courbe sont fonctions de t, l'arc de courbe aura pour longueur

$$s = \int_{t_0}^{t_1} \sqrt{x'^2 + y'^2 + z'^2}\, dt$$

Si une courbe plane est représentée en coordonnées polaires, on a (§ 235) :

$$ds^2 = dx^2 + dy^2 = d\rho^2 + \rho^2 d\omega^2 = (\rho^2 + \rho'^2)\, d\omega^2$$

$$s = \int_{\omega_0}^{\omega_1} \sqrt{\rho^2 + \rho'^2}\, d\omega$$

253. Calcul par approximation. — La recherche d'une intégrale indéfinie consiste à exprimer cette intégrale au moyen de fonctions simples connues. Si on ne connaissait pas les fonctions log et arc tg, l'intégrale d'une fraction rationnelle ne pourrait pas se calculer explicitement, on pourrait considérer les intégrales

$$\int_1^x \frac{dx}{x} = L\, x, \qquad \int_0^x \frac{dx}{1 + x^2} = \text{arc tg } x$$

comme servant de définition à ces fonctions.

De même, l'intégrale d'une fonction contenant la racine carrée d'un polynôme de degré supérieur à deux ne peut pas, en général, s'exprimer par des fonctions algébriques, des logarithmes ou des fonctions trigonométriques; elle ne pourrait se calculer qu'en utilisant des fonctions plus complexes.

Mais une intégrale définie, entre des limites numériques données, représente une grandeur dont la valeur peut toujours être calculée avec une approximation donnée. On remplacera pour cela la fonction à intégrer par une valeur approchée, par

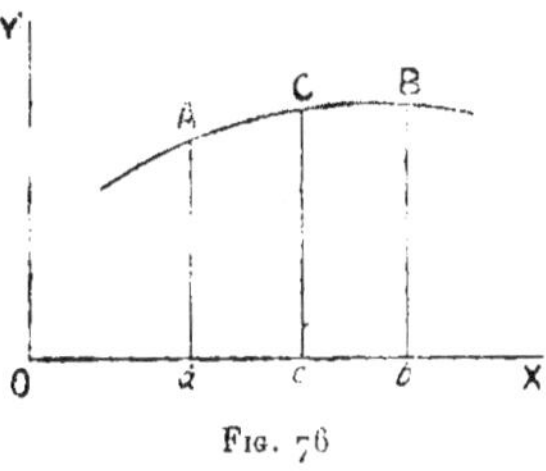

Fig. 76

exemple un polynôme. au moyen des formules d'interpolation (§ 104).

Si on remplace la courbe $y = f(x)$ par une ligne droite, l'intégrale $\int_a^b y\,dx$. qui représente l'aire $aABb$, aura pour valeur approchée l'aire d'un trapèze $\dfrac{b-a}{2}(y_0 + y_1)$, où y_0 et y_1 représentent $f(a)$, $f(b)$.

Soit $c = \dfrac{a+b}{2}$, $y_0 y_1 y_2$ les valeurs $f(a) f(c) f(b)$ (*fig.* 76). Remplaçons $f(x)$ par un polynôme du second degré égal à y_0, y_1, y_2 pour $x = a, c, b$:

$$y = \alpha x^2 + \beta x + \gamma$$

ce qui revient à faire passer par A, C, B une parabole dont l'axe est parallèle à OY. Alors

$$\int_a^b y\,dx = \alpha\,\frac{b^3-a^3}{3} + \beta\,\frac{b^2-a^2}{2} + \gamma(b-a) =$$

$$= \frac{b-a}{6}\left[2\alpha(b^2+ab+a^2) + 3\beta(b+a) + 6\gamma\right] =$$

$$= \frac{b-a}{6}\left[\alpha a^2 + 4\alpha\left(\frac{a+b}{2}\right)^2 + \alpha b^2 + \beta a + 4\beta\,\frac{a+b}{2} + \beta b + 6\gamma\right] =$$

$$= \frac{b-a}{6}(y_0 + 4y_1 + y_2)$$

254. Méthode des trapèzes. — Divisons l'intervalle ab en n parties égales, par les valeurs $x_0 = a$, x_1, $x_2 \ldots x_n = b$ (*fig.* 77).

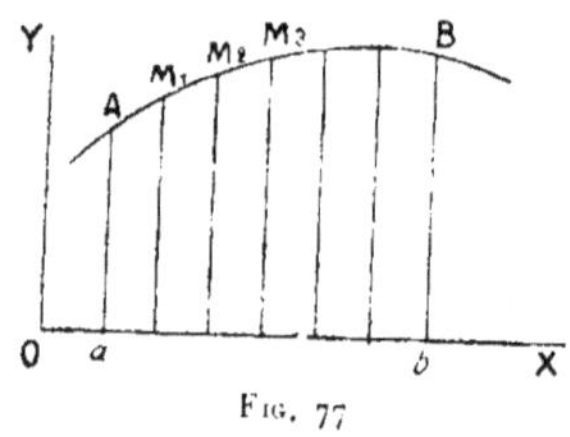

Fig. 77

Soient $y_0, y_1, y_2 \ldots y_n$ les valeurs correspondantes de y. Si on remplace les arcs AM_1, M_1M_2, ... par des droites, les aires des trapèzes sont :

$$S_1 = \frac{b-a}{2n}(y_0 + y_1), \quad S_2 = \frac{b-a}{2n}(y_1 + y_2), \quad S_3 = \frac{b-a}{2n}(y_2 + y_3), \ldots$$

leur somme donne une valeur de l'intégrale, d'autant plus approchée que n est plus grand :

$$\int_a^b y\,dx = \frac{b-a}{n}\left(\frac{y_0}{2} + y_1 + y_2 + \ldots + y_{n-1} + \frac{y_n}{2}\right)$$

Si on remplace les arcs AM_1M_2, $M_2M_3M_4$ ... par des paraboles, le nombre des divisions étant $2n$, on a les aires :

$$\frac{b-a}{6n}(y_0 + 4y_1 + y_2), \qquad \frac{b-a}{6n}(y_2 + 4y_3 + y_4), \ldots,$$

$$\frac{b-a}{6n}(y_{2n-2} + 4y_{2n-1} + y_{2n})$$

dont la somme donne la valeur approchée :

$$\int_a^b y\,dx = \frac{b-a}{3n}\left(\frac{y_0 + y_{2n}}{2} + y_2 + y_4 + \ldots + y_{2n-2} + 2y_1 + 2y_3 + \ldots + 2y_{2n-1}\right)$$

c'est la formule de Simpson.

255. Méthode des séries. — Si on remplace $f(x)$ par une série uniformément convergente entre a et b (§ 47), en développant suivant les puissances, soit de x, soit d'un paramètre, on aura :

$$\int_a^b f(x)\,dx = \int_a^b u_1(x)\,dx + \int_a^b u_2(x)\,dx + \ldots$$

$$+ \int_a^b u_n(x)\,dx + \int_a^b \mathrm{R}_n(x)\,dx$$

on peut choisir n de façon que $|\,\mathrm{R}_n\,| < \varepsilon$ entre a et b. Le dernier terme, inférieur à $\varepsilon(b - a)$, tend vers zéro si n augmente indéfiniment, l'intégrale est donc représentée par une série convergente, qui permet de calculer sa valeur numérique avec une approximation donnée.

256. Arc d'ellipse. — Soit l'ellipse

$$\frac{x^2}{a^2} + \frac{y^2}{b^2} = 1.$$

Posons

$$x = at = a\cos\theta \quad , \quad \frac{c}{a} = e < 1 \quad . \quad y'_c = -\frac{b^2 x}{a^2 y}$$

$$ds^2 = \left(1 + \frac{b^4 x^2}{a^4 y^2}\right) dx^2 = \frac{a^4 - c^2 x^2}{a^2(a^2 - x^2)}\,dx^2 = \frac{1 - e^2 t^2}{1 - t^2}\,a^2 dt^2 =$$

$$a^2\left(1 - e^2\cos^2\theta\right) d\theta^2.$$

Un arc, limité au sommet, sera exprimé par :

$$s = \int_t^1 a\sqrt{\frac{1 - e^2 t^2}{1 - t^2}}\,dt = \int_t^1 a\frac{1 - e^2 t^2}{\sqrt{(1 - t^2)(1 - e^2 t^2)}}\,dt = a\int_0^\theta \sqrt{1 - e^2\cos^2\theta}\,d\theta$$

cette intégrale, fonction de t, ne peut pas se calculer par les fonctions simples ; par analogie, on appelle intégrales elliptiques celles qui contiennent un polynôme du quatrième degré sous le radical, et ne se ramènent pas à des fonctions simples.

La longueur totale de l'ellipse sera :

$$S = 4a\int_0^{\frac{\pi}{2}} \sqrt{1 - e^2\cos^2\theta}\,d\theta$$

la formule du binôme (§ 53) donne :

$$\left(1 - e^2\cos^2\theta\right)^{\frac{1}{2}} = 1 - \frac{1}{2}\,e^2\cos^2\theta - \frac{1}{2.4}\,e^4\cos^4\theta - \frac{1.3}{2.4.6}\,e^6\cos^6\theta\ldots$$

on a (§ 245) :

$$\int_0^{\frac{\pi}{2}}\cos^{2n}\theta\,d\theta = \int_0^{\frac{\pi}{2}}\sin^{2n}\left(\frac{\pi}{2}-\theta\right)d\theta = \int_0^{\frac{\pi}{2}}\sin^{2n}x\,dx =$$

$$= \frac{(2n-1)(2n-3)\ldots 1}{2n(2n-2)\ldots 2}\cdot\frac{\pi}{2}$$

$$S = 2a\pi\left[1 - \left(\frac{1}{2}\right)^2 e^2 - \left(\frac{1.3}{2.4}\right)^2\frac{e^4}{3} - \left(\frac{1.3.5}{2.4.6}\right)^2\frac{e^6}{5}\ldots\right].$$

Exercices

1. Calculer les intégrales :

$$\int_0^1\frac{x^2 dx}{1+x^2} \quad , \quad \int_0^x\frac{1-x^2}{1-x^5}\,dx \quad , \quad \int_a^b\sqrt{\frac{x-a}{b-x}}\,dx.$$

2. Calculer l'aire intérieure à la branche fermée des courbes suivantes : Strophoïde § 126. Folium § 165,

$$(x^2 + y^2)^2 = a^2x^2 + b^2y^2.$$

3. Calculer l'arc de la courbe $x^2 = 3y$, $2xy = 9z$ à partir de O. Montrer que sa tangente forme un angle constant avec une certaine direction fixe.

4. Calculer à 1 millimètre près la longueur d'une ellipse dont les demi-axes sont $a = 1^m$, $b = 0^m,75$.

CHAPITRE IV

—

APPLICATIONS

257. Courbure. — Soit une courbe, et un arc MM', ε l'angle de deux droites parallèles aux tangentes en M et M', ds la longueur de l'arc MM'. On appelle courbure en M la limite du rapport $\dfrac{\varepsilon}{ds}$, lorsque ds tend vers zéro, M' venant se confondre avec M. $\dfrac{\sin \varepsilon}{ds}$ a la même limite, car $\dfrac{\varepsilon}{\sin \varepsilon}$ tend vers 1.

Supposons les coordonnées d'un point de la courbe exprimées en fonction de t. Les cosinus directeurs de la tangente en M sont proportionnels à x', y', z' (§ 188) ; ceux de la tangente en M' à $x' + dx'$, $y' + dy'$, $z' + dz'$, en représentant par dx', dy', dz' les accroissements de x', y', z', lorsque t prend l'accroissement dt. On a (§ 185) :

$$\sin^2 \varepsilon = \frac{(x'dy' - y'dx')^2 + (y'dz' - z'dy')^2 + (z'dx' - x'dz')^2}{(x'^2 + y'^2 + z'^2)\,[(x' + dx')^2 + (y' + dy')^2 + (z' + dz')^2]}$$

l'arc infiniment petit ds peut se remplacer par la différentielle de l'arc (§ 252), ou ds^2 par $(x'^2 + y'^2 + z'^2)dt^2$. $\left(\dfrac{\varepsilon}{ds}\right)^2$ a la même limite que

$$\frac{(x'dy' - y'dx')^2 + (y'dz' - z'dy')^2 - (z'dx' - x'dz')^2}{(x'^2 + y'^2 + z'^2)^3 dt^2}$$

x' est la dérivée de x ; $\dfrac{dx'}{dt}$ a pour limite la dérivée seconde x''. La courbure est donc la racine carrée de l'expression :

$$\frac{(x'y'' - y'x'')^2 + (y'z'' - z'y'')^2 + (z'x'' - x'z'')^2}{(x'^2 + y'^2 + z'^2)^3} =$$

$$= \frac{(x'^2 + y'^2 + z'^2)(x''^2 + y''^2 + z''^2) - (x'x'' + y'y'' + z'z'')^2}{(x'^2 + y'^2 + z'^2)^3} = \frac{1}{R^2}$$

si R est le rayon de courbure (§ 224) ; la courbure est $\dfrac{1}{R}$.

Si les coordonnées (x, y, z) sont exprimées en fonction de l'arc $s = t$, compté à partir d'un point fixe de la courbe, les formules relatives à la courbure se simplifient. On a les identités

$$x'^2 + y'^2 + z'^2 = 1 \quad , \quad x'x'' + y'y'' + z'z'' = 0.$$

Le centre de courbure (X, Y, Z) et le rayon R sont donnés par :

$$\frac{X - x}{x''} = \frac{Y - y}{y''} = \frac{Z - z}{z''} = \frac{1}{x''^2 + y''^2 + z''^2} = R^2.$$

En supposant $z = 0$, ces formules s'appliquent aux courbes planes.

258. Torsion. — Soit ε l'angle des plans osculateurs aux points $M\,(x, y, z)$ et $M'\,(x + dx, y + dy, z + dz)$ d'une courbe. On appelle torsion au point M la limite du rapport $\frac{\varepsilon}{ds}$. On appelle rayon de torsion T, la limite inverse du rapport $\frac{ds}{\varepsilon}$. Soient (§ 223) :

$$A = y'z'' - z'y'' \quad , \quad B = z'x'' - x'z'' \quad , \quad C = x'y'' - y'x''$$

les coefficients de l'équation du plan osculateur, et $A + dA$, $B + dB$, $C + dC$ les valeurs correspondantes au point M'. L'angle de ces plans est égal à l'angle formé par des droites perpendiculaires à chacun d'eux. Ces droites ont leurs cosinus directeurs proportionnels aux coefficients A, B, C et $A + dA$, $B + dB$, $C + dC$, des équations des deux plans. On aura donc (§ 185) :

$$\sin^2 \varepsilon = \frac{(A\,dB - B\,dA)^2 + (B\,dC - C\,dB)^2 + (C\,dA - A\,dC)^2}{(A^2 + B^2 + C^2)[(A + dA)^2 + (B + dB)^2 + (C + dC)^2]}.$$

La limite $\frac{1}{T^2}$ de $\left(\frac{\varepsilon}{ds}\right)^2$ est la même que celle de

$$\frac{\sin^2 \varepsilon}{ds^2} = \frac{\sin^2 \varepsilon}{dt^2}\left(\frac{dt}{ds}\right)^2$$

ou de

$$\frac{(A\,dB - B\,dA)^2 + (B\,dC - C\,dB)^2 + (C\,dA - A\,dC)^2}{(A^2 + B^2 + C^2)^2\,(x'^2 + y'^2 + z'^2)dt^2}.$$

Si A', B', C' sont les dérivées $\frac{dA}{dt}$, $\frac{dB}{dt}$, $\frac{dC}{dt}$, de A, B, C, on a :

$$\frac{1}{T^2} = \frac{(AB' - BA')^2 + (BC' - CB')^2 + (CA' - AC')^2}{(A^2 + B^2 + C^2)^2\,(x'^2 + y'^2 + z'^2)}.$$

Mais, des expressions de A, B, C, on déduit :

$$A' = y'z''' - z'y''' \quad , \quad B' = z'x''' - x'z''' \quad , \quad C' = x'y''' - y'x'''$$
$$AB' - BA' = A(z'x''' - x'z''') - B(y'z''' - z'y''')$$
$$= z'(Ax''' + By''' + Cz''') - z'''(Ax' + By' + Cz')$$

$Ax' + By' + Cz'$ est nul, ce qu'on vérifie en remplaçant A, B, C par leurs valeurs. Si on pose

$$D = \begin{vmatrix} x' & y' & z' \\ x'' & y'' & z'' \\ x''' & y''' & z''' \end{vmatrix} = Ax''' + By''' + Cz'''$$

on a :

$$AB' - BA' = Dz'$$

une permutation circulaire entre x, y, z montre que le même calcul donnera :

$$BC' - CB' = Dx' \quad , \quad CA' - AC' = Dy'$$
$$\frac{1}{T^2} = \frac{D^2}{(A^2 + B^2 + C^2)^2} \quad , \quad \frac{1}{T} = \frac{D}{A^2 + B^2 + C^2}.$$

De l'expression de R (§ 257)

$$\frac{1}{R^2} = \frac{A^2 + B^2 + C^2}{(x'^2 + y'^2 + z'^2)^3}$$

on déduit

$$\frac{1}{T} = \frac{DR^2}{(x'^2 + y'^2 + z'^2)^3}.$$

Par exemple, pour l'hélice (§ 225)

$$D = \begin{vmatrix} -a\sin t & , & a\cos t & , & ah \\ -a\cos t & , & -a\sin t & , & 0 \\ a\sin t & , & -a\cos t & , & 0 \end{vmatrix} = a^3 h$$

$$x'^2 + y'^2 + z'^2 = a^2(1 + h^2) \quad , \quad x''^2 + y''^2 + z''^2 = a^2$$

$x'^2 + y'^2 + z'^2$ étant constant, sa dérivée $2(x'x'' + y'y'' + z'z'')$ est nulle.

$$R = a(1 + h^2) \quad , \quad T = a\,\frac{1 + h^2}{h}$$

R et T sont constants.

259. Séries trigonométriques. — On appelle série trigonométrique la série, supposée convergente :

$$f(x) = a_0 + a_1 \cos x + a_2 \cos 2x + \ldots + a_n \cos nx + \ldots$$
$$+ b_1 \sin x + b_2 \sin 2x + \ldots + b_n \sin nx + \ldots$$

C'est une fonction périodique, $f(x + 2\pi) = f(x)$. Remarquons que :

$$\int_0^{2\pi} \sin mx\,dx = \left(-\frac{\cos mx}{m}\right)_0^{2\pi} = 0, \quad \int_0^{2\pi} \cos mx\,dx = \left(\frac{\sin mx}{m}\right)_0^{2\pi} = 0$$

$$\int_0^{2\pi} \sin mx \cos nx\,dx = \frac{1}{2}\int_0^{2\pi} \sin(m+n)x\,dx + \frac{1}{2}\int_0^{2\pi} \sin(m-n)x\,dx = 0$$

$$\int_0^{2\pi} \sin^2 mx\,dx = \int_0^{2\pi} \frac{1 - \cos 2mx}{2}\,dx = \pi,$$

$$\int_0^{2\pi} \cos^2 mx\,dx = \int_0^{2\pi} \frac{1 + \cos 2mx}{2}\,dx = \pi.$$

Enfin, si $m - n$ n'est pas nul :

$$\int_0^{2\pi} \sin mx \sin nx\,dx = \frac{1}{2}\int_0^{2\pi} \cos(m-n)x\,dx - \frac{1}{2}\int_0^{2\pi} \cos(m+n)x\,dx = 0$$

$$\int_0^{2\pi} \cos mx \cos nx\,dx = \frac{1}{2}\int_0^{2\pi} \cos(m-n)x\,dx + \frac{1}{2}\int_0^{2\pi} \cos(m+n)x\,dx = 0$$

par suite :

$$\int_0^{2\pi} f(x)\,dx = 2\pi a_0, \quad \int_0^{2\pi} f(x)\cos nx\,dx = \pi a_n, \quad \int_0^{2\pi} f(x)\sin nx\,dx = \pi b_n$$

si $f(x)$ est une fonction continue entre 0 et 2π, ces intégrales déterminent les coefficients a et b. Il faut ensuite vérifier si la série obtenue est convergente, et si elle représente $f(x)$; c'est ce qui a presque toujours lieu. En particulier, si la série est uniformément convergente, on a le droit de l'intégrer, elle représente $f(x)$ (§ 255). Si, dans un intervalle partiel, la série des dérivées

$$nb_n \cos nx - na_n \sin nx$$

est uniformément convergente, elle représente la dérivée de la fonction f (§ 48).

260. Exemples. — Soit $f(x) = (x - \pi)^2$ entre $x = 0$ et 2π

$$\int_0^{2\pi} (x - \pi)^2 dx = \frac{2}{3}\pi^3$$

$$\int_0^{2\pi} (x - \pi)^2 \cos nx\, dx = \int_{-\pi}^{+\pi} y^2 (-1)^n \cos ny\, dy$$

$$= (-1)^n \left(\frac{y^2}{n} \sin ny + \frac{2y}{n^2} \cos ny - \frac{2}{n^3} \sin ny \right)_{-\pi}^{+\pi} = \frac{4\pi}{n^2}$$

$$\int_0^{2\pi} (x - \pi)^2 \sin nx\, dx = \int_{-\pi}^{+\pi} y^2 (-1)^n \sin ny\, dy$$

$$= (-1)^n \left(\frac{-y^2}{n} \cos ny + \frac{2y}{n^2} \sin ny + \frac{2}{n^3} \cos ny \right)_{-\pi}^{+\pi} = 0$$

$$a_0 = \frac{\pi^2}{3} \quad , \quad a_n = \frac{4}{n^2}, \qquad b_n = 0$$

$$(x - \pi)^2 = \frac{\pi^2}{3} + 4 \left(\frac{\cos x}{1^2} + \frac{\cos 2x}{2^2} + \dots + \frac{\cos nx}{n^2} + \dots \right)$$

car la série est uniformément convergente, entre 0 et 2π. Si x est quelconque, cette série représente la valeur $(x - \pi - 2K\pi)^2$, **K** étant choisi de façon que cet arc soit entre $-\pi$ et π. La courbe qui représenterait ces valeurs est formée d'une série d'arcs de paraboles

$$y = (x - \pi)^2, \qquad y = (x - 3\pi)^2, \qquad y = (x - 5\pi)^2 \dots$$

qui se coupent aux points $x = 2\pi, 4\pi, \dots$ La série reste continue. La dérivée donne :

$$x = \pi - 2 \left(\sin x + \frac{\sin 2x}{2} + \dots + \frac{\sin nx}{n} + \dots \right)$$

Si $0 < 2\alpha < x < 2\pi - 2\alpha$, cette série est uniformément convergente (§ 25), car le reste est plus petit que $\dfrac{2}{n \sin \alpha}$; elle représente donc x; et comme α peut être choisi aussi petit que l'on voudra, on peut supposer $0 < x < 2\pi$. Pour $x = 0$ ou 2π elle prend la valeur $+\pi$. On retrouverait ses coefficients en cherchant le développement trigonométrique de x. Quel que soit x la série est convergente, elle est représentée par une série de droites parallèles (*fig.* 78)

$$y = x \pm 2\,\mathrm{K}\pi$$

pour $x = 2\,\mathrm{K}\pi$ elle est égale à π.

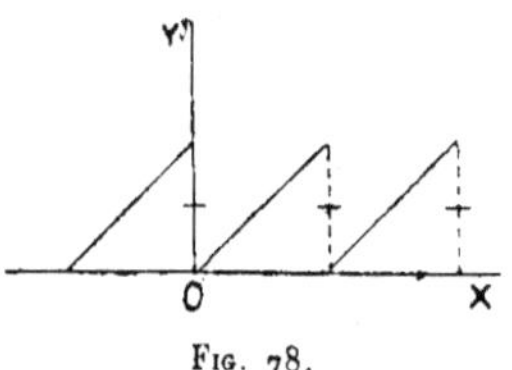

FIG. 78.

Considérons encore une fonction égale à x entre o et π, à $2\pi - x$ entre π et 2π.

$$2\pi a_0 = \int_0^\pi x\,dx + \int_\pi^{2\pi} (2\pi - x)\,dx = \pi^2$$

$$\pi a_n = \int_0^{2\pi} x\cos nx\,dx + \int_\pi^{2\pi} (2\pi - x)\cos nx\,dx = 2\int_0^\pi x\cos nx\,dx$$

$$= 2\left(\frac{x}{n}\sin nx + \frac{1}{n^2}\cos nx\right)_0^\pi = \frac{2}{n^2}(\cos n\pi - 1)$$

$$\pi a_{2n} = 0, \qquad \pi a_{2n+1} = \frac{-4}{(2n+1)^2}$$

$$\pi b_n = \int_0^\pi x\sin nx\,dx + \int_\pi^{2\pi} (2\pi - x)\sin nx\,dx$$

$$= \int_0^\pi x\sin nx\,dx + \int_\pi^0 y\sin ny\,dy = 0$$

$$f(x) = \frac{\pi}{2} - \frac{4}{\pi}\left(\cos x + \frac{\cos 3x}{3^2} + \ldots + \frac{\cos(2n+1)x}{(2n+1)^2} + \ldots\right)$$

série uniformément convergente, dont la valeur est x entre o et π, $2\pi - x$ entre π et 2π. En général, si x est compris entre $\mathrm{K}\pi$ et $(\mathrm{K} + 1)\pi$, la série est égale à

$$\frac{\pi}{2} + (-1)^k\left(x - \mathrm{K}\pi - \frac{\pi}{2}\right),$$

elle est représentée par une série de droites se rencontrant aux points

$$x = 2\mathrm{K}\pi, \quad y = 0; \quad x = (2\mathrm{K}+1)\pi, \quad y = \pi$$

et formant une ligne brisée. Cette fonction est continue. La dérivée est :

$$\pm\, 1 = \frac{4}{\pi}\left(\sin x + \frac{\sin 3x}{3} + \ldots + \frac{\sin(2n+1)x}{2n+1} + \ldots\right)$$

à cause des termes qui manquent. la méthode du § 25 montre qu'elle est uniformément convergente, si $\alpha < x < \pi - \alpha$. Donc, entre 0 et π :

$$\sin x + \frac{\sin 3x}{3} + \ldots + \frac{\sin(2n+1)x}{2n+1} + \ldots = +\frac{\pi}{4}$$

si x augmente de π, la série change de signe. Quel que soit x elle est égale à $\pm\frac{\pi}{4}$, avec le signe de $\sin x$. Pour $x = K\pi$ elle est nulle. On trouverait cette série en cherchant une série égale à $+\frac{\pi}{4}$ entre 0 et π, à $-\frac{\pi}{4}$ entre π et 2π.

261. Fonctions sans dérivée. — Une fonction, qui a une dérivée finie pour toute valeur comprise entre a et b, est continue dans cet intervalle (§ 36). Mais la réciproque n'est pas vraie, une fonction peut être continue sans avoir de dérivée.

Soit, par exemple :

$$f(x) = a\cos(2\pi x) + a^2\cos(2^2\pi x) + \ldots + a^n\cos(2^n\pi x) + \ldots$$

si $a < 1$ cette série est uniformément convergente dans tout intervalle (§ 47), $f(x)$ est continue. Si $a < \frac{1}{2}$ la série des dérivées est aussi continue, f a une dérivée. Soit

$$\frac{1}{2} < a < 1 \quad , \quad x = \frac{2K+1}{2^p} \quad . \quad h = \frac{1}{2^q} \quad , \quad q > p$$

$$f(x) = a\cos(2\pi x) + \ldots + a^p\cos(2^p\pi x) + a^{p+1} + a^{p+2} + \ldots$$

$$f(x+h) = a\cos 2\pi(x+h) + \ldots + a^p\cos 2^p\pi(x+h) + a^{p+1}\cos\frac{\pi}{2^{q-p-1}}$$

$$+\, a^{p+2}\cos\frac{\pi}{2^{q-p-2}} + \ldots + a^q\cos\pi + a^{q+1} + a^{q+2} + \ldots$$

$$\frac{f(x+h)-f(x)}{h} = \sum_{1}^{p} -\frac{2a^n}{h}\sin 2^n\frac{\pi h}{2}\sin 2^n\pi\left(x+\frac{h}{2}\right)$$

$$-\, 2^{q+1}\left[a^{p+1}\sin^2\frac{\pi}{2^{q-p}} + a^{p+2}\sin^2\frac{\pi}{2^{q-p-1}} + \ldots + a^q\sin^2\frac{\pi}{2}\right]$$

si, p restant fixe, q augmente indéfiniment, les p premiers termes ont une limite finie

$$- \sum_{1}^{p} \left(2a_{\,}{}^{n} \pi \sin \left(2^{n} \pi x \right) \right)$$

les autres termes sont tous négatifs, le dernier $2 \times (2a)^{q}$ augmente indéfiniment. La fraction tend vers $- \infty$.

Si $h = \dfrac{-1}{2^{q}}$ la limite est $+ \infty$.

Pour les valeurs $\dfrac{2K + 1}{2^{p}}$, où K, p sont deux nombres entiers, cette fonction n'a pas de dérivée. Il n'existe aucun intervalle dans lequel elle puisse avoir une dérivée.

M. Darboux a même montré qu'il existe des fonctions toujours croissantes, qui n'ont pas de dérivée.

Exercices

1. Calculer les rayons de courbure et de torsion de la courbe

$$x = 2 \cos t \quad , \quad y = 2 \sin t \quad , \quad z = e^{t} + e^{-t}.$$

2. Former une série trigonométrique égale à e^{x} entre 0 et 2π.

3. Former une série trigonométrique égale à $\sin x$ entre 0 et π, et à 0 entre π et 2π.

CHAPITRE V

—

VOLUMES ET SURFACES

262. Intégrale double. — Soit $f(x, y)$ une fonction continue de deux variables. Supposons que x varie de a à b, y de c à d. x et y prennent ainsi tous les systèmes de valeurs représentés par les points de coordonnées (x, y) intérieurs à un rectangle ABB'A' (*fig.* 79). A chaque point M intérieur au rectangle correspond une valeur de $f(x, y)$. Décomposons les intervalles ab et cd, ou les côtés AB et AA', en éléments qui tendront vers zéro, comme au § 237. Le rectangle sera ainsi décomposé en rectangles infiniment petits par des droites parallèles aux axes. Dans le rectangle de surface $\delta = dx\,dy$, $f(x, y)$ aura un maximum M et un minimum m. On prendra tous les rectangles ainsi formés, intérieurs au rectangle ABB'A', et on formera les deux sommes

$$S = \Sigma M\delta, \qquad s = \Sigma m\delta.$$

Si on intercale de nouvelles divisions entre les premières, chaque petit rectangle sera divisé en plusieurs autres, pour lesquels M n'augmente jamais, m ne diminue jamais. De sorte que S va en diminuant, s va en augmentant. Lorsque les accroissements dx et dy tendent vers zéro, S et s ont des limites déterminées $\mathcal{S}$ et l.

Si $f(x, y)$ est continu, M $- m$ tend vers zéro avec dx et dy; c'est-à-dire qu'à tout nombre ε on peut faire correspondre une décomposition assez avancée pour que M $- m < \varepsilon$ pour chacun des rectangles obtenus. Si, en effet, cela n'avait pas lieu, on voit,

comme au § 238, qu'il y aura toujours des petits rectangles tels
que M — $m \geqslant \varepsilon$, quelques petites que soient les divisions, et l'on
pourra trouver un point de coordonnées x_0, y_0, limite de ces rectangles. En ce point $f(x, y)$ ne serait pas continu, parce que
M — m ne tendrait pas vers zéro pour un élément de surface qui
tendrait vers zéro autour de ce point.

Si $f(x, y)$ est continu, on peut toujours supposer les divisions
assez petites pour que M — $m < \varepsilon$. La somme des éléments de
surfaces $\delta = dx\,dy$ est toujours égale à la surface du rectangle
ABB'A'. On aura alors :

$$S — s < \varepsilon (b — a) (d — c)$$

S — s tend vers zéro, avec dx et dy, les deux limites $\mathcal{L}$ et l sont
égales.

On peut, comme au § 237, démontrer que cette limite est indépendante de la façon dont on fait la décomposition, pourvu que
tous les côtés des rectangles de division tendent vers zéro. On
peut également, pour chercher la limite commune de S et s, remplacer dans chaque terme Mδ, ou $m\delta$, soit M, soit m par une
valeur intermédiaire $f(x, y)$, où le point de coordonnées x, y est
un point intérieur, ou un sommet, du rectangle correspondant δ.
On peut ainsi représenter cette limite par

$$\iint f(x, y)\,dx\,dy$$

intégrale double prise à l'intérieur du rectangle, où dx, dy représentent des accroissements infiniment petits.

On peut calculer cette intégrale double en supposant d'abord y
constant, et en ajoutant les éléments compris dans la bande infiniment mince PQ, ce qui donne

$$dy \int_a^b f(x, y)\,dx$$

cette intégrale est une fonction du paramètre y. On est ramené à
l'intégration d'une fonction de y :

$$\int_c^d dy \int_a^b f(x, y)\,dx.$$

On peut, de même, mettre l'intégrale double sous la forme

$$\int_a^b dx \int_c^d f(x, y)\,dy$$

c'est-à-dire calculer l'intégrale de $f(x, y)\,dy$, où x est un paramètre constant, y variant de c à d, et ensuite intégrer la fonction de x obtenue.

263. Limites arbitraires. — Supposons que x et y prennent les systèmes de valeurs représentés par les points intérieurs à une courbe fermée, ou sur son contour. Pour définir l'intégrale de $f(x, y)\,dx dy$ à l'intérieur de ce contour, on trace des droites parallèles aux axes de coordonnées pour former des rectangles infiniment petits, dont les uns seront intérieurs au contour, les autres en partie extérieurs. Pour tout système de valeur x, y représenté par un point extérieur, on attribuera à $f(x, y)$ la valeur zéro, de façon qu'à tout rectangle entièrement extérieur corresponde des valeurs nulles. A tout rectangle intérieur correspond un maximum M et un minimum m de $f(x, y)$, pour un rectangle qui empiète sur le contour on a $m \leqslant 0$, $M \geqslant 0$, car f est supposé nul pour certains points de ce rectangle. On forme ainsi les deux sommes

$$S = \Sigma M\delta, \qquad s = \Sigma m\delta.$$

Lorsque les intervalles dx et dy tendent vers zéro, ces deux sommes ont des limites déterminées $\mathfrak{L}$ et l, comme au § 262. Ces limites sont également indépendantes de la façon dont les intervalles dx et dy tendent vers zéro.

Supposons la fonction $f(x, y)$ continue à l'intérieur du contour, et supposons que la courbe qui limite ce contour soit coupée au plus en un nombre limité p de points par une droite quelconque parallèle à l'un des axes OX ou OY.

Supposons que x puisse varier de a à b, et y de c à d. Le contour d'intégration est intérieur à un rectangle dont les côtés sont représentés par les équations

$$x = a, \qquad x = b, \qquad y = c, \qquad y = d.$$

Supposons les sommes S et s formées en divisant l'intervalle de $x = a$ à b en n parties égales, $dx = \dfrac{b - a}{n}$, et en divisant l'intervalle de $y = c$ à d en m parties égales. $dy = \dfrac{d - c}{m}$. Chaque rectangle a la surface

$$dxdy = \frac{(b - a)(d - c)}{mn}.$$

Les $n - 1$ ordonnées parallèles à OY coupent la courbe fermée au plus en $(n - 1)p$ points, les $m - 1$ droites parallèles à OX la coupent au plus en $(m - 1)p$ points. Le nombre des points de cette courbe fermée situés sur les côtés des rectangles formés par la décomposition est inférieur à $(m + n)p$. Comme tout rectangle qui est en partie extérieur doit avoir un point du contour sur deux de ses côtés, mais que chaque côté fait partie de deux rectangles, le nombre des rectangles qui empiètent sur le contour est inférieur à $(m + n)p$, la surface totale de ces rectangles est inférieure à

$$(m + n)pdxdy = p(d - c)dx + p(b - a)dy$$

et tend vers zéro avec dx et dy.

f étant continue, quelque soit ε, on peut supposer dx et dy assez petits. ou n et m assez grands, pour que $M - m < \varepsilon$ pour chacun des rectangles intérieurs au contour fermé. Pour ceux qui ne sont pas entièrement intérieurs on aura $M < B$, $m > A$, $M - m < B - A$, A et B étant deux nombres entre lesquels reste compris $f(x, y)$ que l'on suppose continue, et par suite finie. On a alors :

$$S - s = \Sigma(M - m)dxdy < \varepsilon(b - a)(d - c)$$
$$+ (B - A)p\,[(d - c)dx + (b - a)dy].$$

$S - s$ tend donc vers zéro ; les limites $\mathcal{L}$ et l de S et s sont égales. On peut, comme au § 262, remplacer M ou m par $f(x, y)$ pour un point (x, y) du rectangle correspondant, et représenter l'intégrale double par

$$\iint f(x, y)dxdy$$

où x et y prennent les systèmes de valeurs intérieures au contour donné. Ces valeurs pourront être définies par une ou plusieurs inégalités entre x et y.

Pour calculer cette intégrale, on peut encore supposer y et dy constants, et former $dy \int_{x_0}^{x_1} f(x, y)\, dx$ en réunissant les éléments de la bande pq, $p'q'$ (*fig.* 80). Les limites x_0 et x_1 sont alors des fonctions de y qu'on déduit de l'équation de la courbe résolue par rapport à x. On forme ensuite l'intégrale de la fonction de y obtenue, où y varie entre les limites extrêmes qui correspondent aux tangentes parallèles à OX de la courbe c. On a :

$$\iint f(x, y)\, dxdy = \int_{y_0}^{y_1} dy \int_{x_0}^{x_1} f(x, y)\, dx.$$

On peut aussi, au lieu de tracer des droites parallèles aux axes, tracer deux systèmes de courbes déterminés, et décomposer l'aire de la courbe c en éléments doublement infiniment petits par deux séries de courbes infiniment voisines. Soit (x, y) un point de l'élément $d\sigma$ du plan, on formera la somme

$$\iint f(x, y)\, d\sigma$$

pour l'ensemble des éléments de surface $d\sigma$ intérieurs au contour donné.

Par exemple, en coordonnées polaires, on tracera des rayons vecteurs, et des circonférences de centre O (*fig.* 81). L'aire comprise entre deux circonférences de rayons ρ et $\rho + d\rho$ est

$$\pi(\rho + d\rho)^2 - \pi\rho^2 = \pi(2\rho\, d\rho + d\rho^2)$$

la portion de cette aire comprise entre les rayons vecteurs, qui forment avec OX les angles ω et $\omega + d\omega$ est

$$(2\rho\, d\rho + d\rho^2)\frac{d\omega}{2}$$

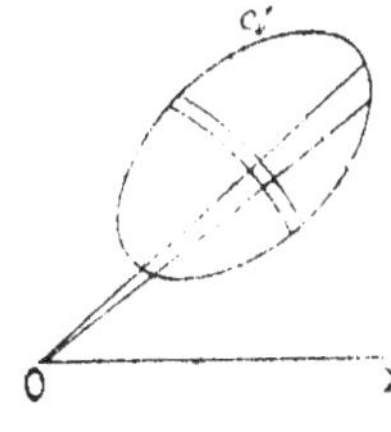

Fig. 81.

ω et $d\omega$ représentant les longueurs d'arcs, sur la circonférence de rayon 1. $f(x, y)$ deviendra une fonction de ρ et ω, soit $f(\rho, \omega)$. L'intégrale double sera la somme des éléments

$$f(\rho, \omega)\left(\rho\, d\rho + \frac{d\rho^2}{2}\right) d\omega.$$

Mais la somme $\Sigma f(\rho, \omega) \dfrac{d\rho^2}{2} d\omega$ tend vers zéro, car la somme $\Sigma f(\rho, \omega) \, d\rho d\omega$ aurait une limite finie, et $d\rho$ tend vers zéro. L'intégrale double devient alors :

$$\iint f(\rho, \omega)\, \rho d\rho d\omega$$

cela revient à remplacer l'aire infiniment petite comprise entre les deux arcs de cercles, et les deux rayons, par un rectangle de côtés $\rho d\omega$ et $d\rho$. Ces aires ne sont pas identiques, mais leur différence $\dfrac{d\rho^2 d\omega}{2}$ est infiniment petite du troisième ordre, et peut être négligée par rapport à l'aire $\rho d\rho d\omega$ qui est infiniment petite du second ordre.

On peut intégrer d'abord par rapport à ρ, par exemple

$$d\omega \int f(\rho, \omega)\, \rho d\rho,$$

les limites seront des fonctions de ω, on a ensuite à intégrer une fonction de ω.

264. Volumes. — Si on pose $z = f(x, y) > 0$, cette équation représente une surface, l'intégrale double $\iint z \, dx dy$, prise à l'intérieur de la courbe C, représente le volume du cylindre, ayant la courbe C pour section droite, limité à la surface, et au plan des xy. On peut, en effet, considérer chaque rectangle δ, ou $dx dy$, comme la base d'un prisme limité à la surface. Son volume est compris entre $m\delta$ et $M\delta$, le cylindre a donc un volume égal à l'intégrale double.

Si un volume est limité par une surface fermée, coupée en deux points par les parallèles à OZ, on cherchera la base d'un cylindre circonscrit parallèle à OZ (§ 217) ; à un point (x, y) correspondent deux valeurs z_1, z_2 ; à la base $dx dy$ correspond, dans le volume, un prisme de hauteur $z_2 - z_1$; le volume sera donné par :

$$\iint (z_2 - z_1)\, dx dy$$

à l'intérieur de la courbe C. On peut le considérer comme la différence de deux volumes cylindriques limités par deux portions de la surface.

L'intégrale simple $\int_{x_0}^{x} f(x, y)\,dx$ représente l'aire de la section du cylindre par un plan parallèle à XOZ, y étant constant. Lorsque ces sections sont des courbes, dont l'aire est connue, cette première intégration devient inutile, le volume se calcule par une intégrale simple.

Par exemple, une surface de révolution autour de OZ sera coupée, par des plans perpendiculaires, suivant des cercles. Si la méridienne de la surface (§ 193) est représentée par l'équation

$$x = f(z)$$

le volume compris entre deux parallèles infiniment voisins peut être remplacé par un cylindre, $\pi x^2 dz$. Le volume limité aux plans de deux parallèles donnés sera

$$V = \int_{z_0}^{z_1} \pi f^2(z)\,dz.$$

L'ellipsoïde

$$\frac{x^2}{a^2} + \frac{y^2}{b^2} + \frac{z^2}{c^2} = 1$$

est coupé, par des plans perpendiculaires à OX, suivant des ellipses dont les demi-axes sont :

$$b\sqrt{1 - \frac{x^2}{a^2}}, \qquad c\sqrt{1 - \frac{x^2}{a^2}},$$

de surface (§ 250)

$$\pi bc\left(1 - \frac{x^2}{a^2}\right)$$

le volume intérieur à l'ellipsoïde est :

$$\pi bc \int_{-a}^{+a}\left(1 - \frac{x^2}{a^2}\right)dx = \pi bc\left(x - \frac{x^3}{3\,a^2}\right)_{-a}^{+a} = \frac{4}{3}\,\pi abc.$$

Le paraboloïde elliptique

$$\frac{y^2}{p} + \frac{z^2}{q} = 2x$$

est coupé par des plans perpendiculaires à OX suivant des ellipses dont l'aire est $\pi \times 2x\sqrt{pq}$, le volume limité par le paraboloïde et le plan $x = h$ sera :

$$\pi\sqrt{pq}\int_{0}^{h} 2x\,dx = \pi\sqrt{pq}\,h^2$$

il est moitié du cylindre ayant même base elliptique $2\pi h\sqrt{pq}$ et même hauteur h.

265. Projection d'une aire. — Soit une aire plane, limitée par une courbe C, C′ sa projection orthogonale sur un plan P′. Prenons pour axe OX l'intersection des deux plans, des axes OY et OY′ dans les deux plans. OY′ sera la projection de OY. Un rectangle $dx\,dy$ aura pour projection un rectangle de côtés dx et $dy' = dy \cos \alpha$, α représentant l'angle des deux plans. Les aires des deux surfaces seront données par des intégrales que l'on peut évaluer par les sommes des rectangles dont le rapport est $\cos \alpha$. Donc : la projection d'une aire plane est égale au produit de l'aire par le cosinus de l'angle des deux plans.

266. Aire d'une surface. — Soit une surface $z = f(x, y)$ et un cylindre parallèle à OZ, ayant pour base une courbe fermée C, dont on donne l'équation. Si on décompose l'aire intérieure à C en éléments $d\sigma$, par exemple en rectangles $dx\,dy$, le cylindre de base $d\sigma$ découpe une portion de la surface ; le plan tangent en un point de cette portion coupe ce cylindre suivant une courbe dont l'aire a pour projection $d\sigma$, si γ est l'angle du plan tangent avec XOY, cette aire est égale à $\dfrac{d\sigma}{\cos \gamma}$. γ est une fonction de x et y ; si cette fonction est continue, le plan tangent ne devenant pas parallèle à OZ, l'intégrale double

$$S = \iint \frac{dx\,dy}{\cos \gamma}$$

aura une valeur déterminée, à l'intérieur de C ; elle représente, par définition, l'aire de la surface.

Si p et q sont les dérivées partielles de z, l'équation du plan tangent est :

$$Z - z = p(X - x) + q(Y - y)$$

on en déduit

$$\cos \gamma = \frac{1}{\sqrt{1 + p^2 + q^2}}$$

$$S = \iint \sqrt{1 + p^2 + q^2}\; dx\,dy.$$

267. Surface de révolution. — Soit une surface de révolution autour de OZ, dont la méridienne est :

$$z = f(x)$$

l'équation de la surface (§ 193) :

$$z = f(\rho), \qquad \rho^2 = x^2 + y^2$$

donne :

$$dz = f'(\rho)d\rho = f'(\rho)\,\frac{xdx + ydy}{\rho}$$

$$p = \frac{x}{\rho} f'(\rho), \qquad q = \frac{y}{\rho} f'(\rho), \qquad p^2 + q^2 = f'^2(\rho)$$

l'aire comprise entre deux parallèles est :

$$A = \iint \sqrt{1 + f'^2(\rho)}\; dx\,dy$$

prise entre deux cercles de rayons ρ_0 et ρ_1, ou en coordonnées polaires :

$$A = \int_{\rho_0}^{\rho_1} \int_o^{2\pi} \sqrt{1 + f'^2(\rho)}\; \rho\,d\rho\,d\omega = 2\pi \int_{\rho_0}^{\rho_1} \rho\sqrt{1 + f'^2}\; d\rho.$$

On peut remarquer que l'arc de la courbe méridienne est donné par la relation

$$ds^2 = dz^2 + d\rho^2 = (1 + f'^2)d\rho^2$$

on a ainsi l'intégrale de $2\pi\rho\,ds$. Si on inscrit un polygone dans la méridienne, chaque côté engendre un tronc de cône dont les cercles de bases ont les rayons ρ, $\rho + d\rho$, l'arête est ds, sa surface $2\pi\left(\rho + \frac{d\rho}{2}\right)ds$. La somme de ces surfaces donne la même intégrale ; l'aire de la surface de révolution peut être considérée comme la limite de la somme des aires des troncs de cônes inscrits.

De même la surface d'un cylindre droit, limité au plan des xy, peut se décomposer, par des génératrices infiniment voisines, en éléments que l'on peut remplacer par des rectangles, ce qui conduit à l'intégrale simple $\int zds$.

268. Exemples. — Soit la sphère

$$x^2 + y^2 + z^2 = R^2$$

et le cylindre

$$x^2 + y^2 = Rx$$

dont la base est un cercle ayant pour diamètre le rayon OX de la sphère. Cherchons le volume du cylindre intérieur à la sphère, et la surface de la sphère intérieure au cylindre. On a, sur la sphère :

$$x\,dx + y\,dy + z\,dz = 0, \qquad p = -\frac{x}{z}, \qquad q = -\frac{y}{z}$$

$$\sqrt{1 + p^2 + q^2} = \sqrt{1 + \frac{x^2 + y^2}{z^2}} = \frac{R}{z}$$

Pour éviter les discussions de signes, prenons les portions situées dans le trièdre OXYZ, x, y, z restant positifs. A cause de la

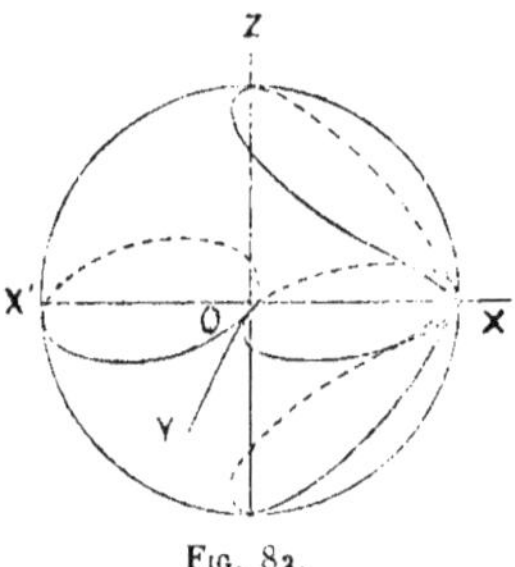

FIG. 82.

symétrie par rapport aux plans XOZ, XOY, on obtient ainsi le quart du volume et de la surface. Donc :

$$V = 4\iint z\,dx\,dy = 4\iint \sqrt{R^2 - x^2 - y^2}\,dx\,dy$$

$$S = 4\iint R\,\frac{dx\,dy}{z} = 4R\iint \frac{dx\,dy}{\sqrt{R^2 - x^2 - y^2}}$$

(x, y) restant inférieur à la base du cylindre, dans l'angle XOY. En coordonnées polaires, l'équation de ce cercle devient :

$$\rho = R\cos\omega$$

ρ devra varier de 0 à $R\cos\omega$, ω étant compris entre 0 et $\frac{\pi}{2}$.

Donc :

$$V = 4 \int_0^{\frac{\pi}{2}} d\omega \int_0^{R\cos\omega} \sqrt{R^2 - \rho^2}\, \rho\, d\rho = 2 \int_0^{\frac{\pi}{2}} d\omega\, \frac{2}{3}\left[\left(R^2 - \rho^2\right)^{\frac{3}{2}}\right]_0^{R\cos\omega}$$

$$= \frac{4}{3} \int_0^{\frac{\pi}{2}} R^3(1 - \sin^3\omega)\, d\omega = \frac{4}{3} R^3 \int_0^{\frac{\pi}{2}} (1 - \sin\omega + \sin\omega\cos^2\omega)\, d\omega$$

$$= \frac{4}{3} R^3 \left(\omega + \cos\omega - \frac{1}{3}\cos^3\omega\right)_0^{\frac{\pi}{2}} = \frac{2}{3}\left(\pi - \frac{4}{3}\right) R^3.$$

$$S = 4R \int_0^{\frac{\pi}{2}} d\omega \int_0^{R\cos\omega} \frac{\rho\, d\rho}{\sqrt{R^2 - \rho^2}} = 4R \int_0^{\frac{\pi}{2}} d\omega \left(\sqrt{R^2 - \rho^2}\right)_0^{R\cos\omega}$$

$$= 4R^2 \int_0^{\frac{\pi}{2}} (1 - \sin\omega)\, d\omega = 2(\pi - 2) R^2.$$

On peut remarquer que $\sqrt{R^2 - R^2\cos^2\omega}$ est égal à $R\sin\omega$, parce que $\sin\omega$ reste positif. Si ω variait entre $-\frac{\pi}{2}$ et 0, le radical représentant z, qui reste positif, serait égal à $- R\sin\omega$.

La surface du cylindre, intérieure à la sphère, peut s'obtenir en remarquant que l'arc du cercle de base, compris dans l'angle $d\omega$, correspond à l'angle au centre $2\,d\omega$, sa longueur est $\frac{R}{2} \times 2\,d\omega$. L'aire du cylindre est :

$$A = 4 \int_0^{\frac{\pi}{2}} zR\, d\omega \qquad \text{où} \qquad z = \sqrt{R^2 - \rho^2} = R\sin\omega$$

$$A = 4 \int_0^{\frac{\pi}{2}} R^2 \sin\omega\, d\omega = 4R^2.$$

Si on considère un second cylindre symétrique du premier par rapport au plan YOZ, le volume et les surfaces sont doublés :

$$V = \frac{4}{3}\pi R^3 - \frac{16}{9} R^3 \quad , \quad S = 4\pi R^2 - 8R^2 \quad , \quad A = 8R^2.$$

Si on enlève de la sphère l'ensemble des deux cylindres, il reste un solide dont le volume et la surface totale ont les expressions commensurables

$$V = \frac{16}{9} R^3 \quad , \quad S = 16 R^2.$$

269. Différentielle infinie. — Si $f(x, y)$ devient infini sur la limite C du contour d'intégration, f restant toujours positif, il peut arriver que l'intégrale double tende vers une limite déterminée lorsque le contour se rapproche de C; cette limite est l'intégrale dans le contour C. Les éléments $fdxdy$, restant positifs, ne peuvent pas se réduire; la limite est indépendante de la façon dont la courbe se déforme pour se rapprocher de C.

Par exemple, à l'intérieur d'un cercle de rayon R, on aura, si on transforme en coordonnées polaires (§ 263) :

$$\iint \frac{dxdy}{(x^2 + y^2)^n} = \int_0^R \int_0^{2\pi} \frac{\rho d\rho d\omega}{\rho^{2n}}$$

Si on a l'intégrale entre deux cercles, de rayons R, ε, sa valeur sera :

$$2\pi \int_\varepsilon^R \rho^{1-2n}d\rho = \frac{\pi}{1-n}(R^{2-2n} - \varepsilon^{2-2n})$$

si $n > 1$, elle augmente indéfiniment, pour $\varepsilon = 0$. Si $n < 1$, elle a une limite finie $\frac{\pi}{(1-n)}R^{2(1-n)}$, bien que l'élément différentiel soit infini à l'origine. Pour $n = 1$, on aurait L. ρ qui devient infini.

Soit l'intégrale $\iint \frac{dxdy}{(x-y)^n}$ dans le triangle limité aux droites $y = 0$, $y = x$ et $x = 1$. Lorsque x est constant, y varie de 0 à x. Si $n < 1$:

$$\iint \frac{dxdy}{(x-y)^n} = \int_0^1 dx \int_0^x \frac{dy}{(x-y)^n} = \int_0^1 dx \left(\frac{(x-y)^{1-n}}{n-1} \right)_0^x$$

$$= \int_0^1 \frac{x^{1-n}}{1-n} dx = \frac{1}{(1-n)(2-n)}$$

mais, si $n > 1$, la limite est infinie.

270. Ordre d'intégration. — Lorsque $f(x, y)$ est continu, on peut toujours intervertir l'ordre des intégrations

$$\int_{y_0}^{y_1} dy \int_{x_0}^{x_1} f(x, y)dx = \int_{x'_0}^{x'_1} dx \int_{y'_0}^{y'_1} f(x, y)dy$$

les limites correspondant aux mêmes surfaces ; car ces expressions représentent la même intégrale double. Si f devient infini, mais reste toujours positif, ces deux expressions restent finies en même temps, l'une ne peut pas devenir infinie sans l'autre. Mais, si f change de signe, elles peuvent avoir des valeurs différentes. Une série à signes variés (§ 24) peut changer de valeur avec l'ordre des termes. De même, la valeur de l'intégrale double pourra changer avec le mode de groupement, si elle est formée de parties infinies de signes contraires.

Par exemple, $\dfrac{x}{x^2 + y^2}$ a pour dérivée, par rapport à x, $\dfrac{y^2 - x^2}{(x^2 + y^2)^2}$. On a :

$$\int_0^1 dy \int_0^1 \frac{y^2 - x^2}{(x^2 + y^2)^2}\, dx = \int_0^1 dy \left(\frac{x}{x^2 + y^2}\right)_0^1 = \int_0^1 \frac{dy}{1 + y^2} = \frac{\pi}{4}$$

Si on intervertit l'ordre, et si on remplace ensuite x par y, et y par x ; ce qui est un simple changement de notation, on a :

$$\int_0^1 dx \int_0^1 \frac{y^2 - x^2}{(x^2 + y^2)^2}\, dy = \int_0^1 dy \int_0^1 \frac{x^2 - y^2}{(x^2 + y^2)^2}\, dx = - \frac{\pi}{4}$$

si ces valeurs sont différentes, c'est que l'intégrale double

$$\iint \frac{x^2 - y^2}{(x^2 + y^2)^2}\, dx\,dy,$$

entre OX et la bissectrice des axes, est infinie, elle peut se ramener à

$$\iint \frac{\cos 2\omega}{\rho}\, d\rho\, d\omega$$

on a une intégrale double, formée de deux parties infinies de signes contraires, qui donne une somme arbitraire suivant la façon dont on groupe les termes, pour les ajouter.

271. Limites infinies. — Lorsque f reste positif, on peut avoir un contour d'intégration s'étendant à l'infini, considéré comme la limite d'une courbe variable. Par exemple, entre deux cercles, de rayons R et R', on a :

$$\iint \frac{dx\,dy}{(x^2 + y^2)^n} = \int_R^{R'} \int_0^{2\pi} \frac{d\rho\, d\omega}{\rho^{2n-1}} = \frac{R'^{2-2n} - R^{2-2n}}{1 - n}\, \pi$$

si $n > 1$, R' peut augmenter indéfiniment, cette expression a pour limite $\dfrac{\pi}{(n-1)R^{2(n-1)}}$. Si $n \leqslant 1$ on a une limite infinie.

De même, dans l'angle XOY, on a :

$$\int_0^\infty \int_0^\infty e^{-x^2-y^2}\,dx\,dy = \int_0^\infty \int_0^{\frac{\pi}{2}} e^{-\rho^2}\rho\,d\rho\,d\omega = -\frac{\pi}{4}\left(e^{-\rho^2}\right)_0^\infty = \frac{\pi}{4}$$

Le premier membre est le produit des intégrales égales

$$\int_0^\infty e^{-x^2}\,dx, \qquad \int_0^\infty e^{-y^2}\,dy,$$

dont on obtient ainsi la valeur :

$$\int_0^\infty e^{-x^2}\,dx = \frac{1}{2}\sqrt{\pi}$$

Exercices

1. Les paraboles $y^2 = 2p(x + aq)$, $y^2 = -2q(x - ap)$ tournent autour de leur axe, OX. Calculer le volume et la surface du solide engendré par la partie commune.

2. Calculer la surface de la partie du cylindre $y^2 = 2px$ intérieure à la sphère $x^2 + y^2 + z^2 = (2p + a)x$.

3. Calculer le volume intérieur à la sphère de centre O, de rayon a, et au cylindre parallèle à l'axe OZ, dont la base est la spirale $\rho = \dfrac{2a\omega}{\pi}$, où ω varie de $-\dfrac{\pi}{2}$ à $+\dfrac{\pi}{2}$.

4. Calculer les intégrales doubles :

$$\iint x^2 y^2 \sqrt{1 - x^3 - y^3}\,dx\,dy, \quad x > 0, \quad y > 0, \quad x^3 + y^3 < 1$$

$$\iint \frac{dx\,dy}{(x + y)^3}, \quad x > 1, \quad y > 1, \quad x + y < 3$$

$$\int_0^\infty \int_0^\infty \frac{dx\,dy}{(x^2 + y^2 + a^2)^2}$$

CHAPITRE VI

—

INTÉGRALES CURVILIGNES

272. Variation des paramètres. — Soit $f(x, y)$ une fonction ayant des dérivées partielles continues ; y étant considéré comme un paramètre constant, l'intégrale définie :

$$F(x, y) = \int_a^x f(x, y)\, dx$$

est une fonction de x et du paramètre y, dont la dérivée partielle par rapport à x est (§ 239) :

$$\frac{\partial F}{\partial x} = f(x, y)$$

$$\frac{\partial^2 F}{\partial x y} = f'_y(x, y).$$

Cette dérivée représente aussi $\dfrac{\partial^2 F}{\partial y x}$; c'est-à-dire que, si F a des dérivées partielles déterminées, $\dfrac{\partial F}{\partial y}$ aura une dérivée par rapport à x égale à f^y. Donc :

$$\frac{\partial F}{\partial y} = \int f'_y(x, y)\, dx$$

Mais, pour $x = a$, F est identiquement nul, quel que soit y ; sa dérivée par rapport à y est aussi nulle (§ 41), et :

$$\frac{\partial F}{\partial y} = \int_a^x f'_y(x, y)\, dx$$

F étant une fonction du paramètre y, sa dérivée s'obtient en prenant la dérivée de f, sous le signe d'intégration.

273. Intégrale de différentielle totale. — Si on représente par :

$$P(x, y)\, dx + Q(x, y)\, dy$$

la différentielle d'une fonction $F(x, y)$, on a (§ 232) :

$$\frac{\partial F}{\partial x} = P, \qquad \frac{\partial F}{\partial y} = Q, \qquad \frac{\partial^2 F}{\partial x y} = \frac{\partial P}{\partial y} = \frac{\partial Q}{\partial x} = \frac{\partial^2 F}{\partial y x}.$$

Inversement, si P et Q sont deux fonctions de x et y telles que l'on ait identiquement :

$$\frac{\partial P}{\partial y} = \frac{\partial Q}{\partial x}$$

il existe une fonction F dont la différentielle totale est $P\,dx + Q\,dy$. En supposant y constant, on doit avoir :

$$\frac{\partial F}{\partial x} = P(x, y) \qquad F(x, y) = \int_a^x P(x, y)\, dx + \varphi(y)$$

φ étant une fonction, qui est constante en même temps que y. On doit avoir :

$$Q(x\ y) = \frac{\partial F}{\partial y} = \int_a^x \frac{\partial P}{\partial y}\, dx + \varphi'(y) = \int_a^x \frac{\partial Q}{\partial x}\, dx + \varphi'(y)$$

$$= Q(x, y) - Q(a, y) + \varphi'(y)$$

$$\varphi'(y) = Q(a, y), \qquad \varphi(y) = \int_b^y Q(a, y)\, dy + C.$$

La fonction F est déterminée par les intégrales définies :

$$F(x\ y) = \int_a^x P(x, y)\, dx + \int_b^y Q(a, y)\, dy + C.$$

Toute fonction, ayant la même différentielle, en diffère d'une constante

274. Intégrale curviligne. — Si le point (x, y) décrit une courbe. x, y étant fonctions de t :

$$\int_{a,\ b}^{x,y} P(x, y)\, dx + Q(x, y)\, dy = \int_{t_0}^t (Px' + Qy')\, dt$$

est une intégrale curviligne.

Les limites (a, b) (x, y) étant fixes, si on change la courbe, la valeur de l'intégrale changera.

Si P et Q vérifient l'identité :

$$\frac{\partial P}{\partial y} = \frac{\partial Q}{\partial x}$$

il existe une fonction $F(x, y)$ dont la différentielle est $P\,dx + Q\,dy$, $Px' + Qy'$ est la dérivée, par rapport à t, de la fonction composée F (§ 58) :

$$\int_{a,b}^{x,y} P\,dx + Q\,dy = F(x, y) - F(a, b)$$

c'est la variation de F quand le point (x, y) décrit la courbe d'intégration. Cette expression ne dépend pas de la courbe, mais seulement des limites, pourvu que P, Q et F restent continus sur les courbes. On peut déformer le contour d'une façon continue, sans changer la valeur de l'intégrale. Sur deux contours ACM, AC'M (*fig.* 83), l'intégrale a la même valeur, pourvu que P et Q restent continus pour tous points compris entre C et C'. En changeant le sens de la courbe MC'A, au lieu de AC'M,

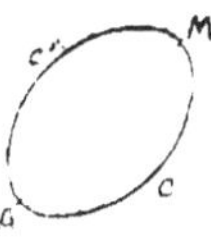

Fig. 83.

on change le signe de l'intégrale. L'intégrale sur le contour fermé ACMC'A est égale à zéro.

Par exemple, la formule du § 273 :

$$\int_b^y Q(a, y)\,dy + \int_a^x P(x, y)\,dx$$

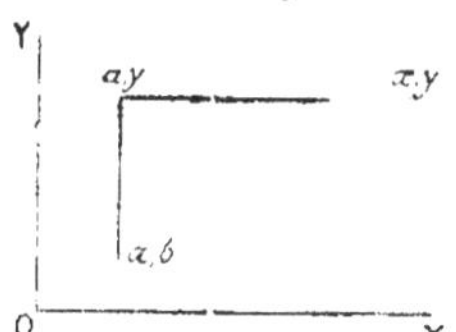

Fig. 84.

représente l'intégrale sur deux droites (*fig.* 84) : $x = a$ de $y = b$ à y, puis y est constant de $x = a$ à x.

275. Aires planes. — Pour calculer l'aire limitée par une courbe fermée C, on peut la décomposer par des parallèles à OY ; entre deux ordonnées voisines M_1P, on a l'aire (*fig.* 85)

$$(y_1 - y_2 + y_3 - y_4)\,dx$$
$$A = \int (y_1 - y_2 + y_3 - y_4)\,dx$$

le nombre des valeurs de y pouvant varier avec x.

On peut considérer cette intégrale comme l'intégrale curviligne $-\int y\,dx$, obtenue en décomposant le contour C par des parallèles

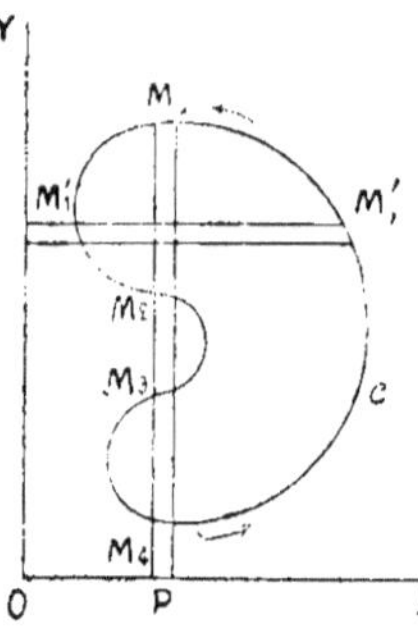

FIG. 85.

à OY, ce contour étant suivi dans le sens positif de OX vers OY pour une origine placée à l'intérieur. Aux éléments M_1, M_3 correspond une valeur négative de dx, en M_2 et M_4, x croît, dx est positif; dx étant pris avec son signe, l'intégrale curviligne pour tout le contour C représente l'aire intérieure.

Si on décompose parallèlement à OX, on a :

$$A = \int (x_2 - x_1)\,dy = \int_c x\,dy$$

cette dernière intégrale étant prise sur C dans le même sens ; car en M'_2 y croît, dy est positif, en M'_1 il est négatif.

On peut représenter l'aire par l'une des intégrales curvilignes :

$$A = \int_c x\,dy = -\int_c y\,dx = \frac{1}{2}\int_c (x\,dy - y\,dx).$$

Si on transforme cette dernière, en coordonnées polaires (§ 235)

$$x\,dy - y\,dx = \rho\cos\omega(\sin\omega\,d\rho + \rho\cos\omega\,d\omega) - \rho\sin\omega(\cos\omega\,d\rho - \rho\sin\omega\,d\omega)$$
$$= \rho^2 d\omega$$

$$A = \frac{1}{2}\int_c \rho^2 d\omega$$

expression obtenue (§ 251), que l'on peut considérer comme une intégrale curviligne prise sur tout le contour.

276. Intégrales triples. — Pour étendre à trois variables la définition des intégrales doubles (§ 262), on considère une fonction continue $f(x, y, z)$ et l'espace intérieur à une surface fermée, par exemple un cube ou une sphère. On décompose ce volume par des plans parallèles aux plans de coordonnées, et on appelle intégrale triple la limite de la somme :

$$\iiint f(x, y, z)\,dx\,dy\,dz$$

Si x, y, dx, dy restent fixes, ont peut faire la somme des éléments qui correspondent à un parallélipipède de base $dx\,dy$:

$$dx\,dy \int_{z_0}^{z_1} f(x, y, z)\,dz$$

z_0 et z_1 sont des fonctions de x, y ; on est ramené à une intégrale double, ce qui donne :

$$\int_{x_0}^{x_1} dx \int_{y_0}^{y_1} dy \int_{z_0}^{z_1} f(x, y, z)\,dz$$

y_0, y_1 sont les valeurs extrêmes que peut prendre y lorsque x est constant, x_0, x_1 les limites entre lesquelles x peut varier. Par exemple, si on intègre dans la sphère :

$$x^2 + y^2 + z^2 = R^2$$

z_0 et z_1 ont les valeurs $\pm\sqrt{R^2 - x^2 - y^2}$. Lorsque x est constant (y, z) est dans un cercle, y peut varier entre $\pm\sqrt{R^2 - x^2}$. Enfin x_0, x_1 sont égaux à $\pm R$.

277. Coordonnées polaires. — Au lieu de décomposer l'espace par des plans parallèles, on peut décomposer en volumes infiniment petits par des systèmes de surfaces, et considérer l'intégrale triple comme la somme des éléments $f\,dv$.

Soit $M(x, y, z)$, $\widehat{MOZ} = \theta$, $OM = \rho$, φ l'angle des plans XOZ MOZ. On a :

$$x = \rho\sin\theta\cos\varphi, \qquad y = \rho\sin\theta\sin\varphi, \qquad z = \rho\cos\theta$$

ρ, θ, φ sont les coordonnées polaires de M. On peut supposer ρ positif, θ entre o et π, φ entre o et 2π, ces coordonnées sont alors bien déterminées. Si ρ est constant, M décrit une sphère ; pour φ constant, le plan MOZ ; pour θ constant, un cône de révolution autour de OZ.

Décomposons l'espace par ces trois systèmes de surfaces. Cherchons le volume compris entre les deux sphères ρ, $\rho + d\rho$, les deux plans φ, $\varphi + d\varphi$, et les deux cônes θ, $\theta + d\theta$. Le cône d'angle θ et la

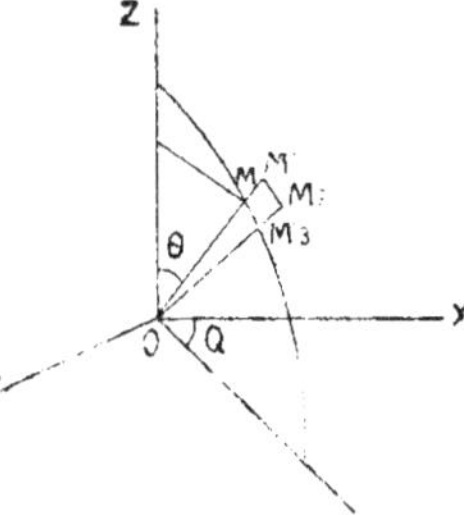

Fig. 86.

sphère ρ limitent le volume d'un secteur sphérique, égal à la surface de la zone de base multipliée par $\dfrac{\rho}{3}$; car ce volume peut se diviser en cônes infiniment petits. On a :

$$2 \pi\rho \times \rho(1 - \cos\theta)\,\frac{\rho}{3} = \frac{2}{3} \pi\rho^3 (1 - \cos\theta)$$

ρ restant fixe, le volume compris entre les cônes θ et $\theta + d\theta$ est égal à la différence :

$$\frac{2}{3} \pi\rho^3 \left(\cos\theta - \cos(\theta + d\theta)\right) = \frac{4}{3} \pi\rho^3 \sin\frac{d\theta}{2} \sin\left(\theta + \frac{d\theta}{2}\right)$$

θ et $d\theta$ étant fixes, prenons la portion de ce volume comprise entre les sphères $\rho + d\rho$, ρ ; ou le volume engendré par l'aire $MM_1M_2M_3$ tournant autour de OZ. On a encore la différence :

$$\frac{4}{3} \pi \sin\frac{d\theta}{2} \sin\left(\theta + \frac{d\theta}{2}\right) \left((\rho + d\rho)^3 - \rho^3\right).$$

Enfin, si on prend dans cette couronne la portion comprise entre les plans φ et $\varphi + d\varphi$, qui est proportionnelle à l'angle $d\varphi$ évalué en arc de rayon 1, le volume sera :

$$\frac{2}{3} d\varphi \sin\frac{d\theta}{2} \sin\left(\theta + \frac{d\theta}{2}\right)(3\rho^2 d\rho + 3\rho d\rho^2 + d\rho^3) = (1 + \varepsilon)\rho^2 \sin\theta\, d\rho d\theta d\varphi$$

ε tend vers zéro avec $d\rho$ et $d\theta$; ce volume, infiniment petit, peut se remplacer par $\rho^2 \sin\theta\, d\rho d\theta d\varphi$, ce qui revient à lui substituer un parallélipipède rectangle dont les arêtes sont :

$$MM_1 = d\rho, \qquad MM_3 = \rho d\theta,$$

et l'arc décrit par M, $\rho \sin\theta d\varphi$.

Une intégrale triple, en coordonnées polaires, prend la forme :

$$\iiint f(\rho, \theta, \varphi)\, \rho^2 \sin\theta\, d\rho d\theta d\varphi.$$

278. Différentielle d'une fonction de trois variables. — Une fonction F (x, y, z) a une différentielle totale (§ 232) :

$$P(x, y, z)\, dx + Q(x, y, z)\, dy + R(x, y, z)\, dz$$

P, Q, R sont les dérivées partielles de F, la relation $F''_{xy} = F''_{yx}$ (§ 60) et les analogues, donnent les identités :

$$(1) \qquad \frac{\partial P}{\partial y} = \frac{\partial Q}{\partial x}, \qquad \frac{\partial Q}{\partial z} = \frac{\partial R}{\partial y}, \qquad \frac{\partial R}{\partial x} = \frac{\partial P}{\partial z}.$$

Inversement, si P, Q, R sont des fonctions vérifiant ces trois identités, il existe une fonction F dont la différentielle est :

$$P dx + Q dy + R dz.$$

On la détermine par des intégrations successives. Si y, z sont constants :

$$\frac{\partial F}{\partial x} = P, \qquad F(x, y, z) = \int_a^x P(x, y, z)\, dx + \varphi(y, z)$$

Les dérivées partielles de F sont :

$$Q = \frac{\partial F}{\partial y} = \int_a^x \frac{\partial P}{\partial y}\, dx + \varphi'_y = \int_a^x \frac{\partial Q}{\partial x}\, dx + \varphi'_y = Q(x, y, z) - Q(a, y, z) + \varphi'_y,$$

$$R = R(x, y, z) - R(a, y, z) + \varphi'_z.$$

Donc :

$$\varphi'_y = Q(a, y, z), \qquad \varphi'_z = R(a, y, z).$$

La fonction φ se détermine par la formule du § 273

$$F(x, y, z) = \int_a^x P(x, y, z)\, dx + \int_b^y Q(a, y, z)\, dy + \int_c^z R(a, b, z)\, dz$$

Deux fonctions ayant la même différentielle ont une différence constante ; a, b, c sont arbitraires, mais, si on change leurs valeurs, on ajoute à F une constante qui dépend de a, b et c.

279. Intégrale curviligne dans l'espace. — P, Q, R étant trois fonctions quelconques de x, y, z ; si on donne une courbe, x, y, z seront fonctions d'une variable t :

$$\int_{a,b,c}^{x,y,z} P(x, y, z)\, dx + Q(x, y, z)\, dy + R(x, y, z)\, dz = \int_{t_0}^{t} (P x' + Q y' + R z')\, dt$$

est une intégrale curviligne, dont la valeur dépend, non seulement des points limites (a, b, c) (x, y, z), mais de la courbe d'intégration.

Si P, Q, R vérifient les identités (1), $Px' + Qy' + Rz'$ est la dérivée de la fonction composée de t, $F(x, y, z)$:

$$\int_{a, b, c}^{x, y, z} Pdx + Qdy + Rdz = F(x, y, z) - F(a, b, c)$$

pourvu que P, Q, R et F restent continus sur la courbe d'intégration.

Les limites restant fixes, si la courbe se déforme, d'une façon continue, la valeur de l'intégrale reste la même, tant que P, Q, R restent continus. Dans ces conditions, l'intégrale prise sur un contour fermé est nulle (§ 274).

Exercices

1. Montrer qu'il existe une fonction dont la différentielle totale est

$$\frac{(3y - x)\,dx + (y - 3x)\,dy}{(x + y)^3}$$

et déterminer cette fonction.

2. Calculer l'intégrale curviligne $\int y^2 dx - x^2 dy$ entre les points A $(0, 1)$ et B $(1, 0)$ en suivant 1° la droite AB, 2° l'arc de cercle de centre o, et de rayon 1.

3. Calculer des intégrales triples $\iiint c^2 dx dy dz$, $\iiint y^2 dx dy dz$,

$$\iiint z^2 dx dy dz \qquad \text{et} \qquad \iiint \left(\frac{x^2}{a^2} + \frac{y^2}{b^2} + \frac{z^2}{c^2} \right) dx dy dz$$

à l'intérieur de l'ellipsoïde $\dfrac{x^2}{a^2} + \dfrac{y^2}{b^2} + \dfrac{z^2}{c^2} = 1$.

4. Calculer l'intégrale curviligne $\int y dx + z dy + x dz$ prise sur la courbe d'intersection des surfaces

$$x^2 + y^2 + z^2 = R^2, \qquad\qquad x + z = R$$

dans un sens tel qu'en partant du point (R, o, o), y commence par augmenter.

CHAPITRE VII

—

INTÉGRALES DE SURFACE

280. Intégrale de surface. — Supposons donnée une surface, et une portion de cette surface limitée par une courbe fermée. z est une fonction de x, y. Une fonction $A(x, y, z)$ devient une fonction composée de x, y. Soient α, β, γ les angles de la normale avec les axes, cette normale ayant un sens déterminé, et se déplaçant d'une façon continue. Si un élément de surface $d\sigma$ a pour projection le rectangle $dx\,dy$, on a (§ 266)

$$dxdy = d\sigma \cos \gamma$$

$$\iint A(x, y, z)\,dxdy = \iint A(x, y, z) \cos \gamma\, d\sigma$$

on considère $d\sigma$ comme un élément positif, $\cos \gamma$ pouvant être négatif, de sorte que l'élément $dxdy$ change de signe avec $\cos \gamma$.

Si on projette sur les autres plans de coordonnées, on aura

$$\iint (A \cos \alpha + B \cos \beta + C \cos \gamma)\,d\sigma = \iint A\,dydz + B\,dzdx + C\,dxdy$$

où A, B, C sont trois fonctions de x, y, z. Les produits $dy\,dz$, $dz\,dx$, $dx\,dy$ ont toujours les signes de $\cos \alpha$, $\cos \beta$, $\cos \gamma$.

Si on change le sens de la normale, ou la face de la surface d'intégration, l'intégrale change de signe.

281. Volumes. — Un volume, limité par une surface fermée, est donné par une intégrale double (§ 264), que l'on peut remplacer par l'intégrale de surface

$$\iint (z_2 - z_1)\, dx\, dy = \iint z \cos \gamma \, d\sigma$$

étendue à toute la surface limite, la normale étant extérieure à la surface ; car, aux mêmes valeurs x, y, correspondent deux valeurs $z_2 > z_1$, γ est aigu pour z_2, obtus pour z_1, de sorte que $d\sigma \cos \gamma_2$ est positif, $d\sigma \cos \gamma_1$ sera remplacé par $- dx\, dy$, où dx, dy resteront positifs.

Si on fait tourner les axes, on peut appliquer OX sur OY, OY sur OZ, OZ sur OX ; on peut ainsi faire une permutation circulaire entre x, y, z ; le volume intérieur à une surface fermée est alors donné par l'une des intégrales de surface

$$V = \iint x \cos \alpha \, d\sigma = \iint y \cos \beta \, d\sigma = \iint z \cos \gamma \, d\sigma$$

$$= \frac{1}{3} \iint (x \cos \alpha + y \cos \beta + z \cos \gamma)\, d\sigma$$

282. Intégrale sur une courbe fermée. — Soit une courbe fermée C, tracée sur une surface S ; $P(x, y, z)$ une fonction ayant des dérivées partielles continues, en tout point de la surface, intérieur au contour C. L'intégrale curviligne $\displaystyle\int_c P\, dx$ peut se ramener à l'intégrale de surface

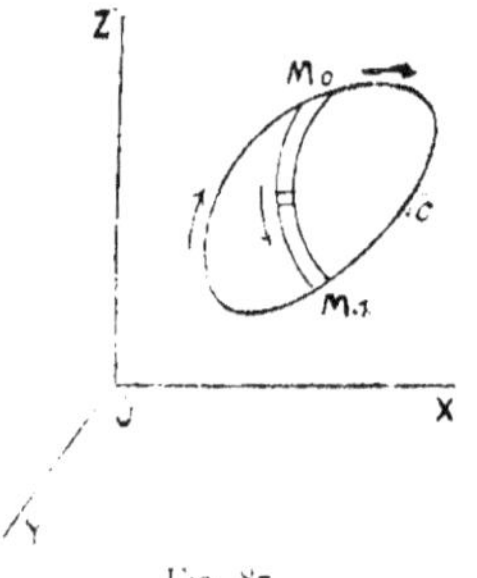

$$\iint \frac{\partial P}{\partial z} \, dz\, dx - \frac{\partial P}{\partial y} \, dx\, dy.$$

Pour fixer le sens du contour C, choisissons le sens de la normale en un point de la surface S intérieure à C. Si on transporte l'axe OZ sur cette normale, O devenant le pied de la normale, on considère comme positif le sens de OX vers OY. Si O est un point voisin de C, le sens positif sur le contour C est ainsi déterminé. Un observateur, placé sur la normale, les pieds sur la surface, voit un point décrire C dans le sens de OX vers OY, de gauche à droite avec la disposition ordinaire des axes dans l'espace. Un observateur, qui marche sur la face positive de la surface, en suivant le contour C, aura alors la partie de S intérieure à sa droite.

Supposons que $\cos \beta$ et $\cos \gamma$ restent positifs, la parallèle à la normale menée par O restant dans le trièdre OXYZ ou OX'YZ.

Considérons l'intégrale de surface

$$\iint \left(\frac{\partial P}{\partial z} \, dzdx - \frac{\partial P}{\partial y} \, dxdy \right) = \iint \left(\frac{\partial P}{\partial z} \cos \beta - \frac{\partial P}{\partial y} \cos \gamma \right) d\sigma$$

on peut la ramener à deux intégrales simples (§ 262) ; en supposant x et dx constants, on a deux courbes de la surface, dans des plans parallèles à YOZ, qui correspondent aux valeurs x, $x + dx$. En suivant ces courbes M_0, M_1 de façon que y augmente, z diminue ; car au point (x, y, z) la tangente à la courbe $M_0 M_1$, intersection du plan de la section et du plan tangent, a pour équation

$$(Y - y) \cos \beta + (Z - z) \cos \gamma = 0$$

les coefficients de Y et Z sont positifs ; entre M_0 et M_1, dy restera positif, dz négatif. Mais, dans l'intégrale double, $dzdx$, $dxdy$ sont des éléments positifs. Comme, sur M_0 et M_1, z décroît, l'intégrale double prendra la forme :

$$\int dx \int_{M_0}^{M_1} - \frac{\partial P}{\partial z} \, dz - \frac{\partial P}{\partial y} \, dy$$

où $dx > 0$, $dy > 0$, $dz < 0$. x étant constant, on a (§ 273) :

$$-\int_{M_0}^{M_1} \left(\frac{\partial P}{\partial z} \, dz + \frac{\partial P}{\partial y} \, dy \right) = P_0 - P_1 = P(x, y_0, z_0) - P(x, y_1, z_1)$$

il reste

$$\int (P_0 - P_1) \, dx$$

qui représente l'intégrale curviligne sur C, $\int_c P dx$, dans le sens positif ; en M_0, dx est positif ; en M_1, x décroît, dx est négatif.

$$\int_c P dx = \iint \left(\frac{\partial P}{\partial z} \, dzdx - \frac{\partial P}{\partial y} \, dxdy \right)$$

Si cos β et cos γ restent négatifs, on change la face de la surface, l'intégrale double change de signe, l'intégrale curviligne aussi, car le sens positif sur C est renversé; on a la même relation.

Si cos β reste négatif, cos γ positif, on pourra changer le sens des axes OX et OY de façon à rendre cos β positif, en conservant aux axes la disposition directe (§ 179); cos β change de signe avec y, ainsi que $\frac{\partial P}{\partial y}$, l'intégrale de surface change de signe; l'intégrale curviligne change aussi de signe avec dx; on retrouve la même formule. De même si cos β est positif, cos γ négatif; car on peut encore changer le sens de la normale.

Enfin, si les cosinus ne conservent pas le même signe, on peut diviser la surface en deux parties par une courbe (*fig.* 88). L'intégrale de surface est la somme des deux intégrales de surface. L'intégrale curviligne aussi, car la ligne de division est suivie dans deux sens inverses, ce qui donne des intégrales dont la somme est nulle. On divisera ainsi la surface en plusieurs parties, pour lesquelles les cosinus conservent le même signe, la même formule s'applique à chaque partie, et à la surface totale.

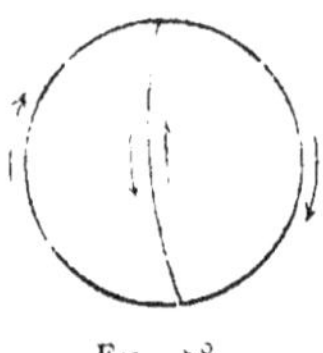

Fig. 88.

283. Formule de Stokes. — Si on fait tourner les axes, on peut appliquer OX sur OY, OY sur OZ, OZ sur OX, ou faire une permutation circulaire, ce qui donne les formules :

$$\int_c Q\,dy = \iint \left(\frac{\partial Q}{\partial x}\,dx\,dy - \frac{\partial Q}{\partial z}\,dy\,dz \right),$$

$$\int_c R\,dz = \iint \left(\frac{\partial R}{\partial y}\,dy\,dz - \frac{\partial R}{\partial x}\,dz\,dx \right)$$

P, Q, R étant trois fonctions de x, y, z.

$$\int_c P\,dx + Q\,dy + R\,dz = \iint \left(\frac{\partial R}{\partial y} - \frac{\partial Q}{\partial z} \right) dy\,dz +$$

$$\iint \left(\frac{\partial P}{\partial z} - \frac{\partial R}{\partial x} \right) dz\,dx + \iint \left(\frac{\partial Q}{\partial x} - \frac{\partial P}{\partial y} \right) dx\,dy$$

ces intégrales de surface étant étendues à une surface limitée par le contour C.

Si $P\,dx + Q\,dy + R\,dz$ est une différentielle exacte (§ 278), ces intégrales doubles sont nulles, l'intégrale curviligne sur une courbe fermée est donc nulle, résultat déjà obtenu (§ 279).

Si z est identiquement nul, on a une relation entre l'intégrale plane (§ 274), et une intégrale double intérieure au contour fermé C

$$\int_c P\,dx + Q\,dy = \iint \left(\frac{\partial Q}{\partial x} - \frac{\partial P}{\partial y}\right) dx\,dy$$

284. Formule inverse. — Posons

$$(1) \qquad A = \frac{\partial R}{\partial y} - \frac{\partial Q}{\partial z}, \qquad B = \frac{\partial P}{\partial z} - \frac{\partial R}{\partial x}, \qquad C = \frac{\partial Q}{\partial x} - \frac{\partial P}{\partial y}$$

ou en déduit :

$$(2) \qquad \frac{\partial A}{\partial x} + \frac{\partial B}{\partial y} + \frac{\partial C}{\partial z} = 0$$

Inversement, si trois fonctions A, B, C vérifient cette identité, on pourra déterminer des fonctions P, Q, R vérifiant les relations (1), par exemple, posons :

$$R = 0, \qquad Q = \int_{z_0}^{z} - A\,dz, \qquad P = \int_{z_0}^{z} B\,dz$$

où x, y sont supposés constants. Les deux premières équations (1) sont vérifiées, la troisième devient (§ 272) :

$$C = \int_{z_0}^{z} - \left(\frac{\partial A}{\partial x} + \frac{\partial B}{\partial y}\right) dz = \int_{z_0}^{z} \frac{\partial C}{\partial z}\,dz = C(x, y, z) - C(x, y, z_0)$$

elle sera vérifiée, si l'on prend z_0 fonction de x, y, définie par l'équation

$$C(x, y, z_0) = 0$$

Si l'identité (2) est vérifiée, l'intégrale de surface (§ 280) :

$$\iint A\,dy\,dz + B\,dz\,dx + C\,dx\,dy$$

pourra se remplacer par une intégrale curviligne; elle ne changera pas, si on déforme la surface, en conservant le contour limite, pourvu que A, B, C, et leurs dérivées, restent continus.

L'intégrale sur une surface fermée sera nulle, si A, B, C restent continus à l'intérieur.

285. Exemple. — Soit

$$\iint \frac{x\,dy\,dz + y\,dz\,dx + z\,dx\,dy}{(x^2 + y^2 + z^2)^{\frac{3}{2}}} = \iint \frac{x \cos \alpha + y \cos \beta + z \cos \gamma}{r^3}\,d\sigma$$

$$\frac{\partial A}{\partial x} = \frac{1}{r^3} - \frac{3x^2}{r^5}, \quad \frac{\partial B}{\partial y} = \frac{1}{r^3} - \frac{3y^2}{r^5}, \quad \frac{\partial C}{\partial z} = \frac{1}{r^3} - \frac{3z^2}{r^5}, \quad x^2 + y^2 + z^2 = r^2$$

l'équation (2) est vérifiée.

$x \cos \alpha + y \cos \beta + z \cos \gamma$ est la distance de l'origine au plan tangent (§ 184). Un cône de sommet O, ayant pour base l'élément $d\sigma$, a pour volume $dV = \frac{1}{3}(x \cos \alpha + y \cos \beta + z \cos \gamma)\,d\sigma$, la partie de ce cône, intérieure à une sphère de rayon 1, a un volume égal à $dv = \frac{dV}{r^3}$, en négligeant les quantités infiniment petites d'ordre supérieur.

Soit ds la surface de la sphère intérieure au cône, le volume $dv = \frac{ds}{3}$. Donc :

$$\frac{x \cos \alpha + y \cos \beta + z \cos \gamma}{r^3}\,d\sigma = \frac{3\,dV}{r^3} = 3\,dv = ds$$

l'intégrale, prise sur une surface limitée par une courbe C, est égale à la somme s des éléments ds, ou à la surface de la sphère de rayon 1, comprise à l'intérieur du cône de sommet O, de base C. Sur une surface fermée, ne comprenant pas O, elle est nulle.

Sur une surface fermée entourant l'origine, l'intégrale est égale à 4π. C'est que les fonctions A, B, C cessent d'être continues en O.

286. Intégrale sur une surface fermée. — Soit une surface fermée, et l'intégrale

$$\iiint \frac{\partial C(x, y, z)}{\partial z}\,dx\,dy\,dz$$

étendue au volume intérieur, en supposant $\frac{\partial C}{\partial z}$ continu. Lorsque x,

y, dx, dy sont constants, $\int \frac{\partial C}{\partial z}\, dz$ est la variation de C ; si une parallèle à OZ coupe la surface en deux points, on a :

$$\iiint \frac{\partial C}{\partial z}\, dx\,dy\,dz = \iint (C_1 - C_0)\, dx\,dy = \iint C\,dx\,dy$$

cette dernière expression étant une intégrale de surface, prise sur la face extérieure, $\cos \gamma$ étant positif pour z_1, négatif pour z_0. C'est la même transformation que pour une aire plane (§ 275). Si on permute les axes, l'intégrale de surface, prise sur une surface fermée, peut se remplacer par une intégrale triple étendue au volume intérieur, pourvu que les trois fonctions A, B, C, aient des dérivées finies et continues.

$$\iint A\,dy\,dz + B\,dz\,dx + C\,dx\,dy = \iiint \left(\frac{\partial A}{\partial x} + \frac{\partial B}{\partial y} + \frac{\partial C}{\partial z} \right) dx\,dy\,dz.$$

287. Formule de Green. — Si on pose

$$A = U\,\frac{\partial V}{\partial x} - V\,\frac{\partial U}{\partial x}, \quad B = U\,\frac{\partial V}{\partial y} - V\,\frac{\partial U}{\partial y}, \quad C = U\,\frac{\partial V}{\partial z} - V\,\frac{\partial U}{\partial z}$$

U et V étant deux fonctions de x, y, z ; la formule précédente devient :

$$\iint U\left(\frac{\partial V}{\partial x}\, dy\,dz + \frac{\partial V}{\partial y}\, dz\,dx + \frac{\partial V}{\partial z}\, dx\,dy \right) -$$
$$\iint V\left(\frac{\partial U}{\partial x}\, dy\,dz + \frac{\partial U}{\partial y}\, dz\,dx + \frac{\partial U}{\partial z}\, dx\,dy \right) =$$
$$\iiint U\left(\frac{\partial^2 V}{\partial x^2} + \frac{\partial^2 V}{\partial y^2} + \frac{\partial^2 V}{\partial z^2} \right) dx\,dy\,dz -$$
$$\iiint V\left(\frac{\partial^2 U}{\partial x^2} + \frac{\partial^2 U}{\partial y^2} + \frac{\partial^2 U}{\partial z^2} \right) dx\,dy\,dz$$

on peut l'écrire sous forme abrégée, avec les conventions suivantes : la première intégrale de surface est :

$$\iint U\left(\frac{\partial V}{\partial x} \cos \alpha + \frac{\partial V}{\partial y} \cos \beta + \frac{\partial V}{\partial z} \cos \gamma \right) d\sigma.$$

Si un point (x, y, z) se déplace sur une courbe, x, y, z peuvent être exprimés en fonction de l'arc s, $V(x, y, z)$ devient une fonction de s, dont la dérivée est :

$$\frac{dV}{ds} = \frac{\partial V}{\partial x}\frac{dx}{ds} + \frac{\partial V}{\partial y}\frac{dy}{ds} + \frac{\partial V}{\partial z}\frac{dz}{ds}$$

si le point se déplace sur la normale, le second membre devient :

$$\frac{\partial V}{\partial x}\cos\alpha + \frac{\partial V}{\partial y}\cos\beta + \frac{\partial V}{\partial z}\cos\gamma$$

c'est la dérivée suivant la normale, qu'on représente par $\frac{dV}{dn}$. Si on pose, d'autre part

$$\frac{\partial^2 V}{\partial x^2} + \frac{\partial^2 V}{\partial y^2} + \frac{\partial^2 V}{\partial z^2} = \Delta V$$

la formule de Green s'écrit, sous forme réduite :

$$\iint \left(U\frac{dV}{dn} - V\frac{dU}{dn} \right)d\sigma = \iiint (U\Delta V - V\Delta U)\,dx\,dy\,dz$$

elle est utilisée dans plusieurs théories de physique mathématique.

Exercices.

1. Calculer l'intégrale de surface

$$\iint x^2\,dy\,dz + y^2\,dz\,dx + z^2\,dx\,dy$$

sur la surface extérieure de la sphère

$$(x - a)^2 + (y - b)^2 + (z - c)^2 = R^2$$

en transportant l'origine au centre.

2. Remplacer l'intégrale double précédente par une intégrale triple (§ 286); calculer sa valeur à l'intérieur de la sphère.

3. Appliquer la formule de Stokes à l'intégrale

$$\int y\,dx + z\,dy + x\,dz$$

en particulier, considérer la courbe d'intégration

$$x = R \cos^2 t, \qquad y = \frac{R}{\sqrt 2} \sin 2t, \qquad z = R \sin^2 t$$

former l'intégrale curviligne sur ce cercle, l'intégrale double sur sa surface, et vérifier que les résultats sont égaux.

CHAPITRE VIII

—

ÉQUATIONS DIFFÉRENTIELLES

288. Cas d'intégration immédiate. — Une équation différentielle du premier ordre est une équation entre une variable x, une fonction y. et sa dérivée. Si on a une relation entre x, y et une constante arbitraire

$$y = f(x, C)$$

en formant y' on peut éliminer C ; on a une équation différentielle, dont f est la solution générale ; à chaque valeur de C correspond une solution.

Si y n'entre pas dans l'équation différentielle, on peut la mettre sous la forme

$$\frac{dy}{dx} = f(x)$$

$$y = \int_{x_0}^{x} f(x)\,dx + C.$$

Lorsqu'on peut séparer les variables, et mettre l'équation sous la forme

$$\frac{dy}{dx} = \frac{P(x)}{Q(y)}, \qquad P(x)dx = Q(y)dy$$

l'intégration est ramenée à des quadratures (calcul d'aires planes, § 248)

$$\int_{x_0}^{x} P(x)dx = \int_{y_0}^{y} Q(y)dy + C.$$

Une équation différentielle, homogène entre x et y, se ramène à cette forme en prenant pour variable $\dfrac{y}{x}$. Soit l'équation :

$$P\left(\frac{y}{x}\right) dx + Q\left(\frac{y}{x}\right) dy = 0$$

$$y = tx, \qquad dy = tdx + xdt$$

$$P(t)\,dx + Q(t)\,(tdx + xdt) = 0$$

$$\frac{Qdt}{P + Qt} + \frac{dx}{x} = 0, \qquad Lx + \int_{t_0}^{t} \frac{Qdt}{P + Qt} = C.$$

289. Equation linéaire. — Soit une équation du premier degré entre y et sa dérivée :

$$\frac{dy}{dx} + yP(x) = Q(x).$$

Si Q est nul, l'intégration est immédiate

$$\frac{dy}{y} + Pdx = 0, \qquad L\,y + \int_{x_0}^{x} Pdx = L\,C, \qquad y = Ce^{-\int_{x_0}^{x} Pdx}.$$

Si on considère C comme une fonction variable, on posera dans l'équation donnée :

$$y = ze^{-\int_{x_0}^{x} Pdx}, \qquad \frac{dy}{dx} = e^{-\int_{x_0}^{x} Pdx}\left(\frac{dz}{dx} - Pz\right)$$

$$\frac{dy}{dx} + Py = \frac{dz}{dx}\, e^{-\int_{x_0}^{x} Pdx} = Q(x)$$

la recherche de z est ramenée à une quadrature

$$z = \int Q(x)\, e^{\int_{x_0}^{x} Pdx}\, dx.$$

Par exemple l'équation :

$$2x\,\frac{dy}{dx} - y = x^2 - 3$$

donne :

$$y = z\sqrt{x}, \qquad \frac{dz}{dx} = \frac{x^2 - 3}{2x\sqrt{x}}$$

$$z = \frac{1}{3}\,x^{\frac{3}{2}} + 3x^{-\frac{1}{2}} + C, \qquad y = \frac{x^2}{3} + 3 + C\sqrt{x}.$$

290. Solution singulière. — La solution générale d'une équation différentielle représente un système de courbes ; l'équation différentielle donne le coefficient angulaire y' de la tangente. En tout point du plan il y a des tangentes déterminées, l'intégration revient à chercher des courbes ayant les tangentes données. Si les courbes ont une enveloppe (§ 166), qui a, en chaque point, la même tangente, l'équation de cette enveloppe sera une solution de l'équation différentielle, on l'appelle solution singulière.

La solution singulière s'obtient en exprimant que, parmi les courbes qui passent par un point (x, y), il y en a deux confondues. Parmi les tangentes en ce point, déduites de l'équation différentielle, il y en aura aussi deux confondues. La solution singulière peut s'obtenir en exprimant que l'équation différentielle a une racine double en y'. Mais, comme on peut obtenir, en même temps, un lieu de points multiples (§ 167), il faudra vérifier si les fonctions obtenues sont bien des solutions de l'équation différentielle.

291. Equation de Lagrange. — Soit une équation linéaire entre x et y

$$y = x f(y') + \varphi (y')$$

en prenant les dérivées, on a :

$$y' = f(y') + [x f'(y') + \varphi'(y')]\, \frac{dy'}{dx}$$

équation qui ne contient pas y ; si on considère y' comme variable, et x comme fonction de y', c'est une équation linéaire entre x et $\frac{dx}{dy'}$, dont l'intégration se ramène aux quadratures, on aura :

$$x = F(y', c)$$

l'élimination de y', entre cette équation et l'équation donnée, déterminera l'intégrale générale.

292. Equation de Clairaut. — En particulier, l'équation

$$y = xy' + \varphi (y')$$

donne :

$$\frac{dy'}{dx} (x + \varphi'(y')) = 0$$

si

$$\frac{dy'}{dx} = 0, \qquad y' = c.$$

La solution générale

$$y = cx + \varphi(c)$$

représente un système de droites.

Le second facteur donne la solution singulière, enveloppe de ces droites.

Par exemple, l'équation

$$y = xy' \pm \sqrt{b^2 + a^2 y'^2}$$

ou

$$y'^2 (a^2 - x^2) + 2\,xyy' - b^2 - y^2 = 0$$

a la solution générale

$$y = cx \pm \sqrt{b^2 + a^2 c^2}$$

et la solution singulière

$$b^2 x^2 + a^2 y^2 = a^2 b^2$$

qui représentent une ellipse et ses tangentes (§ 150).

293. Trajectoires orthogonales. — Comme application, supposons donné un système de courbes dépendant d'un paramètre c. Pour chercher les courbes qui les coupent à angle droit, on formera l'équation différentielle, en éliminant c (§ 288). En chaque point (x, y), on a des valeurs de y'. Le coefficient angulaire d'une trajectoire orthogonale est $m = -\dfrac{1}{y'}$. L'équation différentielle de ces nouvelles courbes s'obtiendra en remplaçant y' par $-\dfrac{1}{y'}$, ou $\dfrac{dy}{dx}$ par $-\dfrac{dx}{dy}$.

Considérons, par exemple, le système de courbes (§ 289)

$$\left(y - \frac{x^2}{3} - 3\right)^2 = cx$$

qui conduit à l'équation différentielle

$$2x\frac{dy}{dx} = y + x^2 - 3.$$

L'équation différentielle des trajectoires orthogonales est :

$$\frac{dy}{dx}(y + x^2 - 3) + 2x = 0.$$

Si on pose

$$x^2 = t, \qquad 2x\,dx = dt$$

on a l'équation

$$(y + t - 3)\,dy + dt = 0$$

qui sera linéaire, si on considère t comme une fonction de y

$$\frac{dt}{dy} + t = 3 - y$$

en posant

$$t = ze^{-y}, \qquad \frac{dt}{dy} = e^{-y}\left(\frac{dz}{dy} - z\right)$$

elle devient :

$$\frac{dz}{dy} = e^{y}(3 - y)$$

$$z = \int e^{y}(3 - y)\,dy = e^{y}(4 - y) + c' \quad (\S\ 241)$$

$$x^2 = ze^{-y} = 4 - y + c'e^{-y}.$$

Les trajectoires orthogonales sont présentées par l'équation

$$y + x^2 - 4 = c'e^{-y}.$$

294. Équations linéaires d'ordre n. — Si y est une fonction de x contenant n constantes arbitraires, en formant les n premières dérivées, on aura $n + 1$ relations, entre lesquelles on peut éliminer les constantes, ce qui donne une équation différentielle d'ordre n, dont la fonction donnée est la solution générale.

Soit l'équation linéaire homogène :

$$(1) \qquad a_0 \frac{d^n y}{dx^n} + a_1 \frac{d^{n-1}y}{dx^{n-1}} + \ldots + a_{n-1} \frac{dy}{dx} + a_n y = 0$$

les coefficients a étant des fonctions de x.

Si y_1, y_2 sont deux solutions, c'est-à-dire des fonctions de x qui annulent le premier membre, $c_1 y_1$ et $c_2 y_2$ sont des solutions, car les constantes restent en facteur dans les dérivées.

$c_1 y_1 + c_2 y_2$ est aussi une solution.

Si on connaît n solutions distinctes y_1, $y_2 \ldots y_n$, la solution générale sera

$$y = c_1 y_1 + c_2 y_2 + \ldots + c_n y_n$$

car, si on remplace y dans (1), les termes provenant de y_1, y_2, … y_n s'annulent séparément.

Mais, si l'une des solutions était une combinaison linéaire des autres, à coefficients constants, il n'y aurait pas n constantes distinctes. Par exemple $2 y_1 + y_2$ est une solution qui se déduit de y_1 et y_2.

Si on connaît une solution y_1, on peut simplifier l'équation, en faisant varier la constante, et en posant (§ 65) :

$$y = z y_1, \qquad \frac{dy}{dx} = z \frac{dy_1}{dx} + \frac{dz}{dx} y_1$$

$$\frac{d^n y}{dx^n} = z \frac{d^n y_1}{dx^n} + \frac{n}{1} \frac{dz}{dx} \frac{d^{n-1}y_1}{dx^{n-1}} + \ldots + \frac{d^n z}{dx^n} y_1.$$

En substituant dans (1), on a une équation de même forme en z, mais le coefficient de z est nul

$$a_0 \frac{d^n y_1}{dx^n} + a_1 \frac{d^{n-1}y_1}{dx^{n-1}} + \ldots + a_n y_1 = 0$$

si on prend pour fonction inconnue $\dfrac{dz}{dx}$, l'équation est d'ordre $n - 1$; z sera ensuite donné par une quadrature.

Soit, par exemple, l'équation

$$x^2 \frac{d^2 y}{dx^2} = \left(x \frac{dy}{dx} - y \right) (3 - 2 x^2)$$

qui admet la solution $y = x$.

Si

$$y = xz, \qquad \frac{dy}{dx} = x\frac{dz}{dx} + z, \qquad \frac{d^2y}{dx^2} = x\frac{d^2z}{dx^2} + 2\frac{dz}{dx}$$

$$x^3\frac{d^2z}{dx^2} = \frac{dz}{dx}x^2(1 - 2x^2), \qquad \frac{dz}{dx} = z'$$

$$\frac{dz'}{z'} = \frac{1 - 2x^2}{x}dx$$

$$\mathrm{L}\,z' = \mathrm{L}\,x - x^2 + \mathrm{L}\,c, \qquad \frac{dz}{dx} = z' = cxe^{-x^2}$$

$$z = c\int xe^{-x^2}dx = -\frac{c}{2}e^{-x^2} + \mathrm{C}_1$$

$$y = \mathrm{C}_1 x + \mathrm{C}_2 xe^{-x^2}$$

295. Equation linéaire homogène à coefficients constants. — Si les coefficients a de l'équation (1) sont constants, on peut avoir une solution en posant

$$y = e^{\alpha x}, \qquad \frac{dy}{dx} = \alpha e^{\alpha x}, \ldots \frac{d^ny}{dx^n} = \alpha^n e^{\alpha x}$$

en substituant, et divisant par $e^{\alpha x}$, on a :

$$(2) \qquad \varphi(\alpha) = a_0\alpha^n + a_1\alpha^{n-1} + \ldots + a_{n-1}\alpha + a_n = 0$$

si cette équation a n racines distinctes, $\alpha_1, \alpha_2, \ldots \alpha_n$, la solution générale est :

$$y = c_1 e^{\alpha_1 x} + c_2 e^{\alpha_2 x} + \ldots + c_n e^{\alpha_n x}.$$

Si on pose

$$y = ze^{\beta x}, \qquad \frac{dy}{dx} = e^{\beta x}\left(\frac{dz}{dx} + \beta z\right)$$

$$\frac{d^ny}{dx^n} = e^{\beta x}\left(\frac{d^nz}{dx^n} + n\beta\frac{d^{n-1}z}{dx^{n-1}} + \frac{n(n-1)}{2}\beta^2\frac{d^{n-2}z}{dx^{n-2}} + \ldots + \beta^n z\right)$$

z est déterminé par une équation de forme (1); l'équation (2) correspondante s'obtient en posant $z = e^{\alpha' x}$, ou $y = e^{(\beta + \alpha')x}$ dans (1) : ce qui donne l'équation

$$\varphi(\beta + \alpha') = 0$$

dont les solutions sont $\alpha' = \alpha - \beta$.

Si a_n, a_{n-1},... a_{n-p+1} sont nuls, (2) a la racine zéro, d'ordre p ; (1) a les solutions :

$$1,\ x,\ x^2,\dots\ x^{p-1}.$$

Si (2) a la racine multiple $\alpha = \beta$, d'ordre p ; l'équation correspondante pour z aura p racines nulles, l'équation (1) aura les solutions :

$$e^{\alpha x},\ x e^{\alpha x},\dots\ x^{p-1} e^{\alpha x}$$

à une racine d'ordre p correspondent ainsi p solutions ; on connaîtra toujours n solutions, et la solution générale.

Si $\alpha \pm \beta i$ sont deux racines imaginaires conjuguées de (2), les solutions $e^{(\alpha \pm \beta i)x}$ peuvent se remplacer par leur somme et leur différence, ou par (§ 71)

$$e^{\alpha x} \cos \beta x, \qquad e^{\alpha x} \sin \beta x.$$

296. Équation complète. — Considérons, pour préciser, l'équation du troisième ordre :

$$(1) \qquad a_0 \frac{d^3 y}{dx^3} + a_1 \frac{d^2 y}{dx^2} + a_2 \frac{dy}{dx} + a_3 y = f(x)$$

les mêmes méthodes pourront s'appliquer quel que soit l'ordre.

Soit :

$$y = c_1 y_1 + c_2 y_2 + c_3 y_3$$

la solution de l'équation, où f serait nul. Elle peut représenter la solution de l'équation complète, si c_1, c_2, c_3 sont des fonctions de x, entre lesquelles on peut établir deux relations. Posons :

$$(2) \qquad \begin{cases} y_1 \dfrac{dc_1}{dx} + y_2 \dfrac{dc_2}{dx} + y_3 \dfrac{dc_3}{dx} = 0 \\[2mm] \dfrac{dy_1}{dx}\dfrac{dc_1}{dx} + \dfrac{dy_2}{dx}\dfrac{dc_2}{dx} + \dfrac{dy_3}{dx}\dfrac{dc_3}{dx} = 0. \end{cases}$$

Les dérivées de y se réduisent à :

$$\frac{dy}{dx} = c_1 \frac{dy_1}{dx} + c_2 \frac{dy_2}{dx} + c_3 \frac{dy_3}{dx}$$

$$\frac{d^2 y}{dx^2} = c_1 \frac{d^2 y_1}{dx^2} + c_2 \frac{d^2 y_2}{dx^2} + c_3 \frac{d^2 y_3}{dx^2}$$

$$\frac{d^3 y}{dx^3} = c_1 \frac{d^3 y_1}{dx^3} + c_2 \frac{d^3 y_2}{dx^3} + c_3 \frac{d^3 y_3}{dx^3} + \frac{d^2 y_1}{dx^2}\frac{dc_1}{dx} + \frac{d^2 y_2}{dx^2}\frac{dc_2}{dx} + \frac{d^2 y_3}{dx^2}\frac{dc_3}{dx}.$$

En substituant dans (1), comme y_1, y_2, y_3 annulent le premier membre, il reste :

$$(3) \qquad a_0\left(\frac{d^2y_1}{dx^2}\frac{dc_1}{dx} + \frac{d^2y_2}{dx^2}\frac{dc_2}{dx} + \frac{d^2y_3}{dx^2}\frac{dc_3}{dx}\right) = f(x).$$

Les équations (2) et (3) déterminent $\frac{dc_1}{dx}$, $\frac{dc_2}{dx}$, $\frac{dc_3}{dx}$, en fonction de x ; on aura c_1, c_2, c_3 par des quadratures. La solution générale sera de la forme :

$$y = y_0 + c_1 y_1 + c_2 y_2 + c_3 y_3$$

où c_1, c_2, c_3 sont des constantes.

On peut souvent prévoir la forme de la fonction y_0, sans achever les calculs, et déterminer les coefficients de y_0 par la substitution.

Par exemple, si f est un polynôme, les coefficients a étant constants, on peut prendre pour y un polynôme de même degré ; le premier membre de (1) devient un polynôme qu'on égale à f, ce qui permet de calculer les coefficients de y.

Si $f = e^{\alpha x}\,\mathrm{P}(x)$, où P est un polynôme, on posera $y = e^{\alpha x}z$, où z est un polynôme de même degré, à coefficients indéterminés.

Si $y = e^{\alpha x}$ annulait le premier membre, on devrait prendre pour z un polynôme de degré plus élevé.

Si $f = \mathrm{P}(x)\cos \alpha x + \mathrm{Q}(x)\sin \alpha x$, on pourra poser :

$$y = z_1 \cos \alpha x + z_2 \sin \alpha x$$

P, Q, z_1, z_2 étant quatre polynômes.

Si f est une somme de fonctions $f_1 + f_2 + \dots$, on peut chercher des fonctions qui rendent le premier membre de (1) égal à f_1, à $f_2 \dots$; y sera la somme de ces fonctions.

297. Systèmes d'équations différentielles. — Si l'on a deux équations, entre x, deux fonctions y, z de x, et les dérivées ; en prenant leurs dérivées on peut former de nouvelles équations, ce qui introduit chaque fois deux équations et une dérivée de z. On peut donc éliminer z et ses dérivées, car on arrivera à avoir plus d'équations que d'expressions à éliminer. On aura alors une équation différentielle en y ; z sera exprimé en fonction de y et de ses dérivées.

Si les équations données sont linéaires, on aura une équation linéaire en y. Si les coefficients sont constants, il y aura des solutions de la forme :

$$y = ce^{\alpha x}, \qquad z = c'e^{\alpha x}.$$

Soit, par exemple, le système d'équations à coefficients constants :

$$\begin{cases} \dfrac{d^2 y}{dx^2} = p \dfrac{dy}{dt} + q \dfrac{dz}{dx} + ry + sz \\[2mm] \dfrac{d^2 z}{dx^2} = p' \dfrac{dy}{dx} + q' \dfrac{dz}{dx} + r'y + s'z \end{cases}$$

en prenant deux fois la dérivée de la première, une fois celle de la seconde, on a cinq équations entre lesquelles on élimine z, $\dfrac{dz}{dx}$, $\dfrac{d^2 z}{dx^2}$, $\dfrac{d^3 z}{dx^3}$; on a une équation linéaire d'ordre quatre en y. Si y est une solution, z s'exprimera en fonction de y et de ses dérivées. On peut aussi poser :

$$y = \lambda e^{\alpha x}, \qquad z = \mu e^{\alpha x}$$

ce qui donne :

$$\lambda(\alpha^2 - p\alpha - r) - \mu(q\alpha + s) = 0$$
$$\lambda(p'\alpha + r') - \mu(\alpha^2 - q'\alpha - s') = 0.$$

En éliminant λ et μ, on a une équation du quatrième degré pour déterminer α, $\dfrac{\mu}{\lambda}$ est ensuite déterminé. On peut supposer $\lambda = 1$ et mettre la solution générale sous la forme :

$$y = c_1 e^{\alpha_1 x} + c_2 e^{\alpha_2 x} + c_3 e^{\alpha_3 x} + c_4 e^{\alpha_4 x}$$
$$z = c_1 \mu_1 e^{\alpha_1 x} + c_2 \mu_2 e^{\alpha_2 x} + c_3 \mu_3 e^{\alpha_3 x} + c_4 \mu_4 e^{\alpha_4 x}.$$

Si, pour α, il y a des racines multiples, λ et μ pourront être des polynômes, dont on peut calculer les coefficients par la substitution.

298. Équation d'Euler. — Soit l'équation :

$$a_0 x^n \frac{d^n y}{dx^n} + a_1 x^{n-1} \frac{d^{n-1} y}{dx^{n-1}} + \ldots + a_{n-1} x \frac{dy}{dx} + a_n y = 0$$

les quantités a étant des constantes. Posons $x = e^t$, en considérant y comme fonction de t. Si $x^m \dfrac{d^m y}{d^m x} = u$, on aura :

$$\frac{du}{dt} = \frac{du}{dx} x = x^{m+1} \frac{d^{m+1} y}{dx^{m+1}} + m x^m \frac{d^m y}{d^m x}$$

$$x^{m+1} \frac{d^{m+1} y}{dx^{m+1}} = \frac{du}{dt} - mu$$

$$x \frac{dy}{dx} = \frac{dy}{dt} \qquad x^2 \frac{d^2 y}{dx^2} = \frac{d^2 y}{dt^2} - \frac{dy}{dt}$$

on peut calculer successivement $x^m \dfrac{d^m y}{dx^m}$, qui est une expression linéaire des dérivées de y par rapport à t. y est donc une fonction de t, qui sera déterminée par une équation linéaire à coefficients constants. On aura des solutions de la forme $y = e^{\alpha t} = x^{\alpha}$. Il suffit alors, pour déterminer α, de remplacer y par x^{α} dans l'équation donnée. On a, en divisant par x^{α} :

$$a_0 \alpha (\alpha - 1) \ldots (\alpha - n + 1) + a_1 \alpha (\alpha - 1) \ldots (\alpha - n + 2) + \ldots + a_{n-1} \alpha + a_n = 0$$

si cette équation a n racines distinctes, la solution générale est :

$$y = c_1 x^{\alpha_1} + c_2 x^{\alpha_2} + \ldots + c_n x^{\alpha_n}$$

à une racine multiple α, d'ordre p, correspondent les solutions :

$$e^{\alpha t} = x^{\alpha}, \qquad t e^{\alpha t} = x^{\alpha} \, \mathrm{L} \, x, \qquad t^2 e^{\alpha t} = x^{\alpha} \, \mathrm{L}^2 \, x, \ldots x^{\alpha} \, \mathrm{L}^{p-1} \, x.$$

Exercices

1. Intégrer les équations différentielles : $(x^2 + y^2) \, dx = 2 \, xy \, dy$

$$(1 - x^2) \frac{dy}{dx} + xy = 1$$

$$\left(y + x \frac{dy}{dx} \right)^2 = 4 x^2 \frac{dy}{dx}$$

$$\frac{d^2 y}{dx^2} - 2 \frac{dy}{dx} + y = x^2 e^x$$

$$\frac{d^2 y}{dx^2} - 6 \frac{dy}{dx} + 9 y = \frac{9 x^2 + 6 x + 2}{x^3}.$$

2. Trouver les trajectoires orthogonales des ellipses $3\,x^2 + y^2 = cx$.

3. Intégrer le système d'équations :

$$\frac{dy}{dx} - y + z = \frac{3}{2}\,x^2$$

$$\frac{dz}{dx} + 4y + 2z = 1 + 4x.$$

—

CHAPITRE IX

ÉQUATIONS AUX DÉRIVÉES PARTIELLES

299. Formation des équations aux dérivées partielles. — On est conduit à des équations contenant les dérivées partielles d'une fonction z de deux variables, x, y, par l'élimination de fonctions arbitraires.

Soient $u(x, y, z)$ et $v(x, y, z)$ deux fonctions déterminées de x, y et z, où z est considéré comme fonction de x et y ; et :

$$(1) \qquad u = f(v)$$

à chaque fonction f correspond une relation, qui détermine la fonction z ; u et v sont alors des fonctions composées de x et y ; l'équation (1) devient une identité en x et y. En écrivant que les dérivées partielles des deux membres, par rapport à x et y, sont égales, on a :

$$\frac{\partial u}{\partial x} + \frac{\partial u}{\partial z}\frac{\partial z}{\partial x} = \left(\frac{\partial v}{\partial x} + \frac{\partial v}{\partial z}\frac{\partial z}{\partial x}\right) f'(v)$$

$$\frac{\partial u}{\partial y} + \frac{\partial u}{\partial z}\frac{\partial z}{\partial y} = \left(\frac{\partial v}{\partial y} + \frac{\partial v}{\partial z}\frac{\partial z}{\partial y}\right) f'(v)$$

en éliminant $f'(v)$, on a :

$$(2) \quad \frac{\partial z}{\partial x}\left(\frac{\partial u}{\partial z}\frac{\partial v}{\partial y} - \frac{\partial u}{\partial y}\frac{\partial v}{\partial z}\right) + \frac{\partial z}{\partial y}\left(\frac{\partial u}{\partial x}\frac{\partial v}{\partial z} - \frac{\partial u}{\partial z}\frac{\partial v}{\partial x}\right) = \frac{\partial u}{\partial y}\frac{\partial v}{\partial x} - \frac{\partial u}{\partial x}\frac{\partial v}{\partial y}$$

c'est une équation linéaire entre les dérivées partielles $\frac{\partial z}{\partial x}$, $\frac{\partial z}{\partial y}$: les autres termes sont des fonctions déterminées de x, y, z. L'équation (1) donne une solution, quelle que soit la fonction f.

Posons :

$$\frac{\delta u}{\delta z}\frac{\delta v}{\delta y} - \frac{\delta u}{\delta y}\frac{\delta v}{\delta z} = P, \quad \frac{\delta u}{\delta x}\frac{\delta v}{\delta z} - \frac{\delta u}{\delta z}\frac{\delta v}{\delta x} = Q, \quad \frac{\delta u}{\delta y}\frac{\delta v}{\delta x} - \frac{\delta u}{\delta x}\frac{\delta v}{\delta y} = R$$

$$(3) \qquad P\frac{\delta z}{\delta x} + Q\frac{\delta z}{\delta y} = R$$

on en déduit :

$$(4) \qquad \begin{cases} P\dfrac{\delta u}{\delta x} + Q\dfrac{\delta u}{\delta y} + R\dfrac{\delta u}{\delta z} = 0 \\[2mm] P\dfrac{\delta v}{\delta x} + Q\dfrac{\delta v}{\delta y} + R\dfrac{\delta v}{\delta z} = 0 \end{cases}$$

Considérons maintenant les deux relations :

$$(5) \qquad u = c \qquad\qquad v = c'$$

qui définissent deux fonctions, y et z, de x. On peut éliminer les constantes c, c', en formant les différentielles :

$$\begin{cases} \dfrac{\delta u}{\delta x}\,dx + \dfrac{\delta u}{\delta y}\,dy + \dfrac{\delta u}{\delta z}\,dz = 0 \\[2mm] \dfrac{\delta v}{\delta x}\,dx + \dfrac{\delta v}{\delta y}\,dy + \dfrac{\delta v}{\delta z}\,dz = 0 \end{cases}$$

ces équations déterminent les rapports de dx, dy, dz et donnent :

$$(6) \qquad \frac{dx}{P} = \frac{dy}{Q} = \frac{dz}{R}$$

ce système d'équations a pour solution générale le système (5).

L'équation aux dérivées partielles (3), et le système d'équations différentielles (6), ont des solutions qui se déduisent l'une de l'autre. Si on connaît la solution (5) de (6), on aura la solution (1) de (3) en établissant une relation arbitraire entre c et c', ou u et v.

300. Equation linéaire. — Inversement, supposons donnée l'équation (3), où P, Q, R sont trois fonctions déterminées de x, y, z. On sera conduit à former le système d'équations différentielles (6) ; si on peut intégrer ce système, en le ramenant à une équation du second ordre entre x et y (§ 297), sa solution générale contiendra deux constantes, et pourra se mettre sous la forme (5), en résolvant par rapport aux constantes. Si on forme les différentielles de u et v, en tenant compte des équations (6), on voit que u et v vérifient les relations (4).

Si, entre x, y, z, on établit l'équation (1), où z est fonction de x et y, on en déduit la relation (2), où les coefficients sont proportionnels à P, Q, R ; cela résulte de (4). L'équation (2) est donc équivalente à l'équation donnée (3), qui admet la solution (1), obtenue en établissant entre u et v une relation arbitraire.

301. Interprétation géométrique. — L'équation (1) représente un système de surfaces ; à chaque fonction f correspond une surface. Les équations (5) représentent un système de courbes ; par chaque point de l'espace passe une courbe, obtenue en prenant pour c et c' les valeurs de u et v en ce point (x, y, z). On appelle ces courbes les courbes caractéristiques. Une surface intégrale (1) est le lieu d'un système particulier de courbes caractéristiques.

Soit une surface $z = f(x, y)$ qui vérifie l'équation (3), le plan tangent au point (x, y, z) a pour équation

$$Z - z = \frac{\partial z}{\partial x}(X - x) + \frac{\partial z}{\partial y}(Y - y)$$

l'équation (3) exprime que ce plan tangent passe par la droite ayant pour équations :

$$(7) \qquad \frac{X - x}{P} = \frac{Y - y}{Q} = \frac{Z - z}{R}$$

par chaque point de l'espace (x, y, z) passe une droite (7) déterminée. L'intégration de l'équation (3) revient à chercher une surface telle qu'en chacun de ses points le plan tangent contienne la droite (7) qui passe par ce point.

Si on considère une courbe caractéristique, dont les équations vérifient le système d'équations différentielles (6), ces équations (6) expriment que la tangente, au point (x, y, z) de cette courbe, est la droite (7) qui passe par ce point. L'intégration du système (6) revient à chercher une courbe telle que la tangente en chacun de ses points soit la droite (7).

Si une surface est engendrée par des courbes caractéristiques c, le plan tangent en un point (x, y, z) de la surface contient la tangente à la courbe c qui passe par ce point, c'est-à-dire la droite (7), et cette surface remplit la condition exprimée par l'équation (3), c'est une intégrale de cette équation. Tout lieu d'un système de courbes caractéristiques est une surface intégrale.

En particulier on peut déterminer une surface intégrale passant par une courbe donnée, en cherchant le lieu des caractéristiques qui rencontrent cette courbe. Il y a une solution déterminée; car, par chaque point de l'espace passe une courbe caractéristique. Mais, si la courbe donnée est une caractéristique, il y a une infinité de surfaces intégrales passant par cette courbe.

302. Exemples. — Soit l'équation :

$$x \frac{\partial z}{\partial x} + y \frac{\partial z}{\partial y} = z.$$

Le système d'équations différentielles (6) des caractéristiques :

$$\frac{dx}{x} = \frac{dy}{y} = \frac{dz}{z}$$

a pour intégrales :

$$z = cx \qquad y = c'x$$

qui représentent des droites passant par l'origine.

La solution générale de l'équation aux dérivées partielles est :

$$z = xf\left(\frac{y}{x}\right)$$

elle représente un cône de sommet O. Par une courbe quelconque, on peut faire passer une surface intégrale, c'est le cône dont la base est cette courbe.

Soit encore l'équation :

$$(cy - bz) \frac{\partial z}{\partial x} + (az - cx) \frac{\partial z}{\partial y} = bx - ay$$

qui donne le système (6)

$$\frac{dx}{cy - bz} = \frac{dy}{az - cx} = \frac{dz}{bx - ay}$$

on en déduit :

$$xdx + ydy + zdz = 0$$
$$adx + bdy + cdz = 0$$
$$x^2 + y^2 + z^2 = C, \qquad ax + by + cz = C'$$

Les caractéristiques sont des cercles, dont les centres sont sur la droite $\dfrac{x}{a} = \dfrac{y}{b} = \dfrac{z}{c}$, leurs plans sont perpendiculaires à cette droite.

Les surfaces intégrales :

$$ax + by + cz = f(x^2 + y^2 + z^2)$$

sont des surfaces de révolution (§ 193) engendrées par ces cercles.

303. Intégrale complète. — Soit une relation contenant deux constantes arbitraires :

$$(1) \qquad\qquad F(x, y, z, a, b) = 0$$

on peut considérer z comme fonction de x et y; ses dérivées partielles sont déterminées par les relations :

$$(2) \qquad\qquad \begin{cases} \dfrac{\partial F}{\partial x} + \dfrac{\partial F}{\partial z}\dfrac{\partial z}{\partial x} = 0 \\[2mm] \dfrac{\partial F}{\partial y} + \dfrac{\partial F}{\partial z}\dfrac{\partial z}{\partial y} = 0 \end{cases}$$

Entre les trois équations (1) et (2), on peut éliminer a et b; on aura une équation entre les dérivées partielles :

$$(3) \qquad\qquad \varphi\left(x, y, z, \dfrac{\partial z}{\partial x}, \dfrac{\partial z}{\partial y}\right) = 0$$

qui est vérifiée par la fonction z donnée par (1). Cette intégrale, qui dépend de deux constantes, est appelée une intégrale complète ; on peut en déduire d'autres plus générales. Si on pose $b = f(a)$, on a un système de surfaces qui dépend d'un seul paramètre. Leur enveloppe (§ 219) sera une solution de (3); car, chaque surface étant tangente à son enveloppe, en un point (x, y, z), $\dfrac{\partial z}{\partial x}$ et $\dfrac{\partial z}{\partial y}$ auront, pour les deux surfaces, les mêmes valeurs qui vérifient l'équation (3). On obtient donc la solution générale en choisissant une fonction $f(a)$, et en formant les équations :

$$F(x, y, z, a, b) = 0, \qquad \dfrac{\partial F}{\partial a} + \dfrac{\partial F}{\partial b} f'(a) = 0, \qquad b = f(a)$$

l'élimination de a et b donnnera une solution, qui dépend de la fonction arbitraire f.

Si on élimine a et b entre les trois équations :

$$F = 0, \qquad \frac{\partial F}{\partial a} = 0, \qquad \frac{\partial F}{\partial b} = 0$$

on a également une solution de (3), qui est l'enveloppe de toutes les surfaces (1) (§ 226). C'est une intégrale singulière.

Si on donne une équation aux dérivées partielles (3), et si on peut déterminer une intégrale complète, à deux constantes, on peut ainsi en déduire une intégrale quelconque. Toute intégrale contenant deux constantes arbitraires sera une intégrale complète.

304. Exemple. — Ainsi l'équation :

$$z = x \frac{\partial z}{\partial x} + y \frac{\partial z}{\partial y} + f\left(\frac{\partial z}{\partial x}, \frac{\partial z}{\partial y}\right)$$

analogue à l'équation de Clairaut (§ 292), admet l'intégrale complète :

$$z = ax + by + f(a, b)$$

qui représente un ensemble de plans, leur enveloppe est une surface S. Une intégrale quelconque s'obtient en prenant une courbe sur S, les plans tangents aux points de cette courbe ont pour enveloppe une surface développable (§ 222), qui est une intégrale ; à chaque courbe tracée sur S correspond une intégrale.

Par exemple, le plan tangent au paraboloïde :

$$2z = \frac{x^2}{p} + \frac{y^2}{q}$$

est :

$$Z - X \frac{x}{p} - Y \frac{y}{q} + \frac{1}{2}\left(\frac{x^2}{p} + \frac{y^2}{q}\right) = 0$$

où x, y sont des paramètres variables, ce qui conduit à l'équation aux dérivées partielles :

$$Z - X \frac{\partial Z}{\partial X} - Y \frac{\partial Z}{\partial Y} + \frac{p}{2}\left(\frac{\partial Z}{\partial X}\right)^2 + \frac{q}{2}\left(\frac{\partial Z}{\partial Y}\right)^2 = 0$$

qui admet l'intégrale complète :

$$Z = aX + bY + \frac{p}{2} a^2 + \frac{q}{2} b^2.$$

L'intégrale singulière est donnée par le paraboloïde ; une intégrale quelconque est une surface développable, enveloppe d'un système de plans tangents au paraboloïde, obtenus en posant $b = f(a)$.

Exercices

1. Intégrer les équations aux dérivées partielles :

$$a \frac{\partial z}{\partial x} + b \frac{\partial z}{\partial y} = c$$

$$x \frac{\partial z}{\partial x} + y \frac{\partial z}{\partial y} = 0$$

2. Déterminer la surface intégrale de l'équation :

$$2 yz \frac{\partial z}{\partial x} - xz \frac{\partial z}{\partial y} + xy = 0$$

qui passe par le cercle :

$$z = 0, \qquad x^2 + y^2 = y.$$

QUATRIÈME PARTIE

MÉCANIQUE

CHAPITRE PREMIER

CINÉMATIQUE

305. Vitesse. — La cinématique est l'étude du mouvement en fonction du temps. Étant donnés trois axes rectangulaires fixes, soient x, y, z les coordonnées d'un point mobile M ; ces trois coordonnées seront des fonctions du temps t. Ce point M décrira une courbe. dont les équations sont :

$$x = f_1(t) \quad , \quad y = f_2(t) \quad , \quad z = f_3(t)$$

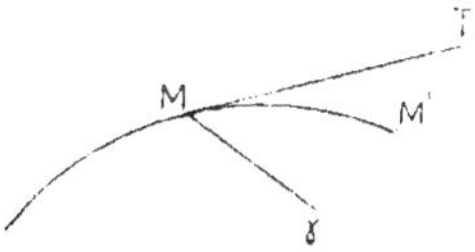

au temps $t + dt$, le point mobile occupera la position M' (*fig.* 89). Soit $ds = MM'$ la distance des deux points infiniment voisins M, M' ; $ds^2 = dx^2 + dy^2 + dz^2$. La longueur s de l'arc de courbe parcouru entre les temps t_0 et t sera (§ 252)

$$s = \int_{t_0}^{t} \sqrt{x'^2 + y'^2 + z'^2}\, dt.$$

Si le point M décrit une droite, par exemple OX ; et si le mouvement est uniforme, l'espace parcouru est proportionnel au temps, on a :

$$y = z = 0 \quad , \quad x = x_0 + at.$$

On appelle vitesse le chemin décrit dans l'unité de temps, ou le rapport du chemin parcouru au temps. Pour $t = o$, $x = x_0$, la vitesse $\dfrac{x - x_0}{t} = a$. Si le point M décrit la droite OX d'une façon arbitraire, x est une fonction de t, on appelle vitesse la limite du rapport du chemin parcouru dx, au temps dt, ou la dérivée de x par rapport à t, $\dfrac{dx}{dt}$.

Si le point M décrit une courbe, après le temps dt il sera venu en M′; dans le temps dt il parcourt le chemin ds. On appelle vitesse la limite de $\dfrac{ds}{dt}$, ou la dérivée de s par rapport à t. On la représente par un vecteur MT, égal à $\dfrac{ds}{dt}$, tangent en M à la courbe trajectoire, dans le sens MM′ où a lieu le mouvement. MT représente l'espace parcouru dans l'unité de temps, si, à partir de l'instant t, le mouvement devenait rectiligne et uniforme, puisque MT est la limite de la direction MM′. La projection du point M sur OX, qui se déplace en même temps que M, décrit, dans le temps dt, le chemin dx, projection de MM′ $= ds$. Si dans la direction MM′ on porte une longueur $\dfrac{ds}{dt}$, qui deviendra MT lorsque dt tendra vers zéro, sa projection sera $\dfrac{dx}{dt}$. Les projections de la vitesse MT sur les trois axes sont de même les dérivées par rapport au temps de x, y, z, ou

$$x' = \frac{dx}{dt} \quad , \quad y' = \frac{dy}{dt} \quad , \quad z' = \frac{dz}{dt}$$

$$v = \frac{ds}{dt} = \sqrt{x'^2 + y'^2 + z'^2}$$

Si z reste nul, le point M se déplace dans le plan XOY.

$$v = \sqrt{x'^2 + y'^2}.$$

Si $y = z = o$, M décrit l'axe OX, la vitesse est dirigée sur OX· Inversement si la vitesse a une direction fixe, le point M décrit une droite. En effet, on peut prendre l'axe OX parallèle à la direction de la vitesse, on a alors, quel que soit t,

$$\frac{dy}{dt} = o \quad , \quad \frac{dz}{dt} = o$$

il en résulte que y et z sont constants. M décrit une droite parallèle à OX.

306. Accélération. — Par l'origine O, menons un vecteur ON (*fig.* 90) égal et parallèle à la vitesse MT. Le point N a pour coordonnées $\dfrac{dx}{dt}$, $\dfrac{dy}{dt}$, $\dfrac{dz}{dt}$; il décrit une courbe appelée hodographe. On appelle accélération la vitesse du point N ; on la représente par un vecteur $M\gamma$, dont les projections sur les axes sont $\dfrac{d^2x}{dt^2}$, $\dfrac{d^2y}{dt^2}$, $\dfrac{d^2z}{dt^2}$. Il est situé dans le plan osculateur à la courbe en M ($\S$ 223).

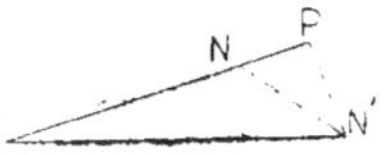

Aux temps t, $t + dt$, correspondent les points M, M' et N, N'. Projetons N' en P sur ON. NN' est la résultante géométrique de NP et PN'. Soit $ON = v$, $ON' = v + dv$, ε l'angle NON', formé par les tangentes en M et M'. On a :

$$NP = (v + dv)\cos\varepsilon - v = dv\cos\varepsilon - 2v\sin^2\frac{\varepsilon}{2}$$

$$PN' = (v + dv)\sin\varepsilon$$

$\dfrac{ds}{\varepsilon}$ a pour limite le rayon de courbure R, en M ($\S$ 257) ; $\dfrac{NP}{dt}$ a pour limite $\dfrac{dv}{dt}$, $\dfrac{PN'}{dt}$ a la même limite que $v\,\dfrac{\varepsilon}{dt}$ ou $v\,\dfrac{ds}{dt}\times\dfrac{\varepsilon}{ds}$, c'est-à-dire $\dfrac{v^2}{R}$. L'accélération est la limite de $\dfrac{NN'}{dt}$, sa direction est la limite de NN'. Donc l'accélération $M\gamma$ est la résultante de deux accélérations : l'une tangentielle, $\dfrac{dv}{dt}$, portée sur MT, l'autre $\dfrac{v^2}{R}$ dirigée sur la normale principale, dans le sens du rayon de courbure. On a donc :

$$\gamma^2 = \left(\frac{dv}{dt}\right)^2 + \frac{v^4}{R^2}$$

Si la vitesse est constante, l'accélération tangentielle est nulle.

Si l'accélération normale reste nulle, R est infini, le point décrit une droite.

Si l'accélération reste nulle, ses deux composantes sont nulles, le mouvement est rectiligne et uniforme, v restant constant.

307. Coordonnées polaires. — Si un point M reste dans un plan fixe, on peut étudier son mouvement en exprimant ses coordonnées polaires (ρ, ω) en fonction du temps.

Soient $M(\rho, \omega)$ la position du point mobile au temps t, et $M'(\rho + d\rho, \omega + d\omega)$ après un temps infiniment petit dt. Projetons le point M' sur le rayon vecteur OM, en P $(\mathit{fig.}\ 91)$. Dans le triangle rectangle OPM', on a

$$MP = OP - OM = (\rho + d\rho)\cos d\omega - \rho = d\rho \cos d\omega - 2\rho \sin^2 \frac{d\omega}{2}$$

$$PM' = (\rho + d\rho)\sin d\omega$$

Si, sur la direction MM', on porte une longueur égale à $\dfrac{MM'}{dt}$,

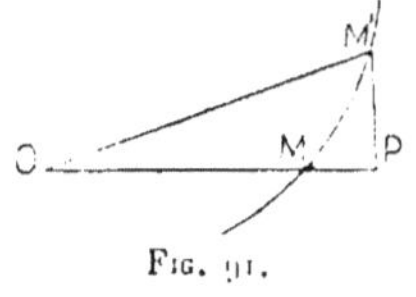

Fig. 91.

on pourra former un triangle semblable à MM'P. Comme $\dfrac{MM'}{dt}$ a pour limite la vitesse portée sur la tangente en **M**, position limite de MM', cette vitesse aura pour projection, sur la direction OM, la limite de

$$\frac{MP}{dt} = \frac{d\rho}{dt}\cos d\omega - 2\rho \frac{\sin^2 \frac{d\omega}{2}}{d\omega}\frac{d\omega}{dt}$$

lorsque $d\omega$ tend vers zéro, cette limite est la dérivée $\dfrac{d\rho}{dt}$ de ρ. La projection de la vitesse sur la direction PM', perpendiculaire au rayon vecteur, dans le sens du mouvement, sera la limite de

$$\frac{PM'}{dt} = (\rho + d\rho)\frac{\sin d\omega}{d\omega}\cdot\frac{d\omega}{dt}$$

ou $\rho \dfrac{d\omega}{dt}$. Si v est la vitesse :

$$v^2 = \left(\frac{d\rho}{dt}\right)^2 + \left(\rho\frac{d\omega}{dt}\right)^2.$$

La vitesse est la résultante géométrique de ces deux composantes $\dfrac{d\rho}{dt}$, $\rho\dfrac{d\omega}{dt}$. On peut encore obtenir ces expressions en supposant d'abord les coordonnées (x, y) du point M données en fonction de t, la vitesse est alors la résultante géométrique de ses deux projections $\dfrac{dx}{dt}$, $\dfrac{dy}{dt}$ sur les axes. La projection de la vitesse sur un axe quelconque est égale à la somme des projections des deux composantes. Les coordonnées polaires de M étant $(\rho,\ \omega)$ par rapport à l'axe OX, on a

$$x = \rho \cos \omega \qquad , \qquad y = \rho \sin \omega$$

$$\frac{dx}{dt} = \frac{d\rho}{dt} \cos \omega - \rho \sin \omega \, \frac{d\omega}{dt}$$

$$\frac{dy}{dt} = \frac{d\rho}{dt} \sin \omega + \rho \cos \omega \, \frac{d\omega}{dt}$$

Le rayon vecteur OM forme l'angle ω avec OX, et $\omega - \dfrac{\pi}{2}$ avec OY ($\S\ 113$) ces angles étant comptés dans le sens de OX vers OY. La projection de la vitesse sur ce rayon vecteur est

$$\frac{dx}{dt} \cos \omega + \frac{dy}{dt} \sin \omega = \frac{d\rho}{dt}$$

La perpendiculaire au rayon vecteur forme avec OX l'angle $\omega + \dfrac{\pi}{2}$, et avec OY l'angle ω, la projection de la vitesse sur cette direction est

$$- \frac{dx}{dt} \sin \omega + \frac{dy}{dt} \cos \omega = \rho \, \frac{d\omega}{dt}$$

De même, l'accélération est la résultante géométrique de ses projections $\dfrac{d^2x}{dt^2}$, $\dfrac{d^2y}{dt^2}$ sur les deux axes rectangulaires. On a :

$$\frac{d^2x}{dt^2} = \frac{d^2\rho}{dt^2} \cos \omega - 2 \frac{d\rho}{dt} \frac{d\omega}{dt} \sin \omega - \rho \frac{d^2\omega}{dt^2} \sin \omega - \rho \left(\frac{d\omega}{dt} \right)^2 \cos \omega$$

$$\frac{d^2y}{dt^2} = \frac{d^2\rho}{dt^2} \sin \omega + 2 \frac{d\rho}{dt} \frac{d\omega}{dt} \cos \omega + \rho \frac{d^2\omega}{dt^2} \cos \omega - \rho \left(\frac{d\omega}{dt} \right)^2 \sin \omega$$

La projection de l'accélération sur le rayon vecteur OM est la somme des projections des deux composantes précédentes :

$$\frac{d^2x}{dt^2} \cos \omega + \frac{d^2y}{dt^2} \sin \omega = \frac{d^2\rho}{dt^2} - \rho \left(\frac{d\omega}{dt} \right)^2$$

La projection de l'accélération sur la perpendiculaire au rayon vecteur est :

$$-\frac{d^2x}{dt^2}\sin\omega + \frac{d^2y}{dt^2}\cos\omega = 2\frac{d\rho}{dt}\frac{d\omega}{dt} + \rho\frac{d^2\omega}{dt} = \frac{1}{\rho}\frac{d}{dt}\left(\rho^2\frac{d\omega}{dt}\right)$$

car, si on forme la dérivée du produit $\rho^2\dfrac{d\omega}{dt}$, on a

$$2\rho\frac{d\rho}{dt}\frac{d\omega}{dt} + \rho^2\frac{d^2\omega}{dt^2}.$$

Soit A l'aire décrite par le rayon vecteur OM, à partir d'un temps t_0. Cette aire est limitée par les rayons vecteurs OM_0, OM, et par l'arc de courbe M_0M. Dans le temps dt, OM décrit un aire que l'on peut remplacer par $\dfrac{1}{2}\rho^2 d\omega$ (§ 251). On appelle vitesse aréolaire la dérivée de l'aire A, par rapport au temps :

$$\frac{dA}{dt} = \frac{\rho^2}{2} \cdot \frac{d\omega}{dt}$$

La projection de l'accélération sur la perpendiculaire au rayon vecteur est ainsi égale à

$$\frac{2}{\rho} \cdot \frac{d^2A}{dt^2}$$

Supposons que l'aire A, décrite par le rayon vecteur, soit proportionnelle au temps, la vitesse aréolaire $\dfrac{dA}{dt}$ sera constante, sa dérivée $\dfrac{d^2A}{dt^2}$ sera nulle, ainsi que la projection de l'accélération sur la perpendiculaire au rayon vecteur. Dans ce cas, l'accélération passe par le pôle O.

Réciproquement, supposons que l'accélération d'un point M passe constamment par un point fixe O. Ce point restera dans un plan fixe. En effet, si on prend 3 axes rectangulaires passant par O, l'accélération passant par l'origine, on aura, quel que soit t :

$$\frac{\dfrac{d^2x}{dt^2}}{x} = \frac{\dfrac{d^2y}{dt^2}}{y} = \frac{\dfrac{d^2z}{dt^2}}{z}$$

$y \dfrac{dx}{dt} - x \dfrac{dy}{dt}$ a pour dérivée $y \dfrac{d^2x}{dt^2} - x \dfrac{d^2y}{dt^2} = 0$, quel que soit t, cette fonction est constante, et l'on a de même :

$$y \dfrac{dx}{dt} - x \dfrac{dy}{dt} = a \quad , \quad z \dfrac{dy}{dt} - y \dfrac{dz}{dt} = b \quad , \quad x \dfrac{dz}{dt} - z \dfrac{dx}{dt} = c$$

on en déduit $ax + by + cz = 0$ équation d'un plan passant par O, dans lequel reste le point M. On peut étudier le mouvement dans ce plan. Puisque l'accélération passe par le pôle O, sa projection sur une perpendiculaire au rayon vecteur est nulle quel que soit t, $\dfrac{d^2A}{dt^2} = 0$, la vitesse aréolaire $\dfrac{dA}{dt}$ est constante.

Lorsque l'accélération passe par un point fixe O, le mouvement se fait dans un plan, et le rayon vecteur décrit, dans ce plan, une aire proportionnelle au temps.

308. Mouvement d'une figure plane. — Soit une figure plane, de forme invariable, qui se déplace dans son plan. A, B deux points qui viennent en $A'B'$ (*fig.* 92). Les perpendiculaires au milieu de AA' et de BB' se coupent en un point C. Les triangles CAB, $CA'B'$ ont leurs côtés égaux, et l'on peut amener la figure dans sa seconde position par une rotation, autour de C, de l'angle $ACA' = BCB'$.

Si le déplacement est infiniment petit, il y a un centre instantané de rotation C ; les vitesses des points de la figure sont les mêmes que si elle tournait autour de C avec une vitesse angulaire ω'.

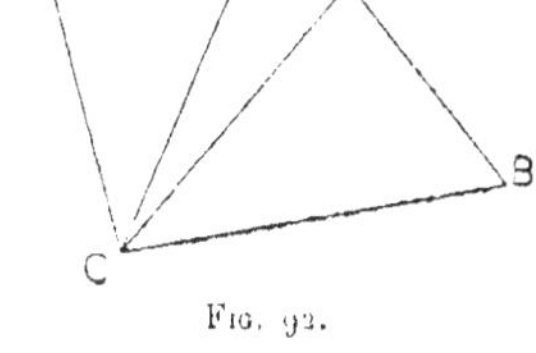

Fig. 92.

Soit XOY un système d'axes fixes ; $xo'y$ des axes mobiles reliés à la figure. Entre les coordonnées (x, y) (X, Y) d'un point M, on a les relations (§ 113) :

$$(1) \qquad \begin{cases} X = a + x \cos \omega - y \sin \omega \\ Y = b + x \sin \omega + y \cos \omega \end{cases}$$

où a, b, ω sont des fonctions de t. Le centre instantané de rotation est le point (x, y) pour lequel X', Y', et la vitesse, sont nuls :

$$(2) \quad \begin{cases} a' - (x \sin \omega + y \cos \omega)\, \omega' = 0 \\ b' + (x \cos \omega - y \sin \omega)\, \omega' = 0 \end{cases}$$

$$(3) \quad \begin{cases} x\omega' = a' \sin \omega - b' \cos \omega \\ y\omega' = a' \cos \omega + b' \sin \omega. \end{cases}$$

Les équations (3) donnent x, y en fonction de t, et définissent une courbe, lieu du centre instantané, par rapport aux axes mobiles. Dans le plan fixe ce point décrit une autre courbe, lieu du point (X, Y) défini par (1) où x, y, ainsi que a, b, ω, sont fonctions de t.

Si on prend les dérivées, en tenant compte des équations (2), on a :

$$\begin{cases} X' = x' \cos \omega - y' \sin \omega \\ Y' = x' \sin \omega + y' \cos \omega \end{cases}$$

$$X'^2 + Y'^2 = x'^2 + y'^2$$

Les deux courbes sont tangentes ; les arcs correspondants sont égaux. Dans ce mouvement, la courbe mobile roule, sans glisser, sur la courbe fixe. Le point de contact est, à chaque instant, le centre instantané de rotation.

Si une figure de l'espace, ou un solide de forme invariable, est relié au plan mobile, les vitesses, à chaque instant, sont les mêmes que si le corps tournait autour d'un axe. Cet axe engendre deux cylindres, l'un fixe, l'autre mobile, qui roule sur le premier sans glissement.

Si a et b sont constants, la figure tourne autour d'un axe fixe, ou d'un point fixe dans son plan.

Si ω est constant, le mouvement est une translation, tous les points ont, à chaque instant, la même vitesse, le centre instantané est à l'infini.

309. Mouvement autour d'un point. — Une figure mobile ayant un point fixe O, soient A, B deux points de la sphère de centre O, de rayon 1, qui viendront en A', B'. Les plans perpendiculaires au milieu de AA' et de BB' se coupent suivant une droite, qui coupe la sphère en deux points opposés C, C'. Les triangles rectilignes CAB, C'A'B' ont leurs côtés égaux, et l'on peut amener la figure dans sa seconde position par une rotation autour de l'axe C'OC.

Si le déplacement est infiniment petit, il y a un axe instantané OC ; les vitesses des divers points sont les mêmes que si la figure tournait autour de cet axe, avec une vitesse angulaire ω'.

Soient OXYZ des axes fixes, Oxyz des axes mobiles reliés à la figure. Entre les coordonnées d'un point M, on a les relations :

$$(1)\quad \begin{cases} X = \alpha x + \alpha_1 y + \alpha_2 z \\ Y = \beta x + \beta_1 y + \beta_2 z \\ Z = \gamma x + \gamma_1 y + \gamma_2 z \end{cases}$$

où les 9 cosinus, fonctions de t, sont liés par six relations (§ 178). qui expriment que les axes restent rectangulaires. L'axe instantané de rotation s'obtiendra en exprimant que les dérivées $X'Y'Z'$ sont nulles :

$$(2)\quad \begin{cases} \alpha'x + \alpha'_1 y + \alpha'_2 z = 0 \\ \beta'x + \beta'_1 y + \beta'_2 z = 0 \\ \gamma'x + \gamma'_1 y + \gamma'_2 z = 0 \end{cases}$$

ajoutons ces équations multipliées par α_2, β_2, γ_2, en tenant compte des identités :

$$\alpha_2^2 + \beta_2^2 + \gamma_2^2 = 1, \qquad \alpha_1\alpha_2 + \beta_1\beta_2 + \gamma_1\gamma_2 = 0$$

et de leurs dérivées par rapport à t.

Le même calcul peut se faire en multipliant les équations (2) par α_1, β_1, γ_1, ou par α, β, γ ; ce qui revient à permuter x, y, z, en même temps que les indices 0, 1, 2 des cosinus. On voit ainsi que les équations (2) se réduisent à deux, et peuvent s'écrire :

$$(3)\quad \frac{x}{\alpha_1\alpha'_2 + \beta_1\beta'_2 + \gamma_1\gamma'_2} = \frac{y}{\alpha_2\alpha' + \beta_2\beta' + \gamma_2\gamma'} = \frac{z}{\alpha\alpha'_1 + \beta\beta'_1 + \gamma\gamma'_1}.$$

Elles représentent, par rapport aux axes Oxyz, l'axe instantané, et le cône, lieu de cet axe, lorsque t varie.

Par rapport aux axes fixes, l'axe instantané engendre un cône déterminé par les équations (1), où x, y, z varient. Supposons le point (x, y, z) sur la sphère de rayon 1.

$$x^2 + y^2 + z^2 = 1, \qquad X^2 + Y^2 + Z^2 = 1$$

En tenant compte des équations (2), on a :

$$\begin{cases} X' = \alpha x' + \alpha_1 y' + \alpha_2 z' \\ Y' = \beta x' + \beta_1 y' + \beta_2 z' \\ Z' = \gamma x' + \gamma_1 y' + \gamma_2 z' \end{cases}$$

$$X'^2 + Y'^2 + Z'^2 = x'^2 + y'^2 + z'^2.$$

Le point C décrit deux courbes de la sphère, l'une fixe, l'autre mobile qui reste tangente à la courbe fixe ; les arcs correspondants sont égaux. L'axe instantané engendre un cône fixe, et un cône mobile, qui roule, sans glisser, sur le premier.

310. Mouvement d'un solide. — Pour amener un solide, de forme invariable, d'une position à une autre, on peut donner une translation égale au déplacement AA' d'un point A, tous les points ayant des déplacements égaux et parallèles, puis un déplacement autour de A' qui peut s'obtenir par une rotation autour d'un axe A'B'. Les projections, sur cet axe, des déplacements de tous les points sont égaux. Soit P un plan perpendiculaire à A'B', et P' sa nouvelle position. On peut obtenir le même déplacement par une translation perpendiculaire au plan P, suivie d'un mouvement qui déplace le plan P' sur lui-même, et se ramène à une rotation autour d'un axe perpendiculaire à ce plan (§ 308). Il existe donc un axe L, tel que le solide passe de la première à la seconde position par une translation parallèle à L, suivie d'une rotation autour de L. Si on considère un cylindre de révolution autour de L, on peut remplacer ce double déplacement par un mouvement hélicoïdal, tous les points décrivant des arcs d'hélice (§ 225) tracés sur des cylindres de révolution autour de L.

Si le déplacement est infiniment petit, il y a un axe instantané L ; les vitesses des divers points sont les mêmes que si la figure avait un mouvement hélicoïdal. La vitesse de chaque point est la résultante géométrique d'une vitesse de translation parallèle à L, et d'une vitesse de rotation autour de L.

311. Mouvement relatif. — Si un système d'axes O'xyz se déplace, et si un point M se déplace par rapport à ces axes, on peut considérer le mouvement relatif, le mouvement absolu par rapport à des axes fixes OXYZ, enfin le mouvement d'entraînement, qui est celui d'un point relié invariablement aux axes mobiles. Supposons x, y, z fonctions de t. Les coordonnées de ce point par rapport aux axes fixes sont :

$$(1) \quad \begin{cases} X = a + \alpha x + \alpha_1 y + \alpha_2 z \\ Y = b + \beta x + \beta_1 y + \beta_2 z \\ Z = c + \gamma x + \gamma_1 y + \gamma_2 z \end{cases}$$

où toutes les quantités sont fonctions de t. Les projections de la vitesse du point M, sur les axes fixes, sont :

$$(2) \quad \begin{cases} X' = (a' + \alpha' x + \alpha'_1 y + \alpha'_2 z) + (\alpha x' + \alpha_1 y' + \alpha_2 z') \\ Y' = (b' + \beta' x + \beta'_1 y + \beta'_2 z) + (\beta x' + \beta_1 y' + \beta_2 z') \\ Z' = (c' + \gamma' x + \gamma'_1 y + \gamma'_2 z) + (\gamma x' + \gamma_1 y' + \gamma_2 z') \end{cases}$$

Les trois derniers termes de chaque expression donnent les projections de la vitesse relative (x', y', z'). Les quatre premiers donnent les projections de la vitesse d'un point M (x, y, z) qui resterait fixe par rapport aux axes mobiles, ou les projections de la vitesse d'entraînement. Il en résulte que la vitesse du point M, dans son mouvement absolu, est la résultante géométrique de la vitesse relative et de la vitesse d'entraînement.

312. Accélération du mouvement relatif. —

Les projections de l'accélération du mouvement absolu, sur les axes fixes, sont les dérivées des expressions (2)

$$(3) \quad \begin{cases} X'' = (a'' + \alpha'' x + \alpha''_1 y + \alpha''_2 z) + (\alpha x'' + \alpha_1 y'' + \alpha_2 z'') + 2(\alpha' x' + \alpha'_1 y' + \alpha'_2 z') \\ Y'' = (b'' + \beta'' x + \beta''_1 y + \beta''_2 z) + (\beta x'' + \beta_1 y'' + \beta_2 z'') + 2(\beta' x' + \beta'_1 y' + \beta'_2 z') \\ Z'' = (c'' + \gamma'' x + \gamma''_1 y + \gamma''_2 z) + (\gamma x'' + \gamma_1 y'' + \gamma_2 z'') + 2(\gamma' x' + \gamma'_1 y' + \gamma'_2 z') \end{cases}$$

Les premiers termes, qui ne contiennent pas les dérivées de x, y, z, représentent les projections de l'accélération d'entraînement, c'est-à-dire de l'accélération d'un point M, occupant au temps t la position du point mobile, mais qui resterait ensuite lié invariablement aux axes mobiles, de sorte que x', y', z', x'', y'', z'' seraient alors nuls. Les seconds termes, en x'', y'', z'', donnent les projections, sur les axes fixes, de l'accélération du mouvement relatif, c'est-à-dire du mouvement du point (x, y, z) par rapport aux axes mobiles, accélération dont les projections sur les axes mobiles sont x'', y'', z''. Ainsi l'accélération du mouvement absolu est la résul-

tante géométrique de trois accélérations, 1° l'accélération d'entraînement, 2° l'accélération relative, 3° une accélération complémentaire dont les projections sur les axes fixes seront les troisièmes
termes :

$$X_1 = 2\,(\alpha'x' + \alpha_1'y' + \alpha_2'z') \quad , \quad Y_1 = 2\,(\beta'x' + \beta_1'y' + \beta_2'z'),$$
$$Z_1 = 2\,(\gamma'x' + \gamma_1'y' + \gamma_2'z').$$

Pour avoir une représentation de cette accélération complémentaire, remarquons que les équations (2), où x', y', z' seraient nuls,
déterminent la vitesse du mouvement d'entraînement, c'est-à-dire
d'un point (x, y, z), relié invariablement aux axes mobiles. On
peut décomposer ce mouvement en une translation égale à la
vitesse (a', b', c') de l'origine O', et une vitesse de rotation autour
d'un axe O'L. La vitesse d'un point (x, y, z), due à cette rotation,
aura pour projections sur les axes fixes

$$X' = \alpha'x + \alpha_1'y + \alpha_2'z \quad , \quad Y' + \beta'x + \beta_1'y + \beta_2'z,$$
$$Z' = \gamma'x + \gamma_1'y + \gamma_2'z.$$

Cet axe de rotation O'L est indépendant du point O' pris pour
origine, il conserverait la même grandeur et direction si on chan-
geait l'origine O'. En particulier, un point de coordonnées $(2\,x',$
$2\,y',\ 2\,z')$ par rapport aux axes mobiles prendrait, dans cette rotation, une vitesse dont les projections sur les axes fixes seraient
X_1, Y_1, Z_1. Donc, l'accélération complémentaire d'un point $(x, y,$
$z)$ peut s'obtenir en menant par l'origine mobile O' un vecteur O'N
double de la vitesse relative du point considéré, et en cherchant
la vitesse du point N due à la rotation autour de l'axe instantané
du mouvement d'entraînement O'L. Soit ω' la vitesse angulaire de
cette rotation au moment considéré, v la vitesse relative, O'N =
$2\,v$, soit α l'angle NO'L de la vitesse relative avec l'axe instantané.
L'accélération complémentaire est perpendiculaire au plan NO'L,
elle est égale à $2\,\omega'\,v\,\sin\alpha$, et dans le sens de rotation du point N.
C'est le théorème de Coriolis.

313. Cas particuliers. — Si le mouvement d'entraînement
est une translation, la vitesse de rotation ω' est nulle, ainsi que

l'accélération complémentaire. Les 9 cosinus $\alpha, \alpha_1, \alpha_2, \beta, \beta_1, \beta_2, \gamma, \gamma_1, \gamma_2$ sont constants, les équations (3) deviennent

$$X'' = a'' + \alpha x'' + \alpha_1 y'' + \alpha_2 z''$$
$$Y'' = b'' + \beta x'' + \beta_1 y'' + \beta_2 z''$$
$$Z'' = c'' + \gamma x'' + \gamma_1 y'' + \gamma_2 z''$$

Si le mouvement d'entraînement est une translation rectiligne uniforme, l'accélération d'entraînement est nulle, a'', b'', c'' sont nuls ; l'accélération absolue est égale à l'accélération du mouvement relatif.

Si le mouvement relatif et le mouvement d'entraînement sont rectilignes et uniformes, x'', y'', z'' sont aussi nuls, ainsi que X'', Y'', Z''. Le mouvement absolu est aussi rectiligne et uniforme, les trois accélérations sont nulles.

Exercices

1. Un point M se déplace sur un cercle passant par O, le rayon vecteur OM décrivant une aire proportionnelle au temps. Déterminer la vitesse et l'accélération du point M.

2. Une figure plane se déplace dans son plan de façon que deux points A et B restent, l'un sur OX, l'autre sur OY. Trouver le lieu des centres instantanés de rotation dans le plan fixe, et dans le plan mobile.

3. Un point M se meut sur une droite OA, avec une vitesse constante ; cette droite OA tourne autour de OZ d'un mouvement uniforme. Déterminer la vitesse et l'accélération du point M.

CHAPITRE II

—

DYNAMIQUE D'UN POINT LIBRE

314. Inertie. — On appelle point matériel un corps solide de dimensions assez petites pour qu'on puisse le supposer réduit à un point géométrique.

On admet qu'un point matériel, livré à lui-même, a une accélération nulle. S'il est en repos, il restera en repos et ne peut pas, de lui-même, se mettre en mouvement. Si le point est en mouvement, son mouvement est rectiligne et uniforme (§ 306), la vitesse est constante en grandeur et direction. Toutes les fois que la vitesse change, en grandeur ou direction, c'est-à-dire lorsque l'accélération ne reste pas nulle, on admet qu'il y a une cause extérieure qui produit ce changement de vitesse.

315. Force. Masse. — On appelle force toute cause qui change la vitesse d'un point matériel, en grandeur ou direction, et donne à ce point une accélération. On mesure une force par l'effet produit, c'est-à-dire par l'accélération qu'elle donne à un point matériel.

Mais la même force, agissant sur deux points différents, ne leur donne pas la même accélération. Il faut donc choisir un point matériel déterminé M, que l'on considérera comme l'unité de masse. On représentera une force F par un vecteur égal à l'accélération γ qu'elle donne à ce point. Si la même force F agit sur un autre point matériel M', elle lui donne une accélération γ'. On appelle masse m', du point M', le rapport $\dfrac{F}{\gamma'} = m'$. Nous allons voir que ce rapport est constant pour un point donné. Chaque corps solide a

une masse déterminée. Si une force F, agissant sur un point matériel de masse m, lui donne une accélération γ, F sera représenté
par un vecteur égal à $m\gamma$, et dirigé suivant cette accélération. Si
$m = 1$, F coïncide avec γ.

316. Composition des forces. — Si plusieurs forces agissent
en même temps sur un même point matériel, on admet que leurs
actions s'ajoutent; c'est-à-dire que, pendant un temps infiniment
petit, le déplacement du point est la résultante géométrique des
déplacements qui seraient dus aux diverses causes qui agissent sur le
point. Cela revient à admettre que, si plusieurs forces, agissant
séparément sur un point, lui donnaient des accélérations γ, γ', γ'';
lorsque les forces agiront en même temps sur ce point, il aura une
accélération égale à la résultante géométrique des accélérations
dues aux diverses forces.

Des forces appliquées à un même point matériel peuvent être
remplacées par une seule force, représentée par leur résultante
géométrique, qui produira le même effet que les forces simultanées.
Les forces se composeront comme des accélérations, ou des vecteurs ;
si m est la masse du point, la composition des forces et celle des
accélérations donneront deux figures semblables de rapport m. Si
on projette sur un axe la résultante de plusieurs forces, la projection de la résultante est égale à la somme des projections des forces
composantes (§ 111).

En particulier, la résultante de deux forces, appliquées au même
point matériel, est la diagonale du parallélogramme construit sur
ces forces.

La résultante de trois forces, appliquées au même point, est la
diagonale du parallélipipède construit sur ces forces.

Si plusieurs forces, appliquées au même point, agissent dans la
même direction, sur la même ligne droite, la résultante est égale
à leur somme. Une force, double d'une autre, que l'on peut considérer comme deux forces égales agissant en même temps dans le
même sens, produit une accélération double. En général, deux
forces F et F', agissant séparément, sur un même point matériel,
lui donneront des accélérations, γ, γ', proportionnelles aux forces.

C'est le rapport constant $\dfrac{F}{\gamma} = \dfrac{F'}{\gamma'}$, qu'on appelle masse du point.

Elle ne dépend pas de la force, mais seulement du corps soumis à cette force. Chaque point matériel a une masse déterminée.

317. Pesanteur. — En un point de la surface de la terre, les corps tombent, dans le vide, avec une accélération constante. Cette accélération, qui varie avec la latitude, est, à Paris, de $9^{m},81$. La pesanteur est une force constante, en un lieu donné. Le mouvement d'un point matériel, tombant verticalement dans le vide, est donné par l'équation :

$$s = s_0 + v_0 t + \frac{1}{2} g t^2, \qquad \frac{d^2 s}{dt^2} = g,$$

la force, ou poids absolu, qui agit sur un corps donné, est $p = mg$. Tout corps est formé par la réunion d'un grand nombre de points matériels; la masse du corps est la somme M des masses de ces points; g restant fixe, le poids du corps $P = Mg$.

318. Unités. — Pour préciser la définition des forces et des masses, il faut choisir trois unités fondamentales. Dans le système CGS, on prend pour unité de longueur le centimètre, pour unité de masse le gramme-masse, ou la masse d'un centimètre cube d'eau, au maximum de densité ($4°$), pour unité de temps la seconde. L'unité de force, appelée dyne, est la force qui donne à l'unité de masse une accélération 1, la vitesse augmentant de 1 centimètre par seconde. A Paris, un poids de 1 gramme, dont l'accélération est 981 centimètres, représente une force

$$P = mg = 981 \text{ dynes.}$$

Le poids d'un corps, ou la force qui l'attire vers le centre de la terre, varie avec la latitude. L'accélération de la pesanteur à l'équateur est 978 centimètres, au pôle 983. Elle diminue également si on s'élève à la surface de la terre. Mais, si on compare les poids de deux corps avec une balance, ce sont les masses que l'on mesure. On dit qu'un corps pèse un gramme, si son poids est le même que celui d'un centimètre cube d'eau, ou si sa masse est un gramme-masse. Ce qu'on appelle, en général, poids d'un corps, c'est sa masse.

Au lieu de choisir l'unité de masse, on aurait pu choisir l'unité de force, par exemple le poids de 1 gramme à Paris; la masse d'un centimètre cube d'eau est alors $m = \dfrac{P}{g} = \dfrac{1}{981}$. L'unité de masse serait celle de 981 centimètres cubes d'eau.

Si on laisse les unités arbitraires, les formules doivent être homogènes séparément par rapport aux longueurs, aux temps et aux masses (§ 108); car chacune de ces quantités peut avoir une unité arbitraire. On doit remarquer qu'une vitesse représente le rapport d'une longueur à un temps; une accélération, variation de vitesse dans l'unité de temps, est le rapport d'une vitesse à un temps, ou d'une longueur au carré d'un temps. Une force est le produit d'une masse par une accélération.

319. Equations du mouvement. — Soit $M(x, y, z)$ un point matériel soumis à des forces dont on donne les projections X, Y, Z sur les axes de coordonnées. La résultante de ces forces a pour projections les sommes ΣX, ΣY, ΣZ, de leurs projections, et l'on en déduit l'accélération du point M

$$m\frac{d^2x}{dt^2} = \Sigma X, \qquad m\frac{d^2y}{dt^2} = \Sigma Y, \qquad m\frac{d^2z}{dt^2} = \Sigma Z.$$

En général, les seconds membres sont des fonctions déterminées de x, y, z, et quelquefois de t. Ces équations différentielles déterminent le mouvement. on en déduit les expressions de x, y, z en fonction de t. L'intégration introduit six constantes arbitraires; on peut déterminer ces constantes, si on connaît la position et la vitesse initiale du point. En exprimant que, pour $t = 0$, x, y, z, et leurs dérivées x', y', z', prennent des valeurs connues, on a six équations qui permettent de calculer les valeurs particulières des six constantes introduites par l'intégration.

Si on connaît la trajectoire du point M, on peut projeter les forces sur la tangente, la normale principale, et la perpendiculaire au plan osculateur. Les sommes de ces projections sont égales à (§ 306)

$$m\frac{dv}{dt}, \qquad \frac{mv^2}{R}, \qquad 0.$$

La vitesse peut ainsi se déduire de l'accélération normale, et du rayon de courbure, ou de l'accélération tangentielle, par une intégration.

320. Mouvement d'un point pesant. — Si l'axe OZ est vertical, en sens inverse de la pesanteur, un point matériel, soumis uniquement à son poids, aura un mouvement déterminé par les équations :

$$m\frac{d^2x}{dt^2} = 0, \qquad m\frac{d^2y}{dt^2} = 0, \qquad m\frac{d^2z}{dt^2} = -mg.$$

Choisissons les axes de façon que, pour $t = 0$, M soit en O, la vitesse initiale v étant dans le plan XOZ, et formant avec OX l'angle α. On aura :

$$x = vt\cos\alpha, \qquad y = 0, \qquad z = vt\sin\alpha - \frac{1}{2}gt^2.$$

L'élimination de t donne la trajectoire, dans le plan XOZ,

$$z = x\operatorname{tg}\alpha - \frac{g}{2v^2}x^2(1 + \operatorname{tg}^2\alpha)$$

parabole dont le sommet est le point pour lequel z' est nul :

$$t = \frac{v}{g}\sin\alpha, \qquad x = \frac{v^2}{g}\sin\alpha\cos\alpha, \qquad z = \frac{v^2}{2g}\sin^2\alpha.$$

Si v est constant et α variable, les trajectoires ont pour enveloppe (§ 166)

$$z = \frac{v^2}{2g} - \frac{g}{2v^2}x^2.$$

Les points que l'on peut atteindre en lançant un projectile de O, avec la vitesse v, sont limités par le paraboloïde engendré par cette parabole tournant autour de son axe OZ.

321. Travail. — Soit F une force agissant sur un point matériel M. Supposons que M ait un déplacement infiniment petit ds, dont la direction forme avec F un angle α; on appelle travail élémentaire le produit $Fds\cos\alpha$; et, comme on peut remplacer le chemin ds par la différentielle vdt de s (§ 230), ce travail élémentaire est égal à $Fvdt\cos\alpha$. Le produit $F\cos\alpha$ représente la projection de la force F sur la direction du chemin ds, qui forme avec F l'angle α. Le travail élémentaire est le produit du chemin parcouru ds par la projection, $F \cos \alpha$, de la force F sur la direction du chemin ds.

Si plusieurs forces agissent simultanément sur un même point, on devra les projeter sur la direction du chemin ds; la projection de la résultante est égale à la somme des projections des forces composantes. En multipliant toutes les projections par ds, on voit que la somme des travaux de plusieurs forces agissant sur un même point, est égale au travail de la force résultante.

Si une force F a pour projections sur les axes X, Y, Z, la direction de cette force a pour cosinus directeurs $\frac{X}{F}$, $\frac{Y}{F}$, $\frac{Z}{F}$. Le chemin parcouru ds, par le point M, pendant un temps infiniment petit, a une direction que l'on peut considérer comme confondue avec la direction de la tangente en M à la trajectoire de M. Les cosinus directeurs de cette direction sont $\frac{dx}{ds}$, $\frac{dy}{ds}$, $\frac{dz}{ds}$. L'angle α de ces deux directions F et ds, est donné par la formule (§ 177) :

$$\cos \alpha = \frac{X}{F}\frac{dx}{ds} + \frac{Y}{F}\frac{dy}{ds} + \frac{Z}{F}\frac{dz}{ds}.$$

Le travail élémentaire, peut ainsi se mettre sous la forme

$$F ds \cos \alpha = X dx + Y dy + Z dz.$$

Si X, Y, Z sont des fonctions déterminées de x, y, z; c'est-à-dire si la force qui agit sur un point matériel ne dépend que de la position de ce point, l'ensemble de ces forces constitue un champ de forces. À chaque point M' de l'espace correspond une force déterminée en grandeur et direction; le point matériel M sera soumis à cette force lorsqu'il passera à la position M'.

On appelle lignes de forces des courbes qui, en chaque point, sont tangentes à la direction de la force qui correspond à ce point. Ces courbes sont déterminées par les équations différentielles :

$$\frac{dx}{X} = \frac{dy}{Y} = \frac{dz}{Z}$$

qui expriment que la tangente coïncide avec la direction de la force F, dont les projections X, Y, Z, sont des fonctions de x, y, z.

On appelle travail d'une force F, agissant sur un point M, qu décrit une courbe donnée, depuis un point M_0 jusqu'en M, la somme des travaux élémentaires, ou l'intégrale

$$\int_{M_0}^{M} X dx + Y dy + Z dz.$$

Pour un champ de forces donné, cette intégrale curviligne (§ 279) dépend, en général, non seulement des points extrêmes M_0 et M, mais de la courbe décrite entre ces deux points. Mais, si $X dx + Y dy + Z dz$ est la différentielle d'une fonction déterminée $U(x, y, z)$, l'intégrale ne change pas si, conservant les deux extrémités M_0 et M, on change la courbe trajectoire qui réunit ces deux points. Le travail ne dépend alors que des positions extrêmes. Si le point matériel va de la position (x_0, y_0, z_0) à (x_1, y_1, z_1), le travail est égal à

$$\int_{(x_0, y_0, z_0)}^{(x_1, y_1, z_1)} X dx + Y dy + Z dz = U(x_1, y_1, z_1) - U(x_0, y_0, z_0).$$

U est appelé la fonction des forces. Si on connaît cette fonction, les composantes de la force s'en déduisent, elles sont égales aux dérivées partielles de $U(x, y, z)$:

$$X = \frac{\partial U}{\partial x}, \qquad Y = \frac{\partial U}{\partial y}, \qquad Z = \frac{\partial U}{\partial z}.$$

Pour qu'il existe une fonction des forces, il faut qu'entre les dérivées de X, Y, Z, on ait les identités (§ 278) :

$$\frac{\partial X}{\partial y} = \frac{\partial Y}{\partial x} = \frac{\partial^2 U}{\partial x y}, \qquad \frac{\partial Y}{\partial z} = \frac{\partial Z}{\partial y} = \frac{\partial^2 U}{\partial z y}, \qquad \frac{\partial Z}{\partial x} = \frac{\partial X}{\partial z} = \frac{\partial^2 U}{\partial x z}.$$

Si un point matériel est soumis en même temps à plusieurs forces, donnant chacune une fonction U_1, U_2, ... U_p; la fonction des forces est la somme $U_1 + U_2 + ... + U_p$, car ses dérivées partielles représentent les sommes des projections des forces, c'est-à-dire les projections de la résultante de ces forces sur les axes de coordonnées.

On appelle surfaces de niveau les surfaces représentées par l'équation $U = c$, où c est une constante qui peut être arbitraire. En un point quelconque de cette surface, la normale, qui a ses cosinus directeurs proportionnels à $\dfrac{\partial U}{\partial x}$, $\dfrac{\partial U}{\partial y}$, $\dfrac{\partial U}{\partial z}$, coïncide avec la direction de la force appliquée à ce point. Par tout point de l'espace passe une surface de niveau, et une ligne de force, le plan tangent à cette surface est perpendiculaire à la tangente à la ligne de force qui passe par ce point. Les lignes de forces sont les trajectoires orthogonales des surfaces de niveau.

322. Force vive. — On appelle force vive d'un point matériel en mouvement le produit mv^2, de sa masse m par le carré de sa vitesse v. On appelle énergie cinétique la demi-force vive $\frac{1}{2}mv^2$. On a :

$$v^2 = \left(\frac{dx}{dt}\right)^2 + \left(\frac{dy}{dt}\right)^2 + \left(\frac{dz}{dt}\right)^2$$

$$v\frac{dv}{dt} = \frac{dx}{dt}\frac{d^2x}{dt^2} + \frac{dy}{dt}\frac{d^2y}{dt^2} + \frac{dz}{dt}\frac{d^2z}{dt^2}.$$

Si X, Y, Z sont les projections de la force, ou de la résultante des forces, appliquée au point matériel, on a (§ 319) :

$$m\frac{d^2x}{dt^2} = X, \qquad m\frac{d^2y}{dt^2} = Y, \qquad m\frac{d^2z}{dt^2} = Z$$

$$mv\frac{dv}{dt} = X\frac{dx}{dt} + Y\frac{dy}{dt} + Z\frac{dz}{dt}$$

ou, entre les différentielles :

$$mvdv = Xdx + Ydy + Zdz.$$

Le premier membre est la différentielle de la demi-force vive $\frac{mv^2}{2}$, si v_0 est la vitesse au temps t_0, l'intégration donne

$$\frac{mv^2 - mv_0^2}{2} = \int_{t_0}^{t} Xdx + Ydy + Zdz.$$

La demi-variation de force vive est égale au travail pendant le même temps.

S'il existe une fonction des forces $U(x, y, z)$, cette relation peut s'écrire

$$\frac{mv^2}{2} - \frac{mv_0^2}{2} = U(x, y, z) - U(x_0, y_0, z_0).$$

La différence $\dfrac{mv^2}{2} - \mathrm{U}(x, y, z)$ est constante. On appelle énergie potentielle la fonction $-\mathrm{U}(x, y, z)$, et énergie totale la somme algébrique $\dfrac{mv^2}{2} - \mathrm{U}$. On voit que la somme de l'énergie cinétique $\dfrac{mv^2}{2}$, et de l'énergie potentielle $-\mathrm{U}$, ou l'énergie totale, est constante.

323. Exemples. — 1° En un lieu déterminé, la pesanteur est une force que l'on peut considérer comme constante en grandeur et direction. Les lignes de forces sont des droites verticales ; les surfaces de niveau sont des plans horizontaux. Supposons l'axe OZ vertical, dans le sens de la pesanteur. On a (§ 317) :

$$m\frac{d^2x}{dt^2} = 0, \qquad m\frac{d^2y}{dt^2} = 0, \qquad m\frac{d^2z}{dt^2} = mg$$

la fonction des forces est $\mathrm{U} = mgz$ dont les dérivées partielles sont 0, 0, mg. Si, à l'instant initial, z et v ont les valeurs z_0 et v_0, l'équation des forces vives donne :

$$v^2 - v_0^2 = 2gz - 2gz_0.$$

Si un point pesant part de l'origine o, sans vitesse initiale, c'est-à-dire si $v_0 = z_0 = o$, on a :

$$v = \sqrt{2gz}.$$

2° Soit M un point matériel attiré par le centre O, par une force égale à une fonction donnée $\mathrm{F}(\rho)$ de la distance $\mathrm{OM} = \rho$. Les projections, sur les axes de coordonnées, de la force $\mathrm{F}(\rho)$, dirigée de M vers O, sont :

$$-\frac{x}{\rho}\mathrm{F}(\rho), \qquad -\frac{y}{\rho}\mathrm{F}(\rho), \qquad -\frac{z}{\rho}\mathrm{F}(\rho).$$

Le travail de cette force est (§ 321) :

$$-\int_{\rho_0}^{\rho} \frac{x\,dx + y\,dy + z\,dz}{\rho}\mathrm{F}(\rho) = -\int_{\rho_0}^{\rho} \mathrm{F}(\rho)\,d\rho.$$

Cette intégrale, qui est une fonction de ρ, détermine une fonction des forces.

L'accélération de M passe constamment par O, comme la force ;
il en résulte que M reste dans un plan fixe (§ 307). Si on étudie le
mouvement dans ce plan en coordonnées polaires, la vitesse aréolaire étant constante, on a :

$$\rho^2 \frac{d\omega}{dt} = c.$$

l'intégrale des forces vives donne :

$$v^2 = \left(\frac{d\rho}{dt}\right)^2 + \rho\left(\frac{d\omega}{dt}\right)^2 = v_0^2 - \frac{2}{m}\int_{\rho_0}^{\rho} F(\rho)\, d\rho.$$

Ces deux équations différentielles déterminent ρ et ω en fonction
de t. Pour déterminer la trajectoire on peut éliminer t entre les
relations différentielles, parce que t n'y entre pas explicitement.
On a :

$$\frac{d\omega}{dt} = \frac{c}{\rho^2}$$

$$\left(\frac{d\rho}{dt}\right)^2 = -\left(\frac{c}{\rho}\right)^2 + v_0^2 - \frac{2}{m}\int_{\rho_0}^{\rho} F(\rho)\, d\rho$$

$$\left(\frac{d\rho}{d\omega}\right)^2 = \left(\frac{d\rho}{dt}\right)^2\left(\frac{dt}{d\omega}\right)^2 = \frac{\rho^4}{c^2}\left[v_0^2 - \frac{c^2}{\rho^2} - \frac{2}{m}\int_{\rho_0}^{\rho} F(\rho)\, d\rho \right].$$

Après avoir calculé l'intégrale $\int F(\rho)\, d\rho$, on connaîtra $\dfrac{d\omega}{d\rho}$ en fonction
de ρ, et une nouvelle intégration déterminera ω en fonction de ρ,
c'est-à-dire l'équation de la trajectoire. Cette intégration introduira
une nouvelle constante arbitraire, distincte des trois constantes
c, v_0, ρ_0. Si on suppose connue la position initiale de M, c'est-à-
dire ρ^0 et ω_0, et la vitesse en ce point, en grandeur et direction ; on
connaîtra, outre v_0, la projection $\rho\dfrac{d\omega}{dt}$ de la vitesse sur la perpendiculaire au rayon vecteur (§ 307), pour la position initiale. On
en déduit la valeur de la constante c. La valeur de ω_0 qui correspond à ρ_0, détermine la quatrième constante introduite par
l'intégration.

324. Loi de Newton. — Supposons la force d'attraction F inversement proportionnelle au carré de la distance ρ, ou $F = \dfrac{m\mu}{\rho^2}$, μ étant un coefficient constant. On a :

$$\int_{\rho_0}^{\rho} F(\rho)\,d\rho = m\mu \int_{\rho_0}^{\rho} \frac{d\rho}{\rho^2} = m\mu\left(\frac{1}{\rho_0} - \frac{1}{\rho}\right)$$

$$\left(\frac{d\rho}{d\omega}\right)^2 = \rho^4\left(\frac{v_0^2}{c^2} - \frac{1}{\rho^2} - \frac{2\mu}{c^2\rho_0} + \frac{2\mu}{c^2\rho}\right) = \rho^4\left[\frac{e^2\mu^2}{c^4} - \left(\frac{1}{\rho} - \frac{\mu}{c^2}\right)^2\right]$$

où l'on a posé :

$$e^2 = 1 + \frac{c^2}{\mu^2}\left(v_0^2 - \frac{2\mu}{\rho_0}\right)$$

on en déduit :

$$d\omega = \frac{d\rho}{\pm\,\rho^2\sqrt{\dfrac{e^2\mu^2}{c^4} - \left(\dfrac{1}{\rho} - \dfrac{\mu}{c^2}\right)^2}}.$$

Pour intégrer cette équation, posons

$$\frac{1}{\rho} - \frac{\mu}{c^2} = \frac{\mu e}{c^2}\,\theta$$

θ étant une nouvelle variable, qui remplace ρ.

$$-\frac{d\rho}{\rho^2} = \frac{\mu e}{c^2}\,d\theta$$

$$d\omega = \pm\frac{d\theta}{\sqrt{1 - \theta^2}}.$$

L'intégrale de cette équation peut se mettre sous la forme

$$\pm\,\omega = \alpha + \arccos\theta$$

$$\frac{1}{e}\left(\frac{c^2}{\mu\rho} - 1\right) = \theta = \cos(\pm\,\omega - \alpha).$$

On peut prendre le signe $+\omega$, puisque $\cos(-\omega-\alpha)=\cos(\omega+\alpha)$ et α est une constante arbitraire.

$$\frac{1}{\rho} = \frac{\mu}{c^2}\big(1 + e\cos(\omega - \alpha)\big)$$

les valeurs des constantes c et e peuvent se déduire de la vitesse initiale au point (ρ_0, ω_0), la constante α dépendra de la position initiale. Si la vitesse initiale v_0 forme un angle β avec le rayon vecteur ρ_0 prolongé, la projection $\rho \dfrac{d\omega}{dt}$, de la vitesse initiale, sur la perpendiculaire au rayon vecteur sera égale à $v_0 \sin \beta$ et l'on a :

$$c = \rho_0 v_0 \sin \beta$$

$$e^2 = 1 - \left(\frac{\rho_0 v_0 \sin \beta^2}{\mu}\right)\left(v_0^2 - \frac{2\mu}{\rho_0} = \right)\left(1 - \frac{\rho_0 v_0^2 \sin^2 \beta}{\mu}\right)^2 + \frac{\rho_0^2 v_0^4}{\mu^2} \sin^2 \beta \cos^2 \beta$$

on a toujours pour c une valeur réelle et positive. Le point M décrit une conique dont O est un foyer (§ 163). Si $v_0 < \sqrt{\dfrac{2\mu}{\rho_0}}$, on a $e < 1$, la trajectoire est une ellipse. Si $v_0 = \sqrt{\dfrac{2\mu}{\rho_0}}$, $e = 1$, la trajectoire est une parabole. Si $v_0 > \sqrt{\dfrac{2\mu}{\rho_0}}$, $e > 1$, la trajectoire est une hyperbole. En particulier si $v_0 = \sqrt{\dfrac{\mu}{\rho_0}}$, et $\beta = \dfrac{\pi}{2}$, on a $e = 0$, ρ reste constant, la trajectoire est une circonférence. Dans tous les cas, le mouvement sur la conique est déterminé par la loi des aires (§ 307), le rayon vecteur décrit une aire proportionnelle au temps.

Supposons $e < 1$, la trajectoire est une ellipse, ρ varie entre $\dfrac{c^2}{\mu(1 + e)}$ et $\dfrac{c^2}{\mu(1 - e)}$. Soit a le demi-grand axe de l'ellipse,

$$a = \frac{c^2}{\mu(1 - e^2)}$$

$$\frac{1}{\rho} = \frac{1 + e \cos(\omega - \alpha)}{a(1 - e^2)}$$

on peut poser :

$$\cos u = \frac{e + \cos(\omega - \alpha)}{1 + e \cos(\omega - \alpha)}, \qquad \sin u = \frac{\sqrt{1 - e^2} \sin(\omega - \alpha)}{1 + e \cos(\omega - \alpha)}$$

car, on en déduit :

$$\cos^2 u + \sin^2 u = 1.$$

On aura :

$$\cos(\omega - \alpha) = \frac{\cos u - e}{1 - e \cos u}$$

$$\rho = \frac{a(1 - e^2)}{1 + e \cos(\omega - \alpha)} = a(1 - e \cos u).$$

D'autre part :

$$\sin u\, du = \frac{(1 - e^2)\,\sin(\omega - \alpha)}{[1 + e\cos(\omega - \alpha)]^2}\, d\omega = \frac{\rho}{a}\,\frac{\sin(\omega - \alpha)}{1 + e\cos(\omega - \alpha)}\, d\omega$$

$$du = \frac{\rho\, d\omega}{a\sqrt{1 - e^2}}.$$

De l'équation :

$$\rho^2\,\frac{d\omega}{dt} = c = \sqrt{a\mu(1 - e^2)}$$

on déduit :

$$dt = \frac{\rho^2\, d\omega}{\sqrt{a\mu(1 - e^2)}} = \sqrt{\frac{a}{\mu}}\,\rho\, du = a\sqrt{\frac{a}{\mu}}\,(1 - e\cos u)\, du$$

$$u - e\sin u = \sqrt{\frac{\mu}{a^3}}\,(t - t_0)$$

t_0 est une constante, au temps $t = t_0$, on peut supposer $u = 0$, $\omega = \alpha$, $\rho = a(1 - e)$, M est au sommet de l'ellipse le plus rapproché de O. Cette relation est l'équation de Képler, qui détermine u en fonction de t, ρ et ω sont ensuite déterminés en fonction de u. Si u varie de 0 à 2π, $\omega - \alpha$ variera aussi de 0 à 2π, le point décrira toute l'ellipse, $t - t_0$ varie alors de 0 à $2\pi\sqrt{\frac{a^3}{\mu}}$. La durée d'une révolution est

$$T = 2\pi\sqrt{\frac{a^3}{\mu}}.$$

Ces formules montrent que les planètes, attirées par le soleil d'après la loi de Newton, doivent suivre les lois de Képler. Chaque planète décrit une ellipse dont le soleil est un foyer, d'après la loi des aires. Pour les différentes planètes $\frac{T^2}{a^3} = \frac{4\pi^2}{\mu}$ est constant, les carrés des temps de révolution sont proportionnels aux cubes des demi-grands axes.

325. Attraction d'une sphère. — Si le point $M(x, y, z)$ est attiré par le point fixe (a, b, c), d'après la loi de Newton, la fonction des forces est (§ 323) :

$$U = -\int \frac{m\mu}{\rho^2}\, d\rho = \frac{m\mu}{\rho} = \frac{m\mu}{\sqrt{(x - a)^2 + (y - b)^2 + (z - c)^2}}.$$

Si le point M est attiré par plusieurs points fixes simultanément, la fonction des forces est la somme de celles qui proviennent de chaque centre d'attraction (§ 321).

Si le point M est attiré par un corps homogène, on pourra calculer la fonction U totale, et prendre ensuite ses dérivées partielles pour avoir les composantes de la force d'attraction résultante. Soit m' la masse de l'unité de volume, μ la force d'attraction de l'unité de masse sur un point de masse 1 à l'unité de distance. Si on décompose le volume du corps en éléments infiniment petits, une portion dv de volume, dont la masse est $m'dv$, située à la distance ρ du point M, donnera une force d'attraction $\dfrac{mm'\mu dv}{\rho^2}$. La fonction des forces, pour le corps de volume dv, est $\dfrac{mm'\mu dv}{\rho}$. La fonction des forces totales est la somme de ces expressions, ou l'intégrale

$$U = \int \frac{mm'\mu dv}{\rho}$$

étendue au volume v du corps qui attire le point M.

Supposons que ce corps soit une couche sphérique, infiniment mince, de centre O, comprise entre deux sphères de rayons r et $r + dr$. Supposons en outre le point attiré M situé sur l'axe OZ, ses coordonnées seront o, o, z. Si on décompose le volume en coordonnées polaires (§ 277), on peut remplacer le volume dv par $r^2 \sin\theta\, dr d\theta d\varphi$ et

$$\rho^2 = (r \sin\theta \cos\varphi)^2 + (r \sin\theta \sin\varphi)^2 + (z - r \cos\theta)^2 =$$
$$= r^2 + z^2 - 2\,rz \cos\theta.$$

On suppose dr infiniment petit; r et dr sont constants, θ peut varier de o à π, φ de o à 2π, pour obtenir tous les points de la sphère de rayon r.

$$U = mm'\mu \int_0^\pi \int_0^{2\pi} \frac{r^2 \sin\theta\, dr d\theta d\varphi}{\sqrt{r^2 + z^2 - 2\,rz \cos\theta}}$$

en supposant d'abord θ constant, on a $\displaystyle\int_0^{2\pi} d\varphi = 2\pi$, et

$$U = 2\pi mm'\mu r^2 dr \int_0^\pi \frac{\sin\theta d\theta}{\sqrt{r^2 + z^2 - 2\,rz \cos\theta}} =$$
$$= 2\pi mm'\mu \frac{rdr}{z} \left(\sqrt{r^2 + z^2 - 2\,rz \cos\theta}\right)_0^\pi.$$

Lorsque θ varie de o à π, $\cos\theta$ varie de 1 à -1, $r^2 + z^2 - 2rz\cos\theta$ varie de $(r-z)^2$ à $(r+z)^2$; $\sqrt{r^2 + z^2 - 2rz\cos\theta}$ est positif et varie de $|r-z|$ à $|r+z|$.

Si $z > r > 0$, M est extérieur à la couche sphérique, la variation de $\sqrt{r^2 + z^2 - 2rz\cos\theta}$ est $r + z - (z - r) = 2r$

$$U = \frac{4\,\pi r^2 dr}{z}\,mm'\mu$$

$4\,\pi r^2$ est la surface de la sphère, $4\,\pi r^2 dr$ est le volume de la couche sphérique infiniment mince, $4\,m'\pi r^2 dr$ est la masse M de la couche sphérique

$$U = \frac{Mm\mu}{z}$$

z est la distance OM. Le potentiel est le même que si toute la masse M était réunie au centre de la sphère. Ce résultat est indépendant du choix des axes de coordonnées.

Si une masse sphérique homogène attire un point M extérieur, on peut décomposer la sphère en couches concentriques infiniment minces. Le potentiel est encore le même que si la masse de toute la sphère était réunie au centre; si r est le rayon de la sphère, ρ la distance du point attiré au centre,

$$U = \frac{4}{3}\,\pi r^3\,\frac{mm'\mu}{\rho}.$$

Le point se déplace comme s'il était attiré par le centre de la sphère, de masse $M = \frac{4}{3}\,\pi r^3 m'$.

Si l'on a $0 < z < r$, le point attiré est intérieur à la couche sphérique; la variation de $\sqrt{r^2 + z^2 - 2rz\cos\theta}$ est

$$r + z - (r - z) = 2z,$$
$$U = 4\,\pi r\,dr\,mm'\mu.$$

Le potentiel est indépendant de z, il est constant lorsque M se déplace sur OZ. Mais, par suite de la symétrie de la sphère, le potentiel reste aussi constant quelle que soit la position du point attiré, intérieur à la couche sphérique. Les composantes de la force d'attraction, dérivées partielles de U, sont nulles; les forces d'attraction se détruisent.

Si un point matériel M est intérieur à une sphère homogène, dont chaque élément l'attire d'après la loi de Newton, on peut considérer une sphère concentrique passant par M. La couche extérieure donne des attractions qui se détruisent, la sphère intérieure agit comme si sa masse était réunie au centre. Si $OM = r$, cette force d'attraction est $\frac{4}{3}\pi r^3 \frac{mm'\mu}{r^2} = \frac{4}{3}\pi r mm'\mu$; elle est proportionnelle à la distance au centre. C'est le cas d'un corps qui tomberait dans un puits très profond, allant vers le centre de la terre supposée homogène.

Exercices

1. Étudier le mouvement d'un point pesant attiré par une droite verticale ; cette force d'attraction étant perpendiculaire à la droite, et proportionnelle à la distance.

2. Un point, attiré par un centre O en raison inverse du carré des distances, est, en outre, soumis à une force constante en grandeur et direction. Déterminer la fonction des forces, les lignes de forces, les surfaces de niveau. (On pourra employer des coordonnées polaires planes).

3. Un point est attiré, en raison inverse de la quatrième puissance de la distance, par les points d'une sphère homogène. Le point attiré étant extérieur à la sphère, calculer la fonction des forces, et la résultante de ces forces.

CHAPITRE III

—

DYNAMIQUE D'UN POINT NON LIBRE

326. Mouvement sur une courbe. — Si un point matériel ne peut se mouvoir que sur une courbe donnée, on peut remplacer la condition de rester sur la courbe par une force normale à la courbe, ou réaction. Le travail de cette réaction est nul (§ 321). On peut donc appliquer le théorème des forces vives, sans tenir compte de la réaction. S'il existe une fonction des forces, v ou $\dfrac{ds}{dt}$ sera une fonction connue des coordonnées, et de l'arc s de courbe, qui sera déterminé, en fonction de t, par des quadratures. On peut ensuite calculer l'accélération, et la force qui produit le mouvement ; elle est la résultante de la force appliquée au point et de la réaction de la courbe, que l'on peut ainsi déterminer.

327. Pendule cycloïdal. — Soit un point pesant assujetti à rester sur une cycloïde dont les équations sont (§ 127) :

$$x = a(u - \sin u), \quad z = a(1 - \cos u), \quad 0 < u < 2\pi$$

l'axe OZ étant dans le sens de la pesanteur. Supposons le point M partant d'une position u_0, avec une vitesse nulle. Le théorème des forces vives donne :

$$\frac{ds}{dt} = \sqrt{2g(z - z_0)} = \sqrt{2ag(\cos u_0 - \cos u)}$$

et (§ 252)

$$dt = \sqrt{\frac{a}{g}} \; \frac{\sin \frac{u}{2} \, du}{\sqrt{\cos^2 \frac{u_0}{2} - \cos^2 \frac{u}{2}}}$$

en posant

$$\cos \frac{u}{2} = \theta \cos \frac{u_0}{2},$$

on a :

$$dt = -2 \sqrt{\frac{a}{g}} \frac{d\theta}{\sqrt{1 - \theta^2}} \quad , \quad \cos \frac{u}{2} = \cos \frac{u_0}{2} \cos \left(\frac{t}{2} \sqrt{\frac{g}{a}} \right)$$

de façon que $u = u_0$, $\theta = 1$, pour $t = 0$.

Lorsque $t = \pi \sqrt{\dfrac{a}{g}}$, $u = \pi$, $z = 2a$, M se trouve au point le plus bas de la courbe. Pour $t = 2\pi \sqrt{\dfrac{a}{g}}$, $u = 2\pi - u_0$, on a le point symétrique du point de départ, la vitesse redevient nulle. Le mouvement est formé d'une série d'oscillations, le point M revenant au point de départ après un temps $4\pi \sqrt{\dfrac{a}{g}}$, qui est indépendant de la position initiale, ou de u_0.

328. Pendule. — Soit un point pesant relié, par un fil, à un point fixe, ou assujetti à rester sur un cercle fixe, dans un plan vertical, et partant d'un point du cercle sans vitesse initiale. Soit θ l'angle du rayon mobile avec un rayon vertical, dans le sens de la pesanteur, l la longueur du pendule, on a :

$$z = l \cos \theta \quad , \quad \frac{ds}{dt} = \sqrt{2gl(\cos \theta - \cos \theta_0)} \quad , \quad s = l\theta$$

$$dt = \frac{1}{2} \sqrt{\frac{l}{g}} \; \frac{d\theta}{\sqrt{\sin^2 \frac{\theta_0}{2} - \sin^2 \frac{\theta}{2}}}$$

t sera déterminé en fonction de θ par une quadrature, qui conduit à une fonction elliptique (§ 256); on peut la calculer par les méthodes d'approximation.

Posons :

$$\sin \frac{\theta}{2} = \sin u \sin \frac{\theta_0}{2}$$

$$dt = \sqrt{\frac{l}{g}} \; \frac{du}{\sqrt{1 - \sin^2 u \sin^2 \frac{\theta_0}{2}}}$$

θ variera de $+\,\theta_0$ à $-\,\theta_0$, la vitesse devient alors nulle, et l'on a une série d'oscillations ; u varie de $+\frac{\pi}{2}$ à $-\frac{\pi}{2}$. La durée d'une oscillation sera :

$$T = 2\sqrt{\frac{l}{g}}\int_0^{\frac{\pi}{2}} \frac{du}{\sqrt{1 - \sin^2 u \sin^2 \frac{\theta_0}{2}}} = 2\sqrt{\frac{l}{g}}\int_0^{\frac{\pi}{2}} du\left[1 + \frac{1}{2}\sin^2 u \sin^2 \frac{\theta_0}{2} + \right.$$

$$\left. + \frac{1\cdot3}{2\cdot4}\sin^4 u \sin^4 \frac{\theta_0}{2} + \frac{1\cdot3\cdot5}{2\cdot4\cdot6}\sin^6 u \sin^6 \frac{\theta_0}{2} + \dots\right]$$

or (§ 245)

$$\int_0^{\frac{\pi}{2}} \sin^{2n} u \, du = \frac{1\cdot3\dots(2n-1)}{2\cdot4\dots 2n}\frac{\pi}{2}$$

$$T = \pi\sqrt{\frac{l}{g}}\left[1 + \left(\frac{1}{2}\right)^2 \sin^2 \frac{\theta_0}{2} + \left(\frac{1\cdot3}{2\cdot4}\right)^2 \sin^4 \frac{\theta_0}{2} + \dots\right]$$

Si θ_0 est très petit, cette durée diffère très peu de la valeur

$$\pi\sqrt{\frac{l}{g}}$$

La composante normale de l'accélération (§ 306) est $\frac{v^2}{l}$; elle correspond à une force $\frac{mv^2}{l}$, résultante de la composante normale de la pesanteur $-\,mg \cos \theta$ et de la réaction, égale à

$$\frac{mv^2}{l} + mg \cos \theta = mg\,(3 \cos \theta - 2 \cos \theta_0).$$

329. Mouvement sur une surface. — Soit un point M assujetti à rester sur une surface donnée. xyz sont des fonctions de deux paramètres. Le point peut être considéré comme libre, mais soumis à une réaction R, normale à la surface. Les équations du mouvement seront :

$$m\frac{d^2x}{dt^2} = X + R\cos\alpha, \quad m\frac{d^2y}{dt^2} = Y + R\cos\beta, \quad m\frac{d^2z}{dt^2} = Z + R\cos\gamma$$

Les cosinus directeurs de la normale, ainsi que x, y, z, peuvent s'exprimer en fonction des deux paramètres, et l'on a trois équations qui donnent R et ces deux paramètres en fonction de t. S'il existe une fonction des forces, on peut en déduire la relation des forces vives :

$$m\left[\left(\frac{dx}{dt}\right)^2 + \left(\frac{dy}{dt}\right)^2 + \left(\frac{dz}{dt}\right)^2\right] = 2\int Xdx + Ydy + Zdz$$

Soit un point pesant, sur une surface de révolution autour de l'axe OZ vertical, la vitesse initiale étant horizontale. On aura :

$$v^2 = 2g(z - z_0) + v^2_0$$

$$m\left(\frac{d^2x}{dt^2}y - \frac{d^2y}{dt^2}x\right) = R(y\cos\alpha - x\cos\beta) = 0$$

ou, en employant des coordonnées polaires, dans le plan XOY :

$$\rho^2\frac{d\omega}{dt} = x\frac{dy}{dt} - y\frac{dx}{dt} = \rho_0 v_0$$

$$v^2 = \left(\frac{d\rho}{dt}\right)^2 + \rho^2\left(\frac{d\omega}{dt}\right)^2 + \left(\frac{dz}{dt}\right)^2 = 2g(z - z_0) + v^2_0$$

Soit $z = f(\rho)$ l'équation de la méridienne

$$\left(\frac{d\rho}{dt}\right)^2(1 + f'^2) = 2gf(\rho) - \frac{\rho^2_0 v^2_0}{\rho^2} + v^2_0 - 2gz_0$$

t sera donné en fonction de ρ par une quadrature.

La projection de la trajectoire est déterminée par la relation :

$$d\omega = \frac{\rho_0 v_0}{\rho^2}dt = \frac{\rho_0 v_0 d\rho}{\rho}\sqrt{\frac{1 + f'^2}{2g\rho^2 f - \rho^2_0 v^2_0 + \rho^2(v^2_0 - 2gz_0)}}$$

330. Frottement. — Lorsqu'un point matériel se déplace sur une surface, il peut arriver que la surface produise, outre la réaction normale, une résistance au déplacement, ou frottement, qui est alors proportionnelle à la réaction normale, et dirigée en sens inverse de la vitesse.

Soit un point pesant, placé sur un plan incliné, la vitesse initiale étant dirigée sur la ligne de plus grande pente, qui forme un angle α avec le plan horizontal. Le point est soumis à son poids mg, dont la projection sur la normale au plan, $mg \cos \alpha$, fait équilibre à la réaction normale, la force de frottement est égale à $mgf \cos \alpha$, f étant une constante, coefficient de frottement. Le mouvement du point M est rectiligne ; si la vitesse initiale est positive, dans le sens de la projection de la pesanteur sur le plan, l'équation du mouvement est :

$$\frac{d^2x}{dt^2} = g \sin \alpha - gf \cos \alpha$$

$$\frac{dx}{dt} = g (\sin \alpha - f \cos \alpha) t + v_0, \quad v_0 > 0$$

$$x = \frac{g}{2} (\sin \alpha - f \cos \alpha) t^2 + v_0 t + x_0$$

Si $f < \operatorname{tg} \alpha$, le mouvement est uniformément accéléré.

Si $f > \operatorname{tg} \alpha$, le mouvement est uniformément retardé ; la vitesse devient nulle, lorsque $t = \dfrac{v_0}{g (f \cos \alpha - \sin \alpha)}$; le point reste ensuite immobile, car le frottement est une force qui ralentit le mouvement, mais ne peut pas le produire. Le frottement du plan fait alors équilibre à la composante du poids sur le plan. Si $f = \operatorname{tg} \alpha$, le mouvement est uniforme.

Si v_0 est négatif, tant que v reste négatif, le frottement étant en sens inverse, on a :

$$\frac{d^2x}{dt^2} = g (\sin \alpha + f \cos \alpha)$$

$$x = \frac{g}{2} (\sin \alpha + f \cos \alpha) t^2 + v_0 t + x_0$$

v devient nul pour $t = \dfrac{- v_0}{g (\sin \alpha + f \cos \alpha)}$.

Le point restera ensuite immobile si $f \geqslant \operatorname{tg} \alpha$, et prendra un mouvement uniformément accéléré si $f < \operatorname{tg} \alpha$.

331. Résistance de l'air. — L'air oppose au mouvement des corps une résistance qui varie avec la vitesse. Un point matériel pesant sera ainsi soumis à une force, qui est une fonction de la vitesse, et directement opposée. Admettons qu'il reste dans un plan vertical, ce qu'on peut démontrer comme au § 320. Si α est l'angle de la vitesse avec l'axe OX horizontal, on a :

$$\frac{dx}{dt} = \frac{ds}{dt} \times \frac{dx}{ds} = v \cos \alpha, \qquad \frac{dz}{dt} = v \sin \alpha$$

supposons que la résistance R soit une fonction connue de v ; les équations du mouvement seront :

$$\frac{d(v \cos \alpha)}{dt} = \frac{d^2x}{dt^2} = - \frac{R}{m} \cos \alpha$$

$$\frac{d(v \sin \alpha)}{dt} = \frac{d^2z}{dt^2} = - g - \frac{R}{m} \sin \alpha$$

l'axe OZ étant supposé en sens inverse de la pesanteur. v et α sont déterminés, en fonction de t, par deux équations différentielles, qu'on peut écrire :

$$- \sin \alpha \frac{d.v \cos \alpha)}{dt} + \cos \alpha \frac{d(v \sin \alpha)}{dt} = v \frac{d\alpha}{dt} = - g \cos \alpha$$

$$\frac{d(v \cos \alpha)}{d\alpha} = \frac{d(v \cos \alpha)}{dt} \times \frac{dt}{d\alpha} = \frac{vR}{mg}$$

ou

$$\frac{dv}{d\alpha} = v \, \text{tg} \, \alpha + \frac{vR}{mg \cos \alpha}$$

équation différentielle, qui détermine v en fonction de α; on a ensuite :

$$t = - \int \frac{v d\alpha}{g \cos \alpha}, \qquad x = \int v \cos \alpha \, dt, \qquad z = \int v \sin \alpha \, dt$$

Supposons R proportionnel à la puissance n de la vitesse

$$R = amgv^n$$

$$\frac{dv}{d\alpha} = v \, \text{tg} \, \alpha + \frac{av^{n+1}}{\cos \alpha}$$

ou

$$\frac{d(v^{-n})}{d\alpha} + \frac{n \, \text{tg} \, \alpha}{v^n} + \frac{na}{\cos \alpha} = 0$$

équation linéaire (§ 289) que l'on peut intégrer lorsque n est déterminé.

Si $n = 1$, la résistance étant supposée proportionnelle à la vitesse, on a :

$$\frac{1}{v} = c \cos \alpha - a \sin \alpha$$

où c est une constante, qui dépend des conditions initiales.

$$t = -\frac{1}{g} \int \frac{d\alpha}{\cos \alpha \,(c \cos \alpha - a \sin \alpha)} = \frac{1}{g} \int \frac{-d \operatorname{tg} \alpha}{c - a \operatorname{tg} \alpha} = \frac{1}{ag} \log(c - a \operatorname{tg} \alpha) + c$$

$$c - a \operatorname{tg} \alpha = c' e^{agt}$$

$$x = \int_0^t \frac{\cos \alpha}{c \cos \alpha - a \sin \alpha}\, dt = \int_0^t \frac{1}{c'} e^{-agt} dt = \frac{1}{agc'} \left(1 - e^{-agt}\right)$$

$$z = \int_0^t \frac{\sin \alpha}{c \cos \alpha - a \sin \alpha}\, dt = \int_0^t \frac{ce^{-agt} - c'}{ac'}\, dt = -\frac{t}{a} + \frac{c}{a} x$$

332. Mouvement relatif. — Si on veut étudier le mouvement relatif d'un point, par rapport à des axes mobiles, on a vu

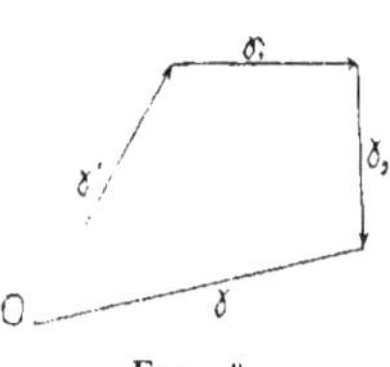

Fig. 93.

que l'accélération absolue γ est la résultante géométrique de l'accélération relative γ', de l'accélération d'entraînement γ_1, et de l'accélération complémentaire γ_2 (§ 312). Donc l'accélération relative γ' est la résultante de γ et de deux accélérations égales et contraires à γ_2 et γ_1. Ces accélérations correspondent à des forces (§ 315) $- m\gamma_2$, $- m\gamma_1$. La force $m\gamma'$, qui produirait le mouvement relatif du point M, supposé relié à des axes invariables, est la résultante des forces directement appliquées à ce point et de deux forces fictives correspondant, l'une à un mouvement égal et contraire au mouvement d'entraînement, l'autre que l'on appelle force centrifuge composée, qui se déduit de l'accélération complémentaire.

Supposons que le mouvement d'entraînement soit un mouvement de rotation uniforme autour de l'axe OZ. On a un système d'axes xy tournant autour de OZ avec la vitesse angulaire ω. Le mouvement d'entraînement est une rotation uniforme, dont l'accélération est $\dfrac{v^2}{r} = \omega^2 r$, perpendiculaire à OZ, la force fictive correspondante $m\omega^2 r$ est directement opposée, on l'appelle force centrifuge ; ses projections sur les axes sont :

$$m\omega^2 x, \qquad m\omega^2 y, \qquad 0.$$

L'accélération complémentaire est égale à la vitesse du point de coordonnées $\left(2\,\dfrac{dx}{dt},\ 2\,\dfrac{dy}{dt},\ 2\,\dfrac{dz}{dt}\right)$ due à la rotation ω : ou à la vitesse du point $\left(2\,\dfrac{dx}{dt},\ 2\,\dfrac{dy}{dt}\right)$ dans le plan XOY, due à la rotation ω autour de O. Elle est égale à $2\omega\sqrt{\left(\dfrac{dx}{dt}\right)^2 + \left(\dfrac{dy}{dt}\right)^2}$; ses projections sur les axes sont :

$$-2\,\omega\,\dfrac{dy}{dt}, \qquad -2\,\omega\,\dfrac{dx}{dt}, \qquad 0$$

La force centrifuge composée a pour projections :

$$+2\,m\omega\,\dfrac{dy}{dt}, \qquad -2\,m\omega\,\dfrac{dx}{dt}, \qquad 0$$

333. Pesanteur. — Soit un point pesant M, rapporté à trois axes rectangulaires reliés à la terre : OZ parallèle à la ligne des pôles, axe de rotation, OX directement opposé à la perpendiculaire à la ligne des pôles, OY dirigé vers l'est, ou dans le sens de la rotation. L'attraction vers le centre de la terre peut être supposée constante. le point M n'ayant que des déplacements relativement petits, elle forme avec OX un angle α, dans le plan XOZ. La force centrifuge $m\omega^2 R \cos\alpha$ peut également être supposée constante. La rotation est égale à 2π en un jour sidéral, ou 86 164 secondes. La force centrifuge est :

$$m\omega^2 R \cos\alpha = \left(\dfrac{2\pi}{86\,164}\right)^2 \times 6\,367\,000 \times m \cos\alpha = 0,034\,m \cos\alpha$$

La pesanteur est la résultante de ces deux forces constantes en chaque point de la terre. Soit mg cette résultante, θ l'angle qu'elle forme avec OX. Le point M est soumis à la pesanteur, et à la force centrifuge composée. Les équations de son mouvement sont :

$$\left\{ \begin{array}{l} \dfrac{d^2x}{dt^2} = -\,g\cos\theta + 2\,\omega\,\dfrac{dy}{dt} \\[2mm] \dfrac{d^2y}{dt^2} = -\,2\,\omega\,\dfrac{dx}{dt} \\[2mm] \dfrac{d^2z}{dt^2} = -\,g\sin\theta \end{array} \right.$$

On en déduit :

$$\frac{d^3x}{dt^3} + 4\omega^2\,\frac{dx}{dt} = 0$$

$$\left\{ \begin{array}{l} x = \mathrm{A}\sin 2\,\omega t + \mathrm{B}\cos 2\,\omega t + \mathrm{C} \\[2mm] y = \dfrac{1}{2\,\omega}\left(\dfrac{dx}{dt} + gt\cos\theta\right) + \mathrm{C}' = \mathrm{A}\cos 2\,\omega t - \mathrm{B}\sin 2\,\omega t + \dfrac{gt}{2\,\omega}\cos\theta + \mathrm{C}' \\[2mm] z = \mathrm{A}' + \mathrm{B}'t - \dfrac{1}{2}\,gt^2\sin\theta \end{array} \right.$$

Si M part de O avec une vitesse nulle, x, y, z, et leurs dérivées, sont nulles pour $t = 0$, $\mathrm{A A' B' C'}$ sont nuls

$$\mathrm{B} = -\,\mathrm{C} = \frac{g\cos\theta}{4\omega^2}$$

en remarquant que $2\,\omega t$ reste très petit, on a :

$$\left\{ \begin{array}{l} x = \dfrac{g\cos\theta}{4\omega^2}\,(\cos 2\,\omega t - 1) = g\cos\theta\left(-\dfrac{t^2}{2} + \dfrac{\omega^2 t^4}{6} + \cdots\right) \\[2mm] y = \dfrac{g\cos\theta}{4\omega^2}\,(2\,\omega t - \sin 2\,\omega t) = g\cos\theta\left(\dfrac{\omega t^3}{3} - \dfrac{\omega^3 t^5}{15} + \cdots\right) \\[2mm] z = -\dfrac{1}{2}\,gt^2\sin\theta \end{array} \right.$$

On peut négliger le terme ω^2; si on fait tourner les axes de $\dfrac{\pi}{2} - \theta$, autour de OY, pour rendre l'axe des z vertical, on a :

$$\mathrm{X} = x\sin\theta - z\cos\theta = 0$$

$$\mathrm{Y} = \frac{g\omega}{3}\,t^3\cos\theta$$

$$\mathrm{Z} = x\cos\theta + z\sin\theta = -\frac{g}{2}\,t^2$$

La rotation de la terre produit une déviation vers l'est qui, pour une chute d'une hauteur h, est égale à

$$Y = \frac{2}{3}\,\omega\, h\sqrt{\frac{2h}{g}}\cos\theta, \qquad h = -Z$$

si $\theta = 45°$, $h = 100^m$, on trouve $0^m,015$. Le terme négligé pour x est, dans les mêmes conditions, six mille fois plus petit.

Exercices

1. Déterminer une courbe dans un plan vertical, telle qu'un point pesant, assujetti à rester sur cette courbe, puisse avoir une vitesse dont la composante verticale soit constante.
2. Un plan P, formant avec un plan horizontal un angle dont la tangente est $\sqrt{2}$, tourne autour d'un axe vertical, avec une vitesse angulaire constante. Étudier le mouvement relatif d'un point pesant assujetti à rester dans ce plan. Montrer qu'il existe une position d'équilibre.
3. Étudier le mouvement d'un point, assujetti à rester sur un cône de révolution, et attiré par l'axe du cône en raison inverse du cube de la distance.

CHAPITRE IV

—

STATIQUE

334. Equilibre d'un point libre. — Un point matériel est en
équilibre, si les forces qui lui sont appliquées ont une résultante
nulle ; il reste alors en repos. Supposons qu'il y ait une fonction
des forces $U(x, y, z)$ (§ 321) ; on aura :

$$ X = \frac{\partial U}{\partial x} = 0, \quad Y = \frac{\partial U}{\partial y} = 0, \quad Z = \frac{\partial U}{\partial z} = 0 $$

Ces équations sont celles qui servent à déterminer le maximum
ou le minimum de la fonction $U(x, y, z)$ (§ 62). Les positions pour
lesquelles $U(x, y, z)$ a une valeur maxima ou minima sont des
positions d'équilibre du point M. Cet équilibre peut être stable,
ou instable. Si le point M occupe une position très voisine de la position d'équilibre, il peut arriver que ce point tende à se rapprocher
de la position d'équilibre, qui est alors stable. Si, au contraire, le
point tend à s'éloigner de la position d'équilibre, cet équilibre est
instable.

Soit M_0 une position, pour laquelle $U(x_0, y_0, z_0)$ a une valeur maxima. Si le point M se déplace, à partir de M_0, dans une direction arbitraire, U diminue. Si ε est une quantité positive assez
petite, sur tout vecteur mené par M_0 il y aura un point (x, y, z)
tel que $U(x, y, z) = U_0 - \varepsilon$. L'équation $U = U_0 - \varepsilon$ représente
une surface de niveau qui entoure le point M_0, et en est d'autant
plus rapprochée que ε est plus petit. Lorsque ε augmente la surface
s'éloigne de M_0. Supposons que le point M occupe une position

(x_1, y_1, z_1) voisine de M_0, sans vitesse initiale, $v_0 = o$. Ce point se mettra en mouvement sous l'action des forces, qui ne se font pas équilibre. Le théorème des forces vives (§ 322) donne :

$$\frac{mv^2}{2} = U(x, y, z) - U(x_1, y_1, z_1)$$

on aura constamment $U(x, y, z) > U(x_1, y_1, z_1)$. Dans ce mouvement, U restera compris entre $U(x_1, y_1, z_1)$ et $U(x_0, y_0, z_0)$, le point M restera intérieur à la surface de niveau qui passe par la position initiale (x_1, y_1, z_1). Le point, écarté de sa position d'équilibre, tend à s'en rapprocher, l'équilibre est stable.

Si $U(x_0, y_0, z_0)$ est une valeur minima, lorsque M s'éloigne de cette position d'équilibre, U augmente. L'équation $U = U_0 + \varepsilon$ représente une surface de niveau qui entoure le point M_0. Si le point matériel occupe une position (x_1, y_1, z_1) voisine de la position d'équilibre, sans vitesse initiale. Ce point se met en mouvement, et l'on aura

$$U(x, y, z) > U(x_1, y_1, z_1) > U(x_0, y_0, z_0)$$

U ne sera jamais compris entre $U(x_1, y_1, z_1)$ et $U(x_0, y_0, z_0)$; dans ce mouvement, le point M ne sera jamais intérieur à la surface de niveau, $U = U_1$, qui passe par la position initiale. Le point, écarté de sa position d'équilibre, tend à s'en éloigner, l'équilibre est instable.

Si, les 3 dérivées partielles de U étant nulles, $U(x_0, y_0, z_0)$ n'est ni maximum ni minimum, il y a des directions pour lesquelles U augmente lorsque M s'éloigne de la position d'équilibre. Pour certains déplacements M tend à s'éloigner de la position d'équilibre, qui est instable.

En résumé, l'équilibre est stable lorsque la fonction $U(x, y, z)$ a une valeur maxima. L'équilibre est instable lorsque les trois dérivées partielles sont nulles, sans que U passe par une valeur maxima.

335. Equilibre sur une surface. — Si un point M est assujetti à rester sur une surface, il sera en équilibre si la résultante des forces est normale à la surface ; la réaction de la surface fait alors équilibre à ces forces. Les coordonnées d'un point de la surface peuvent s'exprimer en fonction de deux paramètres α, β. S'il existe une fonction des forces $U(x, y, z)$, elle devient $U(\alpha, \beta)$. La force, dont les composantes sont $\dfrac{\partial U}{\partial x}$, $\dfrac{\partial U}{\partial y}$, $\dfrac{\partial U}{\partial z}$, sera normale à la surface, si elle est normale aux deux courbes obtenues en faisant varier α, ou β, seul. On a :

$$\frac{\partial U}{\partial x}\frac{\partial x}{\partial \alpha} + \frac{\partial U}{\partial y}\frac{\partial y}{\partial \alpha} + \frac{\partial U}{\partial z}\frac{\partial z}{\partial \alpha} = \frac{\partial U}{\partial \alpha} = 0$$

$$\frac{\partial U}{\partial x}\frac{\partial x}{\partial \beta} + \frac{\partial U}{\partial y}\frac{\partial y}{\partial \beta} + \frac{\partial U}{\partial z}\frac{\partial z}{\partial \beta} = \frac{\partial U}{\partial \beta} = 0$$

Les positions d'équilibre sont les points de la surface pour lesquels $U(\alpha, \beta)$ peut être maximum ou minimum. Le théorème des forces vives s'applique encore (§ 329). Il en résulte que l'équilibre est stable si U est maximum, il est instable dans le cas contraire.

Si le point M est posé sur la surface, mais peut s'en écarter dans un sens déterminé, il n'y a équilibre que si la force normale tend à appliquer le point sur cette surface, ou si elle est dirigée sur la normale, dans le sens opposé à la face sur laquelle se meut le point M.

Si la surface produit un frottement qui, pendant le mouvement, est proportionnel à la réaction normale, soit (§ 330) $f = \operatorname{tg} \varphi$ le coefficient de frottement ; φ est l'angle de frottement. Il y a équilibre si M est soumis à une force qui forme, avec la normale à la surface, un angle inférieur à φ. La réaction de la surface est la résultante d'une réaction normale N, et d'une force de frottement inférieure à fN. Il y a, en général, sur la surface des régions pour lesquelles il y aura équilibre ; elles sont limitées par les courbes, lieu des points où la force forme avec la normale un angle égal à φ.

336. Equilibre sur une courbe. — Un point, mobile sur une courbe, sera en équilibre si la résultante des forces est normale à la courbe. Les coordonnées d'un point de la courbe seront des fonctions d'un paramètre α. S'il existe une fonction des forces, elle pourra s'exprimer en fonction de α. La condition d'équilibre sera

$$\frac{\partial U}{\partial x}\frac{\partial x}{\partial \alpha} + \frac{\partial U}{\partial y}\frac{\partial y}{\partial \alpha} + \frac{\partial U}{\partial z}\frac{\partial z}{\partial \alpha} = \frac{\partial U}{\partial \alpha} = 0$$

Si, en un point de la courbe, la fonction $U(\alpha)$ est maximum, c'est une position d'équilibre stable. Si $\frac{\partial U}{\partial \alpha} = 0$, sans que U soit maximum, l'équilibre est instable ; la démonstration du § 334 s'applique encore à ce cas.

Si le point est soumis à un frottement, proportionnel à la réaction normale pendant le mouvement, il y a équilibre, pourvu que l'angle de la force avec le plan normal à la courbe soit au plus égal à l'angle de frottement.

337. Corps solides. — Un corps solide est un ensemble de points matériels, reliés invariablement les uns aux autres. Si une force est appliquée en un point du solide, on peut déplacer son point d'application sur la droite qui représente la force. On peut supprimer deux forces égales et directement opposées ; et remplacer des forces concourantes par leur résultante. On remplace ainsi un système de forces par un système équivalent.

338. Moments. — On appelle moment d'une force F par rapport à un point O, un vecteur OA (*fig.* 94), perpendiculaire au plan OF, égal au produit Fd de la force par sa distance au point O, et dans un sens tel que F produise une rotation, dans le sens positif, par rapport à l'axe OA.

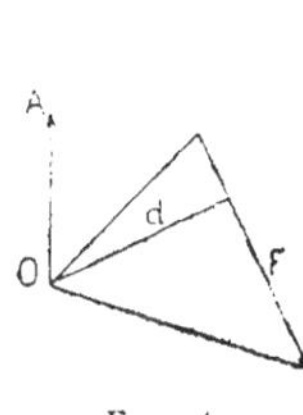

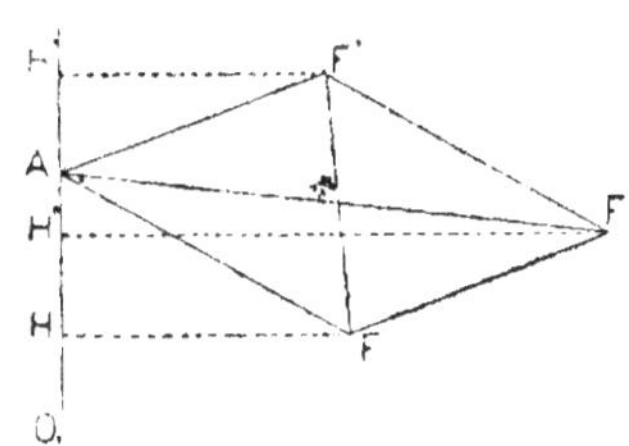

Fig. 94.　　　Fig. 95.

Si on donne un axe, et un plan P perpendiculaire à l'axe au point O ; on appelle moment d'une force par rapport à l'axe le moment de la projection de cette force sur le plan P, par rapport à O. Ce moment est dirigé sur l'axe, il est positif ou négatif, si on a choisi le sens positif de l'axe.

Si deux forces concourantes ont pour projections AF, AF', (*fig.* 95) leur résultante a pour projection AF″, résultante des deux projections. Le moment de AF est le double de la surface du triangle AOF, ou AO × FH, et, comme FH = F'H' + F''H'', le moment de la résultante est égal à la somme des moments des composantes.

En composant les forces deux à deux, on voit que la somme des moments de plusieurs forces concourantes, par rapport à un axe, est égale au moment de la résultante.

Soit une force, de composantes X, Y, Z, appliquée au point (x, y, z). Le moment par rapport à l'axe OX est la somme des moments des trois composantes, le moment de X est nul, et l'on a :

$$L = Zy - Yz$$

par une permutation circulaire entre x, y, z, on a les moments par rapport à OY et OZ :

$$M = Xz - Zx, \qquad N = Yx - Xy.$$

339. Systèmes équivalents. — Si un système de forces est appliqué à un corps solide, on peut remplacer deux ou plusieurs forces par d'autres équivalentes (§ 337), la somme des projections de toutes les forces sur un axe reste constante ; la somme des moments des forces par rapport à un axe fixe reste aussi constante. Quand on remplace ainsi un système de forces par un système équivalent, les six expressions

$$(1) \begin{cases} \Sigma X, \quad \Sigma Y, \quad \Sigma Z \\ \Sigma L = \Sigma(Zy - Yz), \quad \Sigma M = \Sigma(Xz - Zx), \quad \Sigma N = \Sigma(Yx - Xy) \end{cases}$$

conservent la même valeur.

On peut toujours remplacer trois forces F, F', F'', par deux autres. En effet, par la droite F faisons passer un plan qui coupera les droites F' et F'' en deux points P' et P'', la droite P'P'' rencontre les trois forces. Si on prend deux points A, B sur la droite P'P'', le plan passant par l'une des trois forces et le point A contient aussi le point B. Soit C un point de la force F, on peut décomposer cette force en deux autres, dirigées suivant AC et BC. Chacune des forces étant ainsi décomposée en deux appliquées en A, et en B, on aura trois forces appliquées en A, et trois appliquées en B, qui ont chacune une résultante.

Si deux forces F, F' sont parallèles, la droite F'' coupera le plan des deux droites F, F' au point P', toute droite de ce plan passant par F″ rencontre les trois forces. Si les trois forces sont parallèles, on peut prendre les points A et B sur la force F, et décomposer F′ et F″, chacune en deux forces passant par A et B.

Dans tous les cas un système de trois forces peut être remplacé par deux autres. Un système quelconque de forces peut, par des réductions successives, être ramené à deux forces.

Tout système de forces dans lequel les six expressions constantes (1) sont nulles peut se ramener à un système où les forces sont nulles. En effet, si on ramène ce système à deux forces (X, Y, Z) (X', Y', Z') appliquées aux points (x, y, z) (x', y', z') ; les six expressions (1) étant encore nulles, on aura :

$$X + X' = 0 \quad , \quad Y + Y' = 0 \quad , \quad Z + Z' = 0$$

$$Z(y-y')-Y(z-z')=0, \ X(z-z')-Z(x-x')=0, \ Y(x-x')-X(y-y')=0$$

ou :

$$\frac{x-x'}{X} = \frac{y-y'}{Y} = \frac{z-z'}{Z}$$

ces équations expriment que le point (x', y', z') est situé sur la force F. Les deux forces, appliquées sur la même droite, sont égales et directement opposées. Les diverses forces du système se détruisent, et se réduisent à des forces nulles.

Si deux systèmes de forces F et Φ sont tels que les six expressions (1) soient égales, les deux systèmes sont équivalents. Considérons, en effet, le système — Φ formé de forces égales à celles de Φ, mais toutes directement opposées. Les deux systèmes Φ et — Φ se font équilibre, car leurs forces se réduisent deux à deux. Au système F, on peut ajouter les forces Φ et — Φ, on a un système équivalent. Mais le système des forces F et — Φ donne des expressions (1) égales à zéro : l'ensemble de ces forces peut donc se réduire à un système nul, et il reste le système de forces Φ, qui est équivalent au système F.

340. Couples. — On appelle couple un système de deux forces égales, parallèles, et de sens opposés. Supposons l'axe OZ perpendiculaire au plan des deux forces, dont l'une $(X, Y, 0)$ sera appliquée au point (x, y, z) ; l'autre aura les composantes $(-X, -Y, 0)$ et sera appliquée à un point (x', y', z') ; car $z' = z$. Les cinq premières expressions (1) sont alors nulles, la sixième, somme des moments des deux forces par rapport à OZ, est égale au produit Fd de la force du couple par la distance des deux forces ; il a le signe + ou — suivant la direction des forces. Par exemple, si les forces sont parallèles à l'axe de y, on a $X = 0$ et

$$L = Y(x - x').$$

Si $Y > 0$, $x > x'$, L sera positif, le couple tend alors à produire une rotation dans le sens de l'axe OX vers OY. Le moment par rapport à l'axe OZ perpendiculaire au plan du couple est appelé axe du couple. On le représente par un vecteur, égal à L, dirigé sur OZ si L est positif, dans le sens opposé si L est négatif. Deux couples ayant le même axe sont équivalents, car les six expressions (1) ont la même valeur, si l'axe du couple est parallèle à OZ. On peut déplacer un couple dans son plan, ou dans un plan parallèle, pourvu que le moment Fd reste constant, et de même sens, les deux couples sont équivalents.

La somme des moments des deux forces d'un couple par rapport à un axe est égale à la projection sur cet axe de l'axe du couple. En effet, soit OA l'axe donné, et un couple d'axe OZ, on peut supposer cet axe passant par un point arbitraire O de OA. Soit α l'angle de ces deux droites, et OB perpendiculaire au plan AOZ. On peut remplacer le couple donné par un couple équivalent formé de deux forces F, F' perpendiculaires à OB, dans le plan perpendiculaire à OZ. L'axe du couple est F. OB, avec le signe + ou —, sur la figure 96 il serait négatif, si OX et OY ont les sens habituels.

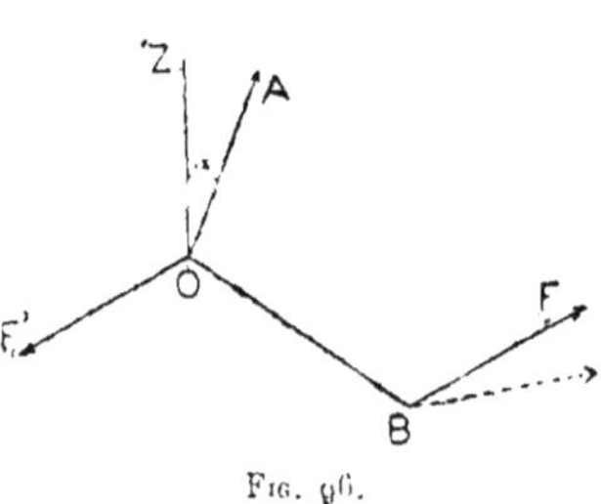

Fig. 96.

La projection de F sur un plan perpendiculaire à OA est $F \cos \alpha$; la somme des moments de F et F', par rapport à OA, est OB. $F \cos \alpha$, elle est égale à la projection sur OA de l'axe OB. F du couple.

Soit un couple quelconque ; L, M, N les sommes des moments des deux forces du couple par rapport aux trois axes de coordonnées. L, M, N sont égaux aux projections de l'axe du couple sur les trois axes. Ce couple est équivalent à un système de trois couples situés dans les trois plans de coordonnées, et de moments L, M, N, car les six expressions (1) auront les mêmes valeurs pour le couple donné, et pour le système de ces trois couples.

Deux couples, situés dans le même plan, ou dans des plans parallèles, peuvent se remplacer par un seul, dont l'axe est la somme de leurs axes.

Deux couples quelconques peuvent se décomposer chacun en trois couples, situés dans les plans de coordonnées ; les trois couples résultants peuvent ensuite se remplacer par un seul. On peut donc considérer l'axe d'un couple comme un vecteur ; les axes de deux couples peuvent se remplacer par leur résultante géométrique, qui est l'axe du couple résultant. Plusieurs couples peuvent se remplacer par un seul, comme des forces concourantes (§ 316), en formant la résultante géométrique de leur axes.

341. Forces réduites. — Un système de forces, appliquées à un solide, peut se remplacer par une force appliquée à un point donné M, et un couple. En effet, soit F une force du système. Appliquons en M une force égale et parallèle à F, et une autre directement opposée, qui lui fait équilibre. On peut ainsi remplacer chaque force du système par une force appliquée en M, et un couple. Les forces appliquées en M auront une résultante, les couples auront aussi un couple résultant.

Soit un système de forces, que l'on peut définir par les valeurs des six expressions (1), soit :

$$\Sigma X = A \quad , \quad \Sigma Y = B \quad , \quad \Sigma Z = C$$
$$\Sigma L = P \quad , \quad \Sigma M = Q \quad , \quad \Sigma N = R$$

Soient (x, y, z) les coordonnées du point donné, où sera appliquée la force (X, Y, Z), et L, M, N les projections du couple unique. Le système de cette force et du couple étant équivalent au système de forces donné, on aura :

$$X = A \quad , \quad Y = B \quad , \quad Z = C$$
$$Zy - Yz + L = P \quad , \quad Xz - Zx + M = Q \quad , \quad Yx - Xy + N = R.$$

Si on change le point (x, y, z), la force se déplace parallèlement à elle-même, X, Y, Z ne changent pas, le couple seul change, son axe est déterminé par les moments :

$$L = P + Bz - Cy \;,\; M = Q + Cx - Az \;,\; N = R + Ay - Bx.$$

Si l'axe du couple est perpendiculaire à la force, on peut supposer la force dans le plan du couple, le système peut se ramener à une seule force. Il faut pour cela que l'on ait :

$$LA + MB + NC = 0$$

équation qui se réduit à

$$PA + QB + RC = 0.$$

Si cette condition est remplie, on peut supposer L, M, N nuls, on a trois équations entre x, y, z qui se réduisent à deux, et représentent la droite sur laquelle est située la force unique, le point d'application est un point quelconque de cette droite.

342. Forces parallèles. — Des forces parallèles ont, en général, une résultante. Soient α, β, γ les cosinus des angles de ces forces avec les axes; F la force, positive ou négative, appliquée au point (x, y, z). La résultante sera égale à ΣF, et appliquée au point (x', y', z'), obtenu en exprimant l'égalité des expressions (1) (§ 339) :

$$(2)\quad \begin{cases} (y'\gamma - z'\beta)\Sigma F = \gamma\Sigma Fy - \beta\Sigma Fz \\ (z'\alpha - x'\gamma)\Sigma F = \alpha\Sigma Fz - \gamma\Sigma Fx \\ (x'\beta - y'\alpha)\Sigma F = \beta\Sigma Fx - \alpha\Sigma Fy \end{cases}$$

Si on ajoute ces équations, multipliées par α, β, γ, on a une identité ; elles se réduisent donc à deux. Si ΣF n'est pas nul, le point (x', y', z') est un point quelconque de la droite qui représente la résultante.

Si $\Sigma F = 0$, les équations (2) sont incompatibles ; les forces se ramènent à un couple. Si les seconds membres sont aussi nuls, les forces se font équilibre.

Si les forces changent de direction, les intensités F, et les points d'application (x, y, z), n'étant pas changés ; les équations (2) seront vérifiées, quels que soient α, β, γ, par les valeurs :

$$x' = \frac{\Sigma Fx}{\Sigma F}\,, \qquad y' = \frac{\Sigma Fy}{\Sigma F}\,, \qquad z' = \frac{\Sigma Fz}{\Sigma F}\,.$$

La pesanteur, appliquée à chaque point d'un solide, est proportionnelle à sa masse. Le point d'application de la résultante, ou centre de gravité, ne dépend pas de la position du corps par rapport à la verticale. C'est un point fixe par rapport au solide.

Deux forces parallèles et de même sens, F, F', ont une résultante égale à leur somme. Si A, B (*fig.* 97) sont les points d'application, on peut prendre AB pour axe des x, la résultante est appliquée en C :

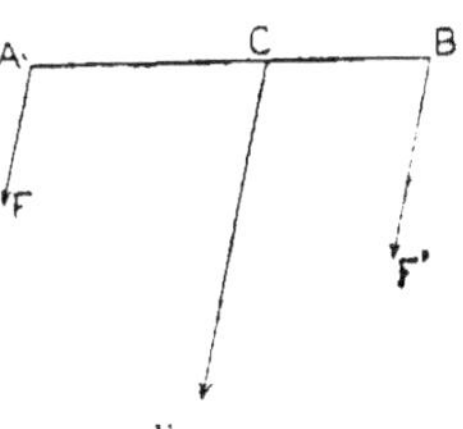

Fig. 97.

$$\frac{AC}{F'} = \frac{CB}{F} = \frac{AB}{F + F'}$$

343. Équilibre d'un solide. — Un corps solide est en équilibre s'il est soumis à des forces qui se réduisent à zéro (§ 339).

Un solide, pouvant tourner autour d'un point fixe O, est en équilibre, si les forces ont une résultante passant par O, ou si :

$$\Sigma L = 0, \qquad \Sigma M = 0, \qquad \Sigma N = 0$$

la réaction fait équilibre à la résultante.

S'il y a deux points fixes O, et O', sur OZ, le solide peut tourner autour de OZ. La seule condition d'équilibre est : $\Sigma N = 0$.

Soient X_1, Y_1, Z_1 les composantes de la réaction en O ; X_2, Y_2, Z_2 celles de O', de coordonnées $(0, 0, h)$. On aura :

$$X_1 + X_2 + \Sigma X = 0, \qquad Y_1 + Y_2 + \Sigma Y = 0, \qquad Z_1 + Z_2 + \Sigma Z = 0$$
$$- Y_2 h + \Sigma L = 0, \qquad X_2 h + \Sigma M = 0, \qquad \Sigma N = 0$$

ces équations déterminent X_2, Y_2, X_1, Y_1 et $Z_1 + Z_2$. Si les réactions ne sont pas complètement déterminées, c'est que les corps naturels ne sont pas aussi rigides qu'on le suppose. Ils subissent de petites déformations, qui dépendent des pressions qu'ils supportent. Dans chaque cas, les réactions dépendront de l'élasticité du corps, et de la déformation qu'il subit.

Si plusieurs corps sont reliés entre eux, on peut supposer chaque solide libre, en remplaçant les conditions de liaisons par des forces de réaction. Il y a équilibre si l'on peut déterminer les réactions de façon que l'ensemble des forces, agissant sur chaque corps, se réduise à zéro.

344. Polygone funiculaire. — Soit un système de solides articulés; chacun ayant, avec le suivant, un point commun autour duquel il peut tourner.

Supposons le polygone, $A_0 A_1 A_2 A_3 A_4$ (*fig.* 98), en équilibre sous l'action de forces appliquées aux divers corps. Les forces appliquées à un corps, $A_2 A_3$, doivent faire équilibre aux réactions de A_2 et A_3, et se réduire à deux forces appliquées à ces sommets. De même, l'ensemble des forces appliquées aux solides devra pouvoir se remplacer par des forces $F_0 F_1 F_2 \ldots$ appliquées aux points $A_0 A_1 A_2 \ldots$ La force F_0 doit passer par A_1. F_0 et F_1 auront une résultante qui doit être dirigée suivant $A_2 A_1$. F_0, F_1, F_2 ont alors une résultante, qui doit être dirigée suivant $A_3 A_2$; et ainsi de suite. L'ensemble des forces doit enfin se faire équilibre.

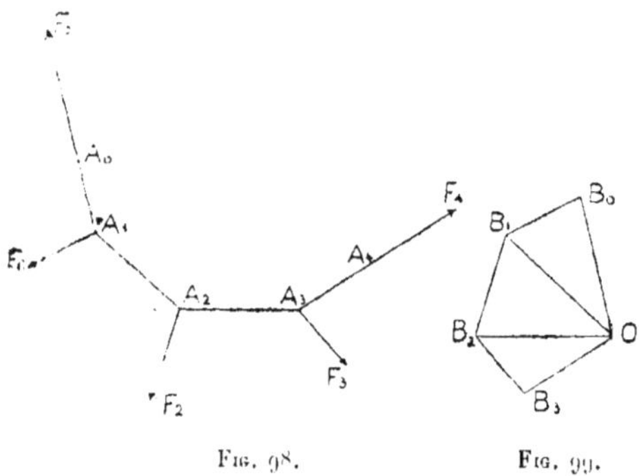

Fig. 98.   Fig. 99.

Si on construit un polygone $OB_0 B_1 B_2 B_3 O$ (*fig.* 99) dont les côtés sont égaux et parallèles aux forces $F_0 F_1 F_2 F_3 F_4$, ce polygone doit être fermé. La résultante de F_0 et F_1 est OB_1, celle de F_0, F_1, F_2, est OB_2, et ainsi de suite. Les côtés du polygone $A_0 A_1 A_2 A_3 A_4$ seront parallèles aux droites OB_0, OB_1, OB_2, OB_3. Si A_0 et A_4 sont deux points fixes, F_0 et F_4 seront les réactions de ces points.

345. Polygone pesant. — Supposons les côtés du polygone égaux et soumis à leurs poids, que l'on peut remplacer par des forces verticales et égales, appliquées aux sommets $A_1 A_2 \ldots$ Les lignes $B_0 B_1$, $B_1 B_2$, … sont verticales et égales (*fig.* 100); les côtés du polygone sont parallèles à OB_0, OB_1, … On peut ainsi construire les figures d'équilibre que peut prendre le polygone, dans un plan vertical.

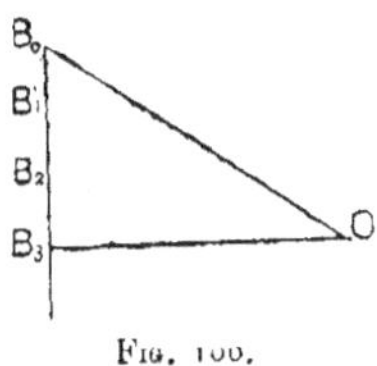

Fig. 100.

Soient α_0, α_1, α_2 … les angles des côtés avec une droite horizontale, on a :

$$\operatorname{tg} \alpha_0 - \operatorname{tg} \alpha_1 = \operatorname{tg} \alpha_1 - \operatorname{tg} \alpha_2 = \ldots = K$$

Si l'un des côtés est horizontal, les autres forment des angles dont les tangentes sont K, $2K$, $3K$, …

346. Fil pesant. — Un fil homogène pesant est un polygone de côtés infiniment petits. Si, à l'origine des arcs, la tangente est horizontale ; en un point M, elle forme un angle α, dont la tangente est proportionnelle à l'arc.

$$\frac{dy}{dx} = \operatorname{tg} \alpha = \frac{s}{a}$$

$$\frac{dx}{a} = \frac{dy}{s} = \frac{ds}{\sqrt{a^2 + s^2}}$$

En choisissant l'origine des coordonnées, on a :

$$x = \int \frac{a\,ds}{\sqrt{a^2 + s^2}} = a\,L\,\frac{s + \sqrt{a^2 + s^2}}{a}$$

$$y = \int \frac{s\,ds}{\sqrt{a^2 + s^2}} = \sqrt{a^2 + s^2}$$

$$s + \sqrt{a^2 + s^2} = a e^{\frac{x}{a}}. \qquad - s + \sqrt{a^2 + s^2} = a e^{-\frac{x}{a}}$$

$$y = \sqrt{a^2 + s^2} = \frac{a}{2}\left(e^{\frac{x}{a}} + e^{-\frac{x}{a}}\right)$$

$$s = \frac{a}{2}\left(e^{\frac{x}{a}} - e^{-\frac{x}{a}}\right)$$

Cette courbe, appelée chaînette, est symétrique par rapport à OY. Si on donne les extrémités du fil, et sa longueur l, les éléments de la courbe sont déterminés par les équations.

$$A = x_1 - x_0$$

$$B = y_1 - y_0 = \frac{a}{2}\left(e^{\frac{x_1}{a}} + e^{-\frac{x_1}{a}} - e^{\frac{x_0}{a}} - e^{-\frac{x_0}{a}}\right)$$

$$l = s_1 - s_0 = \frac{a}{2}\left(e^{\frac{x_1}{a}} - e^{-\frac{x_1}{a}} - e^{\frac{x_0}{a}} + e^{-\frac{x_0}{a}}\right)$$

on connaît A, B, l.

$$\frac{l+B}{l-B} = \frac{e^{\frac{x_1}{a}} - e^{\frac{x_0}{a}}}{e^{-\frac{x_0}{a}} - e^{-\frac{x_1}{a}}} = e^{\frac{x_1+x_0}{a}}$$

$$l^2 - B^2 = a^2\left(e^{\frac{x_1}{a}} - e^{\frac{x_0}{a}}\right)\left(e^{-\frac{x_0}{a}} - e^{-\frac{x_1}{a}}\right) = a^2\left(e^{\frac{x_1-x_0}{2a}} - e^{\frac{x_0-x_1}{2a}}\right)^2$$

$$x_1 + x_0 = a\,L\,\frac{l+B}{l-B}$$

$$\sqrt{l^2 - B^2} = a\left(e^{\frac{A}{2a}} - e^{-\frac{A}{2}}\right) = \frac{e^{\theta} - e^{-\theta}}{2\theta}\,A$$

en posant :

$$A = 2\,a\theta$$

cette dernière équation donne θ, ou a ; on calcule ensuite x_0 et x_1. Les réactions sont tangentes à la courbe, elles ont une résultante égale et opposée au poids du fil. Si on suppose le fil coupé, en un point M, il restera en équilibre en appliquant une force, tension du fil en M, dirigée sur la tangente, opposée à la résultante du poids de la partie qui reste et de la réaction à l'extrémité.

Exercices

1. Déterminer les positions d'équilibre d'un point pesant assujetti à rester sur une parabole dont l'axe est vertical, et repoussé par le foyer proportionnellement à la distance.

2. Les extrémités d'une droite AB homogène pesante (*fig.* 101) sont assujetties à rester sur un cercle vertical, et sur le diamètre vertical du cercle. Déterminer sa position d'équilibre.

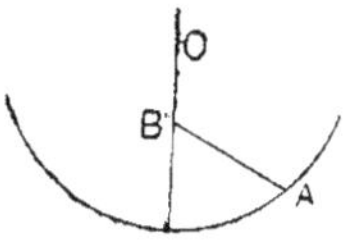

3. Un triangle isocèle peut se déplacer dans un plan vertical : un sommet de la base reste sur une droite verticale ; le milieu de la base est relié à un point de cette droite par un fil, non pesant, de longueur donnée. Déterminer la position d'équilibre du triangle supposé formé des trois côtés homogènes, soumis chacun à leur poids.

Fig. 101.

CHAPITRE V

—

CENTRES DE GRAVITÉ

347. Centre de gravité d'un arc de cercle. — Un arc de courbe étant supposé homogène, le poids d'un élément est proportionnel, et peut être supposé égal à sa longueur. Soit un arc de cercle de centre O (*fig.* 102), de rayon R, symétrique par rapport à OX, l'angle au centre AOA′ étant égal à 2α. Soit M un point de l'arc, d'abscisse $x = R \cos \omega$; à un élément de longueur R $d\omega$ est appliqué un poids proportionnel à cette longueur, on peut supposer ce poids égal à $d\omega$. Le moment, par rapport à l'axe OY, de ce poids supposé perpendiculaire au plan XOY de l'arc, est R $\cos \omega d\omega$. Si x', y' sont les coordonnées du centre de gravité, on a (§ 342) :

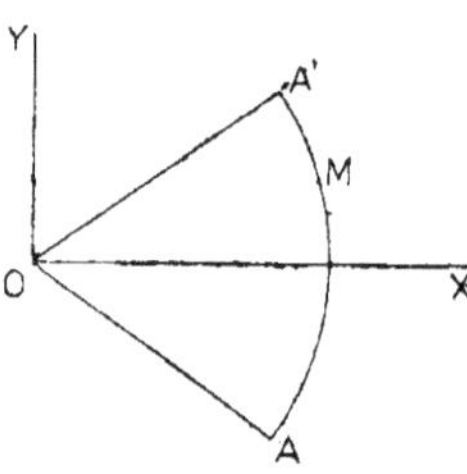

Fig. 102.

$$x' \int_{-\alpha}^{\alpha} d\omega = \int_{-\alpha}^{\alpha} x d\omega = \int_{-\alpha}^{\alpha} R \cos \omega d\omega$$

$$2x'\alpha = 2 R \sin \alpha,$$

$$x' = R \frac{\sin \alpha}{\alpha}$$

On aura de même :

$$2y'\alpha = \int_{-\alpha}^{\alpha} y d\omega = \int_{-\alpha}^{\alpha} R \sin \omega d\omega = 0$$

Le centre de gravité est sur l'axe de symétrie OX, le rapport $\dfrac{x'}{R}$ est égal au rapport $\dfrac{2\sin\alpha}{2\alpha}$ de la corde AA' à l'arc.

348. Aires planes. — Soit une surface plane, supposée homogène, rapportée à deux axes XOY, qui forment un angle θ (*fig.* 103).

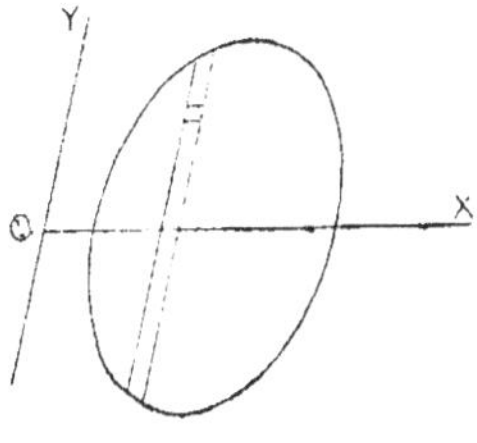

Un élément de surface $dx\,dy\,\sin\theta$ est soumis à une force proportionnelle à son aire. Sa distance à OX est $y\sin\theta$. En supprimant le facteur commun $\sin^2\theta$, on voit que les coordonnées du centre de gravité sont données par les relations :

FIG. 103.

$$y'\iint dx\,dy = \iint y\,dx\,dy, \qquad x'\iint dx\,dy = \iint x\,dx\,dy$$

Si les cordes parallèles à OY ont leur milieu sur OX, qui est un diamètre (§ 139), l'intégrale $\iint y\,dx\,dy$ est nulle, car les éléments se détruisent deux à deux ; le centre de gravité est donc sur le diamètre OX.

349. Triangle. — Dans un triangle ABC (*fig.* 104), la médiane AD est le lieu des milieux des cordes parallèles à BC. Le centre de gravité est donc sur AD, et au point de rencontre des médianes. On sait que Dg est le tiers de AD.

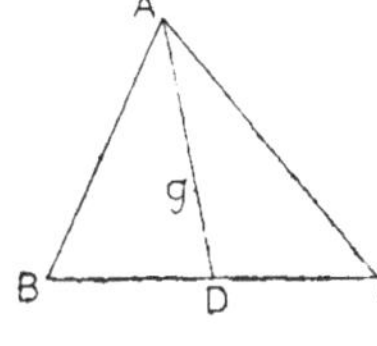

FIG. 104.

Si trois forces, égales et parallèles, sont appliquées en A, B, C, les deux forces appliquées en B et C ont une résultante double appliquée en D ; la résultante des trois forces est appliquée en g. Le poids d'un triangle est donc équivalent à trois forces, égales au tiers de ce poids, appliquées aux trois sommets.

350. Trapèze. — Soit un trapèze ABCD de bases AB $= b$, CD $=$ B (*fig.* 105) ; E le milieu de AB. Décomposons le en trois triangles DAE, CEB, ECD, qui ont même hauteur, et ont des poids proportionnels aux bases AE, EB, CD où à 3 b et 6 B. Chacun

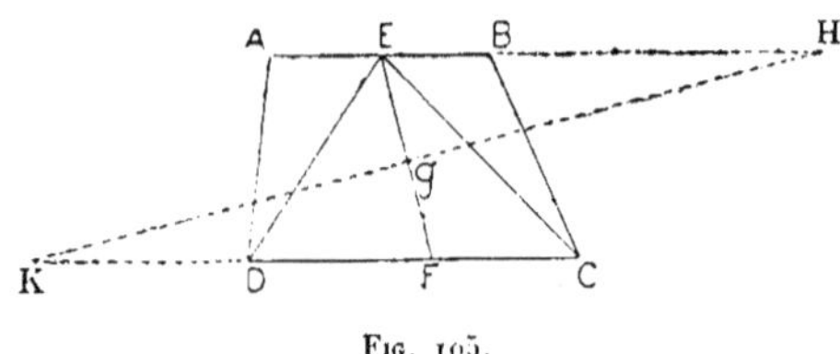

Fig. 105.

de ces poids peut se remplacer par trois forces égales au tiers, appliquées aux sommets du triangle. On a ainsi les poids b aux sommets A et B, $2b + 2$ B en E, $b + 2$ B en C et D. On peut les remplacer par deux forces, $4b + 2$ B en E, et $2b + 4$ B en F, milieu de CD. Ces deux forces ont une résultante appliquée au centre de gravité g du trapèze.

$$\frac{Eg}{b + 2B} = \frac{gF}{2b + B}$$

g est à l'intersection de EF avec la droite HK obtenue en prolongeant chaque base d'une longueur égale à l'autre :

$$BH = DC, \qquad DK = BA$$

351. Secteur circulaire. — Le centre de gravité du secteur OAA′ (§ 347), d'angle 2α, est sur le rayon OX, axe de symétrie du secteur. Sa distance au centre peut s'obtenir en décomposant l'aire en coordonnées polaires :

$$x' \int_0^R \int_{-\alpha}^{\alpha} \rho d\rho d\omega = \int_0^R \int_{-\alpha}^{\alpha} \rho \cos \omega \times \rho d\rho d\omega$$

$$x'\alpha R^2 = \frac{R^3}{3} 2 \sin \alpha, \qquad x' = \frac{2}{3} R \frac{\sin \alpha}{\alpha}$$

Le centre de gravité coïncide avec celui d'un arc dont le rayon est $\frac{2}{3}$ R.

352. Parabole. — Pour déterminer le centre de gravité de l'aire comprise entre une parabole et la corde MM′ (§ 249), prenons pour axes la tangente parallèle à MM' et le diamètre conjugué. L'équation de la parabole est :

$$y^2 = 2\,px$$

le centre de gravité est sur le diamètre OX, et l'on a (§ 348) :

$$x' \int_0^x \sqrt{2px}\,dx = \int_0^x x\sqrt{2px}\,dx$$

$$x'\,\frac{2}{3}\,x^{\frac{3}{2}} = \frac{2}{5}\,x^{\frac{5}{2}}, \qquad x' = \frac{3}{5}\,x$$

353. Zone. — Soit une sphère de centre O, dont l'équation est

$$x^2 + y^2 + z^2 = R^2$$

z est une fonction de x et y, dont les dérivées partielles sont :

$$\frac{\partial z}{\partial x} = -\frac{x}{z}, \qquad \frac{\partial z}{\partial y} = -\frac{y}{z}$$

$$1 + \left(\frac{\partial z}{\partial x}\right)^2 + \left(\frac{\partial z}{\partial y}\right)^2 = 1 + \frac{x^2 + y^2}{z^2} = \frac{R^2}{z^2}$$

un élément de surface de la sphère est égal (§ 266) à $\frac{R}{z}\,dxdy$. Le centre de gravité d'une portion de surface de la sphère est déterminé par :

$$z' \iint \frac{R}{z}\,dxdy = \iint R\,dxdy$$

ou

$$z'\,S = RS'$$

S' étant la projection de l'aire S sur le plan XOY. x' et y' se calculeront de la même manière.

Le centre de gravité d'une zone sera sur le diamètre perpendiculaire aux plans des bases, qui est un axe de symétrie ; si h est la hauteur de la zone, r et r' les rayons des bases, d et d' leurs distances au centre, on a :

$$z = R\,\frac{\pi\,(r^2 - r'^2)}{2\,\pi\,Rh} = \frac{d'^2 - d^2}{2\,(d' - d)} = \frac{d' + d}{2}$$

le centre de gravité est à égale distance des plans des bases.

354. Volumes. — Le centre de gravité d'un volume, rapporté à des axes rectangulaires, est donné par la formule :

$$x' \iiint dx\,dy\,dz = \iiint x\,dx\,dy\,dz$$

et les expressions analogues, qui donnent y' et z'. La même formule s'applique si les axes sont obliques, car x, x' et y, z sont multipliés par des facteurs constants, que l'on peut supprimer dans les deux membres. Si le plan YOZ est un plan diamétral, lieu des milieux des cordes parallèles à OX, l'intégrale du second membre est nulle, $x' = 0$, le centre de gravité est dans ce plan diamétral.

355. Tétraèdre. — Soit un tétraèdre, ou pyramide triangulaire ABCD, E le milieu de DC. Le plan ABE est le lieu des milieux des cordes parallèles à CD, le centre de gravité est dans ce plan. Pour la même raison il est dans le plan ACF, et sur leur intersection AH, ou sur la droite qui joint un sommet A au centre de gravité H de la face BCD. Il est aussi sur la droite BK, qui joint B au centre de gravité de la face ACD, et sur les quatre droites analogues. Dans le triangle AEB, H et K sont au tiers des côtés EB et EA, il en résulte que HK est le tiers de AB, et que g divise AH en deux parties telles que

$$\frac{Hg}{1} = \frac{Ag}{3} = \frac{AH}{4}.$$

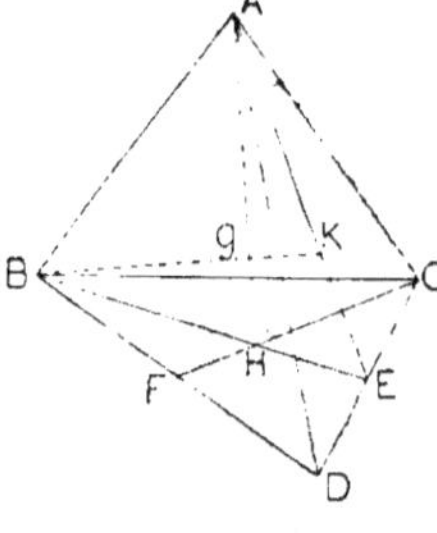

Fig. 106.

Si quatre poids égaux sont placés aux points ABCD, les forces appliquées en B, C, D ont une résultante appliquée en H. Le centre de gravité des quatre poids est en g.

356. Pyramide. — Toute pyramide peut se décomposer en pyramides triangulaires. Le poids de chacune peut se remplacer par une force, appliquée au centre de gravité de la section parallèle à la base, qui divise la hauteur au quart à partir de la base ; cette force est proportionnelle à la surface de cette section. Il en résulte que le centre de gravité de toute pyramide, ou cône, est sur la droite qui joint le sommet au centre de gravité de la base, et au quart à partir de la base.

357. Paraboloïde. — Pour déterminer le centre de gravité du volume limité par un paraboloïde elliptique (§ 201) et un plan P, on peut prendre pour YOZ le plan tangent parallèle à P, les axes étant trois directions conjuguées. L'équation de la surface sera :

$$\frac{y^2}{p} + \frac{z^2}{q} = 2\,x.$$

Soit : $x = a$ l'équation du plan P. Le centre de gravité est sur OX, intersection de deux plans diamétraux, et l'on a :

$$x' \iiint dx\,dy\,dz = \iiint x\,dx\,dy\,dz$$

mais $\iint dy\,dz$ représente l'aire de la section parallèle au plan YOZ, ou d'une ellipse dont deux diamètres conjugués sont $\sqrt{2\,px}$, $\sqrt{2\,qx}$, cette aire est proportionnelle à x ; et, en supprimant un même facteur constant dans les deux membres, on a

$$x' \int_0^a x\,dx = \int_0^a x^2\,dx$$

$$x'\,\frac{a^2}{2} = \frac{a^3}{3}, \qquad x' = \frac{2}{3}\,a.$$

358. Théorème de Guldin. — Si une aire plane tourne autour de l'axe OX, qui ne la rencontre pas, l'élément d'aire $dx\,dy$ engendre un volume égal à

$$\pi\,[(y + dy)^2 - y^2]\,dx = \pi\,(2\,y + dy)\,dx\,dy$$

que l'on peut remplacer par $2\,\pi y\,dx\,dy$. Le volume engendré est :

$$V = \iint 2\,\pi y\,dx\,dy.$$

Le centre de gravité de l'aire est déterminé par l'équation :

$$y'\mathrm{S} = y' \iint dx\,dy = \iint y\,dx\,dy$$

$$V = 2\,\pi y'\mathrm{S}.$$

Le volume engendré est le produit de l'aire plane par la circonférence que décrit son centre de gravité.

359. Corps reposant sur un plan. — Si un corps pesant repose sur un plan horizontal par plusieurs points, il est en équilibre si les réactions normales des points d'appui peuvent avoir pour résultante une force opposée au poids ; ou si la verticale du centre de gravité passe à l'intérieur d'un polygone convexe, dont les sommets sont les points d'appui. Le poids peut alors se décomposer en forces parallèles, appliquées en ces points. Si le corps repose par trois points, ces forces sont déterminées, ainsi que les réactions. S'il y a plus de trois points de contact, le problème est indéterminé. C'est que les corps naturels ne sont pas absolument invariables, ils subissent de légères déformations, qui dépendent des pressions qui leur sont appliquées ; les réactions dépendent ainsi de l'élasticité du corps.

Si un corps, limité par une surface convexe, repose sur un plan horizontal, il est en équilibre si le centre de gravité est sur la normale au point de contact, qui est verticale. Si OZ est en sens inverse de la pesanteur, la fonction des forces est — Mgz, où z est la distance du centre de gravité au plan. L'équilibre sera stable (§ 334) si — z est maximum, c'est-à-dire si la distance du centre de gravité aux plans tangents voisins augmente.

Supposons le corps limité par une sphère de rayon R, soit l la distance du centre de gravité au point de contact. Si le plan tangent tourne d'un angle θ, la distance du centre de gravité à ce nouveau plan sera :

$$R - (R - l) \cos \theta$$

elle sera supérieure à l si

$$R - (R - l) \cos \theta > l$$
$$(R - l)(1 - \cos \theta) > 0$$
$$l < R$$

l'équilibre est stable si le centre de gravité est sur le rayon vertical, au-dessous du centre de la sphère.

Si le corps est limité par une surface convexe, on considérera les sections passant par la normale verticale ; si l'un des centres de courbure est au-dessous du centre de gravité, l'équilibre est instable, si les deux centres de courbure principaux (§ 228) sont au-dessus du centre de gravité, l'équilibre est stable.

Par exemple, un ellipsoïde homogène sera en équilibre, s'il repose sur l'un des sommets, le centre de gravité étant le centre de figure.

Pour le sommet de l'axe a, les rayons de courbure principaux sont les rayons de courbure des ellipses dans les plans XOY et XOZ, ils sont égaux (§ 171) à $\dfrac{b^2}{a}$ et $\dfrac{c^2}{a}$, l'équilibre sera stable si $\dfrac{b^2}{a} > a$, $\dfrac{c^2}{a} > a$, ou si a est le petit axe. L'équilibre n'est stable que si l'ellipsoïde repose sur un sommet du petit axe.

Exercices.

1. Déterminer le centre de gravité de la cycloïde (§ 127) limitée aux extrémités O, B ; 2° le centre de gravité de l'aire comprise entre la courbe et la base OB. En déduire le volume engendré par cette aire tournant autour de la base.

2. Déterminer les positions d'équilibre d'un solide homogène, limité par un paraboloïde, et un plan perpendiculaire à l'axe, qui repose sur un plan horizontal.

CHAPITRE VI

—

DYNAMIQUE DES SYSTÈMES

360. Ensemble de points. — Lorsque des points matériels agissent les uns sur les autres, on appelle forces intérieures du système les actions mutuelles de ces points. Elles sont deux à deux égales et opposées. Si un point M attire un point M′, celui-ci attire M en sens inverse. Lorsque deux corps sont en contact, ils subissent des réactions égales et opposées. On admet, comme étant confirmée par l'expérience, l'égalité de l'action et de la réaction ; principe qui a été posé par Newton. Chaque point d'un système est ainsi soumis à des forces intérieures et des forces extérieures ; son mouvement est déterminé par les équations du § 319, où entrent toutes ces forces.

361. Mouvement du centre de gravité. — Si on ajoute les équations relatives à tous les points du système, on a :

$$\Sigma m \frac{d^2 x}{dt^2} = \Sigma X, \quad \Sigma m \frac{d^2 y}{dt^2} = \Sigma Y, \quad \Sigma m \frac{d^2 z}{dt^2} = \Sigma Z.$$

Les forces intérieures ayant une résultante nulle, les seconds membres ne comprennent que les forces extérieures.

Soit $(x_1 y_1 z_1)$ le centre de gravité du système de points, M la somme des masses, on a (§ 342) :

$$Mx_1 = \Sigma mx, \qquad My_1 = \Sigma my, \qquad Mz_1 = \Sigma mz$$

$$M \frac{d^2 x_1}{dt^2} = \Sigma X. \qquad M \frac{d^2 y_1}{dt^2} = \Sigma Y, \qquad M \frac{d^2 z_1}{dt^2} = \Sigma Z.$$

Le centre de gravité se meut comme un point de masse M, soumis à des forces égales et parallèles aux forces extérieures du système.

362. Quantité de mouvement. — On appelle quantité de mouvement, d'un point de masse m, un vecteur dirigé suivant sa vitesse v, et égal à mv. Ce vecteur est la résultante géométrique de trois vecteurs parallèles aux axes, égaux à $m\,\dfrac{dx}{dt}$, $m\,\dfrac{dy}{dt}$, $m\,\dfrac{dz}{dt}$.

Le moment de la quantité de mouvement par rapport à l'axe OZ est égal à (§ 338) :

$$m\left(x\,\frac{dy}{dt} - y\,\frac{dx}{dt}\right).$$

Des équations du mouvement (§ 319), on déduit :

$$m\left(x\,\frac{d^2y}{dt^2} - y\,\frac{d^2x}{dt^2}\right) = m\,\frac{d}{dt}\left(x\,\frac{dy}{dt} - y\,\frac{dx}{dt}\right) = \Sigma\,(xY - yX)$$

et, en ajoutant les équations relatives à chaque point :

$$\frac{d}{dt}\,\Sigma m\left(x\,\frac{dy}{dt} - y\,\frac{dx}{dt}\right) = \Sigma\,(xY - yX)$$

le second membre représentant la somme des moments de toutes les forces. Mais les forces intérieures disparaissent, elles ont des moments qui se détruisent deux à deux. Donc :

La dérivée de la somme des moments des quantités de mouvement, de tous les points d'un système, par rapport à un axe est égale à la somme des moments des forces extérieures.

363. Principe des aires. — La projection d'un point M sur le plan XOY étant M', le rayon vecteur OM' décrit une aire que l'on supposera positive ou négative, suivant le sens de rotation. La dérivée de cette aire est (§ 307) :

$$\frac{dA}{dt} = \frac{1}{2}\,\rho^2\,\frac{d\omega}{dt} = \frac{1}{2}\left(x\,\frac{dy}{dt} - y\,\frac{dx}{dt}\right).$$

Supposons que la somme des moments des forces extérieures, par rapport à OZ, soit constamment nulle. Le théorème des moments des quantités de mouvement donne :

$$\frac{d}{dt}\, \Sigma m \left(x\,\frac{dy}{dt} - y\,\frac{dx}{dt} \right) = 2\,\Sigma m\,\frac{d^2 A}{dt^2} = 0$$

$$\Sigma m A = ct + c'.$$

La somme des produits de la masse de chaque point par l'aire que décrit la projection du rayon vecteur varie proportionnellement au temps.

La somme $\Sigma m \left(x\,\dfrac{dy}{dt} - y\,\dfrac{dx}{dt} \right)$, des moments des quantités de mouvement, est constante.

Si les forces extérieures ont une résultante passant par O, le principe des aires s'applique à tout plan passant par O. Les quantités de mouvement, considérées comme des vecteurs, ou des forces, sont équivalentes à une force appliquée en O, et un couple (§ 341), dont l'axe reste fixe. La constante des aires c, relative à un plan passant par O, est la projection de cet axe sur la normale au plan. Pour tout plan passant par l'axe du couple elle est nulle.

364. Force vive. — En ajoutant les équations des forces vives (§ 322), pour chaque point du système, on a :

$$\frac{1}{2}\, d\Sigma m v^2 = \Sigma\,(X dx + Y dy + Z dz).$$

Le second membre comprend les forces intérieures et extérieures.

Soit F une force intérieure agissant du point $M_0\,(x_0 y_0 z_0)$ sur le point $M_1\,(x_1 y_1 z_1)$; X, Y, Z les composantes de F. Le point M_1 sera soumis à la force opposée — F (§ 360). Soit r la distance $M_0 M_1$, on a :

$$\frac{X}{x_0 - x_1} = \frac{Y}{y_0 - y_1} = \frac{Z}{z_0 - z_1} = \frac{F}{r}$$

la somme des travaux élémentaires de ces deux forces (§ 321) est :

$$X d\,(x_1 - x_0) + Y d\,(y_1 - y_0) + Z d\,(z_1 - z_0) =$$

$$-\frac{F}{r}\left[(x_1 - x_0) d(x_1 - x_0) + (y_1 - y_0) d(y_1 - y_0) + (z_1 - z_0) d(z_1 - z_0) \right] = -F dr.$$

La somme des travaux des forces intérieures est $\Sigma - F dr$.

Si deux points sont à une distance invariable, le travail élémentaire de la force qui les relie est nul. Le théorème des forces vives s'applique à un corps solide invariable, en ne considérant que les forces extérieures.

365. Mouvement d'un solide autour d'un axe. — Soit un corps solide assujetti à tourner autour de l'axe OZ ; on peut supposer que ce corps ait deux points qui devront occuper une position fixe sur OZ. Il en résulte deux forces, ou réactions, appliquées à ces deux points fixes. Si le corps est, en outre, soumis à des forces données, on peut étudier son mouvement comme s'il était libre, en tenant compte des deux réactions qui sont des forces indéterminées, dont on connaît seulement les points d'application. Soit M un point du corps solide en mouvement, x, y, z ses coordonnées à un instant déterminé. Considérons un axe passant par O, dans le plan XOY et relié invariablement au solide ; cet axe tourne autour de O, à l'instant considéré il forme avec OX un angle θ. Soient ρ et ω les coordonnées polaires de la projection du point M sur le plan XOY, par rapport à l'axe mobile ; pour un point déterminé du solide ces coordonnées sont constantes. Par rapport à l'axe fixe OX, la projection de M a pour coordonnées polaires ρ et $\omega + \theta$, où θ varie seul avec le temps t. Des relations :

$$x = \rho \cos(\omega + \theta) \quad , \quad y = \rho \sin(\omega + \theta)$$

on déduit :

$$dx = -\rho \sin(\omega + \theta)\, d\theta = -y\, d\theta \quad , \quad dy = \rho \cos(\omega + \theta)\, d\theta = x\, d\theta$$
$$x\, dy - y\, dx = (x^2 + y^2)\, d\theta = \rho^2\, d\theta$$

$\dfrac{d\theta}{dt}$ est la vitesse angulaire de rotation du corps solide. Les deux réactions, qui rencontrent OZ, ont, par rapport à cet axe, des moments nuls. Si on applique le théorème des moments des quantités de mouvement (§ 362), on n'a pas à tenir compte des réactions. On aura :

$$\frac{d}{dt} \Sigma m \rho^2 \frac{d\theta}{dt} = \Sigma(xY - yX)$$

$$\frac{d^2\theta}{dt^2} = \frac{\Sigma(xY - yX)}{\Sigma m \rho^2}$$

Cette équation détermine θ en fonction de t, si les forces qui agissent sur le solide sont connues. $\Sigma m\rho^2$ est une constante qu'on appelle moment d'inertie du solide par rapport à l'axe OZ. A chaque élément du solide, de masse m, correspond un moment d'inertie élémentaire $m\rho^2$; le moment d'inertie est la somme, ou l'intégrale, de ces éléments, étendue à tout le solide.

Cherchons les réactions supposées appliquées à l'origine O, et au point O′ de OZ, soit OO′ $= l$. Soient X_1, Y_1, Z_1, et X_2, Y_2, Z_2 les composantes de ces réactions. Des équations du mouvement du solide supposé libre, mais soumis aux forces données et aux deux réactions, on déduit (§ 361) :

$$\Sigma m \, \frac{d^2x}{dt^2} = X_1 + X_2 + \Sigma X$$

$$\Sigma m \, \frac{d^2y}{dt^2} = Y_1 + Y_2 + \Sigma Y$$

$$\Sigma m \, \frac{d^2z}{dt^2} = Z_1 + Z_2 + \Sigma Z$$

le théorème des moments des quantités de mouvement par rapport à OX, et OY, donne :

$$\frac{d}{dt} \, \Sigma m \left(y \, \frac{dz}{dt} - z \, \frac{dy}{dt} \right) = - \, lY_2 + \Sigma \, (yZ - zY)$$

$$\frac{d}{dt} \, \Sigma m \left(z \, \frac{dx}{dt} - x \, \frac{dz}{dt} \right) = lX_2 + \Sigma \, (zX - xZ)$$

Si on remplace x et y en fonction de ρ, ω, θ, des relations

$$\frac{dx}{dt} = - y \, \frac{d\theta}{dt} \qquad , \qquad \frac{dy}{dt} = x \, \frac{d\theta}{dt}$$

on déduit :

$$\frac{d^2x}{dt^2} = - y \, \frac{d^2\theta}{dt^2} - x \left(\frac{d\theta}{dt} \right)^2 \quad , \quad \frac{d^2y}{dt^2} = x \, \frac{d^2\theta}{dt^2} - y \left(\frac{d\theta}{dt} \right)^2$$

d'autre part z reste constant, $\dfrac{dz}{dt} = 0$ pour tout point du solide.

Les 5 équations précédentes deviennent :

$$- \frac{d^2\theta}{dt^2} \Sigma my - \left(\frac{d\theta}{dt}\right)^2 \Sigma mx = X_1 + X_2 + \Sigma X$$

$$\frac{d^2\theta}{dt^2} \Sigma mx - \left(\frac{d\theta}{dt}\right)^2 \Sigma my = Y_1 + Y_2 + \Sigma Y$$

$$0 = Z_1 + Z_2 + \Sigma Z$$

$$- \Sigma mz \frac{d^2y}{dt^2} = - \frac{d^2\theta}{dt^2} \Sigma mzx + \left(\frac{d\theta}{dt}\right)^2 \Sigma mzy = - lY_2 + \Sigma (yZ - zY)$$

$$\Sigma mz \frac{d^2x}{dt^2} = - \frac{d^2\theta}{dt^2} \Sigma mzy - \left(\frac{d\theta}{dt}\right)^2 \Sigma mzx = lX_2 + \Sigma (zX - xZ)$$

Quand on aura déterminé θ en fonction de t, les deux dernières équations donneront X_2 et Y_2 ; des deux premières on déduit X_1 et X_2, la troisième donnera $Z_1 + Z_2$. Ces réactions ne sont pas complètement déterminées, Z_1 pourrait être choisi arbitrairement. Si les corps ont une forme aussi invariable qu'on le suppose, le même mouvement peut s'établir avec des systèmes de réactions équivalents. Mais ces conditions ne sont pas exactement réalisées par les corps solides, qui subissent de petites déformations ; les réactions qui s'établissent dépendent de ces déformations et de l'élasticité des corps (§ 343).

366. Comparaison des moments d'inertie. — Prenons pour origine le centre de gravité d'un corps solide, ou d'un système de points reliés invariablement entre eux. Soient trois axes rectangulaires reliés au solide, et passant par son centre de gravité. On aura, pour l'ensemble de ces points :

$$\Sigma mx = 0, \qquad \Sigma my = 0, \qquad \Sigma mz = 0.$$

Soit un axe, parallèle à OZ, passant par le point $(a, b, 0)$. Le carré de la distance d'un point (x, y, z) à cet axe est

$$(x - a)^2 + (y - b)^2.$$

Le moment d'inertie du solide, par rapport à cet axe est :

$$\Sigma m \left[(x - a)^2 + (y - b)^2\right] = \Sigma m (x^2 + y^2) + (a^2 + b^2)\Sigma m.$$

Le moment d'inertie est égal au moment d'inertie $\Sigma m (x^2 + y^2)$ par rapport à un axe, OZ, parallèle au premier et passant par le centre de gravité, augmenté du produit de la masse du solide, Σm, par le carré $(a^2 + b^2)$ de la distance des deux axes parallèles.

367. Ellipsoïde d'inertie. — Soit un axe passant par l'origine, qui peut être un point quelconque du solide; α, β, γ, les cosinus directeurs de cet axe; r la distance d'un point (x, y, z) à l'axe. On a (§ 187) :

$$r^2 = (x^2 + y^2 + z^2)(\alpha^2 + \beta^2 + \gamma^2) - (\alpha x + \beta y + \gamma z)^2$$
$$\Sigma m r^2 = A\alpha^2 + B\beta^2 + C\gamma^2 - 2D\beta\gamma - 2E\gamma\alpha - 2F\alpha\beta$$

en posant :

$$A = \Sigma m(y^2 + z^2), \qquad B = \Sigma m(z^2 + x^2), \qquad C = \Sigma m(x^2 + y^2),$$
$$D = \Sigma myz, \qquad E = \Sigma mzx. \qquad F = \Sigma mxy.$$

Soit $\rho^2 = \dfrac{1}{\Sigma mr^2}$; si l'on porte sur l'axe une longueur $OM = \rho$, les coordonnées de M sont :

$$X = \alpha\rho, \qquad Y = \beta\rho, \qquad Z = \gamma\rho.$$

On a donc :

$$AX^2 + BY^2 + CZ^2 - 2DYZ - 2EZX - 2FXY = 1.$$

Cette équation représente le lieu du point M, lorsque l'axe tourne autour de O. Ce lieu est un ellipsoïde, car le moment d'inertie est toujours réel. Ses axes sont les axes principaux d'inertie; ils coïncideront avec les axes de coordonnées si D, E, F sont nuls. A, B, C sont alors les moments principaux d'inertie; chacun d'eux est plus petit que la somme des deux autres, car on a, par exemple :

$$A + B - C = 2\Sigma mz^2 > 0$$

OZ est un axe principal si D et E sont nuls. Cela a lieu, en particulier, si le solide est symétrique par rapport au plan XOY; car, en changeant z en $-z$, les éléments symétriques de D et E se détruisent. Il en est de même si OZ est un axe de symétrie, le point (x, y, z) est alors symétrique du point $(-x, -y, z)$.

368. Moments d'inertie d'une sphère. — Soit une sphère homogène, de rayon R, ayant pour centre l'origine O; soit μ la masse de l'unité de volume. L'élément de volume $dx\,dy\,dz$, de coordonnées x, y, z, est à une distance de OZ égale à $\sqrt{x^2 + y^2}$. Le moment d'inertie de la sphère par rapport à OZ est

$$C = \mu \iiint (x^2 + y^2)\,dx\,dy\,dz$$

étendue au volume de la sphère. Mais OZ est un diamètre quelconque, à cause de la symétrie de la sphère, le moment d'inertie par rapport à tout diamètre, est égal à C. Si A et B sont les moments d'inertie par rapport à OX et OY, on a :

$$A = B = C$$

$$\iiint (y^2+z^2)\,dx\,dy\,dz = \iiint (z^2+x^2)\,dx\,dy\,dz = \iiint (x^2+y^2)\,dx\,dy\,dz$$

$$\iiint x^2\,dx\,dy\,dz = \iiint y^2\,dx\,dy\,dz = \iiint z^2\,dx\,dy\,dz$$

$$= \frac{1}{3} \iiint (x^2 + y^2 + z^2)\,dx\,dy\,dz$$

$$A = \frac{2}{3}\mu \iiint (x^2 + y^2 + z^2)\,dx\,dy\,dz = \frac{2}{3}\mu \iiint \rho^2\,dv$$

où dv est un élément de volume de la sphère, ρ sa distance à l'origine. Si on réunit les éléments de volumes compris entre deux sphères de centre O, de rayons ρ et $\rho + d\rho$, la somme de ces volumes, pour lesquels ρ est constant, peut se remplacer par $4\pi\rho^2 d\rho$ (§ 277) :

$$A = \frac{2}{3}\mu \int_0^R 4\pi\rho^4\,d\rho = \frac{8}{3}\mu\pi\frac{R^5}{5} = \frac{2R^2}{5} \cdot \frac{4\pi R^3}{3}\mu = \frac{2}{5}MR^2.$$

M étant la masse de la sphère. Les trois moments d'inertie, A, B, C, étant égaux, l'ellipsoïde d'inertie est une sphère.

Par rapport à un axe, dont la distance au centre est d, le moment d'inertie est (§ 366) :

$$M\left(\frac{2}{5}R^2 + d^2\right)$$

puisque, par rapport à l'axe parallèle passant par le centre, qui est le centre de gravité, le moment d'inertie est A.

Soit O' un point situé à une distance d de O. Le diamètre OO', qui est un axe de symétrie, est un axe principal d'inertie pour le point O'. Par rapport à toute droite, menée par O', perpendiculaire à O'O, les moments d'inertie sont égaux à

$$M\left(\frac{2}{5}R^2 + d^2\right),$$

l'ellipsoïde d'inertie de tout point O' est de révolution.

369. Moments d'inertie d'un ellipsoïde. — Soit l'ellipsoïde homogène

$$\frac{x^2}{a^2} + \frac{y^2}{b^2} + \frac{z^2}{c^2} = 1.$$

Le moment d'inertie par rapport à OZ d'un solide occupant le volume de l'ellipsoïde est

$$C = \mu \iiint (x^2 + y^2)dxdydz$$

où

$$\frac{x^2}{a^2} + \frac{y^2}{b^2} + \frac{z^2}{c^2} < 1.$$

Pour calculer cette intégrale, faisons le changement de variable

$$x = aX, \qquad y = bY, \qquad z = cZ.$$

L'inégalité entre x, y, z, devient $X^2 + Y^2 + Z^2 < 1$; à tout point (x, y, z), intérieur à l'ellipsoïde, correspond un point (X, Y, Z) intérieur à la sphère de rayon 1. Au volume $dxdydz$ correspond un volume $abcdXdYdZ$, et l'on a :

$$C = \mu \iiint (a^2X^2 + b^2Y^2)abcdXdYdZ, \qquad X^2 + Y^2 + Z^2 < 1.$$

Mais on a vu (§ 368) que, pour la sphère

$$\iiint X^2dXdYdZ = \iiint Y^2dXdYdZ = \iiint Z^2dXdYdZ$$

$$= \frac{1}{3}\iiint (X^2 + Y^2 + Z^2)dXdYdZ = \frac{1}{3}\int_0^1 4\pi\rho^2 d\rho = \frac{4}{3}\frac{\pi}{5}$$

$$C = \frac{4}{3}\frac{\pi}{5}\mu abc(a^2 + b^2) = \frac{a^2 + b^2}{5}M$$

où M est la masse de l'ellipsoïde. On aura de même :

$$A = \frac{b^2 + c^2}{5} M, \qquad B = \frac{c^2 + a^2}{5} M.$$

370. Corps de révolution. — Soit un solide homogène limité par la surface de révolution autour de OZ

$$z = f(r), \qquad r^2 = x^2 + y^2$$

nous supposons cette surface fermée. OZ, étant un axe de symétrie, est un axe principal d'inertie pour le point O. L'ellipsoïde d'inertie est de révolution autour de OZ, car les moments d'inertie par rapport à tous les axes passant par O, perpendiculaires à OZ, sont égaux. Posons

$$x = \rho \cos \omega, \qquad y = \rho \sin \omega.$$

On a :

$$C = \mu \iiint (x^2 + y^2)dx\,dy\,dz = \mu \iiint \rho^3 d\rho\, d\omega\, dz = 2\,\pi\mu \iint \rho^3 d\rho\, dz$$

si z est constant, ρ varie de O à r, valeur déduite de l'équation de la surface de révolution,

$$C = 2\,\pi\mu \int_{z_0}^{z_1} \frac{r^4}{4} dz$$

$$A = B = \mu \iiint (y^2 + z^2)dx\,dy\,dz = \mu \iiint (z^2 + x^2)dx\,dy\,dz.$$

On en déduit

$$A = \mu \iiint \left(\frac{x^2 + y^2}{2} + z^2\right)dx\,dy\,dz = \mu \iiint \left(\frac{\rho^2}{2} + z^2\right)\rho\, d\rho\, d\omega\, dz$$

$$= 2\,\pi\mu \iint \left(\frac{\rho^3}{2} + \rho z^2\right)d\rho\, dz = \pi\mu \int_{z_0}^{z_1} r^2 \left(\frac{r^2}{4} + z^2\right)dz$$

A et C seront déterminés par deux quadratures.

Soit, par exemple, un cylindre de révolution de hauteur h, O étant le milieu de la hauteur, de sorte que z peut varier de

$z_0 = -\dfrac{h}{2}$, à $z_1 = \dfrac{h}{2}$. Quel que soit z, r sera constant, on a, si M est la masse du solide :

$$C = \pi\mu \frac{r^4}{2}(z_1 - z_2) = \frac{\pi\mu}{2} hr^4 = M\frac{r^2}{2}$$

$$A = B = \pi\mu r^2\left(\frac{r^2}{4}z + \frac{z^3}{3}\right)_{-\frac{h}{2}}^{\frac{h}{2}} = \frac{\pi\mu}{4}r^2\left(r^2 h + \frac{h^3}{3}\right)$$

$$= \frac{M}{4}\left(r^2 + \frac{h^2}{3}\right).$$

En particulier, si $h = r\sqrt{3}$, l'ellipsoïde d'inertie est une sphère.

371. Tore. — Soit la courbe méridienne (§ 194) :

$$(r - a)^2 + z^2 = b^2$$

$a > b > 0$, pour que ce cercle ne coupe pas l'axe OZ. Lorsque z est fixe, ρ peut varier entre les valeurs

$$r_0 = a - \sqrt{b^2 - z^2}, \qquad r_1 = a + \sqrt{b^2 - z^2}$$

où z doit être compris entre $-b$ et b; r_0 et r_1 sont alors réels et positifs, puisque $a > b$. On a :

$$C = 2\pi\mu \int_{-b}^{b} dz \int_{r_0}^{r_1} \rho^3 d\rho$$

$$= \frac{\pi\mu}{2} \int_{-b}^{b} (r_1^4 - r_0^4)\,dz = 4\pi\mu \int_{-b}^{b} a(a^2 + b^2 - z^2)\sqrt{b^2 - z^2}\,dz$$

$$= 8\pi\mu a \int_{0}^{b} (a^2 + b^2 - z^2)\sqrt{b^2 - z^2}\,dz$$

$$A = B = \pi\mu \int_{-b}^{b} dz \int_{r_0}^{r_1} (\rho^3 + 2\rho z^2)\,d\rho$$

$$= \pi\mu \int_{-b}^{b} \left[\frac{r_1^4 - r_0^4}{4} + z^2(r_1^2 - r_0^2)\right] dz$$

$$= 2\pi\mu \int_{0}^{b} (r_1^2 - r_0^2)\left(\frac{r_1^2 + r_0^2}{4} + z^2\right) dz = 4\pi\mu \int_{0}^{b} a(a^2 + b^2 + z^2)\sqrt{b^2 - z^2}\,dz.$$

Pour calculer ces deux intégrales, posons $z = b \sin \theta$; lorsque z varie de o à b, θ pourra varier de o à $\frac{\pi}{2}$.

$$dz = b \cos \theta \, d\theta,$$

on a :

$$C = 8\pi\mu a b^2 \int_0^{\frac{\pi}{2}} (a^2 + b^2 - b^2 \sin^2 \theta) \cos^2 \theta \, d\theta$$

$$A = 4\pi\mu a b^2 \int_0^{\frac{\pi}{2}} (a^2 + b^2 + b^2 \sin^2 \theta) \cos^2 \theta \, d\theta$$

$$\int_0^{\frac{\pi}{2}} \cos^2 \theta \, d\theta = \int_0^{\frac{\pi}{2}} \frac{1 + \cos 2\theta}{2} \, d\theta = \left(\frac{\theta}{2} + \frac{\sin 2\theta}{4} \right)_0^{\frac{\pi}{2}} = \frac{\pi}{4}$$

$$\int_0^{\frac{\pi}{2}} \sin^2 \theta \cos^2 \theta \, d\theta = \int_0^{\frac{\pi}{2}} \frac{1 - \cos 4\theta}{8} \, d\theta = \frac{1}{8}\left(\theta - \frac{\sin 4\theta}{4} \right)_0^{\frac{\pi}{2}} = \frac{\pi}{16}$$

$$C = \pi^2\mu a b^2 \frac{4a^2 + 3b^2}{2} = M\left(a^2 + \frac{3}{4}b^2 \right)$$

$$A = \pi^2\mu a b^2 \frac{4a^2 + 5b^2}{4} = \frac{M}{2}\left(a^2 + \frac{5}{4}b^2 \right)$$

car le volume du tore (§ 358) est égal au produit de l'aire πb^2 du cercle, par la circonférence $2\pi a$, que décrit son centre. La masse du tore est $M = 2\pi^2\mu a b^2$.

372. Axe permanent de rotation. — Soit un corps solide assujetti à tourner autour d'un axe principal d'inertie OZ, relatif au point fixe O. On aura (§ 367) :

$$\Sigma m x z = \Sigma m y z = 0.$$

Le calcul des réactions se simplifie, les deux dernières formules du § 365 deviennent :

$$lY_2 = \Sigma(yZ - zY). \qquad lX_2 = -\Sigma(zX - xZ).$$

Supposons les seconds membres nuls ; c'est-à-dire que, si on transforme le système de forces appliquées au solide en une force appliquée en O et un couple (§ 341), le couple aura son axe dirigé sur OZ. On aura alors $X_2 = Y_2 = 0$. Z_2 étant indéterminé, peut être supposé nul. Le corps peut continuer à tourner autour de OZ, sans que le point O' n'ait à produire aucune réaction. Si on fixe seulement le point O, le corps continuera à tourner autour de OZ, sans qu'il soit nécessaire de fixer le point O'.

Si un corps solide, assujetti à tourner autour d'un point fixe O, est soumis à des forces équivalentes à une force passant par O, et à un couple dont l'axe est dirigé sur l'un des axes principaux d'inertie en O ; et si le mouvement initial est une rotation autour de cet axe, le corps continuera à tourner autour du même axe. En particulier, si le couple est nul, la vitesse initiale étant encore une rotation autour d'un axe principal d'inertie, le mouvement de rotation sera uniforme, car en supposant l'axe OZ fixe, on a (§ 365)

$$\frac{d^2\theta}{dt^2} = 0, \qquad X_2 = Y_2 = 0, \qquad \frac{d\theta}{dt} = c$$

le mouvement sera une rotation uniforme autour de l'axe principal d'inertie OZ.

Supposons que O soit le centre de gravité, le solide étant assujetti à tourner autour d'un axe principal d'inertie OZ du centre de gravité O. On aura :

$$\Sigma mx = \Sigma my = \Sigma mz = 0, \qquad \Sigma mxz = \Sigma myz = 0$$

les équations du § 365 deviennent :

$$X_1 + X_2 + \Sigma X = 0, \qquad Y_1 + Y_2 + \Sigma Y = 0, \qquad Z_1 + Z_2 + \Sigma Z = 0$$
$$lY_2 = \Sigma (yZ - zY), \qquad lX_2 = - \Sigma (zX - xZ)$$

Supposons que les forces appliquées au solide soient équivalentes à un couple dont l'axe serait dirigé sur OZ. On aura :

$$X_2 = Y_2 = 0, \quad X_1 = Y_1 = 0, \quad Z_1 + Z_2 = 0$$

On peut supposer $Z_1 = Z_2 = 0$, les deux réactions des points fixes O et O' seront nulles, le mouvement se continuera autour de l'axe OZ sans qu'il soit nécessaire de fixer cet axe. En particulier, si le corps assujetti à tourner autour d'un axe n'est soumis à aucune force, $\frac{d\theta}{dt}$ sera constant, le mouvement de rotation sera uniforme. Si l'axe de rotation est un axe d'inertie du centre de gravité, ce mouvement de rotation uniforme se continue sans qu'il soit nécessaire de fixer l'axe.

Si un solide libre n'est soumis qu'à un couple perpendiculaire à un axe principal d'inertie du centre de gravité, et si le mouvement initial est une rotation autour de cet axe, le solide continue à tourner autour du même axe. Si le solide n'est soumis à aucune force, le mouvement initial étant encore une rotation autour d'un axe principal du centre de gravité. Le corps aura un mouvement de rotation uniforme autour de cet axe.

373. Pendule composé. — Pour étudier le mouvement d'un solide pesant, assujetti à tourner autour d'un axe horizontal OZ, supposons OX vertical, dans le sens de la pesanteur. Soit a la distance du centre de gravité à OZ, MK^2 le moment d'inertie par rapport à l'axe parallèle à OZ, passant par le centre de gravité. Le moment d'inertie par rapport à OZ est (§ 366)

$$MK^2 + Ma^2$$

on aura (§ 365) :

$$y = a \sin \theta, \qquad X = Mg$$

$$\frac{d^2\theta}{dt^2} = \frac{- Mga \sin \theta}{M(K^2 + a^2)}$$

si on pose $a + \dfrac{K^2}{a} = l$, et si on suppose $\dfrac{d\theta}{dt}$ nul pour $\theta = \theta_0$, on en déduit :

$$\left(\frac{d\theta}{dt}\right)^2 = \frac{2g}{l}(\cos\theta - \cos\theta_0) = \frac{4g}{l}\left(\sin^2\frac{\theta_0}{2} - \sin^2\frac{\theta}{2}\right)$$

Le mouvement est le même que celui d'un pendule simple (§ 328) de longueur l.

L'équation

$$a^2 - al + K^2 = 0$$

montre qu'il y a deux valeurs de a, et deux séries d'axes parallèles, donnant la même longueur l, et les mêmes oscillations

$$aa' = K^2, \qquad a + a' = l$$

Si l'axe de rotation fait, avec les axes principaux du centre de gravité, des angles dont les cosinus sont α, β, γ, on a (§ 367) :

$$MK^2 = A\alpha^2 + B\beta^2 + C\gamma^2$$

$$l = a + \frac{A\alpha^2 + B\beta^2 + C\gamma^2}{Ma}$$

Si a est fixe, l sera minimum pour le grand axe, soit $\frac{1}{A}$, de l'ellipsoïde d'inertie, alors :

$$l = a + \frac{A}{Ma}$$

la plus petite valeur de l correspond à la valeur

$$a = \sqrt{\frac{A}{M}}, \qquad l = 2\sqrt{\frac{A}{M}}$$

Exercices

1. Connaissant l'ellipsoïde d'inertie du centre de gravité, déterminer l'ellipsoïde en un point donné. Montrer que le lieu des points où il est de révolution est formé d'une ellipse et d'une hyperbole, situées dans les plans de symétrie du premier ellipsoïde.
2. Étudier le mouvement de deux points qui s'attirent proportionnellement à leur distance.
3. Calculer les moments d'inertie d'un parallélipipède rectangle homogène, par rapport aux parallèles aux arêtes passant par le centre.

TABLEAU DES PRINCIPALES FORMULES

I. TRIGONOMÉTRIE

(1) $$\sin (- a) = - \sin a, \quad \cos (- a) = \cos a, \quad \operatorname{tg} (- a) = - \operatorname{tg} a$$

(2) $$\begin{cases} \sin \left(\dfrac{\pi}{2} - a \right) = \cos a, & \cos \left(\dfrac{\pi}{2} - a \right) = \sin a \\[2mm] \operatorname{tg} \left(\dfrac{\pi}{2} - a \right) = \cot a, & \cot \left(\dfrac{\pi}{2} - a \right) = \operatorname{tg} a \end{cases}$$

(3) $$\begin{cases} \sin (\pi + a) = - \sin a, & \cos (\pi + a) = - \cos a \\[1mm] \operatorname{tg} (\pi + a) = \operatorname{tg} a, & \cot (\pi + a) = \cot a \end{cases}$$

(4) $$\begin{cases} \cos x = \cos a, & x = 2K\pi \pm a & (K = 0, \pm 1, \pm 2, \ldots) \\[1mm] \sin x = \sin a, & x = 2K\pi + a \ \text{ ou } \ 2K\pi + \pi - a \\[1mm] \operatorname{tg} x = \operatorname{tg} a, & \cot x = \cot a, & x = K\pi + a \end{cases}$$

(5) $$\sin^2 a + \cos^2 a = 1, \quad \operatorname{tg} a = \frac{\sin a}{\cos a}, \quad \cot a = \frac{1}{\operatorname{tg} a}$$

(6) $$\sin^2 a = \frac{\operatorname{tg}^2 a}{1 + \operatorname{tg}^2 a}, \quad \cos^2 a = \frac{1}{1 + \operatorname{tg}^2 a}$$

(7) $$\sin (a + b) = \sin a \cos b + \cos a \sin b$$

(8) $$\cos (a + b) = \cos a \cos b - \sin a \sin b$$

(9) $$\operatorname{tg} (a + b) = \frac{\operatorname{tg} a + \operatorname{tg} b}{1 - \operatorname{tg} a \operatorname{tg} b}$$

(10) $$\sin (a - b) = \sin a \cos b - \cos a \sin b$$

(11) $$\cos (a - b) = \cos a \cos b + \sin a \sin b$$

(12) $$\operatorname{tg} (a - b) = \frac{\operatorname{tg} a - \operatorname{tg} b}{1 + \operatorname{tg} a \operatorname{tg} b}$$

$$(13) \qquad \sin 2a = 2\sin a \cos a, \quad \cos 2a = \cos^2 a - \sin^2 a$$

$$(14) \qquad \operatorname{tg} 2a = \frac{2\operatorname{tg} a}{1 - \operatorname{tg}^2 a}$$

$$(15) \qquad \sin^2 a = \frac{1 - \cos 2a}{2}, \quad \cos^2 a = \frac{1 + \cos 2a}{2}$$

$$(16) \qquad \operatorname{tg}^2 a = \frac{1 - \cos 2a}{1 + \cos 2a}$$

$$(17) \qquad \sin p + \sin q = 2\sin \frac{p+q}{2} \cos \frac{p-q}{2}$$

$$(18) \qquad \cos p + \cos q = 2\cos \frac{p+q}{2} \cos \frac{p-q}{2}$$

$$(19) \qquad \sin p - \sin q = 2\sin \frac{p-q}{2} \cos \frac{p+q}{2}$$

$$(20) \qquad \cos p - \cos q = -2\sin \frac{p+q}{2} \sin \frac{p-q}{2}$$

Dans un triangle, soient A, B, C les angles, a, b, c les côtés opposés,

$$a + b + c = 2p$$

$$(21) \qquad \frac{a}{\sin A} = \frac{b}{\sin B} = \frac{c}{\sin C}, \quad A + B + C = \pi$$

$$(22) \qquad a^2 = b^2 + c^2 - 2bc \cos A$$

$$(23) \qquad a = b \cos C + c \cos B$$

$$(24) \qquad \operatorname{tg} \frac{A - B}{2} = \frac{a - b}{a + b} \operatorname{cotg} \frac{C}{2}$$

$$(25) \qquad \operatorname{tg}^2 \frac{A}{2} = \frac{(p - b)(p - c)}{p(p - a)}$$

$$(26) \quad S = \frac{bc}{2} \sin A = \frac{a^2 \sin B \sin C}{2 \sin A} = \sqrt{p(p-a)(p-b)(p-c)}$$

II. SURFACES ET VOLUMES

(27) Rectangle, parallélogramme $\quad S = b.h$

(28) Triangle $\qquad\qquad\qquad S = \dfrac{b.h}{2}$

(29) Trapèze $\qquad\qquad\qquad S = \dfrac{B + b}{2} h$

(30) Cercle $\qquad C = 2\pi R, \quad S = \pi R^2$

(31) Ellipse $\qquad S = \pi ab$

(32) Prisme, cylindre $\qquad V = b.h$

(33) Pyramide, cône $\qquad V = \dfrac{b.h}{3}$

(34) Cylindre de révolution $\quad V = \pi R^2 h, \quad S = 2\pi Rh + 2\pi R^2$

(35) Cône de révolution $\qquad V = \dfrac{\pi R^2 h}{3}, \quad S = \pi Ra + \pi R^2$

(36) Tronc de pyramide, tronc de cône $V = \dfrac{1}{3}(B + b + \sqrt{Bb})h$

(37) Sphère $\qquad V = \dfrac{4}{3}\pi R^3, \quad S = 4\pi R^2$

(38) Zone $\qquad S = 2\pi Rh$

III. ALGÈBRE

(39) $\begin{cases} x^2 - a^2 = (x - a)(x + a) \\ x^n - a^n = (x - a)(x^{n-1} + ax^{n-2} + \ldots + a^{n-2}x + a^{n-1}) \end{cases}$

(40) $\quad (x + a)^n = x^n + nax^{n-1} + \dfrac{n(n-1)}{1.2}a^2 x^{n-2} + \ldots + a^n$

Radicaux arithmétiques, ou positifs

(41) $\qquad a^{-m} = \dfrac{1}{a^m}, \quad a^{\frac{p}{q}} = \sqrt[q]{a^p}$

(42) $\qquad a^m . a^n = a^{m+n}, \quad \dfrac{a^m}{a^n} = a^{m-n}, \quad (a^m)^n = a^{mn}$

(43) $\qquad a^m . b^m = (ab)^m, \quad \dfrac{a^m}{b^m} = \left(\dfrac{a}{b}\right)^m$

Progression arithmétique

(44) $b = a + r, \quad c = a + 2r, \ldots \quad l = k + r = a + (n-1)r$

(45) $\qquad S = a + b + \ldots + l = \dfrac{a + l}{2} n$

Progression géométrique

$$(46) \qquad b = aq, \qquad c = aq^2,\dots\dots \qquad l = kq = aq^{n-1}$$

$$(47) \qquad S = \frac{lq - a}{q - 1} = a\,\frac{q^n - 1}{q - 1}$$

$$(48) \qquad q < 1, \qquad n = \infty, \qquad S = \frac{a}{1 - q}$$

Fonction exponentielle, logarithmes

$$(49)\quad e = 1 + \frac{1}{1} + \frac{1}{1.2} + \dots + \frac{1}{1.2\dots n} + \dots = 2{,}7182818\dots$$

$$(50)\quad e^x = 1 + x + \frac{x^2}{1.2} + \dots + \frac{x^n}{1.2\dots n} + \dots$$

$$(51) \qquad y = e^x, \qquad x = \mathrm{L}\,y, \qquad\qquad \mathrm{L}\,e = 1$$

$$(52) \qquad y = a^x, \qquad x = \log_a y, \qquad \log_a a = 1$$

$$(53) \qquad \log(yz) = \log y + \log z, \qquad \log\frac{y}{z} = \log y - \log z$$

$$(54) \qquad \log(y^n) = n\log y, \qquad\qquad \log\sqrt[n]{y} = \frac{1}{n}\log y$$

$$(55) \qquad \frac{\log_a y}{\log_b y} = \log_a b = \frac{1}{\log_b a}$$

Dérivées

$$(56) \qquad y = x^n, \qquad\qquad y' = nx^{n-1}$$

$$(57) \qquad y = \sin x, \qquad\quad y' = \cos x$$

$$(58) \qquad y = \cos x, \qquad\quad y' = -\sin x$$

$$(59) \qquad y = \mathrm{tg}\,x, \qquad\qquad y' = \frac{1}{\cos^2 x}$$

$$(60) \qquad y = \mathrm{cotg}\,x, \qquad\quad y' = \frac{-1}{\sin^2 x}$$

$$(61) \qquad y = \mathrm{arc\,sin}\,x, \qquad y' = \frac{1}{\cos y} = \frac{1}{\pm\sqrt{1 - x^2}}$$

$$(62) \qquad y = \mathrm{arc\,cos}\,x, \qquad y' = \frac{1}{-\sin y} = \frac{1}{\pm\sqrt{1 - x^2}}$$

$$(63) \qquad y = \mathrm{arc\,tg}\,x, \qquad y' = \cos^2 y = \frac{1}{1 + x^2}$$

$$(64) \qquad y = e^x, \qquad\qquad y' = e^x$$

$$(65) \qquad y = a^x, \qquad\qquad y' = a^x\,\mathrm{L}\,a$$

$$(66) \qquad y = \mathrm{L}\,x, \qquad\qquad y' = \frac{1}{x}$$

$$(67) \qquad y = \log_a x, \qquad\quad y' = \frac{1}{x\,\mathrm{L}\,a}$$

Dérivées des fonctions composées et implicites

$$(68) \qquad f_t'(x, y, z) = x'f_x' + y'f_y' + z'f_z'$$

$$(69) \qquad f(x, y) = 0, \qquad f_x' + y_x'f_y' = 0$$

$$(70) \qquad y = uv, \qquad y' = vu' + uv', \qquad \frac{y'}{y} = \frac{u'}{u} + \frac{v'}{v}$$

$$(71) \qquad y = \frac{u}{v}, \qquad y' = \frac{vu' - uv'}{v^2}, \qquad \frac{y'}{y} = \frac{u'}{u} - \frac{v'}{v}$$

$$(72) \qquad (uv)^{(n)} = uv^{(n)} + \frac{n}{1}u'v^{(n-1)} + \frac{n(n-1)}{1 \cdot 2}u''v^{(n-2)} + \ldots + u^{(n)}v$$

Si f est homogène, de degré m

$$(73) \qquad xf_x' + yf_y' + zf_z' = mf(x, y, z)$$

Formule des accroissements finis

$$(74) \qquad f(x + h) - f(x) = hf'(x + \theta h)$$

$$(75) \qquad \frac{f(x + h) - f(x)}{\varphi(x + h) - \varphi(x)} = \frac{f'(x + \theta h)}{\varphi'(x + \theta h)}$$

Formule de Taylor

$$(76) \quad \begin{cases} f(x + h) = f(x) + hf'(x) + \dfrac{h^2}{1 \cdot 2}f''(x) + \ldots + \dfrac{h^n}{1 \cdot 2 \ldots n}f^{(n)}(x) \\[2ex] + \dfrac{h^{n+1}}{1 \cdot 2 \ldots (n+1)}f^{n+1}(x + \theta h) \quad \text{ou} \quad \dfrac{h^{n+1}(1-\theta)^n}{1 \cdot 2 \ldots n}f^{n+1}(x + \theta h) \end{cases}$$

$$(77) \quad \begin{cases} f(x + h, y + k) = f(x, y) + hf_x'(x, y) + kf_y'(x, y) \\[2ex] + \dfrac{1}{2}(h^2f''_{x^2} + 2hkf''_{xy} + k^2f''_{y^2}) + \ldots + \dfrac{1}{1 \cdot 2 \ldots n}(hf_x + kf_y)_n + \ldots \end{cases}$$

Série de Maclaurin

$$(78) \qquad f(x) = f(0) + xf'(0) + \frac{x^2}{1 \cdot 2}f''(0) + \ldots$$

$$(79) \qquad (1+x)^m = 1 + mx + \frac{m(m-1)}{1 \cdot 2}x^2 + \ldots + \frac{m \ldots (m-n+1)}{1 \cdot 2 \ldots n}x^n + \ldots$$

$$(80) \qquad \sin x = x - \frac{x^3}{1 \cdot 2 \cdot 3} + \ldots + (-1)^n\frac{x^{2n+1}}{1 \cdot 2 \ldots (2n+1)} + \ldots$$

$$(81) \qquad \cos x = 1 - \frac{x^2}{1 \cdot 2} + \ldots + (-1)^n\frac{x^{2n}}{1 \cdot 2 \ldots 2n} + \ldots$$

$$(82) \qquad \mathrm{L}\,(1+x) = x - \frac{x^2}{2} + \ldots + (-1)^{n+1}\frac{x^n}{n} + \ldots$$

$$(83) \qquad \arctan x = x - \frac{x^3}{3} + \ldots + (-1)^n \frac{x^{2n+1}}{2n+1} + \ldots$$

$$(84) \qquad \arcsin x = x + \frac{1}{2}\frac{x^3}{3} + \frac{1.3}{2.4}\frac{x^5}{5} + \frac{1.3.5}{2.4.6}\frac{x^7}{7} + \ldots$$

Imaginaires

$$(85) \qquad (a+bi)(a-bi) = a^2 + b^2$$

$$(86) \qquad e^{yi} = \cos y + i\sin y, \qquad e^{-yi} = \cos y - i\sin y$$

$$(87) \qquad 2\cos y = e^{yi} + e^{-yi}, \qquad 2i\sin y = e^{yi} - e^{-yi}$$

$$(88) \qquad e^{x+yi} = e^x(\cos y + i\sin y)$$

Equations algébriques

$$(89) \qquad \begin{vmatrix} a_1 b_1 c_1 \\ a_2 b_2 c_2 \\ a_3 b_3 c_3 \end{vmatrix} = a_1(b_2 c_3 - b_3 c_2) + a_2(b_3 c_1 - b_1 c_3) + a_3(b_1 c_2 - b_2 c_1)$$

$$(90) \qquad \begin{cases} ax + by = c \\ a'x + b'y = c' \end{cases} \quad x\begin{vmatrix} a\,b \\ a'b' \end{vmatrix} = \begin{vmatrix} c\,b \\ c'b' \end{vmatrix}, \qquad y\begin{vmatrix} a\,b \\ a'b' \end{vmatrix} = \begin{vmatrix} a\,c \\ a'c' \end{vmatrix}$$

$$(91) \qquad \begin{cases} ax^2 + bx + c = 0, \qquad x = \dfrac{-b \pm \sqrt{b^2 - 4ac}}{2a} \\[2mm] x' + x'' = -\dfrac{b}{a}, \qquad x'x'' = \dfrac{c}{a} \end{cases}$$

$$(92) \qquad \begin{cases} x^2 + px + q = 0, \qquad x = -\dfrac{p}{2} \pm \sqrt{\dfrac{p^2}{4} - q} \\[2mm] x' + x'' = -p, \qquad x'x'' = q \end{cases}$$

$$(93) \qquad \begin{cases} x^3 + px + q = 0, \qquad x = y + z, \qquad yz = -\dfrac{p}{3} \\[2mm] x = \sqrt[3]{-\dfrac{q}{2} + \sqrt{\dfrac{q^2}{4} + \dfrac{p^3}{27}}} + \sqrt[3]{-\dfrac{q}{2} - \sqrt{\dfrac{q^2}{4} + \dfrac{p^3}{27}}} \end{cases}$$

$$(94) \qquad \begin{cases} x^3 - \dfrac{3}{4}t^2 x + q = 0, \qquad \cos 3\theta = -\dfrac{4q}{t^3} \\[2mm] x = t\cos\theta, \qquad t\cos\left(\theta + \dfrac{2\pi}{3}\right), \qquad t\cos\left(\theta + \dfrac{4\pi}{3}\right) \end{cases}$$

Calcul des racines incommensurables

$$(95) \quad \begin{cases} f(x) = 0, \qquad a < x < b, \qquad f(a)f''(x) < 0 \\ a_1 = a - f(a)\dfrac{b-a}{f(b)-f(a)}, \qquad b_1 = b - \dfrac{f(b)}{f'(b)} \end{cases}$$

$$(96) \quad \begin{cases} \qquad\qquad f(a)f''(x) > 0 \\ a_1 = a - \dfrac{f(a)}{f'(a)}, \quad b_1 = b - f(b)\dfrac{b-a}{f(b)-f(a)} \end{cases}$$

Elimination

$$(97) \quad \begin{cases} a_0x^2 + a_1x + a_2 = 0 \\ b_0x^3 + b_1x^2 + b_2x + b_2 = 0 \end{cases} \begin{vmatrix} a_0 & a_1 & a_2 & 0 & 0 \\ 0 & a_0 & a_1 & a_2 & 0 \\ 0 & 0 & a_0 & a_1 & a_2 \\ b_0 & b_1 & b_2 & b_3 & 0 \\ 0 & b_0 & b_1 & b_2 & b_3 \end{vmatrix} = 0$$

$$(98) \quad \begin{cases} a_0x^2 + a_1x + a_2 = 0, \quad b_0x^2 + b_1x + b_2 = 0 \\ (b_0a_2 - a_0b_2)^2 - (b_1a_0 - a_1b_0)(b_2a_1 - a_2b_1) = 0 \end{cases}$$

$$(99) \quad \begin{cases} ax + by = c \\ a'x + b'y = c' \\ a''x + b''y = c'' \end{cases} \begin{vmatrix} a & b & c \\ a' & b' & c' \\ a'' & b'' & c'' \end{vmatrix} = 0$$

IV. GÉOMÉTRIE ANALYTIQUE

Distance à une droite $Ax + By + C = 0$

$$(100) \quad d = \frac{Ax_0 + By_0 + C}{\sqrt{A^2 + B^2}} \qquad \text{(axes rectangulaires)}$$

Tangente à une courbe

$$(101) \quad y = f(x), \qquad Y - y = (X - x)f'(x)$$

$$(102) \quad F(x, y) = 0, \qquad (X - x)F'_x + (Y - y)F'_y = 0$$

$$(103) \quad z^m F\left(\frac{x}{z}, \frac{y}{z}\right) = F(x, y, z) = 0, \quad XF'_x + YF'_y + F'_z = 0$$

$$(104) \quad \text{Normale} \quad (X - x)F'_y = (Y - y)F'_x \quad \text{(axes rectangulaires)}$$

Asymptote $y = cx + d, \qquad F(x, cx + d) = 0$

$$(105) \quad x = \infty, \qquad c = \text{limite } \frac{y}{x}, \qquad d = \text{limite } (y - cx)$$

(106)   Ellipse, Hyperbole $\dfrac{x^2}{a^2} \pm \dfrac{y^2}{b^2} = 1$

(107) $a^2 \mp b^2 = c^2, \quad c = ae, \quad \pm p = \dfrac{\pm b^2}{a} = a(1 - e^2)$

(108)   Diamètres conjugués $mm' = \mp \dfrac{b^2}{a^2}$ $\begin{cases} a'^2 \pm b'^2 = a^2 \pm b^2 \\ a'b' \sin\theta = ab \end{cases}$

(109)   Ellipse $\begin{cases} x = a\cos t \\ y = b\sin t \end{cases}$ $e < 1$

(110)   Hyperbole $\begin{cases} 2x = a\left(t + \dfrac{1}{t}\right) \\ 2y = b\left(t - \dfrac{1}{t}\right) \end{cases}$ $e > 1$

(111)   Parabole $y^2 = 2px,$ $e = 1$

(112)   Coordonnées polaires $\rho = \dfrac{p}{1 + e\cos\omega}$

Centre de courbure au point $x = \varphi(t), \quad y = f(t)$

(113) $X = x - y'\,\dfrac{x'^2 + y'^2}{x'y'' - y'x''}, \quad Y = y + x'\,\dfrac{x'^2 + y'^2}{x'y'' - y'x''}$

(114) $R^2 = \dfrac{(x'^2 + y'^2)^3}{(x'y'' - y'x'')^2}, \quad R' = \dfrac{3y'y''^2 - (1 + y'^2)y'''}{y''^2}\sqrt{1 + y'^2}$

Transformation des coordonnées rectangulaires

$$a = \cos\alpha, \qquad b = \cos\beta, \qquad c = \cos\gamma$$

(115) $\begin{cases} a^2 + b^2 + c^2 = 1 \\ a'^2 + b'^2 + c'^2 = 1 \\ a''^2 + b''^2 + c''^2 = 1 \end{cases}$ $\begin{cases} aa' + bb' + cc' = 0 \\ a'a'' + b'b'' + c'c'' = 0 \\ a''a + b''b + c''c = 0 \end{cases}$

(116) $\begin{cases} a^2 + a'^2 + a''^2 = 1 \\ b^2 + b'^2 + b''^2 = 1 \\ c^2 + c'^2 + c''^2 = 1 \end{cases}$ $\begin{cases} ab + a'b' + a''b'' = 0 \\ bc + b'c' + b''c'' = 0 \\ ca + c'a' + c''a'' = 0 \end{cases}$

(117) $\begin{vmatrix} a & b & c \\ a' & b' & c' \\ a'' & b'' & c'' \end{vmatrix} = \pm 1$ $\begin{cases} \pm a = b'c'' - c'b'' \\ \pm b = c'a'' - a'c'' \\ \pm c = a'b'' - b'a'' \end{cases}$

Angle de deux directions

(118) $\begin{cases} \cos V = aa' + bb' + cc' \\ \sin^2 V = (ab' - ba')^2 + (bc' - cb')^2 + (ca' - ac')^2 \end{cases}$

Distance à un plan $\qquad Ax + By + Cz + D = 0$

$$(119) \qquad d = \frac{Ax_0 + By_0 + Cz_0 + D}{\sqrt{A^2 + B^2 + C^2}}$$

Plan tangent à une surface $\qquad F(x, y, z) = 0$

$$(120) \qquad (X - x)F'_x + (Y - y)F'_y + (Z - z)F'_z = 0$$

Plan osculateur à une courbe; x, y, z fonctions de t

$$(121) \qquad \Sigma(X - x)(y'z'' - z'y'') = 0$$

Centre et rayon de courbure

$$(122) \qquad \frac{X - x}{x''\Sigma x'^2 - x'\Sigma x'x''} = \cdots = \frac{\Sigma x'^2}{\Sigma x'^2 \Sigma x''^2 - (\Sigma x'x'')^2} = \left(\frac{R}{\Sigma x'^2}\right)^2$$

Rayon de torsion

$$(123) \qquad T \begin{vmatrix} x' & y' & z' \\ x'' & y'' & z'' \\ x''' & y''' & z''' \end{vmatrix} = \Sigma(y'z'' - z'y'')^2 = \Sigma x'^2 \Sigma x''^2 - (\Sigma x'x'')^2$$

V. ANALYSE

Intégrales (Voir formules 56 à 67)

$$(124) \qquad \int (x + a)^n dx = \frac{(x + a)^{n+1}}{n + 1} + C$$

$$(125) \qquad \int \frac{dx}{x + a} = L(x + a) + C$$

$$(126) \qquad \int \frac{a - b}{(x - a)(x - b)}\, dx = L\frac{x - a}{x - b} + C = L\frac{a - x}{x - b} + C'$$

$$(127) \qquad \int \frac{dx}{x^2 + a^2} = \frac{1}{a}\arctan\frac{x}{a} + C$$

$$(128) \qquad \int \frac{dx}{\sqrt{a^2 - x^2}} = \arcsin\frac{x}{a} + C$$

$$(129) \qquad \int \frac{dx}{\sqrt{a + x^2}} = L(x + \sqrt{a + x^2}) + C$$

$$(130) \qquad \int e^x P(x)\, dx = e^x (P - P' + P'' - \ldots) + C$$

$$(131) \qquad \int u\, dv = uv - \int v\, du$$

Arcs et aires planes

$$(132) \qquad ds^2 = dx^2 + dy^2 = d\rho^2 + \rho^2 d\omega^2$$

$$(133) \qquad A = \int y\, dx, \qquad \frac{1}{2}\int \rho^2 d\omega$$

Volumes et surfaces

$$(134) \qquad V = \iint z\, dx\, dy$$

$$(135) \qquad S = \iint \sqrt{1 + \left(\frac{\delta z}{\delta x}\right)^2 + \left(\frac{\delta z}{\delta y}\right)^2}\ dx\, dy$$

Surface de révolution $\rho = \sqrt{x^2 + y^2} = f(z)$

$$(136) \qquad V = \pi \int f^2(z)\, dz$$

$$(137) \qquad S = 2\pi \int \sqrt{1 + f'^2(z)}\, f(z)\, dz$$

Équation différentielle linéaire

$$(138) \qquad \begin{cases} p\,\dfrac{dy}{dx} + qy + r = 0, & y = uv \\[2ex] u = e^{\displaystyle -\int \frac{q}{p}\, dx}, & v = -\int \dfrac{r}{pu}\, dx \end{cases}$$

Équation homogène

$$(139) \qquad \begin{cases} \dfrac{dy}{dx} = f\left(\dfrac{y}{x}\right), & y = zx \\[2ex] L\ x = \int \dfrac{dz}{f(z) - z} \end{cases}$$

Équation de Clairaut

$$(140) \qquad y - x\,\frac{dy}{dx} = f\left(\frac{dy}{dx}\right), \qquad y = cx + f(c)$$

Équation linéaire à coefficients constants

$$(141) \quad \begin{cases} a_n\,\dfrac{d^n y}{dx^n} + a_{n-1}\,\dfrac{d^{n-1}y}{dx^{n-1}} + \ldots + a_0 y = 0 \\[2mm] y = c_1 e^{\alpha_1 x} + c_2 e^{\alpha_2 x} + \ldots + c_n e^{\alpha_n x} \\[2mm] a_n \alpha^n + a_{n-1}\alpha^{n-1} + \ldots + \alpha_0 = 0 \end{cases}$$

Équation d'Euler

$$(142) \quad \begin{cases} a_n x^n\,\dfrac{d^n y}{dx^n} + a_{n-1}x^{n-1}\,\dfrac{d^{n-1}y}{dx^{n-1}} + \ldots + a_0 y = 0 \\[2mm] y = c_1 x^{\alpha_1} + c_2 x^{\alpha_2} + \ldots + c_n x^{\alpha_n} \\[2mm] \alpha(\alpha-1)\ldots(\alpha-n+1)a_n + \alpha(\alpha-1)\ldots(\alpha-n+2)a_{n-1} + \ldots + a_0 = 0 \end{cases}$$

Équation linéaire aux dérivées partielles

$$(143) \quad \begin{cases} P\,\dfrac{\delta z}{\delta x} + Q\,\dfrac{\delta z}{\delta y} = R, \qquad u = F(v) \\[2mm] \dfrac{dx}{P} = \dfrac{dy}{Q} = \dfrac{dz}{R} \qquad \begin{cases} u = f(x,\,y,\,z) = C_1 \\ v = \varphi(x,\,y,\,z) = C_2 \end{cases} \end{cases}$$

TABLE DES MATIÈRES

PREMIÈRE PARTIE

ALGÈBRE

CHAPITRE PREMIER

INCOMMENSURABLES. LIMITES. CONTINUITÉ

CHAPITRE II

RADICAUX. BINÔME

CHAPITRE III

DÉTERMINANTS

CHAPITRE IV

SÉRIES

CHAPITRE V

FONCTION EXPONENTIELLE. LOGARITHMES

CHAPITRE VI

DÉRIVÉES

CHAPITRE VII

APPLICATIONS DES DÉRIVÉES

CHAPITRE VIII

DÉVELOPPEMENTS EN SÉRIE

CHAPITRE IX

FONCTIONS DE PLUSIEURS VARIABLES

CHAPITRE X

IMAGINAIRES

DEUXIÈME PARTIE

GÉOMÉTRIE ANALYTIQUE

—

CHAPITRE PREMIER

NOTIONS FONDAMENTALES

CHAPITRE II

LIGNE DROITE

CHAPITRE III

LIEUX GÉOMÉTRIQUES

CHAPITRE IV

POINTS MULTIPLES. ASYMPTOTES

CHAPITRE V

COURBES DU SECOND DEGRÉ

CHAPITRE VI

DIAMÈTRES CONJUGUÉS. FOYERS

CHAPITRE VII

INTERSECTIONS. POLAIRES

CHAPITRE VIII

COORDONNÉES POLAIRES. COURBES UNICURSALES

CHAPITRE IX

ENVELOPPES. COURBURE

CHAPITRE X

COORDONNÉES DANS L'ESPACE

CHAPITRE XI

PLAN. DROITE

CHAPITRE XII

GÉNÉRATION DES SURFACES

CHAPITRE XIII

SURFACES DU SECOND DEGRÉ

CHAPITRE XIV

INTERSECTIONS

CHAPITRE XV

SECTIONS CIRCULAIRES. CÔNES CIRCONSCRITS

CHAPITRE XVI

ENVELOPPES. COURBURE

TROISIÈME PARTIE

ANALYSE

—

CHAPITRE PREMIER

DIFFÉRENTIELLES

CHAPITRE II

INTÉGRALES

CHAPITRE III

INTÉGRALES DÉFINIES. SURFACES

CHAPITRE IV

APPLICATIONS

CHAPITRE V

VOLUMES ET SURFACES

QUATRIÈME PARTIE

MÉCANIQUE

—

CHAPITRE PREMIER

CINÉMATIQUE

CHAPITRE II

DYNAMIQUE D'UN POINT LIBRE

CHAPITRE III

DYNAMIQUE D'UN POINT NON LIBRE

CHAPITRE IV

STATIQUE

CHAPITRE V

CENTRES DE GRAVITÉ

CHAPITRE VI

DYNAMIQUE DES SYSTÈMES

TABLEAU DES PRINCIPALES FORMULES

SAINT-AMAND (CHER). — IMPRIMERIE BUSSIÈRE

www.ingramcontent.com/pod-product-compliance
Lightning Source LLC
LaVergne TN
LVHW011218170726
843501LV00002B/282